Energieautarke eingebettete Funksensorknoten zur Zustandsüberwachung von zivilen Infrastrukturen im Katastrophenfall

Metin Erd

Energieautarke eingebettete Funksensorknoten zur Zustandsüberwachung von zivilen Infrastrukturen im Katastrophenfall

Springer Vieweg

Metin Erd
Lehrstuhl Mikrosystemtechnik und
Optik Institut für Technik der
Informationsverarbeitung (ITIV)
Karlsruher Institut für Technologie (KIT)
Berlin, Deutschland

„Diese Arbeit wurde von der KIT-Fakultät für Elektrotechnik und Informationstechnik des Karlsruher Instituts für Technologie (KIT) als Dissertation genehmigt. Tag der mündlichen Prüfung: 27.10.2025"

ISBN 978-3-658-51810-3 ISBN 978-3-658-51811-0 (eBook)
https://doi.org/10.1007/978-3-658-51811-0

Die Deutsche Nationalbibliothek verzeichnet diese Publikation in der Deutschen Nationalbibliografie; detaillierte bibliografische Daten sind im Internet über https://portal.dnb.de abrufbar.

Planung/Lektorat: Karina Kowatsch
Springer Vieweg ist ein Imprint der eingetragenen Gesellschaft Springer Fachmedien Wiesbaden GmbH und ist ein Teil von Springer Nature.
Die Anschrift der Gesellschaft ist: Abraham-Lincoln-Str. 46, 65189 Wiesbaden, Germany

Danksagung

Ich bedanke mich bei...

- Herrn Prof. Dr. Wilhelm Stork für die Möglichkeit zur Promotion,
- Herrn Prof. Dr. Christian Schindelhauer für die Übernahme des Korreferats und das damit verbundene Engagement,
- Herrn Prof. Dr. Frank Schäfer vom Fraunhofer-Institut für Kurzzeitdynamik, Ernst-Macht-Institut (EMI) für die fachlichen Diskussionen, Anregungen und die Nutzung der Infrastruktur seines Instituts für einige Testversuche und Messungen,
- Herrn Andreas Fleig und Herrn Stefan Rother vom Technischen Hilfswerk (THW) Emmendingen bzw. Schopfheim für die Teilnahme an den Freifeldübungen und die damit verbundenen Messungen,
- Herrn Michael Harter von der Firma Securiton GmbH Alarm- und Sicherheitssysteme, Achern, für Anregungen zu Lageüberwachungssystemen,
- dem Tiefbauamt der Stadt Freiburg und der Straßenmeisterei Emmendingen für den Zugang und die Messungen in Straßentunneln und im Umfeld des Schienenverkehrs,
- der Firma EnOcean für die intensiven Diskussionen zum Einsatz ihrer Transreceiver,
- Herrn Dr. Olaf Plotzke von der Forschungsgesellschaft für Energie und Umwelttechnologie GmbH für den Einsatz ihrer Simulationssoftware,
- bei meinen ehemaligen Kollegen Herrn Milos Kostic für die Mitarbeit an Hardware und Messungen, bei Herrn Omar Georgis für die fachlichen Diskussionen und Anregungen, bei Herrn Dr. Andrè Moser für die gemeinsamen Messungen im Tunnel, bei Herrn Uwe Burzlaff, Herrn Christoph Bohnert, Herrn Hans Baumer, für den Aufbau und die Durchführung einiger Messungen, bei Frau Heidi Schmid, Frau Beate Botschek und Frau Eva Bernhard für die organisatorische Unterstützung,
- meinen ehemaligen studentischen Hilfskräften für ihre Unterstützung,
- Herrn Prof. Dr. Sebastian Randel, Herrn Prof. Dr. Günther Jikeli, Herrn Prof. Dr. Firat Güder für die fachlichen Diskussionen und Anregungen,
- meiner lieben Freundin Deniz für die aufmunternden Gespräche sowie bei meiner Partnerin Josefine für ihre Geduld und ihren Rückhalt.

Kurzfassung

Diese Arbeit befasst sich mit den Einsatzmöglichkeiten von energieautarken Funksensorknoten im Umfeld von Infrastrukturen zur Lageüberwachung im Katastrophenfall. Dabei liegt der Fokus im Bereich Infrastruktur insbesondere auf Straßen- und Bahntunneln in Tübbingbauweise ohne zusätzliche bauliche Maßnahmen und im Bereich Energy Harvesting (EH) auf elektromagnetischem Energy Harvesting (EM-EH) im Umfeld von Bahnstrecken und in Straßen- und Bahntunneln.

Im ersten Teil der Arbeit, d. h. Kapitel (2) und Abschnitt (4.2) für die Anwendungen des entsprechenden Kapitels, werden zunächst Topologien zur Positionierung und kollisionsfreien Datenübertragung von Funksensorknoten für Verkehrstunnel und Gebäudeinfrastrukturen untersucht und auf Basis der entworfenen Topologie energieeffiziente Routing- und Kommunikationsverfahren bestimmt. Anschließend wird eine Funksensorplattform entworfen. Diese wird hinsichtlich Hardware, Kommunikationsprotokoll, Frame-Format und Energieverbrauch beschrieben. Das für Katastrophenfälle entworfene Lageüberwachungssystem wird aus Sicht der Gerätetechnik und des Informationsverarbeitungsprozesses dargestellt. Abschließend wird ein Graphical User Interface (GUI) in Form einer Lagedarstellung ("Lagetisch") zur Visualisierung der durchgeführten Labor- und Feldversuche entworfen. Nach der Kalibrierung des in den Funksensorknoten eingebauten Breitband-Ultraschallsensors auf Explosions- und Erschütterungsereignisse, die durch ein Stoßrohr erzeugt werden, und der Überwachung der Beanspruchung eines Betonblocks nach verschiedenen Explosionsstärken werden die Funksensorknoten in der Laborumgebung für den Triggertest, in der Freifeld-umgebung mit den verschiedenen Betonblöcken für den Synchronisationstest und in einem Teil einer stillgelegten Fabrikhalle als Großversuch für den Gesamtsystemtest eingesetzt. Beim Großversuch werden 20 Funksensorknoten an den Wänden und der Decke des Erdgeschosses des Testgeländes angebracht. Durch die Sprengung auf beiden Etagen des Testgeländes wird die Funktionalität des Funksensorknotennetzes unter realen Bedingungen getestet. Abschließend werden durch den Einsatz der aus dem Großversuch geborgenen Funksensorknoten mit der Kombination der fünf Piezosensoren in der Umgebung von Straßentunneln – im Hugenwaldtunnel, in Waldkirch bei Freiburg im Breisgau – beim Bau des Querschlags zwischen den Rettungsstollen die Einflüsse der Sprengstoffmenge und der Entfernung der Sprengung auf die Intensität der Erschütterungen erfasst und die Ergebnisse validiert.

Im zweiten Teil der Arbeit, d. h. Kapitel (3) und Abschnitt (4.3) für die Anwendung des entsprechenden Kapitels, sollen die Einsatzmöglichkeiten der elektromagnetischen Energieversorgungsarten, d. h. der elektromagnetischen Fernspeisung, der elektrischen Kopplung (bzw. kapazitiven Kopplung) und der magnetischen Induktion (bzw. induktiven Kopplung) als Energy Harvester zur Energieversorgung von energieautarken Funksensorknoten im Umfeld von Straßen- und Eisenbahntunneln untersucht werden. Hierbei wird zunächst ein Überblick über die Energieversorgung elektrischer Bahnen und die elektromagnetische Fernspeisung in Straßentunneln gegeben. Anschließend wird im Abschnitt (3.2) zum Stand der Technik auch ein Rückblick auf die Entdeckung und Entwicklung der drahtlosen Energieübertragung in den Jahren 1800–1930 gegeben, da einige Entwicklungen aus dieser Zeit auch Anfang 2000 noch Stand der Technik waren. Die theoretischen Grundlagen zur Erweiterung der Hardware, basierend auf der Hardware aus Abschnitt (2.4), um die in Abschnitt (3.5) beschriebenen Messungen und Energy Harvesting Anwendungen zu ermöglichen, werden in Abschnitt (3.3.4) zusammengefasst. Anhand der Simulationsergebnisse der elektrischen und magnetischen Feldverteilung mit der Simulationssoftware WinField/ETC 400® an Hochspannungsleitungen für ein- und zweigleisige Bahnstrecken und eingleisige Bahntunnel in Abschnitt (3.4) werden die Energiedichte der elektrischen und magnetischen Felder in der gesamten Umgebung der Bahnstrecke und des Tunnels in selben Abschnitt dargestellt. Dadurch wird es möglich, die

Anwendung der verschiedenen Arten des EM-EHs zu vergleichen und über die effektivsten Installationskoordinaten der Funksensorknoten in den genannten Umgebungen zu entscheiden. Als Anwendungen des entsprechenden Kapitels werden in Abschnitt (4.3) zunächst die Messergebnisse eines Plattenkondensators zur kapazitiven Kopplung an die eingleisige Bahnstrecke dargestellt, anschließend die drei Messergebnisse, zwei davon mit zylindrischer Drahtspule und eine mit konischer Spule, zur induktiven Kopplung während der Fahrt von Regional- und InterCity-Zügen am gleichen Messort wie bei der Messung mit dem Plattenkondensator. Schließlich werden die Ergebnisse der Messungen zur elektromagnetischen (RF-) Fernspeisung vorgestellt, die die Messungen in der Laborumgebung und in zwei verschiedenen Straßentunnelumgebungen mit unterschiedlichen Trägersignalen, nämlich 434 MHz und 868 MHz, umfassen.

Abstract

This work deals with the possible applications of energy self-sufficient wireless sensor nodes in infrastructure environments for situation monitoring in the event of a disaster. In the area of infrastructure, the focus is particularly on road and rail tunnels in segmental construction without additional structural measures and in the area of energy harvesting (EH) on electromagnetic energy harvesting (EM-EH) in the vicinity of railroad lines and in road and rail tunnels.

In the first part of the work, i.e. chapter (2) and section (4.2) for the applications of the corresponding chapter, topologies for the positioning and collision-free data transmission of wireless sensor nodes for traffic tunnels and building infrastructures are first examined and energy-efficient routing and communication methods are determined on the basis of the designed topology. A wireless sensor platform is then designed. This is described in terms of hardware, communication protocol, frame format and energy consumption. The situation monitoring system designed for disasters is presented from the perspective of device technology and information processing. Finally, a graphical user interface (GUI) in the form of a situation display ("situation table") is designed to visualize the laboratory and field tests carried out. After calibrating the broadband ultrasonic sensor built into the wireless sensor nodes for explosion and vibration events generated by a shock tube and monitoring the stress on a concrete block after different explosion strengths, the wireless sensor nodes are used in the laboratory environment for the trigger test, in the open field environment with the various concrete blocks for the synchronization test and in a part of a disused factory hall as a large-scale test for the overall system test. In the large-scale test, 20 wireless sensor nodes are attached to the walls and ceiling of the first floor of the test site. The functionality of the wireless sensor node network is tested under real conditions by blasting on both floors of the test site. Finally, by using the radio sensor nodes recovered from the large-scale test with the combination of the five piezo sensors in the vicinity of road tunnels – in the Hugenwaldtunnel, Waldkirch in Freiburg – during the construction of the cross-passage between the rescue tunnels, the influences of the amount of explosives and the distance of the blast on the intensity of the vibrations are recorded and the results validated.

In the second part of the work, i.e. chapter (3) and section (4.3) for the application of the corresponding chapter, the possible applications of electromagnetic energy supply types, i.e. electromagnetic remote power supply, electrical coupling (or capacitive coupling) and magnetic induction (or inductive coupling) as energy harvesters for the energy supply of energy self-sufficient radio sensor nodes in the vicinity of road and railroad tunnels are investigated. First, an overview of the energy supply of electric railroads and the electromagnetic remote power supply in road tunnels is given. Subsequently, in section (3.2) on the state of the art, a review of the discovery and development of wireless energy transmission in the years 1800–1930 is given, as some developments from this period still represent the state of the art at the beginning of 2000. The theoretical principles for extending the hardware, based on the hardware from section (2.4), to enable the measurements and energy harvesting applications described in section (3.5) are summarized in section (3.3.4). Based on the simulation results of the electric and magnetic field distribution with the simulation software WinField/ETC 400® on high-voltage lines for single and double-track railroad lines and single-track railroad tunnels in section (3.4), the energy density of the electric and magnetic fields in the entire environment of the railroad line and the tunnel are presented in section (3.4). This makes it possible to compare the application of the different types of EM energy harvesting and to decide on the most effective installation coordinates of the wireless sensor nodes in the mentioned environments. As applications of the corresponding chapter, section (4.3) first presents the measurement results of a plate capacitor for capacitive coupling to the single-track railroad line, then the three measurement results, two of them with a cylindrical wire coil and one with a conical coil, for inductive coupling while regional and InterCity trains are running at the same measurement location as the measurement with the plate capacitor. Finally, the results of the electromagnetic (RF) remote powering measurements are presented, which include the measurements in the laboratory environment and in two different road tunnel environments with different carrier signals, namely 434 MHz and 868 MHz.

Inhaltsverzeichnis

Abbildungsverzeichnis

Tabellenverzeichnis

Nomenklatur

Formelzeichen und Abkürzungen

Lateinische Buchstaben

Variable	Bedeutung	Dimension/ Einheit
*	Ausdruck für den konjugiert komplexen Wert	–
$\bar{M}$	Ausdruck für den Mittelwert	
_	Ausdruck für den komplexen Wert	–
^	Scheitel-/Spitzenwert eines sinusförmigen Betrags	
′	Ausdruck für die Referenz und längenbezogenen Komponenten	–
a	Elemente der Teilmenge A eines topologischen Raumes X	–
$\underline{\vec{a}}$	normierter Wellenamplitudenvektor, der von der Leitung in die Antenne einläuft	$V/\sqrt{\Omega}$
A	Arbeit	Nm, J, VAs, Ws
A	Teilmenge eines topologischen Raumes X	–
A	Fläche, Querschnitt	m^2
$\vec{A}$, $\underline{\vec{A}}$	magnetisches Vektorpotential, komplexes magnetisches Vektorpotential	Vm/s
A_W	Antennenwirkfläche	m^2
A_{W_E}	Empfangsantennenwirkfläche	m^2
A_{W_P}	physikalisch wirksame Fläche der Antenne	m^2
A_{W_S}	Sendeantennenwirkfläche	m^2
b	Dämpfungsfaktor	–
$\underline{\vec{b}}$	normierter Wellenamplitudenvektor, der von der Antenne in die Leitung zurückläuft	$V/\sqrt{\Omega}$
B	Bandbreite	$Bits/s$, $Bytes/s$
$\vec{B}$, $\underline{\vec{B}}$	magnetische und komplexe magnetische Flussdichte	$T, Wb/m^2$, Vs/m^2
c	Ausbreitungsgeschwindigkeit eines Mediums	m/s
c	Abbildung (Funktion), Umwandlung der Menge des Einheitsintervalls I in die Menge der komplexen Zahlen im toplogischen Raum Z, d. h. in Kreisform	–
$\tilde{c}$	Abbildung (Funktion) Umwandlung der Menge des Einheitsintervalls I in die Menge der reellen Zahlen im toplogischen Raum Y, d. h. in Spiralform	–
c_0	Schallgeschwindigkeit in Luft; Lichtgeschwindigkeit in Luft (bzw. Vakuum)	m/s
c_p	Druckwärmekoeffizient	–
c_v	Raumwärmekoeffizient	–
C	Richtcharakteristik einer Antenne	–
C	Kapazität der Energiespeicher	F
$\boldsymbol{c}$	Kapazitätsmatrix	F
$c_{i,j}$	Matrixelemente $c_{i,j}$ der Kapazitätsmatrix $\boldsymbol{c}$	F

Variable	Bedeutung	Dimension/ Einheit
C_n	Nennkapazität des Energiespeichers	F
C_o	Anfangskapazität des Energiespeichers	F
C_{ist}	Vorhandenen Kapazität des Energiespeichers	F
$\acute{C}$	Kapazitätsbelag	F/m
$\boldsymbol{C}'$	Kapazitätsbelagsmatrix	F/m
C'_B	Betriebskapazität	F/m
d	Abstand, Radius	m
d	Eine Metrik auf einer Menge (z. B. auf der Menge X)	–
d_Z	Entfernung als skalierte Distanz	m
D	Richtfaktor einer Antenne	–
$\vec{D}$	die zeitlich veränderliche elektrische Flussdichte (Verschiebungsdichte)	As/m
D^1	(eindimensionale Scheibe) als eine Linie	2-D, $\mathbb{R}^2$
D^n	n-dimensionale Scheibe	n-D, $\mathbb{R}^n$
$\mp e$	Elementarladung, definiert als positive (Proton) und negative Polarität (Elektron)	C, As
e_n	Normaleneinheitsvektor	1-D, $\mathbb{R}^1$
$\vec{e}_r$	Radiuseinheitsvektor	3-D, $\mathbb{R}^3$
$\vec{e}_{r_d}$	Einheitsvektor des Differenzvektors	3-D, $\mathbb{R}^3$
$\vec{e}_{v_Q}$	Einheitsvektor der Geschwindigkeit $\vec{v}_Q$ der Ladungsmengen in Stromrichtung	3-D, $\mathbb{R}^3$
$\vec{e}_{uw}$	Einheitsvektor zur Beschreibung der Ursache- und Wirkungsrichtung	3-D, $\mathbb{R}^3$
E	Elektrische Energie	Ws, J
E_A	verbrauchte Energiemenge zum Aufwecken des Mikrocontrollers (Dolphin)	Ws, J
E_{D_R}	während des Schlafmodus verbrauchte Energiemenge	Ws, J
$E_{Er_{Tx}}$	Energieverbrauch der gesendeten Ereignisdaten	Ws, J
$E_{i_{Tag}}$	Gesamtenergieverbrauch über 24 Stunden	Ws, J
$E_{LZ_{Tx1}}$	Energieverbrauch pro gesendetem Lebenszeichen (Dolphin an, MSP im Low-Modus (LPM4-Schlafmodus))	Ws, J
$E_{LZ_{Tx2}}$	Energieverbrauch für das Senden der Lebenszeichendateien (Dolphin)	Ws, J
E_M	Energieverbrauch zum Aufwecken des Mikrocontrollers (Dolphin)	Ws, J
E_{MSP_A}	Energieverbrauch im Aktiv-Modus (16 MHz) von MSP	Ws, J
E_{MSP_R}	Energieverbrauch im Low-Modus (LPM4-Schlafmodus) von MSP	Ws, J
E_{vor}	verfügbare Energiemenge des Energiespeichers	Ws, J
E_{W_i}	verbrauchte Energie während des Wartens auf das Senden von Ereignisdateien	Ws, J
E^2	zweidimensionale Zelle	2-D, $\mathbb{R}^2$
E^n	n-dimensionale Zelle	n-D, $\mathbb{R}^n$
$\vec{E}, \underline{\vec{E}}$	elektrische und komplexe elektrische Feldstärke	V/m
f	Frequenz	$1/s$, Hz

Variable	Bedeutung	Dimension/ Einheit
f	Abbildung, Funktion	–
f, F	Fläche	m^2
$\underline{\vec{f}}$	inhomogene Feldgröße	
F	Stetige Abbildung bzw. eine Homotopie	–
$\vec{F}, \vec{F}_e, \vec{F}_m$	Kraft, elektrische Kraft, magnetische Kraft	N
g	Abbildung, Funktion	–
G	Antennengewinn	S
G'	längenbezogener Antennengewinn	S/m
G_E	Empfangsantennengewinn	S
G_S	Sendeantennengewinn	S
h	Höhe zwischen den Leitern und Bezugsleitern	m
$\vec{H}, \underline{\vec{H}}$	magnetische und komplexe magnetische Feldstärke	A/m
i	Impuls	$Ns, kgm/s$
i	Base_ID des Funksensorknotens	
i_-	negativer Impuls	$Ns, kgm/s$
I	Einheitsintervall	2-D, $\mathbb{R}^2$
I	elektrische Stromstärke	A
$\underline{I}(t)$	zeitabhängige, komplexe elektrische Spannung	A
$\boldsymbol{I}$	Stromkreis-Matrix	A
I_{An_M}	Stromverbrauch während der analogen Messung des Sensors über Mikrocontroller (Dolphin)	A
I_a	Stromstärke am Ausgang der Schaltung	A
I_D	Durchlassstromstärke einer Diode	A
I_e	Stromstärke am Eingang der Schaltung	A
I_{D_R}	Ruhestrom (Leckstrom+Deepsleep (MSP aus)) des Funksensorknotens	A
I_{GS_R}	Ruhestrom (Ruhestrom aus Deepsleep (Dolphin), LMP4-Schlafmodus (MSP) Leckstrom (Energiespeicher)) des Funksensorknotens	A
I_L	Leckstrom der Energiespeicher; Stromverlauf der Spule	A
I_M	Stromverbrauch während der Temperaturmessung des Mikrocontrollers (Dolphin)	A
I_{MSP_A}	Stromverbrauch während Aktiv-Modus (16 MHz) von MSP	A
I_{Rx}	Stromverbrauch während des Empfangs von Daten aus den Ereignisdateien	A
I_{Tx}	Stromverbrauch während des Sendens vom Lebenzeichen- oder Ereignisdateien	A
I_{W_i}	Stromverbrauch während des Wartens auf das Senden der Ereignisdaten (CPU aktiv (16 MHz), Dolphin)	A
$\Im$	Imaginärteil der komplexen Gleichung	–
j	imaginäre Einheit	–
$\vec{J}$	die Strömungsfeldstärke (oder elektrische Strom(fluß)dichte)	A/m^2

Variable	Bedeutung	Dimension/ Einheit
$\vec{J}_l$	Linienstrom	A/m
$\vec{J}_O$	Oberflächenstromdichte	A/m^2
k	Zeitschlitzkonstante	–
k	Wellenzahl	rad/m
k_B	Boltzmann-Konstante, $1{,}38 \cdot 10^{-23}$	J/V
K	Kelvin	K
l	Anzahl der Funksensorknoten in jedem Abschnitt mit Ausnahme des letzten Abschnitts	–
l'	Anzahl der Funksensorknoten in jedem Unterabschnitt mit Ausnahme des letzten Unterabschnitts	–
L	Induktivität (oder Eigen-/Selbstinduktivität)	$H, Vs/A$
$\boldsymbol{L}$	Induktivitätsmatrix	$H, Vs/A$
L_g	Summe der Induktivitäten L der in Reihe geschalteten Einzelspulen	$H, Vs/A$
L_i	innere Induktivität eines Stromkreises	$H, Vs/A$
L'_i	längenbezogene innere Induktivität	$H/\mathrm{m}, Vs/\mathrm{Am}$
L_{ik}	Hierbei wird in dem Fall „$i = k$" die Eigeninduktivität des Einzelstromkreises und im Fall „$i \neq k$"die Gegeninduktivität zwischen den Stromkreisen i und k beschrieben. Der Fall „$L_{ik} = L_{ki}$"wird als Reziprozität genannt.	$H, Vs/A$
L'_{s_a}	längenbezogene äußere Induktivität einer Spule	$H/\mathrm{m}, Vs/\mathrm{Am}$
L'_{s_i}	längenbezogene innere Induktivität einer Spule	$H/\mathrm{m}, Vs/\mathrm{Am}$
L'_{s_g}	gesamte längenbezogene Induktivität einer Spule	$H/\mathrm{m}, Vs/\mathrm{Am}$
m	Anzahl der Funksensorknoten in einem festgelegten Abschnitt, Anzahl für DIV- und MOD-Operationen im LZV	–
m'	Anzahl der Funksensorknoten in einem festgelegten Unterabschnitt und dafür die Anzahl für DIV- und MOD-Operationen im LZV	–
M	Menge der Funksensorknoten in jedem Abschnitt (außer dem letzten Abschnitt) in LZV	–
M_d	Gesamtgröße der gesendeten Datenmenge	$Bits$, $Bytes$
M_j	Menge der Funksensorknoten in einem Unterabschnitt (außer dem letzten Unterabschnitt) im LZV	–
n	Anzahl, Nummerierung eines Punktes	–
n	bauteilabhängige Emissionskoeffizienten einer Diode	*zw. 1 und 2*
n'	Anzahl der Drahtwindungen pro Länge entlang der Spule	–
$\vec{n}$	Normalenvektor	*2-D*, $\mathbb{R}^2$
N_L	Prozentuale Selbstentladung des Energiespeichers	–
O	Oberfläche	m^2
p	Tastverhältnis	–
p'	Unterabschnitte im LZV	–
P	Stoßwellendruck	Pa
P	elektrische Leistung	W
P_{ab}	zugeführte elektrische Leistung	W
P_{DC_a}	Ausgangsleistung des DC/DC-Wandlers	W

Variable	Bedeutung	Dimension/ Einheit
P_{EIRP}	äquivalente isotrope Strahlungsleistung (engl., Equivalent Isotropic Radiated Power) als theoretische Eingangsleistung eines isotropen Kugelstrahlers zur Beschreibung einer technischen Antenne in Hauptstrahlrichtung bei gleicher Leistungsdichte und gleichem Abstand	W
P_E	Empfangsleistung der Empfangsantenne	W
$P_{i_{zu}}$	zugeführte Strahlungsleistung eines isotropen Kugelstrahlers	W
P_{IK_e}	Eingangsleistung der induktiven Kopplung	W
P_{KK_e}	Eingangsleistung der kapazitiven Kopplung	W
P_S	Sendeleistung der Sendeantenne	W
P_{zu}	zugeführte elektrische Leistung	W
P_w, P_e, P_m	Die volumenbezogenen Leistungen, die die thermische Verlustleistung P_w, die vom elektrischen Feld aufgenommenen Leistung P_e und die vom magnetischen Feld aufgenommenen Leistung P_m darstellen.	W
P	Menge der Abschnitte im LZV	–
$P_{i_{GS}}$	Leistung während des gesamten Systemstromverbrauchs (Sensor-, Leck-, Mikrocontroller- und anderer BauteilStrom) für x-mal pro Tag gesendete Lebenszeichen und y-mal pro Tag gesendete Ereignisdaten	–
$\mathrm{P_j}$	Menge der Unterabschnitte im LZV	–
P_L	Leckleistung	W
P_S	Sensorleistung	W
P_{D_R}	Leistung während Dolphin im Deepsleep-Modus	W
P_{MSP_R}	Leistung während MSP im Low-Modus (LPM4-Schlafmodus)	W
P_{MSP_A}	Leistung während MSP im Aktiv-Modus (LPM4-Schlafmodus)	W
$\mathcal{P}$	Punkt im kartesischen Koordinatensystem	3-D, $\mathbb{R}^3$
$\mathcal{P}_e$	Ereignis auf den Punkten	3-D, $\mathbb{R}^3$
$\mathcal{P}_i$	Ereignis (z. B. Schall- oder Detonationswellen) erreicht den FSK mit i. Nummer	3-D, $\mathbb{R}^3$
P_{max}	maximaler positiver Druckwert	Pa
P_{min}	maximaler negativer Druckwert (minimaler Druckwert)	Pa
P_r	reflektierter Druck	Pa
P_0	Referenzdruck (in den meisten Fällen ist das der normale Atmosphärendruck)	Pa
P_+	Druckwert in der positiven Druckphase	Pa
P_-	Druckwert in der negativen Druckphase	Pa
q	Elementarladung, $1{,}602176634 \cdot 10^{-19}$	C
Q	elektrische Ladung	As, C
$\boldsymbol{Q}$	elektrische Ladungsmatrix	As, C
Q	Gütefaktor (auch Q-Faktor, Güte)	–
Q_g, Q_s, Q_p	gesamter belasteter Gütefaktor; Gütefaktor des Serienzweiges; Gütefaktor des Parallelzweiges	–

Variable	Bedeutung	Dimension/ Einheit
r	Anzahl der Funksensorknoten im letzten Abschnitt des LZVs	–
r'	Anzahl der Funksensorknoten im letzten Unterabschnitt des LZVs	–
$\vec{r}'$	Referenzvektor für einen beleibiegen Quellpunkt	m
$r, \vec{r}$	Radius, Radiusvektor, Übertragungsentfernung/Reichweite	m
r_A	Radius der Antenne	m
$\vec{r}_d$	Differenzvektor	m
r_0	Referenzabstand, -radius	m
R	Widerstand	Ω
R'	längenbezogener Widerstand	Ω/m
R	Abstand aus der Strahlungsquelle	m
R	Menge der Funksensorknoten im letzten Abschnitt des LZVs	–
$\mathbb{R}$	Menge der reellen Zahlen	–
R_A	Antennendurchmesser	m
R_{DC}	Widerstand des Leiters bei Gleichstrom	Ω
R_i	Realteil der Impedanz des Antennenfußpunktes	Ω
R_L	Lastwiderstand	Ω
$R_{AC_{eff}}$	Effektivwert des Widerstandes (Wirkwiderstand) des Leiters bei Wechselstrom	Ω
$\Re$	Realteilbildung durch die Rücktransformation aus dem komplexen Wert	–
$s, \vec{s}$	Weg, vektorielles Wegelement	m
$\boldsymbol{S}$	Eintor-Matrix der mit der (koaxialen) Leitung verbundenen Seite der Antenne	–
S_{11}	Reflexionskoeffizient der Eintor-Matrix	–
$\vec{S}, \underline{\vec{S}}$	Poynting-Vektor bzw. komplexer Poynting-Vektor, der die Leistungsflussdichte angibt.	W/m^2
$\vec{S}_E$	An der Antenne erreichte Leistungsdichte	W/m^2
S	Menge mit n Elementen, die sich auf die Gesamtzahl der Funksensorknoten bezieht.; Steuerung	–
S_j	Menge mit l Elementen für die gesamte Unterabschnitten des LZVs	–
S^0	(eindimensionale Sphäre) als zwei Punkte mit einem Abstand	*1-D*, $\mathbb{R}^1$
S^1	(zweidimensionale Sphäre) als ein Kreis	*2-D*, $\mathbb{R}^2$
S^2	(dreidimensionale Sphäre) als eine Kugel	*3-D*, $\mathbb{R}^3$
S^{n-1}	$(n-1)$-dimensionale Sphäre	*n-D*, $\mathbb{R}^n$
Sp	Offene(r) Spirale (Kreis) im topologischen Raum Y	*3-D*, $\mathbb{R}^3$
t	Zeit	s
t	Elementarteil des Einheitsintervalls I	*1-D*, $\mathbb{R}^1$
t_0	Zündungszeit der Explosion	s
t_a	Ankunftszeit	s
t_{a_z}	Ankunftszeit nach dem skalierten Abstand	s
t_d	Laufzeit	s

Variable	Bedeutung	Dimension/ Einheit
t_d	Dauer der positiven Druckphase	s
$t_{Er_{Tx}}$	Zeit für das Senden der Ereignisdateien	s
t_n	Dauer der negativen Druckphase	s
t_A	Zeit für das Aufwecken des Mikrocontrollers (Dolphin)	s
t_{An_M}	Zeit für die analoge Messung des Sensors über Mikrocontroller (Dolphin)	s
$t_{LZ_{Tx}}$	Zeit für das Senden der Lebenszeichendateien	s
t_M	Zeit für die Messung der Temperatur des Mikrocontrollers (Dolphin)	s
t_{MSP_A}	Zeit während MSP im Aktiv-Modus	–
t_{MSP_R}	Zeit während MSP im Low-Modus (LPM4-Schlafmodus)	–
t_{SF}	Sendezeit des Funksensorknotens	s
t_{SR}	Sendezeit des Routers	s
t_{W_i}	Wartezeit bis zum Senden der Ereignisdaten	–
T	Temperatur	K
T	Periode	s
$T_{i_{GS}}$	Leistung während des gesamten Systemstromverbrauchs (Sensor-, Leck-, Mikrocontroller- und anderer Komponentenstrom) für x-mal pro Tag gesendete Lebenszeichen und y-mal pro Tag gesendete Ereignisdaten	$s, h, Jahr$
T_L	Verbrauchsdauer der Energiespeicher bei eigenem Leckstrom	$s, h, Jahr$
T_{S_R}	Lebensdauer des Funksensorknotens im Ruhemodus	$s, h, Jahr$
u	Anzahl der Abschnitte, in die die gesamten n Funksensorknoten aufgeteilt wurden.	–
u'	Anzahl der Unterabschnitte, in die die gesamten l Funksensorknoten aufgeteilt worden sind.	–
U_a	Ausgangsspannung der Schaltung	V
U_a	Eingangsspannung der Schaltung	V
U_{Ent}	Entladeschlussspannung	V
U_i	Induktionsspannung	V
U_n	Nennspannung	V
$\underline{U}_h$	komplexe einlaufende Welle	V
U_m	Mittelspannung	V
U_S	Spannung an den Schalter S	V
$\underline{U}_r$	auslaufende komplexe Welle	V
V_m	magnetische Spannung	A
v	Geschwindigkeit	m/s
v_m	mittlere Explosionsgeschwindigkeit	m/s
v_{me}	Medium-Geschwindigkeit	m/s
$\vec{v}_Q$	die Geschwindigkeit der Ladungsanordnung Q	m/s
v_s	Stoßfrontgeschwindigkeit	m/s
$w, \vec{w}$	Wellenbetrag, Wellenvektor	2-D, $\mathbb{R}^2$

Variable	Bedeutung	Dimension/ Einheit
w	Weg im toplogischen Raum	*1-D*, $\mathbb{R}^1$
$w(0)$	Anfangspunkt des Weges zur stetigen Abbildung des Einheitsintervalls I im topologischen Raum X	*1-D*, $\mathbb{R}^1$
$w(1)$	Endpunkt des Weges zur stetigen Abbildung des Einheitsintervalls I im topologischen Raum X	*1-D*, $\mathbb{R}^1$
W	Energie	Ws
W_e, W_m	elektrische bzw. magnetische Feldenergie	Ws
$W_{m,i}$	innere magnetische Feldenergie eines Stromkreises	Ws
w_e, w_m	Volumendichte der gespeicherten Energie im elektrischen bzw. magnetischen Feld	Ws/m^3
W	Sprengstoffmenge	kg
x	Anzahl des Lebenszeichens des Funksensorknotens an einem Tag	–
y	Anzahl der Ereignisse, die den Funksensorknoten an einem Tag triggert haben.	–
x, y, z	Die Achsen des kartesischen Koordinatensystems	*3-D*, $\mathbb{R}^3$
x, y	Punkte im topologischen Raum X bzw. Y	*2-D*, $\mathbb{R}^2$
(x_0, y_0)	Basispunkte	*2-D*, $\mathbb{R}^2$
X	Menge im topologischen Raum in Form eines Einheitsintervalls	*2-D*, $\mathbb{R}^2$
X	Blindwiderstand (Reaktanz)	Ω
X_s	Frequenzabhängiger Blindwiderstand, der in Reihe zur Fußpunktimpedanz der Antenne liegt.	Ω
X_P	Blindwiderstand, der parallel zur Fußpunktimpedanz der Antenne liegt.	Ω
(X, d)	metrischer Raum, bestehend aus Menge X und Metrik d auf X	–
U	elektrische Spannung	V
$\underline{U}(t)$	Zeitabhängige, komplexe elektrische Spannung	V
U_{AK}	Spannung zwischen Anschluss-p (Anode) und Anschluss-n (Kathode) einer Diode	V
U_D	Durchlassspannung einer Diode	V
$U_{F_{Ge}}$	Flussspannung einer Germanium-Diode	V
$U_{F_{Schottky}}$	Flussspannung einer Schottky-Diode	V
U_i	Am Fußpunkt einer Antenne abgreifbare Spannung	V
U_T	durch die Temperatur an der Diode verursachte Spannung	V
v, V, V'	Volumen eines Raumes bzw. Volumen, in dem elektrische Stromdichte $\vec{J}$ vorliegt.	m^3
V_i	Inneres Volumen	m^3
Y	Menge im topologischen Raum in Form einer Spirale	*3-D*, $\mathbb{R}^3$
Z	Menge im topologischen Raum in Form eines Kreises	*2-D*, $\mathbb{R}^2$
Z	skalierter Abstand	$\mathrm{m}/\sqrt[3]{\mathrm{kg}}$
$Z, \lvert\underline{Z}\rvert$	Scheinwiderstand als Betrag der komplexen Impedanz	Ω
$\underline{Z}_F, Z_0,$	Komplexe Feldwellenimpedanz, freien Raumwiderstand der ebenen Welle,	Ω

Variable	Bedeutung	Dimension/ Einheit
Z_{F0}	Feldwellenimpedanz im freien Raum als $\sqrt{\mu_0/\varepsilon_0} = \mu_0 \cdot c_0 \cong 120\pi\,\Omega \cong 377\,\Omega$	Ω
$\underline{Z_L}$	komplexe Lastimpedanz einer Leitung	Ω
Z_i	Fußpunktimpedanz der Antenne	Ω

Griechische Buchstaben

Variable	Bedeutung	Dimension/ Einheit
α	Ein Punkt/Element der Menge Ω	*1-D*, $\mathbb{R}^1$
α	Imaginärwert der komplexen Wellenzahl k	-
α	Streckendämpfung eines drahtlosen Übertragungssystems	dB
α_0	Grunddämpfung	dB
β	Rotationswinkel, Polarwinkel	$rad, grad$
β	Ein Punkt/Element der Menge Ω	*1-D*, $\mathbb{R}^1$
β	Realwert der komplexen Wellenzahl k	-
β_{ij}	elektrischer Potentialkoeffizient	-
$\boldsymbol{\beta}$	Matrix der elektrischen Potentialkoeffizienten	-
$\alpha\beta$	Verknüpfung auf der Menge π bzw. der Homotopieklassen, d. h. Homotopie mit festem Anfangs- und Endpunkt x_0	*1-D*, $\mathbb{R}^1$
δ	Eindringtiefe	m
ε	Dielektrizitätskonstante (Permittivität) des Mediums, $\varepsilon = \varepsilon_0 \cdot \varepsilon_r$	As/Vm
ε_0	die elektrische Feldkonstante des Vakuums (oder auch Permittivität genannt) hat den Wert $8{,}854 \cdot 10^{-12}$	As/Vm
ε_r	stoffabhängige Permittivitätszahl (auch relative Permittivität)	-
η_A	Antennenwirkungsgrad	-
η_{DC}	Wirkungsgrad des DC/DC-Wandlers	-
η_G	Wirkungsgrad des Gleichrichters	-
$\eta_{g_{IK}}$	Gesamtwirkungsgrad der induktiven Kopplung-EH-Einheit	-
η_I	Impedanztransformationswirkungsgrad (Anpassungswirkungsgrad)	-
$\eta_{g_{KK}}$	Gesamtwirkungsgrad der kapazitiven Kopplung-EH-Einheit	-
η_{IK}	Wirkungsgrad der induktiven Kopplung	
κ	elektrische Leitfähigkeit	A/Vm
λ	Wellenlänge	m
μ	magnetische Permeabilitätskonstante, $\mu = \mu_0 \cdot \mu_r$	Vs/Am
μ_0	magnetische Permeabilität des Vakuums mit dem Wert 1,25663706127	Vs/Am
μ_r	stoffabhängige Permeabilitätszahl (auch relative Permeabilität genannt)	-
π	Abbildung (Funktion) zur Überlagerung in einem topologischen Raum	*1-D*, $\mathbb{R}^1$

Variable	Bedeutung	Dimension/ Einheit
ρ_l	Linienladungsdichte	$C/m, As/m$
ρ_A	Flächenladungsdichte	C/m^2
ρ_v	Volumen-, Raumladungsdichte	C/m^3
$\mathcal{P}$	Punkt im kartesischen Koordinatensystem	3-D, $\mathbb{R}^3$
$\mathcal{P}_e$	Ereignis an den Punkten	3-D, $\mathbb{R}^3$
$\mathcal{P}_i$	Ereignis (z. B. Schall- und Detonationswellen) erreicht den FSK mit i. Nummer	3-D, $\mathbb{R}^3$
τ	Sendezeit des Funksensorknotens t_{SF} bzw. des Routers t_{SR}	s
τ_p	Pufferzeit zwischen den gesendeten Datenpaketen	s
τ_T	Sendezeit des Funksensorknotens und des Routers zusammen	s
γ	Luftwärmekoeffizient oder die spezifische Wärmekennzahl	-
$\mathcal{T}$	toplogische Struktur auf einer Menge	-
φ	Azimutwinkel, Phase	$°, grad, rad$
$\boldsymbol{\varphi}, \boldsymbol{\varphi}_e$	elektrische Potentialmatrix	V
φ, φ_e	elektrisches Potential	V
φ_m	magnetisches Potential	A
$\emptyset$	Teilmenge	-
Φ	Abbildung (Funktion) der Menge der reellen Zahlen auf die Menge der komplexen Zahlen, d. h. vom topologischen Raum Y als Spiralform zum topologischen Raum Z als Kreisform	-
Φ_e	elektrischer Fluss	C, As
Φ_m	magnetischer Fluss	Wb, Tm^2, Vs
$\boldsymbol{\Phi}_m$	magnetische Flussmatrix	Wb, Tm^2, Vs
ψ	Zenitwinkel	$°, grad, rad$
Ψ	Umkehrabbildung von Φ, d. h. vom topologischen Raum Z als Kreisform zum topologischen Raum Y als Spiralform. Mit anderen Worten, die stetige Funktion Ψ dient die „Hochhebung" des Raumes S^1 in komplexen Zahlen $\mathbb{C}$ nach einer eindeutigernSpiralform in reellen Zahlen $\mathbb{R}$ zu ermöglichen.	-
ω	Winkelgeschwindigkeit, Kreisfrequenz	rad/s
Ω	Menge der Wege im topologischen Raum X, die an x_0.Basispunkt beginnen und enden (‚Schleifen an x_0').	-

Indizes/Potenzen

Abkürzung	Bedeutung
0	Anfangswert; Anfangsbedingung; Grunddämpfung
a	Ankunft; Ausgang
A	Aufwecken-Zustand; Fläche; Antenne

Abkürzung	Bedeutung
ab	abgeführt
AC	Wechselstrom (engl., Alternating Current)
AK	vom p-Anschluss (Anode) zum n-Anschluss (Kathode)
An_M	Messzustand der analogen Sensoren über Mikrocontroller (Dolphin)
aus	Ausschalten-Zustand der Schalter
B	magnetische Flussdichte; Betrieb; Boltzmann
BR	Durchbruchsbereich der Diode als Spannung
d	Entfernung, Differenz
dB	Zehntel eines Bels
D	Durchlassbereich der Diode
DC	Gleichstrom (engl., Direct Current)
DC_a	Ausgang des DC/DC-Wandlers
DC_e	Eingang des DC/DC-Wandlers
D_R	Dolphin-Ruhezustand (Leckstrom + Deepsleep (MSP aus))
e	elektrisch; Eingang
E	Empfangsantenne
eff/Eff	effektiv
$EIRP$	äquivalente isotrope Strahlungsleistung (Equivalent Isotropic Radiated Power)
ein	Einschalten-Zustand der Schalter
EMS	Energiemanagement & Energiespeicher
ent	Entladeschluss
Er_{Tx}	Übermittlungsstatus der Ereignisdateien
f	Fläche
F	Feldwellen; Flussspannung der Dioden
F_{Ge}	Flussspannung der Germanium-Diode
$F_{Schottky}$	Flussspannung der Schottky-Diode
FO	Feldwellen im freien Raum (oder Vakuum)
g	gesamt
g_{KK}	Gesamtwert für die kapazitive Kopplung
G	Gleichrichter
G_a	Ausgang des Gleichrichters
G_e	Eingang des Gleichrichters
GS_R	Gesamter Ruhestrom von Dolphin, MSP und Energiespeicher
h	einlaufende Welle
i	Innen; isotroper Kugelstrahler; Nummer/ Base-ID des Funksensorknotens/Routers oder der Punkte einer Menge bzw. topologisches Raumes; Fußpunkt der Antenne
ik	zwei verschiedene Stromkreise
i_{GS}	Zustand des gesamten Systemstromverbrauches (Sensor-, Leck-, Mikrocontroller- und andere Bauteile-Strom)
i_{Tag}	Gesamte durchgeführte Aktivitäten eines FSKs in 24 Stunden

Abkürzung	Bedeutung
ist	Vorhandener Zustand/Wert
I	Impedanztransformation
j	Imaginär; Verlust; Anzahl der geteilten Abschnitte des LZVs
j'	Anzahl der geteilten Unterabschnitten des LZVs
k	Nummer zur Bezeichnung des Stromkreises der gesamten Stromkreisanordnung
KK	kapazitive Kopplung
KK_a	Ausgang der kapazitiven Kopplung
KK_e	Eingang der kapazitiven Kopplung
l	Anzahl der Funksensorknoten in jedem Abschnitt, mit Ausnahme des letzten Abschnitts; Bezeichnung zu den Linien
L	Leck-, Selbstentladungszustand
L	L ist Ort an der Leitungsverbindung, an dem sich für $z = L$ der Reflexionsfaktors $\underline{S}_{11}$ für die beiden skalaren Größen mit den Amplituden der auf dem Koaxialkabel in das Übertragungssystem einlaufenden Wellen bzw. aus dem Übertragungssystem auslaufenden Wellen ergibt.
LZ_{Tx}	Übermittlungsstatus der Lebenszeichendateien (nur Dolphin aktiv, ohne MSP)
LZ_{Tx1}	Übermittlungsstatus der Lebenszeichendateien (Dolphin aktiv, MSP in Low-Modus (LPM4-Schlafmodus)
m	mittel; magnetisch; maximal
max	maximal
min	minimal
me	Medium
M	Messzustand der Temperatur des Mikrocontrollers (Dolphin)
MSP_A	Aktiv-Modus (16 MHz) von MSP
MSP_R	Low- und LPM4-Schlafmodus, von MSP
n	Normale, die mit der Geraden einen rechten Winkel bildet, z. B. auf einer Fläche; negativ; zur Beschreibung der Reihenfolgen der Punkten; Zahl, die den Grad der Dimension angibt; Nennkapazität, -spannung
o	Vakuum als Medium; Oberfläche
p	Puffer; primär; physikalisch
Q	elektrische Ladung; Energiequelle
r	relativ; Radius; auslaufende Welle
r_d	Differenzvektor, -radius
Rx	Zustand des empfangenen Lebenszeichens oder Ereignisses
s	Sekundär, Stoß, Reihe
S	Sensor; Sendeantenne; Sättigungssperr für den Strom; Schalter
S_a	außerhalb einer Spule
S_g	Gesamtwert für eine Spule
S_i	innerhalb einer Spule
SF	Übermittlungsstatus des Funksensorknotens
SR	Übermittlungsstatus des Routers

Abkürzung	Bedeutung
T	Transmitter (Senden); Temperatur
Tx	Übermittlungszustand der Lebenszeichen- oder Ereignisdateien
w	Wärme; Welle; Wirkung; Warten
W	Wirkfläche
W_E	Wirkfläche der Empfangsantenne
W_S	Wirkfläche der Sendeantenne
W_i	Warten auf Senden von Ereignisdaten (CPU aktiv (16 MHz), Dolphin)
u	Ursache
v	Raumvolumen
vor	vorhandener/aktueller Zustand
Z	skalierter Abstand
zu	zugeführte

Abkürzungen

Abkürzung	Bedeutung
1-D	1-dimensional
2-D	2-dimensional
3-D	3-dimensional
(n-1)-D	(n-1)-dimensional
n-	n-dimensional
AC	Wechselstrom (engl., Alternating Current)
ACK	engl., Acknowledgement
AI	Artificial Intelligence
AISIS	Automatisierte Informationsgewinnung und Schutz kritischer Infrastrukturen im Katastrophenfall
BACnet	Building Automation and Control Networks
BCRT	Braided Cooperative Realiable Transport
BMBF	Bundesministerium für Bildung und Forschung
BS	Basisstation
CC	Capacitive Coupling/Coupled
CC-WPT	Capacitive Coupling/Coupled Wireless Power Transfer
CDMA	Codemultiplex (engl., Code Division Multiple Access)
CPU	Central Processing Unit
DB	Deutsche Bahn
DC	Gleichstrom (engl., Direct Current)
D-MAC	Energieeffiziente dynamische MAC (engl., Power efficient dynamic MAC)
Eff	Effektiv
EH	Energy Harvesting
EKI	Erklärbare Künstliche Intelligenz (engl., Explainable Artificial Intelligence, XAI)
EIRP	Equivalent Isotropic Radiated Power
EM	Elektromagnetik
EM-EH	Elektromagnetik Harvester/Wandler (Kapazitive und induktive Harvester)
EN	Europäische Norm
EZ	Einsatz Zentrale

Abkürzung	Bedeutung
FDMA	Frequenzmultiplex (engl., Frequency Division Multiple Access)
FIFO	engl., Fist-In, First-Out
FL	Fahrleitung
FM	Frequenzmodulation
FSK	Funksensorknoten
GPRS	Allgemeiner paketorientierte Funkdienst (engl., General Packet Radio Service)
GSM	Globales System für mobile Kommunikation (engl., Groupe special Mobile/Global System for Mobile Communications)
GUI	Graphical User Interface (dt., Grafische Benutzeroberfläche)
HART	über Kommunikation adressierbarer ferngesteuerter Feldgeräte (Sensor bzw. messumformer), (engl., Highway Addressable Remote Transducer)
HF	Hochfrequenz (engl., High Frequency)
I/O	Input/Output
IC	Inductive Coupling
IC-WPT	Inductive Coupling/Coupled Wireless Power Transfer
ID	Identifikation (engl., Identification)
IEC	international Elektrotechnische Kommission
IEEE	Institute of Electrical and Electronics Engineers
INIT	Initialisierung
IoT	Internet der Dinge (engl., Internet of Things
IP	Internet Protocol
ISO/OSI	„International Standards Organization/Open Systems Interconnection
KI	Künstliche Intelligenz, (engl., Artificial Intelligence, AI)
LabVIEW	Laboratory Virtual Instrumentation Engineering Workbench
LED	Light-Emitting Diode
LiveSDM	Live Sensor Data Monitoring
LLC	logische Verbindungsschicht (engl., Logical Link Control)
LPM	Schalfmodus (engl., Low Power Modes)
LPWANs	weiträumige Netzwerke mit niedrigem Energieverbrauch (engl., Low Power Wide Area Networks)
LTC	Linear Technology Corporation
L-WPT	Laser Wireless Power Transfer
LZV	Lokales Zeitschlitzverfahren
MAC	Standard Medienzugriffsverfahren (engl., Medium Access Control)
MEH	Micro Energy Harvesting
MEHT	Micro Energy Harvesting Technology
MeEHT	mechanische Energy Harvesting Technologien
MIT	Massachusetts Institute of Technology
MRC-WPT	Magnetically Resonance Coupling/Coupled Wireless Power Transfer
MSP	Mixed-Signal-Processor
NAK	engl., No Acknowledgement
OK	Oberkante
OPC	Ole for Process Control
OSI	Open Systems Interconnection
PAD	Personal Digital Assistant
PE	Piezoelektrik
PEH	Piezoelektriksches Energy Harvesvesting (engl., Piezoelectric Energy Harvester)
PETN	Pentaerythrityltetranitrat
PS	Piezosensor
PT	Power Transfer
RIC-WPT	Resonance Inductive Coupling/Coupled Wireless Power Transfer

Abkürzung	Bedeutung
RF	Radiofrequenz (engl., radio-frequency)
RFID	Radiofrequenz Identifikation
RL	Rückleitung
R-MAC	Routing-erweiterter-MAC (engl., Routing enhanced MAC)
RMS	Quadratischer Mittelwert (engl., Root Mean Square)
RF-WPT	Radio Frequency Wireless Power Transfer
SDMA	Raummultiplex (engl., Space Division Multiple Access)
S-MAC	Sensor-MAC
SO	Schienenoberkante
SPI	Serielle Schnittstelle (engl., Serial Peripheral Interface)
STM	Scavenger Transceiver Module
TCP	Transmission Control Protocol
TDMA	Time Division Multiple Access
TEG	Thermoelektrischer Generator (Wandler/Harvester)
TEH	Thermal Energy Harvesting (Harvester)
TET	Transkutanen Energietransformation
THW	Technisches Hilfswerk
T-MAC	Timeout Media Access Control (dt., Zeitüberschreitungs-Medienzugriffskontrolle)
TNT	Trinitrotoluol
TS	Tunnelstation
VL	Vanadium-Lithium
VLD	Variable Length Data (Übertragungsprotokoll von Dolphin)
UART	Universal Asynchron Receiver /Transmitter
UKW	Ultrakurzwelle
US	Ultraschall
WPT	Wireless Power Transfer/Transport (dt., Drahtlose Energieübertragung/-übertragung)
XAI	Explainable Artificial Intelligence

1 Einleitung

1.1. Motivation und Ziele dieser Arbeit

Das Gesamtziel dieser Dissertation liegt in der Entwicklung eines Systems aus energieautarken Funksensorknoten zur Gewinnung von Informationen über den Zustand kritischer Verkehrsinfrastruktur im Katastrophenfall[1]. Die Gegebenheiten jeder Infrastruktur, wie Tunnel, Brücken und Gebäude im erweiterten Sinne, sind spezifisch. Im Rahmen dieses Vorhabens wird der Fokus auf Verkehrstunnel gelegt.

Das Vorhaben stützt sich auf das Szenario einer massiven Schädigung kritischer Verkehrsinfrastruktur, ausgelöst durch mutwillig verursachte Explosionslasten, Naturkatastrophen oder Großunfälle. Das Ziel dieser Arbeiten liegt lediglich in der Erfassung von Schäden durch statische und zyklische Belastungen im Normalbetrieb und die Beurteilung von Tragverhalten und der daraus abgeleiteten Lebensdauerprognose der Infrastruktur. Es ist jedoch, insbesondere für Verkehrstunnel kein System aus einem Netzwerk von Funksensorknoten bekannt, welches die Lasteinwirkung auf die Infrastruktur im Katastrophenfall erfasst, woraus die Resttragfähigkeit bestimmt werden kann. Nach Angaben des Technischen Hilfswerks (THW) werden üblicherweise Baupläne, Brandschutzpläne und Berechnungen von Statikern und Rettungskräften bei der Planung und Koordination von Rettungseinsätzen verwendetb [THW25]. Genauere Aussagen über das Gefährdungspotential der Rettungskräfte durch ungenügende Resttragfähigkeit von beschädigter Infrastruktur können vor Ort nicht getroffen werden.

Informationen über das Schadensausmaß von Tunneln, Gebäuden Brücken beziehungsweise Teilen davon nach einem Explosionsereignis oder einer Naturkatastrophe können den Rettungskräften bei der Planung von Rettungseinsätzen und den Einsatz von menschlichen Ressourcen vor Ort von großer Bedeutung sein. Ein über langen Zeitraum wartungsfreies und energieautarkes System vereinfacht eine langfristige Anwendung und erhöht die Systemsicherheit im Katastrophenfall. Gegenstand dieser Arbeit ist die Gewinnung von Informationen zur Resttragfähigkeit von Gebäudestrukturen im erweiterten Sinne, im Katastrophenfall durch Entwicklung und Qualifizierung energieautark arbeitender Funksensorknoten, welche mithilfe von Sensoren die auf die Infrastruktur einwirkende Lasten erfassen und anschließend drahtlos an die Einsatzzentrale weiterleiten (s. Abb. (1.1)). In diesem Zusammenhang befasst sich diese Arbeit mit der Entwicklung von Funksensoren im Hinblick auf Energy-Harvesting-Anwendungen. Unter dem Gesichtspunkt energieeffizienter Anwendungen von Funksensorknoten für verschiedene Arten von Infrastrukturen im Katastrophenfall werden der Entwurf von Topologien und Kommunikationsstrategien, der Hardware- und Gehäuseaufbau, die Programmierung und der Test, die Visualisierung und die Auswertung der empfangenen Daten während der Ereignisse dargestellt. Im Anschluss daran beschäftigt sich diese Arbeit mit der Analyse, Simulation und Messung von hybriden elektromagnetischen Energy Harvesting Anwendungen in Tunnelumgebungen zur Untersuchung der Einsatzmöglichkeiten von energieautarken Funksensorknoten in Tunnelumgebungen des Schienen- und Straßenverkehrs.

---

[1] *Die vorliegende Arbeit bezieht sich teilweise auf die Tätigkeiten des Verfassers im Rahmen des Projektes AISIS. Ziel des vom Bundesministerium für Bildung und Forschung (BMBF) unter dem Förderkennzeichen 13N9605 geförderten Verbundprojektes war die Erforschung der automatisierten Informationsgewinnung und des Schutzes kritischer Infrastrukturen im Katastrophenfall (AISIS) [Ais25].*

M. Erd, *Energieautarke eingebettete Funksensorknoten zur Zustandsüberwachung von zivilen Infrastrukturen im Katastrophenfall*, https://doi.org/10.1007/978-3-658-51811-0_1

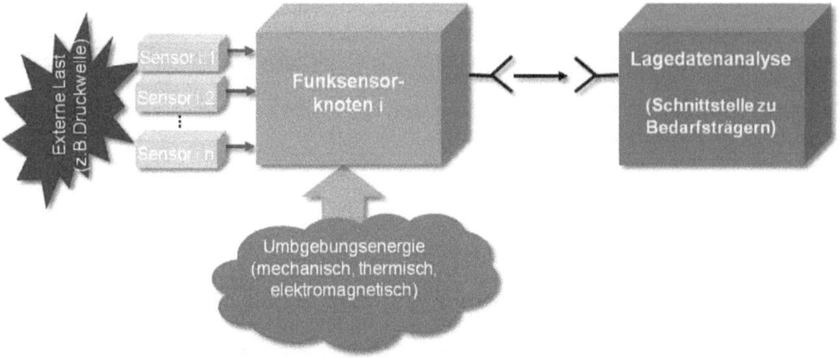

Abb. 1.1 Schematische Darstellung des Überwachungssystems während eines Katastrophenfalls. Während eines Ereignisses (z. B. Explosion) detektieren die Sensoren die Stoßwellen und leiten diese Informationen durch Funksensorknoten weiter zur, Lagedatenanalyse. Für die Betreibung der Funksensorknoten wird die Umgebungsenergie, d. h. mechanische, thermische oder elektromagnetische Energie, verwendet.

1.2. Zentrale Beiträge und Struktur dieser Arbeit

Die Arbeit gliedert sich in vier Bereiche, in denen jeweils Entwicklungsarbeiten und Tests durchgeführt werden:

- Festlegung Topologien, Algorithmen, Kommunikationsstrategien, Synchronisation und Aufweckstrategien für energieautarke und effiziente Kommunikation.
- Entwurf der Funksensorknoten-Entwicklungsplattform.
- Visualisierung der empfangenen Daten für die Unterstützung der Bewertung und Entscheidung der Einsatzkräfte.
- Entwicklung und Anwendung der elektromagnetischen Energy-Harvester (EM-EH) zur Energieversorgung für den Funksensorknoten unter der effizienten Energiemanagementstrategien.

In Bezug auf die für einen Einsatz in Verkehrstunneln vorgeschlagene Netzwerktopologie werden die Funksensorknoten mithilfe angepasster Zeitschlitzverfahren synchronisiert. Für die Übermittlung der Daten im Katastrophenfall werden insbesondere zwei Kriterien, die effiziente und kollisionsfreie Datenübermittlung, berücksichtigt.

Unter Berücksichtigung der Hardwareeigenschaften des Funkchips, der begrenzten Energiemenge und der Spezifität der Tunnelumgebung werden verschiedene Netzwerktopologien in Verbindung mit der Softwareentwicklung für Kommunikationsstrategien und Routingverfahren entworfen und getestet.

Bei der Hardwareentwicklung (s. Abb. (1.2)) wird darauf geachtet, dass nur verlustarme Komponenten zum Einsatz kommen (Abschn. (2.4)). Bei Energy-Harvesting-Systemen mit sporadischem Energieertrag ist es von großer Bedeutung, dass der Verlust der aus der Umgebung gewonnenen Energie minimalisiert wird. Dabei spielt das Betriebssystem ebenfalls eine große Rolle, bei dessen Entwicklung die vorgegebenen Software-Bibliotheken ausgereizt und die Abläufe auf Energieeffizienz ausgelegt werden. Hierunter nehmen die Netzwerktopologie und das entsprechende Netzwerkprotokoll eine wichtige Stellung in Hinsicht auf den Energieverbrauch des Funksensorknotens ein. Als Hardwareplattform für den Funksensorknoten wird eine Vorversion des Funkchips EO3000I der Firma EnOcean (gehäust als STM300-Dolphin bezeichnet) verwendet. Die in dieser Arbeit durchgeführte Auslegung der Hardware und der Software des Funksensorknotens richtete sich nach den Spezifikationen und der Leistungsfähigkeit des Funkchips [Eno25-1–Eno25-4].

Die Systemarchitektur der entworfenen Lageüberwachung während eines Ereignisses (z. B. Explosion, Erdbeben, Brand, ...) ist aus gerätetechnischer Aufbausicht in Abbildung (1.3) dargestellt. Sie teilt sich auf in mobile und lokale Komponenten (Abschn. (2.5)). Gleichzeitig wird das gesamte System auf vier Ebenen (Erfassung, Kommunikation, Verarbeitung und Visualisierung) präsentiert. Die mobilen Komponenten ermöglichen eine flexible Anwendung des Systems. Ferner wird eine GUI für das Überwachungssystem als eine Lagedatenanalyse mit der grafischen Programmierungsumgebung, LabVIEW (Laboratory Virtual Instrumentation Engineering Workbench) [Lab25], entworfen, um die Echtzeit-Beobachtung und Bewertung der Funksensorknotendaten zu ermöglichen (s. Abb. (1.3)).

Die nach den festgelegten Anforderungen und Spezifikationen in erster Linie für die Tunnelumgebung entwickelten Funksensorknoten werden in der Laborumgebung und im Freifeld für die Qualifizierung getestet (Abschn. (4.2)). Die Funksensorknoten werden in das Informationssystem eingebunden und mit den Systemkomponenten getestet. Anschließend wird die Funktionalität des gesamten Informationsgewinnungssystems im Katastrophenfall mit einem

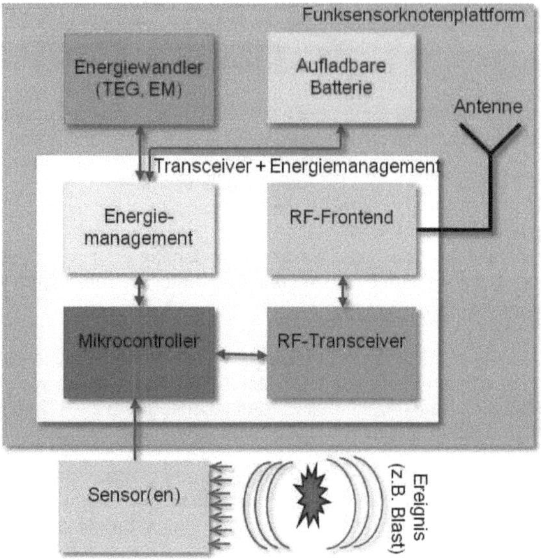

Abb. 1.2 Schematische Darstellung des in Abbildung (1.1) genannten Funksensorknotens als eine Plattform mit den integrierten elektronischen Komponenten und Sensoren.

Freifeldtest („Großversuch") und während der Explosionen für das Bauen der Rettungsstollen in einem Verkehrstunneln demonstriert.

Die Möglichkeit einer hybriden elektromagnetischen Energieversorgung mit elektromagnetischer Fernspeisung (RF), elektrischer Kopplung und magnetischer Kopplung (Induktivität) für energieautarke Funksensorknoten in der Umgebung von Straßen- und Bahntunneln wird in Abschnitt (3) diskutiert. Nach einem Überblick über die Energieversorgung elektrischer Bahnen und die elektromagnetische Fernspeisung in Straßentunneln (Abschn. (3.1)) wird ein kurzer Rückblick auf die Entdeckung und Entwicklung der drahtlosen Energieübertragung in den Jahren 1800–1930 gegeben (Abschn. (3.2)), da einige Entwicklungen aus dieser Zeit auch Anfang 2000 noch Stand der Technik sind. Anschließend folgt ein Überblick über den heutigen Stand der Technik der drahtlosen Energieübertragung und entsprechende Energy-Harvesting-Anwendungen.

Nach einer Zusammenfassung der theoretischen Grundlagen elektromagnetischer Felder und elektromagnetischer Energy-Harvesting-Anwendungen in Abschnitt (3.3) wird in Abschnitt (3.4) die Energiedichte der elektrischen und magnetischen Felder in der gesamten Umgebung der Bahnstrecke und des Tunnels anhand der Simulationsergebnisse der elektrischen und magnetischen Feldverteilung mit der Simulationssoftware WinField/ETC 400® [Win25] an Hochspannungsleitungen für ein- und zweigleisige Bahnstrecken und eingleisige Bahntunnel dargestellt, um die Anwendung der verschiedenen Arten von EM-Energy-Harvesting zu vergleichen und die möglichen Installationskoordinaten der Funksensorknoten in den genannten Umgebungen zu untersuchen. Die Darstellung der Messergebnisse und Anwendungen aus Kapitel (3) ist Gegenstand des Abschnitts (4.3). Dabei werden zunächst die Messergebnisse eines Plattenkondensators zur kapazitiven Kopplung an die eingleisige Bahnstrecke, dann drei

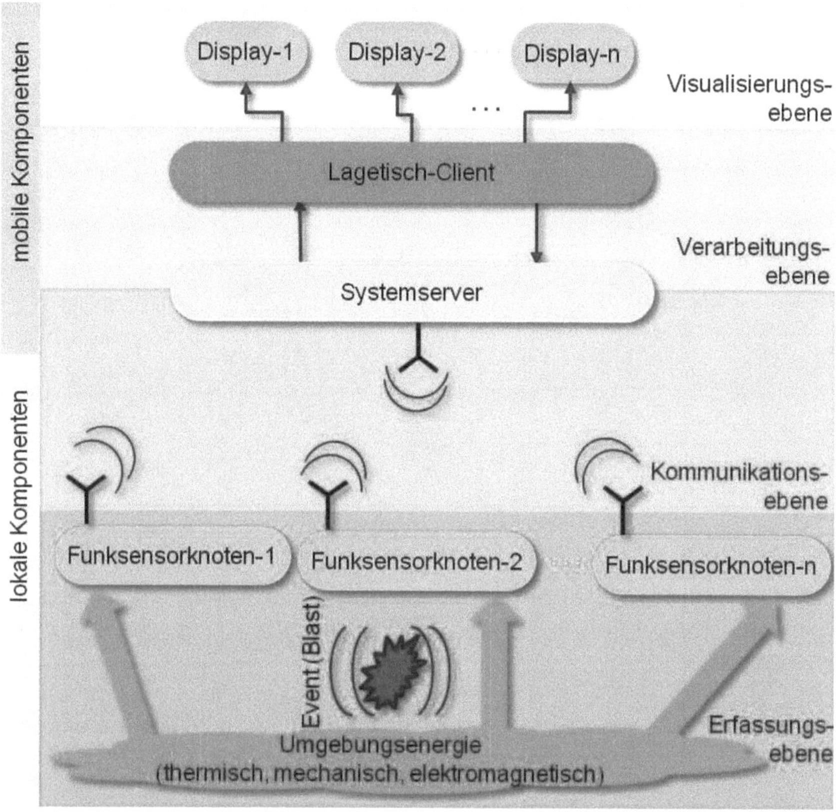

Abb. 1.3 Darstellung der Lageüberwachung während eines Ereignisses auf gerätetechnischer Aufsicht. Das Lageüberwachungssystem wird zunächst als mobile und lokale Komponenten aufgeteilt. Gleichzeitig wird das gesamte System auf vier Ebenen, d. h. Erfassung, Kommunikation, Verarbeitung und Visualisierung, präsentiert. Die Energie für die Funksensorknoten wird aus der Umgebung gewonnen.

weitere Messergebnisse, zwei davon mit zylindrischer Drahtspule und eines mit konischer Spule, zur magnetischen Kopplung während der Fahrt von Regional- und InterCity-Zügen und schließlich die Messergebnisse zur elektromagnetischen (RF-) Fernspeisung, die die Messungen in der Laborumgebung und in zwei verschiedenen Straßentunnelumgebungen mit unterschiedlichen Trägersignalen, nämlich 434 MHz und 868 MHz, umfassen, dargestellt.

2 Entwurf von Topologien, Kommunikationsverfahren und Hardware für die energieautarke eingebettete Funksensorknoten zur Zustandsüberwachung ziviler Infrastrukturen im Katastrophenfall

In diesem Kapitel werden die Einsatzmöglichkeiten von energieautarken Funksensorknoten im Umfeld von Infrastrukturen, insbesondere von Straßen- und Eisenbahntunneln in Tübbingbauweise ohne zusätzliche bauliche Maßnahmen, im Katastrophenfall diskutiert.

Nach einer Darstellung des Standes der Technik zur Lageüberwachung im Katastrophenfall mit energieautarken Funksensorknoten (s. Abschn. (2.1)) liegt ein Schwerpunkt des Kapitels auf der Untersuchung der Topologie zur Positionierung und kollisionsfreien Datenübertragung von Funksensorknoten für Verkehrstunnel und Gebäudeinfrastrukturen (s. Abschn. (2.2)). Auf Basis der Topologieentwürfe werden anschließend energieeffiziente Routing- und Kommunikationsverfahren entworfen (s. Abschn. (2.3)). Anschließend wird die entworfene Funksensorplattform hinsichtlich Hardware, Kommunikationsprotokoll, Frame-Format und Energieverbrauch beschrieben (s. Abschn. (2.4)) Darauf aufbauend wird ein Lageüberwachungssystem für Katastrophenfälle vorgestellt (Abschn. (2.5)). Dabei wird zunächst eine Systemarchitektur für ein Lageüberwachungssystem im Katastrophenfall aus gerätetechnischer Sicht dargestellt. Anschließend wird auf den Prozess der Informationsverarbeitung im Katastrophenfall eingegangen und abschließend ein GUI in Form einer Lagedarstellung ("Lagetisch") zur Visualisierung der durchgeführten Labor- und Freifeldversuche vorgestellt.

M. Erd, *Energieautarke eingebettete Funksensorknoten zur Zustandsüberwachung von zivilen Infrastrukturen im Katastrophenfall*, https://doi.org/10.1007/978-3-658-51811-0_2

2.1 Stand der Technik zur Lageüberwachung eines Katastrophenfalles mit energieautarken Funksensorknoten

Die Entwicklung eines energieautarken Funksensornetzwerks zur Überwachung des Zustands von Verkehrstunneln im Katastrophenfall ist in der wissenschaftlichen Diskussion ein neues Thema. In Forschungsarbeiten, die sich mit der Langzeitüberwachung von während der Normalbeanspruchung entstehenden Abnutzungserscheinungen und Alterungseinflüssen an Brücken oder Gebäuden befassen, werden kabelgebundene Systeme oder batteriegespeiste Funksensorknoten verwendet [1–7].

Bei batterielosen Systemen hat sich die Solarzelle aufgrund der hohen Energieausbeute durchgesetzt. Diese Systeme können jedoch nur bei guten Lichtverhältnissen eingesetzt werden und kommen für Verkehrstunnel nur begrenzt in Betracht. Sie können nur in beleuchteten Tunneln als Indoor-Solar-Harvesting mit regelmäßige Staubentfernung (auf den Solarzellen) angewendet werden. Diese entspricht nicht einer wartungsfreien Anwendung eines Energy-Harvester.

Bezüglich der Energiegewinnung aus der Umgebung wird weltweit an wissenschaftlichen Instituten geforscht. Im Allgemeinen werden Prinzipien zur Energiegewinnung aus Vibrationen, Bewegungen, Temperaturgradienten, Lichtquellen oder chemischen Reaktionen untersucht. Einige Themen aus diesem Gebiet werden im Graduiertenkolleg Micro Energy Harvesting und bei den Drittmittelprojekten des Instituts für Mikrosystemtechnik bearbeitet [8–24]. Mit Hinblick auf das elektromagnetische Harvesting befassen sich die gängigsten Arbeiten mit der Energiegewinnung bzw. Übertragung mithilfe hochfrequenter elektromagnetischer Wellen [25–29]. Dies erfordert jedoch das Vorhandensein einer Quelle elektromagnetischer Strahlen innerhalb der spezifischen Umgebung.

Auf dem umfangreichen Forschungsgebiet der energieeffizienten Funkprotokolle [30–33], Topologien [34–37], Algorithmen [38–42], Synchronisation [43–47], Aufweckstrategien [43, 48–50], Routing [51–57], Maximierung der Lebensdauer [58–60], Lagezustandsbestimmung [61–65] wird auf den Einsatz von energieautarken Funksensorknoten bei zeitkritischen Ereignissen nicht näher eingegangen.

Dies spiegelt sich in Forschungsarbeiten auf dem Gebiet der Datenerfassung und Übermittlung mithilfe von Funksensorknoten in unterschiedlichen Anwendungsbereichen wieder (z. B. Umwelt [43, 65, 67], Landwirtschaft [43], Gebäude [6, 68–72], Industrie [73], Ölleitungen [74], Minentunnel [75–81], Zug- und Straßentunnel [82–85]), wo allerdings zeitkritische Ereignisse in Verbindung mit drahtlosen Energy-Harvesting-Systemen nicht betrachtet werden. Auch bei der Verwendung von Funksensorknoten in Katastrophenfällen befassen sich die Forschungsarbeiten nicht mit den zeitkritischen und energieautarken Aspekten [42, 72, 86–95]. Speziell bei Katastrophenereignissen in Verkehrstunneln liegt bei einigen Arbeiten der Schwerpunkt auf den Auswirkungen von Explosionsereignissen auf der Infrastruktur [96–101]. Sie verwenden jedoch weder Funksensorknoten noch energieautarke Systeme. Des Weiteren existieren Arbeiten, die sich mit dem Ausbreitungsverhalten von elektromagnetischen Wellen in Tunneln befassen, dieses jedoch nicht speziell auf Kommunikation von Funksensorknoten in einem Netzwerk beziehen [102–109].

2.2 Untersuchung zum Topologieentwurf, zur Platzierung und zur kollisionsfreien Datenübertragung von Funksensorknoten für Verkehrstunnel- und Gebäudeinfrastrukturen

Ein wichtiger Faktor für die kollisionsfreie Kommunikation der Funksensorknoten untereinander und die verlustfreie Übertragung ihrer Daten über das Übertragungsmedium ist die Art und Weise, wie die Funksensorknoten getriggert werden. Hierbei spielen die Triggerursachen, die Reaktion der Funksensorknoten während des Triggers und die Topologie der Funksensorknoten, wie sie in der Mess-/Überwachungsumgebung eingesetzt werden, eine wichtige Rolle.

Die Antwort auf die Frage, ob während eines Ereignisses, z. B. einer Explosion, ein Funksensorknoten oder mehrere Funksensorknoten gleichzeitig getriggert werden, ist für den Entwurf einer energieeffizienten und kollisionsfreien Kommunikation in Anwendungen mit Funksensorknoten von Bedeutung. Diese Frage wird in Abschnitt (2.2.1) für Funksensorknoten in einem Verkehrstunnel in Tübbingbauweise und in Abschnitt (2.2.2) für Funksensorknoten in gebäudeartiger Infrastruktur gestellt und die entsprechenden Antworten untersucht.

2.2.1 Im Verkehrstunnel in Tübbingbauweise

Unter der unten festgelegten *Annahme-1* wird zuerst von einem „Worst Case" Fall, in dem in einem Abschnitt des Tunnels alle Funksensorknoten nach einem Ereignis getriggert werden und anschließend ihre Daten senden, ausgegangen.

Annahme-1:

a) Die Funksensorknoten haben eine Minimumgröße, sind ohne Abstand dicht nebeneinander in einer Kreisform mit Durchmesser R an der Wand des Tunnels installiert.
b) Der Tunnel wurde in n Abschnitte aufgeteilt. Der Abstand zwischen der Mitte der benachbarten Abschnitte ist d.
c) In der Mitte jedes Abschnittes befindet sich die in Annahme-1a genannte Funksensorknotengruppe.
d) i) Am Eingang oder Ausgang des Tunnels findet ein Ereignis statt.
ii) In inneren Bereich des Tunnels findet ein Ereignis statt.

Um den oben genannten „Worst Case" unter der *Annahme-1* weiter zu vertiefen, wird die unten beschriebenen *Annahme-2* gemacht.

Annahme-2:

a) Die Größe der Funksensorknoten kann kleiner werden, so, wie ein Punkt. Aufgrund der Annahme-1a–c, bilden die Funksensorknoten ein kreisförmiges Schild mit Durchmesser R an der Wand des Tunnelabschnittes.
b) Das Schild aus a) wird als Lichtreflektor angenommen.
c) Als Ereignisquelle bei der Annahme-1d wird eine kugelförmige Lichtquelle angenommen.

Aufgrund der *Annahmen-1* und *-2* werden folgende Szenarien angenommen:

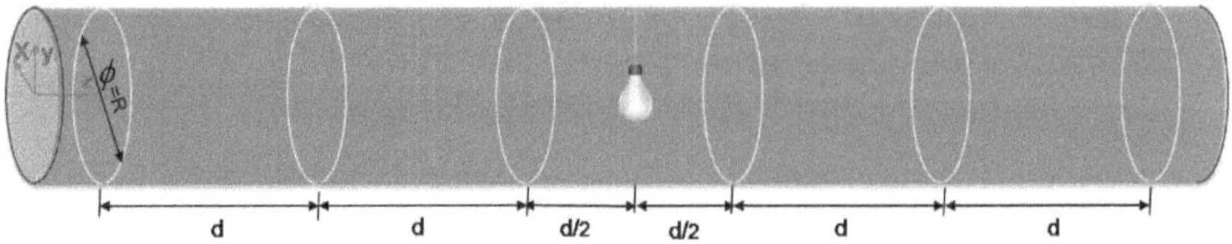

Abb. 2.1 In einem Tunnel mit dem Durchmesse *R* wird angenommen, dass sechs Licht-Reflektorringe mit dem Tunneldurchmesser an der Tunnelwand mit der jeweiligen Entfernung *d m* eingesetzt sind. In der Mitte des Tunnels befindet sich eine Lichtquelle.

An der inneren Wand des Tunnels werden die Lichtreflektoren wie in Abbildung (2.1) als Ring mit dem Tunneldurchmesser $R\ m$ eingesetzt. Anschließend wird in die Mitte des Tunnels eine kugelförmige Lichtquelle als Ereignisquelle angebracht. Wenn die Lichtquelle angeschaltet wird, werden die Lichtreflektor-Scheiben, die äquidistant rechts und links zur Lichtquelle sind, gleichzeitig mit der Länge $\pi R\ m$ reflektierten. Aufgrund der Tunnelgeometrie wird die Spiegelung der Reflektoren in Zeitdomen mehrdeutig, d. h. alle Punkte auf einem Lichtreflektor spiegeln das Licht gleichzeitig.

Um diese Mehrdeutigkeit in Zeitdomen zur Eindeutigkeit umzuwandeln, wird hier ein Topologischer Raum in einem Tunnel durch die Berechnung der Fundamentalgruppe der Homotopie in algebraische Topologie untersucht. Bevor diese Berechnung dargestellt wird, wird auf Grundbegriffe der algebraischen Topologie, wie metrische Räume, stetige Abbildungen, topologische Räume, Homotopie, eingegangen.

2.2.1.1 Grundlagen der algebraischen Topologie

- **Grundbegriffe**
  - **Metrische Räume**

Definition (Metrik, metrischer Raum): „Eine *Metrik* auf einer Menge *X* ist eine Abbildung

$$d: X\, x\, X \rightarrow \mathbb{R} \tag{2.1}$$

welche die folgenden drei Axiome erfüllt:

- Positive Definitheit: Für alle Punkte x, y gilt $d(x,y) \geq 0$ und $d(x,y) = 0$ genau dann, wenn $x = y$.
- Symmetrie: Es gilt $d(y,x) = d(x,y)$ für alle Punkte x, y.
- Dreiecksungleichung: Für je drei Punkte x, y, z ist

$$d(x,z) \leq d(x,y) + d(y,z) \tag{2.2}$$

erfüllt. Hier ist die Zahl $d(x,y)$ als der Abstand zwischen x und y. Ein *metrischer Raum* ist ein Paar *(X, d)*, die aus einer Menge *X* und einer Metrik d auf X besteht. Der metrische Raum wird meistens nur mit *X* beschrieben“ [110].

Eine Metrik d wird in $\mathbb{R}^n$ für die Punkte $x = (x_0, \ldots, x_{n-1})$ und $y = (y_0, \ldots, y_{n-1}) \in \mathbb{R}^n$ wie folgt

$$d^2(x,y) = \left(\sum_{i=0}^{n-1}(x_i - y_i)^2\right)^2 \tag{2.3}$$

berechnet [111].

- **Stetige Abbildungen**

Definition (stetig, stetige Abbildungen): „Eine Abbildung $f: X \to Y$ zwischen metrischen Räumen heißt *stetig* in einem Punkt x aus X, wenn es zu jedem $\varepsilon > 0$ ein $\delta > 0$ gibt, so dass *für alle x' aus X mit $d(x', y) < \delta$ gilt:*

$$d\big(f(x), f(x')\big) < \varepsilon. \tag{2.4}$$

Stetige Funktionen sind solche, die in jedem Punkt stetig sind“ [111].

- **Topologische Räume**

Definition (Topologie, topologischer Raum): „Eine topologische Struktur oder kurz Topologie auf einer Menge d ist eine Menge $\mathcal{T}$ von Teilmengen von X, die offen genannt werden, so dass die folgenden drei Axiome gelten:

- Die Teilmengen $\emptyset$ und X sind offen.
- Der Durchschnitt endlich vieler offener Mengen ist offen.
- Die Vereinigung beliebig vieler offener Mengen ist offen.

Ein *topologischer Raum* ist ein Paar $(X, \mathcal{T})$, bestehend aus einer Menge X und einer toplogischen Struktur $\mathcal{T}$ auf X (s. Abb. (2.2)). *Der* toplogische Raum $(X, \mathcal{T})$ wird meistens nur mit X beschrieben“ [112]. Topologie wird als Stetigkeits-Geometrie betrachtet [113].

- **Homotopie von stetigen Abbildungen**

Bevor die Definition der Homotopie gegeben wird, wird die Definition eines *wegweise zusammenhängenden* toplogischen Raum X gegeben.

Definition (wegweise zusammenhängend): „Ein Weg in einem topologischen Raum X ist eine stetige Abbildung $w: I \to X$ des Einheitsintervalls $I = [0,1]$ in X. $w(0)$ heißt Anfangspunkt und $w(1)$ Endpunkt des Weges. Ist $w(0) = w(1)$, so heißt w ein geschlossener Weg. Wenn x, y zwei Punkte in X sind, so wird gesagt, x und y lassen sich durch einen Weg verbinden, wenn es einen Weg $w: I \to X$ gibt mit $w(0) = x$ und $w(1) = y$. w heißt dann ein Weg von x nach y. Ein toplogischer Raum X heißt *wegweise zusammenhängend*, wenn sich je zwei Punkte aus X durch einen Weg verbinden lassen. Eine Teilmenge A eines topologischen Raumes X heißt wegweise zusammenhängend, wenn der Teilraum A wegweise zusammenhängend ist“ [111].

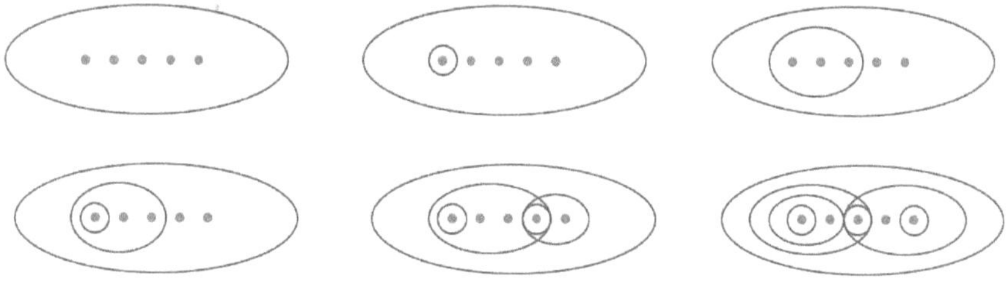

Abb. 2.2 Verschiedene Topologien auf einer fünfelementigen Menge, bearbeitet nach [110].

Definition (homotop, nullhomotop, Homotopie): "X und Y seien topologische Räume, und $f, g: X \to Y$ seine stetigen Abbildungen. f heißt *homotop zu* g, wenn eine stetige Abbildung

$$F : X x I \to Y \tag{2.5}$$

existiert, so dass für alle $x \in X$ gilt $F(x, 0) = f(x)$ und $F(x, 1) = g(x)$. Die Abbildung F heißt in diesem Fall eine *Homotopie* von f nach g. Wenn f zu g homotop ist, dann wird als $f \cong g$ definiert (s. Abb. (2.3)).

Ist A eine Teilmenge von X und gilt für die stetigen Abbildungen $f, g: X \to Y$, dass $f|\mathrm{A} = \mathrm{g}|\mathrm{A}$ ist, so heißt f zu g homotop relativ A, in Zeichen $f \cong g\ rel\ A$, wenn es eine Homotopie F von f nach g gibt, so dass für alle $a \in A$ und alle $t \in I$ gilt

$$F(a, t) = f(a) = g(t). \tag{2.6}$$

F heißt dann eine *Homotopie* von f nach g relativ A.

Eine stetige Abbildung $f: X \to Y$ heißt *nullhomotop*, wenn sie homotop zu einer konstanten Abbildung ist" [111].

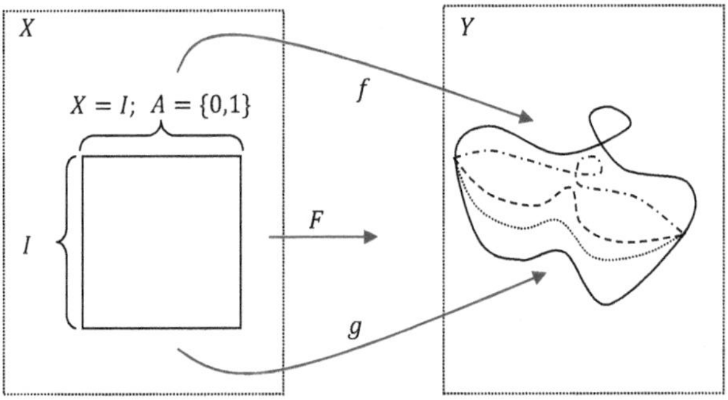

Abb. 2.3 Umwandlung eines topologischen Raumes X in einen topologischen Raum Y mittels zwei stetiger Abbildungen $f, g: X \to Y$, die sich in eine stetige Deformation ineinander überführen lassen. Diese stetigen Abbildungen werden *homotop* genannt, bearbeitet nach [111].

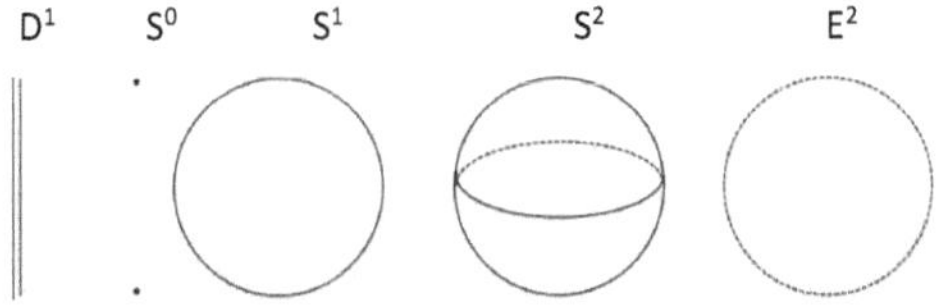

Abb. 2.4 In der Abbildung sind D^1 (eindimensionale Scheibe) als eine Line, S^0 (eindimensionale Sphäre) als zwei Punkte mit einem Abstand, S^1 (zweidimensionale Sphäre) als ein Kreis, S^2 (drei dimensionale Sphäre) als eine Kugel und E^2 als zweidimensionale Zelle dargestellt, bearbeitet nach [113].

Die in dieser Arbeit zu betrachtenden werden wie folgt (s. Abb. (2.4)) [113]:

$D^n := \{x \in \mathbb{R}^n | \, |x| \leq 1\}$, die n-dimensionale Scheibe,

$E^n := \{x \in \mathbb{R}^n | \, |x < 1\}$, die n-dimensionale Zelle,

$S^{n-1} := \{x \in \mathbb{R}^n | \, |x| = 1\}$, die *(n-1)*-dimensionale Sphäre.

- **Fundamentalgruppe**

Die Fundamentalgruppe eines Raumes wird als die Menge der Wegekomponenten des dazugehörigen Schleifenraumes definiert [110]. Bevor die Fundamentalgruppe beschrieben wird, wird der „Raum mit Basispunkt" definiert.

Definition (Raum mit Basispunkt): „Ein *Raum mit Basispunkt* ist ein paar (X, x_0) aus einem toplogischen Raum X und einem Punkt $x_0 \in X$. Eine stetige *basispunkterhaltende* Abbildung

$$f: (X, x_0) \to (Y, y_0) \tag{2.7}$$

ist eine stetige Abbildung $f: X \to Y$ mit $f(x_0) = y_0$. Eine Überlagerung $\pi: (X, x_0) \to (Y, y_0)$ ist die Überlagerung $\pi: X \to Y$ mit $\pi(x_0) = y_0$" [114].

Definition (Fundamentalgruppe): „Es wurde angenommen, dass (X, x_0) ein Raum mit Basispunkt und $\Omega(X, x_0)$ die Menge der bei x_0 beginnenden und endenden Wege in X (‚Schleifen an x_0') ist.

Sei (X, x_0) ein Raum mit Basispunkt. Sei $\Omega(X, x_0)$ die Menge der bei x_0 beginnenden und endenden Wege in X (‚Schleifen an x_0'). $\Omega \times \Omega \to X$ mit $(\alpha, \beta) \mapsto \alpha\beta$ ist die im Folgenden gegebene Verknüpfung:

$$\alpha\beta(t) := \begin{cases} \alpha(2t), & für \;\; 0 \leq t \leq \frac{1}{2} \\ \beta(2t-1), & für \;\; \frac{1}{2} \leq t \leq 1. \end{cases} \tag{2.7a}$$

In diesem Fall wird durch $[\alpha][\beta] := [\alpha\beta]$ eine Verknüpfung auf der Menge $\pi_1: (X, x_0) := \Omega(X, x_0)/\cong$ der Homotopieklassen ($\cong$ bedeutet hier Homotopie mit festem Anfangs- und Endpunkt x_0) definiert. Dadurch wird aus dem $\pi_1: (X, x_0)$ einer Gruppe, die als die *Fundamentalgruppe* des Raumes (X, x_0) mit Basispunkt genant wird, entstehen" [114].

Im Folgenden wird die Darstellung der kreis- (schleifen-) förmigen Wege aus der Menge eines topologischen Raums X mit der Berechnung der Fundamentalgruppe des Raumes $\pi_1(S^1)$ gezeigt. Anschließend wird die Umwandlung des kreisförmigen Weges zu dem spiralförmigen Weg berechnet. Damit wird die Umwandlung von einer mehrdeutigen Abbildung zu einer eindeutigen Abbildung, die auch in der Tunnelumgebung anwendbar ist, in einen topologischen Raum präsentiert.

2.2.1.2 Berechnung der Fundamentalgruppe der Homotopie in algebraische Topologie

S^1 wird als die Menge der komplexen Zahlen $\mathbb{C}$ von Betrag 1, d. h. $S^1 = \{z \in \mathbb{C} | \, |z| = 1\}$ ist bezüglich der Multiplikation in komplexen Zahlen eine Gruppe, mit der Abbildung $\Phi: \mathbb{R} \to S^1$ angenommen. Die Abbildung ist Φ als $\Phi(t) = \exp(2\pi i t) = \cos(2\pi t) + i \, sin(2\pi t)$ definiert. Im Folgenden wird dargestellt, dass jeder Weg aus $(S^1, 1)$ zu einem Weg in $\mathbb{R}$ mit Anfangspunkt 0 „hochgehoben" werden kann. Der Endpunkt des hochgehobenen Wegs wird eine ganze Zahl sein. Zwei Wege aus $\Omega(S^1, 1)$ werden homotop $rel\ \{0{,}1\}$ sein, wenn ihre „Hochhebungen" im gleichen Punkt enden. Dadurch wird eine bijektive Abbildung von $\pi_1(S^1)$ auf die ganzen Zahlen entstehen. Mit Hilfe von $\pi_1(S^1)$ wird die Umlaufzahl des geschlossenen Wegs (in die Menge der komplexen Zahlen $\mathbb{C}$) um einen Punkt definiert. Dadurch wird die Berechnung der Fundamentalgruppe eines Raumes möglich, wenn die geeigneten Unterräume bekannt sind [111].

Satz-1: „ $\pi_1(S^1)$ ist isomorph zu $\mathbb{Z}$, der Gruppe der ganzen Zahlen" [111].

Satz-2: „ $c: I \to S^1$ sei ein Weg mit $c(0) = 1$. Dann gibt es genau einen Weg $\tilde{c}: I \to \mathbb{R}$ mit $\tilde{c}(0) = 0$ und $\Phi \circ \tilde{c} = c$.

I ist das Einheitsintervall mit dem Wert [0,1] in einem topologischen Raum X. Die Abbildung Ψ ist die Umkehrabbildung von $\Phi \mid]-\frac{1}{2}, \frac{1}{2}[$. Sie ist definiert durch

$\Psi: S^1\{-1\} \to]-\frac{1}{2}, \frac{1}{2}[$"

(s. Abb. 2.5)) [111].

Beweis: „Der Weg c wird in kleine Stücke aufgeteilt, um sie mittels Ψ nach $\mathbb{R}$ hochzuheben. Dort werden sie wieder aneinandergesetzt. $c: I \to S^1$ ist stetig und daher auch gleichmäßig stetig, d. h. es gibt $\varepsilon > 0$, so dass für alle $t, t' \epsilon I$ mit $|t - t'| < \varepsilon$ gilt $|c(t) - c(t')| < 1$. Damit ist insbesondere $c(t') \neq -c(t)$, und $\Psi(\frac{c(t')}{c(t)})$ ist definiert. Sei $n \epsilon \mathbb{N}$, so dass $n \cdot \varepsilon > 1$ ist und damit $\frac{1}{n} < \varepsilon$. $\tilde{c}$ wird definiert durch

$$\tilde{c}(t) = \Psi\left(\frac{c(t)}{c\left(\frac{n-1}{n}t\right)}\right) + \Psi\left(\frac{c\left(\frac{n-1}{n}t\right)}{c\left(\frac{n-2}{n}t\right)}\right) + \cdots + \Psi\left(\frac{c(\frac{1}{n}t)}{c(0)}\right) \tag{2.8}$$

$\tilde{c}$ ist stetig, $\Phi \circ \tilde{c}(t) = c(t)$ und $\tilde{c}(0) = 0$" [111].

Wie in Abbildung (2.5) dargestellt wird, lässt sich jeder Weg in S^1 mit Anfangspunkt 1 zu einem Weg in $\mathbb{R}$ mit Anfangswert 0 anheben. In dem Fall, wenn $c(1) = 1$ ist, dann ist $\tilde{c}(1)$ eine ganze Zahl, die eindeutig bestimmt ist [111].

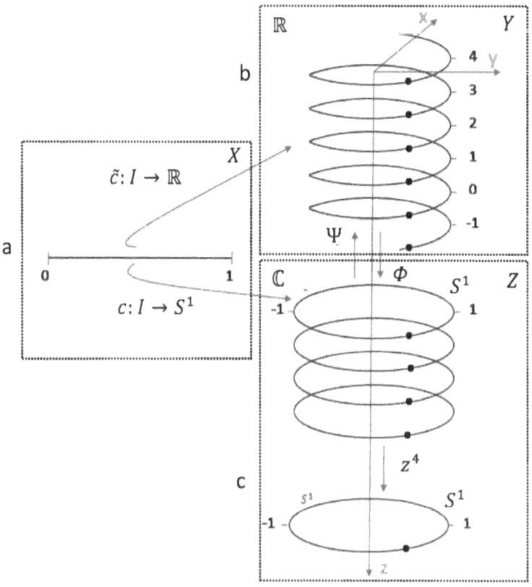

Abb. 2.5 (a, c) Das Einheitsintervall I mit dem Wert [0,1] in topologischen Raum X wird mit der stetigen Funktion c zu S^1 Kreisform, die entlang der z-Koordinatenachse mehrdeutig ist, in den topologischen Raum Z umgewandelt. **(a, b)** Durch die stetige Funktion $\tilde{c}$ wird das Einheitsintervall I zu einer Spiralform Sp (offene Kreise), die entlang der z-Koordinatenachse eindeutig ist, in den topologischen Raum Y umgewandelt. **(b, c)** Durch die Funktion Ψ wird der Raum S^1 in komplexen Zahlen $\mathbb{C}$ nach eindeutiger Spiralform in reelen Zahlen $\mathbb{R}$ „hochgehoben“. Durch die stetige Funktion Φ wird die Spiralformen in reelen Zahlen $\mathbb{R}$ Raum als Kreisform S^1 in komplexen Zahlen $\mathbb{C}$ Raum „überlagert“. **(c)** Die Überlagerungen werden auch in gleichem topologischem Raum geschehen, wie der Überlagerung des Kreises S^1 in der Form $S^1 \to S^1$, $z \mapsto z^4$, bearbeitet nach [110–111, 113].

2.2.1.3 Darstellung des zeitlichen Verhaltens der kreis- und spiralförmigen Topologien

Im Folgenden wird das zeitliche Verhalten der Punkte, die die in Abbildung (2.5) vorgestellten Formen bilden, durch ein Ereignis, d. h. Anschaltung einer Lichtquelle, verglichen. Es wird angenommen, dass die Formen S^1 und Sp aus reflektierenden Materialien gebildet sind. Die Lichtquelle wird in Abbildung (2.6) außerhalb der Formgruppen ${S^1}_1 - {S^1}_6$ und $Sp_1 - Sp_6$ und in Abbildung (2.7) in der Mitte der Formgruppen angebracht.

- **Ereignis am Eingang oder Ausgang des Verkehrstunnels**

In diesem Fall wird angenommen, dass das Ereignis entweder am Eingang oder am Ausgang des Verkehrstunnels stattfindet. Dieser Fall wird im Folgenden beschrieben:

Nach Anschaltung der Lichtquelle wird in Abbildung (2.6a) ein zeitdiskretes mehrdeutiges Zeitverhalten und in Abbildung (2.6b). ein kontinuierliches eindeutiges Zeitverhalten gesehen. In diesem Fall wurde angenommen, dass eine Lichtquelle mit den Koordinaten $(x_0 = 0, y_0 = 0, z_0 = 0)$ und dem Abstand $d/2$ vom ersten Kreis ${S^1}_1$ und der Spirale Sp_1 auf der z-Koordinatenachse vorhanden ist. Die genannten Formen sind auf der z-Koordinatenachse voneinander mit dem Abstand d entfernt. Anfang und Ende der genannten Formen sind grün und rot markiert. Die stetige Funktion Ψ dient der „Hochhebung“ des Raumes S^1 in komplexen Zahlen $\mathbb{C}$ nach eindeutiger Spiralform in reelen Zahlen $\mathbb{R}$.

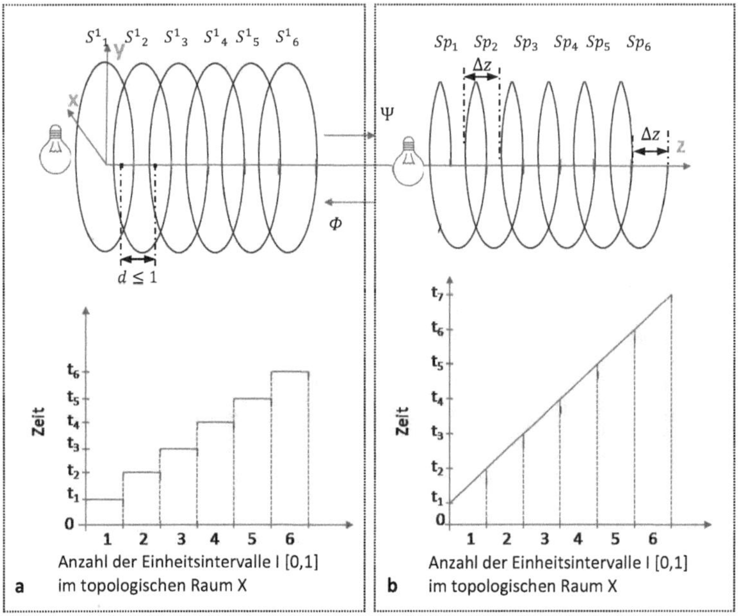

Abb. 2.6 **(a)** Sechs S^1 Lichtreflektor-Kreise ($S^1{}_1 - S^1{}_6$) werden mit einer Lichtquelle beleuchtet. Das reflektierte zeitliche Lichtverhalten der Kreise wird nach der Anzahl der Einheitsintervalle I [0,1] im topologischen Raum X gezeigt. **(b)** Sechs Sp_1 Lichtreflektor-Spiralen ($Sp_1 - Sp_6$) werden mit einer Lichtquelle beleuchtet. Das reflektierte zeitliche Lichtverhalten der Spiralen wird, wie nach der Anzahl der Einheitsintervalle I [0,1] im topologischen Raum X gezeigt.

Die stetige Funktion Φ dient der „Überlagerung" der Spiralformen in reelle Zahlen ℝ, nach mehrdeutiger Kreisform S^1 im komplexen Zahlen ℂ.

In Abbildung (2.6a) werden sechs S^1 Lichtreflektor-Kreise ($S^1{}_1 - S^1{}_6$) mit einer Lichtquelle beleuchtet. Das reflektierte zeitliche Lichtverhalten der Kreise wird entsprechend der Anzahl der Einheitsintervalle I [0,1] im topologischen Raum X gezeigt. Mit der grünen Markierung wird der Anfang eines Kreises im Einheitsintervall und mit den roten Markierungen am Ende eines Kreises im Einheitsintervall bezeichnet. Nach dem Anschalten des Lichtes wird festgestellt, dass alle Punkte eines Kreises/Einheitsintervalls in gleicher Zeit reflektieren, d. h. mehrdeutiges Zeitverhalten.

In Abbildung (2.6b) werden auch sechs Sp_1 Lichtreflektor-Spiralen ($Sp_1 - Sp_6$) mit einer Lichtquelle beleuchtet. Das reflektierte zeitliche Lichtverhalten der Spiralen wird nach der Anzahl der Einheitsintervalle I [0,1] im topologischen Raum X gezeigt. Mit der grünen Markierung wird der Anfang einer Spirale bzw. eines Einheitsintervalls und mit den roten Markierungen wird sein Ende bezeichnet. Nach dem Anschalten des Lichtes wird festgestellt, dass alle Punkte einer Spirale bzw. eines Einheitsintervalls in verschiedener Zeit reflektieren werden, d. h. eindeutiges Zeitverhalten. Das gesamte Zeitverhalten des Reflektions-Prozesses ist zeitkontinuierlich, weil kein zeitlicher Abbruch während der Reflektion der gesamten sechs Lichtreflektor-Spiralen zustande kommt.

- **Ereignis im Verkehrstunnel**

In diesem Fall wird angenommen, dass das Ereignis innerhalb des Verkehrstunnels stattfindet. Dieser Fall wird im Folgenden beschrieben:

In Abbildung (2.7a) wird, wie in Abbildung (2.6a), ein mehrdeutiges Zeitverhalten gesehen. Der Unterschied zwischen Abbildung (2.6a) und (2.7a) ist, dass in Abbildung (2.7a) die Reflektorringe, die äquidistant zur Lichtquelle rechts und links sind, gleichzeitig reflektierten, d. h. die Mehrdeutigkeit wird zweifach erhöht. In Abbildung (2.7b) wird aufgrund der gleichen Entfernung der zwei Punkte der Spiralen von der Lichtquelle kein eindeutiges Zeitverhalten mehr gesehen.

Der Unterschied zwischen der Abbildung (2.7) und Abbildung (2.6) ist, dass die Lichtquelle in Abbildung (2.7) zur Mitte sechs Lichtreflektoren in Form von Kreis S^1 bzw. Spiral Sp_1 mit den Koordinaten $(x_0 = 0, y_0 = 0, z_0 = 2\frac{1}{2}d)$ auf der z-Koordinatenachse platziert. Die Lichtquelle ist zu dem Zentrum der von dem links und rechts benachbarten Kreis $({S^1}_3 - {S^1}_4)$/Spiral ($Sp_3 - Sp_4$) im Abstand von $d/2$ entfernt. Mit der grünen Markierung wird der Anfang eines Kreises-/Spirales/Einheitsintervalls und mit der roten Markierung das Ende eines Kreises/Spirales im Einheitsintervall bezeichnet. Die stetige Funktion Ψ ist für die „Hochhebung" des Raumes S^1 in komplexen Zahlen $\mathbb{C}$ nach eindeutiger Spiralform in reelen Zahlen $\mathbb{R}$. Die stetige Funktion Φ ist für die „Überlagerung" der Spiralformen in reelen Zahlen $\mathbb{R}$ als Kreisform S^1 in komplexen Zahlen $\mathbb{C}$. In Abbildung (2.7a) wird nach dem Anschalten des Lichtes gesehen, dass zuerst die Kreise ${S^1}_3$ und ${S^1}_4$ zusammen gleichzeitig reflektieren. Danach werden ${S^1}_2$ und ${S^1}_5$ zusammen und zum Schluss ${S^1}_1$ und ${S^1}_6$ zusammen reflektieren, d. h. zu einem Zeitpunkt werden alle Punkte jeweils zwei Einheitsintervalle gleichzeitig reflektieren. Es wird hier mehrdeutiges Zeitverhalten gesehen. In Abbildung (2.7b) werden jeweils zwei Spiralen, z. B. Sp_3 mit Sp_4, Sp_2 mit Sp_5 und Sp_1 mit Sp_6 nach dem Anschalten des Lichtes zusammen reflektieren. D. h. in einem Zeitpunkt werden jeweils zwei Spiralen bzw. Einheitsintervalle gleichzeitig reflektieren. Deswegen wird in diesem Fall das Gegenteil zu dem Fall Abbildung (2.6b), d. h. ein mehrdeutiges Zeitverhalten gesehen.

- **Darstellung der Ein- und Mehrdeutigkeit der kreis- und spiralförmigen Topologien in einem Verkehrstunnel**

In Abbildung (2.8b) werden aufgrund der Umwandlung des Kreises S^1 zu Spiralen Sp die Werte auf der y-Koordinatenachse kleiner, d. h. $y < \pm\frac{1}{2}R := < |\frac{1}{2\pi}|$. Aufgrund der Definition der Fundamentalgruppe der maximale Wert von Δz ist kleiner als$|\frac{1}{2\pi}|$.

In Abbildung (2.8) werden die in den Abbildungen (2.5–2.7) dargestellten Kreis- und Spiralformen auf der z-Koordinatenachse dargestellt. Wenn hier die z-Koordinatenachse als Zeitachse angenommen wird, wird die Mehrdeutigkeit der Abbildungen (2.5c), (2.6a) und (2.7a) in Abbildung (2.8a) und die Eindeutigkeit der Abbildungen (2.5b), (2.6b)und (2.7b) in Abbildung (2.8b) in der Zeit deutlich gesehen. In diesem Fall wird jeder Kreis in Abbildung (2.8a) auf einmal reflektieren. Dagegen ist die Reflektion von jeder Spirale (s Abb. (2.8b)) sinusförmig, was die Eindeutigkeit der Zeit darstellt.

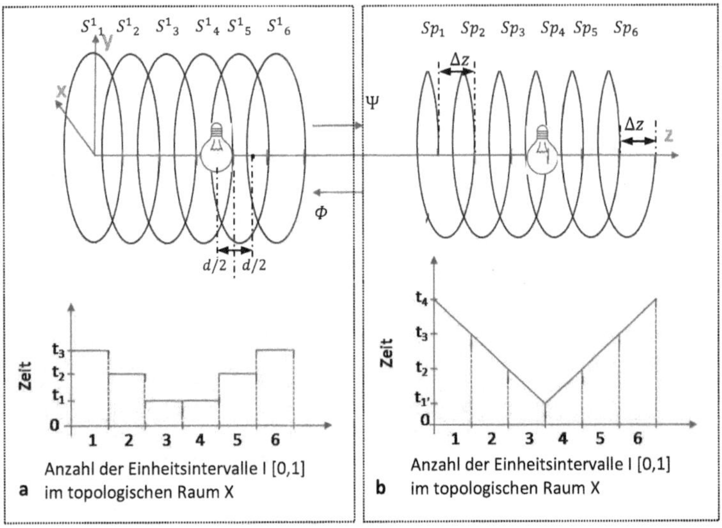

Abb. 2.7 (a) Sechs S^1 Lichtreflektor-Kreise ($S^1{}_1 - S^1{}_6$) werden mit einer Lichtquelle beleuchtet. Das reflektierte zeitliche Lichtverhalten der Kreise wird nach der Anzahl der Einheitsintervalle I [0,1] im topologischen Raum X gezeigt. **(b)** Sechs Sp_1 Lichtreflektor-Spiralen ($Sp_1 - Sp_6$) werden mit einer Lichtquelle beleuchtet. Das reflektierte zeitliche Lichtverhalten der Anzahl der Spiralen wird nach der Anzahl der Einheitsintervalle I [0,1] im topologischen Raum X gezeigt.

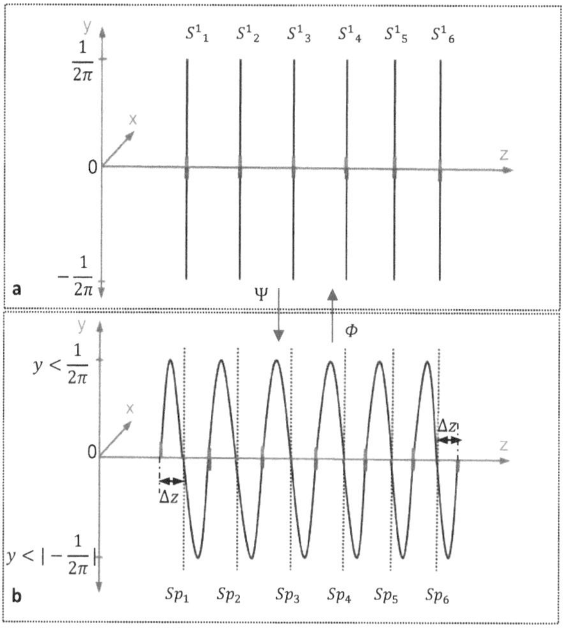

Abb. 2.8 **(a)** Darstellung der Reflektionen bei der Anordnung der Kreise $S^1{}_1 - S^1{}_6$, **(b)** der Spiralen $Sp_1 - Sp_6$. Die Umgebungen eines Kreises in Form S^1 werden mit dem Einheitsintervall I [0,1] im topologischen Raum X als $\pi R := |1|$ definiert. Auf der y-Koordinatenachse werden die Werte $y = \pm\frac{1}{2}R := \pm\frac{1}{2\pi}$ für den Kreis S^1 angenommen.

- **Fazit**

Mit der dargestellten Modellierung der Fundamentalgruppe der Homotopie in algebraische Topologie wurde mit Hilfe eines definierten Einheitsintervalls im topologischen Raum X eine mehrdeutige Kreisform in eine eindeutige Spiralform umgewandelt. Dadurch wurde eine alternative Topologie zur der in Abbildung (2.1) dargestellten Topologie dargestellt. Die Umwandlung von Mehrdeutigkeit zur Eindeutigkeit wurde somit möglich.

Bei der spiralförmigen Einsetzung der Funksensorknoten nach *Annahme-2* in einem Tunnel spielt der Ort des Ereignisses eine Rolle. Wie in den Abbildungen (2.6) und (2.7) zu sehen, wird jedem Funksensorknoten durch ein Ereignis zeitungleich getriggert, wenn sich das Ergebnis am Ein- oder Ausgang des Tunnels im Tunnel fortsetzt. Kommt ein Ereignis innerhalb des Tunnels zustande, dann werden zwei Funksensorknoten gleichzeitig getriggert. In diesem Fall wird der maximale Mehrdeutigkeitsgrad nur zweideutig sein, was eine Verbesserung der Fälle, die in den Abbildungen (2.6a) und (2.8a) dargestellt sind, bedeutet.

Das gleichzeitige Triggern von zwei Punkten einer spiralförmigen Linie in einem Tübbing-bauweise Tunnel kann als idealer Fall betrachtet werden. Im normalen Fall sind die Funksensorknoten enorm groß und werden nach der *Annahme-1* mit einem Abstand von Metern in einer Spiralform installiert. Dadurch wird die Wahrscheinlichkeit des gleichzeitigen Triggerns von zwei Funksensorknoten deutlich – auf die Wahrsceinlickeitsberechnung dieses Falles wird hier nicht eingegangen – reduziert. Der verringerte/vergrößerte Abstand zwischen zwei Nachbarn-Funksensorknoten und die Koordinaten im drei dimensionalen Raum des Ereignisses, sind die Faktoren, die die Wahrscheinlichkeit des Ereignisses beeinflussen.

Im folgenden Abschnitt wird als Ergänzung eine neue Topologie dargestellt, bei der der topologische Raum nicht nur die Tübbing-Form ist. Somit wird die Eindeutigkeit des Triggerns der Funksensorknoten während eines Ereignisses und das kollisionfreie übertragen der Daten ermöglicht.

2.2.2 In Gebäudeinfrastrukturen

In diesem Abschnitt wird ein Zeitschlitzverfahren vorgestellt, das auf dem Kanalzugriffsverfahren „Time Division Multiple Access“ (TDMA) basiert. Bei diesem Zeitschlitzverfahren wird die mit den Funksensorknoten ausgestattete Infrastruktur in einem Katastrophengebiet in mehrere lokale Segmente unterteilt, um die nach einem Ereignis getriggerten Funksensorknoten dem nachfolgenden dargestellten Algorithmus zu synchronisieren. Dieses Zeitschlitzverfahren wird daher hier als „Lokales Zeitschlitzverfahren (LZV)“ bezeichnet.

2.2.2.1 Algorithmus für die Topologie zur kollisionsfreien und energieeffizienten Datenübertragung

Beim LZV ist S die gesamte Menge der Funksensorknoten in einer Infrastruktur (z. B. Tunnel oder Gebäude), die mithilfe ihrer eigenen Nummer i , die in der Literatur auch als „Base_ID“ genannt wird [Eno25], aufsteigend durchnummeriert sind (s. Gl. (2.9)):

$$S = \{FSK_{i=1}, FSK_{i=2}, FSK_{i=3}, \dots, FSK_{i=n}, \}. \tag{2.9}$$

Die Menge S hat n Elemente, die die gesamte Anzahl der Funksensorknoten betrifft. u ist die Anzahl der Abschnitte, in der die gesamten n Funksensorknoten aufgeteilt worden sind. P ist die Menge der j Abschnitte (s. Gl. (2.10)):

$$P = \{p_{j=0}, p_{j=1}, p_{j=2}, \dots, p_{j=u-1}\}. \tag{2.10}$$

Jeder Abschnitt (mit Ausnahme des letzten Abschnitts) hat $l = m$ drahtlose Sensorknoten und der letzte Abschnitt hat $l \leq m$ Funksensorknoten, wie in Gleichung (2.11) mit den folgenden Bedingungen dargestellt wurde:

$$\begin{aligned}
&f_m \quad : \mathbb{N}_1 \longrightarrow {\mathbb{N}_0}^2 \\
&f_m(i) \ = (i \, div \, m, \quad (i-1) \, mod \, m) \\
&f_m(i) \ = (j, l) \Longrightarrow \\
&FSK_i \rightarrow FSK_{j,l} \\
&\text{für} \\
&\{i\} \in \mathbb{N}_1 := \{1, 2, 3 \dots, n\};\ \{m\} \in \mathbb{N}_1;\ \{j\} \in \mathbb{N}_0 := \{0, 1, 2, 3, \dots, (u-1)\}; \\
&\{l\} \in \mathbb{N}_0 := \{0, 1, 2, 3, \dots, (r-1)\};\ r \ \leq m \leq n; p \leq n.
\end{aligned} \tag{2.11}$$

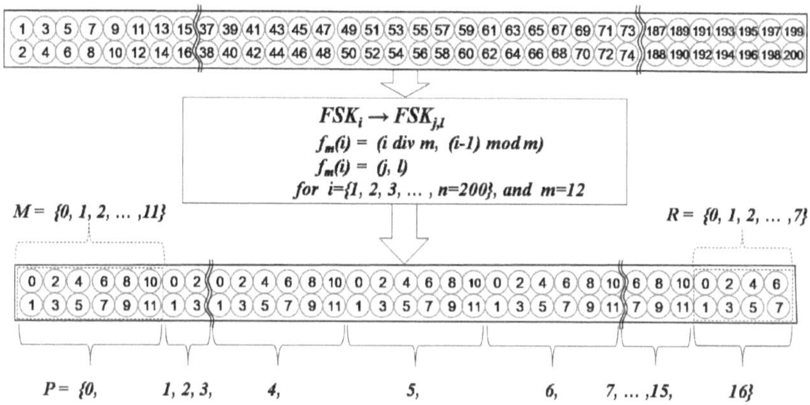

Abb. 2.9 Die gesamte Funksensorknotenanzahl n wurde in p Abschnitte aufgeteilt. Jeder Abschnitt hat $r = m$ Funksensorknoten. Der letzte übrig gebliebene Abschnitt hat $r \leq m$ Anzahl an Funksensorknoten, die die im 16. Abschnitt (als letzter Abschnitt) befindenden 8 Funksensorknoten sind. Hier bezeichnet *P* die Menge der gesamten Abschnitte, *M* die Menge der Funksensorknoten in jedem Abschnitt und *R* die Menge der Funksensorknoten im letzten übrig gebliebenen Abschnitt [16].

In der Gleichung (2.11) ist j die Nummer des Abschnittes für Funksensorknoten mit der Nummer i und l die Bezeichnung der Funksensorknoten mit der Nummer i im Abschnitt j, d. h.

$$FSK_i \rightarrow FSK_{j,l}.$$

Ein Topologie-Beispiel wurde mit 200 Funksensorknoten und 17 Abschnitten in Abbildung (2.9) gegeben. Hier ist *P* die Menge aller Abschnitten, *M* die Menge der Funksensorknoten in jedem Abschnitt (außer dem letzten Abschnitt) und *R* die Menge der Funksensorknoten in dem letzten verbleibenden Abschnitt (s. Gl. (2.12–2.14)):

$$P = \{0, 1, 2, \ldots, u-1\} = \{0, 1, 2, \ldots, u-2\} U \{u-1\} = P_1\ U \{u-1\} \quad (2.12)$$

$$M = \{0, 1, 2, \ldots, m-1\} \quad (2.13)$$

$$R = \{0, 1, 2, \ldots, r-1\}. \quad (2.14)$$

Die Menge S der gesamten Funksensorknoten wird als Kreuzprodukt (oder Mengenprodukt) zwischen der Menge der Abschnitte und der Menge der Funksensorknoten in jedem Abschnitt wie im Folgenden beschrieben (s. Gl. (2.15)):

$$S = (P_1\ x\ M) \cup ((u-1) x\ R). \quad (2.15)$$

Wenn P als Spaltenmatrix, M und R als Zeilenmatrix (s. Gl. (2.16–2.18))

$$P = \begin{bmatrix} 0 \\ 1 \\ \vdots \\ (u-2) \\ (u-1) \end{bmatrix} \quad (2.16)$$

$$M = [0,1,2,\dots,(m-1)] \tag{2.17}$$

$$R = [0,1,2,\dots,(r-1)] \tag{2.18}$$

beschrieben werden, erhalten wir nach Gleichung (2.15) die Menge S wie im Folgenden:

$$S = \begin{bmatrix} 0 \\ 1 \\ \vdots \\ (u-2) \end{bmatrix} x\,[0,1,2,\dots,(m-1)] \cup \big((u-1)\; x\,[0,1,2,\dots,(r-1)]\big) \tag{2.19}$$

$$S = \begin{bmatrix} (0,0)\;(0,1)\;(0,2) & \dots & \big(0,(m-1)\big) \\ (1,0)\;(1,1)\;(1,2) & \dots & \big(1,(m-1)\big) \\ \vdots & \dots & \vdots \\ \big((u-2),0\big)\;\big((u-2),1\big)\;\big((u-2),2\big) & \dots & \big((u-2),(m-1)\big) \end{bmatrix} \cup \tag{2.20}$$
$$\cup\;\Big[\big((u-1),0\big)\;\big((u-1),1\big)\;\big((u-1),2\big)\;\dots\;\big((u-1),(r-1)\big)\Big].$$

Wenn $r = m$ angenommen wird, dann werden die Gleichungen (2.19–2.20) wie die Gleichungen (2.21) und (2.22)

$$S = Px\,M \tag{2.21}$$

$$S = \begin{bmatrix} (0,0)\;(0,1)\;(0,2) & \dots & \big(0,(m-1)\big) \\ (1,0)\;(1,1)\;(1,2) & \dots & \big(1,(m-1)\big) \\ \vdots & \dots & \vdots \\ ((u-1),0)\;((u-1),1)\;((u-1),2) & \dots & \big((u-1),(m-1)\big) \end{bmatrix} \tag{2.22}$$

beschrieben. Für das in Abbildung (2.9) gegebene Beispiel mit den Werten $m = 12$, $r = 8$ und $u = 16$ wird die gesamte Funksensorknoten Menge S aus der Gleichung (2.20) wie in Gleichung (2.23) dargestellt:

$$S = \begin{bmatrix} (0,0)\;(0,1)\;(0,2) & \dots & \big(0,(11)\big) \\ (1,0)\;(1,1)\;(1,2) & \dots & \big(1,(11)\big) \\ \vdots & \dots & \vdots \\ \big((15),0\big)\;\big((15),1\big)\;\big((15),2\big) & \dots & \big((15),(11)\big) \end{bmatrix} \cup \tag{2.23}$$
$$\cup\;\Big[\big((16),0\big)\;\big((16),1\big)\;\big((16),2\big)\;\dots\;\big((16),(7)\big)\Big].$$

Wie in der Abbildung (2.9) zu sehen, wurden die Punkte in einem Abschnitt unter sechs Punktgruppen, jeweils 2 Punkte zugeordnet. Dadurch wurde der Abschnitt, z. B. p_j, in sechs Unterabschnitte als $p'_{j,j'}$ (s. Gl. (2.24–2.27)) aufgeteilt. Hier wurde eine Punktgruppe (oder Reihe) als gesamt Menge der Punkte, die auf der gleichen x-Koordinatenachse liegen, definiert. In Abbildung (2.9) wurde angenommen, dass die Entfernung zwischen zwei Nachbar-Punktgruppen auf der x-Koordinatenachse gleich ist. Eine Punktgruppe in einem Abschnitt wird im Folgenden auch als ein Unterabschnitt bezeichnet, damit nach den Gleichungen (2.9–2.22) weitere mathematische Beschreibungen ermöglicht werden. Die Anzahl der gesamten Punkte in einer Punktgruppe (oder Unterabschnitte) wurde als m' bezeichnet. Die Beschreibung der Punkte eines Unterabschnitts, z. B. p_j, nach der Gleichung (2.11) wird in folgenden mit den Gleichungen (2.24–2.27) beschrieben:

$$f_{m'}(l) = (l\ div\ m', \quad (l-1)\ mod\ m') \tag{2.24}$$
$$f_{m'}(l) = (j', l') \Rightarrow \tag{2.25}$$
$$\mathcal{P}_l\ (x, y, z) \rightarrow \mathcal{P}'_{j',l'}\ (x, y, z) \tag{2.26}$$
$$p_j \rightarrow p'_{j,j'} \tag{2.27}$$

$für\ \{l'\} \in \mathbb{N}_0 \coloneqq \{0, 1, 2, 3, \dots, (r'-1)\}; \{j'\} \in \mathbb{N}_0 \coloneqq \{0, 1, 2, 3, \dots, (u'-1)\}; \{m, m'\} \in \mathbb{N}_1\ und$
$p' \leq r' \leq m'$.

Die Menge der Punkte S_j in den gesamten Unterabschnitten $p'_{j,j'}$ aus der Gleichung (2.27) wird mithilfe der Gleichungen (2.9–2.10) und der Gleichungen (2.12–2.22) wie im Folgenden beschrieben:

P_j (s. Gl. (2.28)) ist die Menge der Unterabschnitte p' für den Abschnitt p_j. M_j (s. Gl. (2.29)) ist die Menge der Punkte in einem Unterabschnitt (oder Punktgruppe)

$$P_j = \{0, 1, 2, \dots, u'-1\} \tag{2.28}$$
$$M_j = \{0, 1, 2, \dots, m'-1\}. \tag{2.29}$$

Wenn die Gleichungen (2.28) und (2.29) in der Gleichung (2.15) eingesetzt werden, dann wird S_j

$$S_j = (P_j\ x\ M_j) \tag{2.30}$$

wie in Gleichung (2.30) beschreiben. Für die Beschreibung der Menge S_j mit einer Matrixform werden P_j als Spaltenmatrix, M_j und R_j Zeilenmatrix wie in Gleichung (2.31) und in Gleichung (2.30) eingesetzt:

$$P_j = \begin{bmatrix} 0 \\ 1 \\ \vdots \\ (u'-2) \\ (u'-1) \end{bmatrix}; \ M_j = \ [0, 1, 2, \dots, (m'-1)];\ R_j = [0, 1, 2, \dots, (r'-1)]. \tag{2.31}$$

S_j wird wie in Gleichung (2.32)

$$S_j = \begin{bmatrix} (0,0)\ (0,1)\ (0,2) & \dots & (0, (m'-1)) \\ (1,0)\ (1,1)\ (1,2) & \dots & (1, (m'-1)) \\ \vdots & \dots & \vdots \\ ((u'-2), 0)\ ((u'-2), 1)\ ((u'-2), 2) & \dots & ((u'-2), (m'-1)) \end{bmatrix} \cup \\ \cup\ [((u'-1),0)\ ((u'-1),1)\ ((u'-1), 2)\ \dots\ ((u'-1), (r'-1))] \tag{2.32}$$

berechnet. Wenn $r' = m'$ ist, dann werden mit der Menge S_j die gestammten Punkte (Elemente) in einem Abschnitt, d. h. die Menge M (s. Gl. (2.17)) wird wie in Gleichung (2.33) dargestellt:

$$S_j = M = \begin{bmatrix} (0,0)\ (0,1)\ (0,2) & \dots & (0, (m'-1)) \\ (1,0)\ (1,1)\ (1,2) & \dots & (1, (m'-1)) \\ \vdots & \dots & \vdots \\ ((u'-1),0)\ ((u'-1),1)\ ((u'-1), 2) & \dots & ((u'-1), (m'-1)) \end{bmatrix}. \tag{2.33}$$

2.2.2.2 Synchronisation: Lokalen Zeitschlitzverfahren (LZV)

Im Folgenden wird mithilfe der oben beschriebenen Topologie (s. Gl. (2.9–2.33)) ein Zeitschlitzverfahren für die kollisionsfreie Datenübertragung der Funksensorknoten, die mit einem Ereignis getriggert werden und ihre Daten weiterleiten, beschrieben. Im Falle eines Ereignisses werden die Funksensorknoten in dem Abschnitt, wo das Ereignis stattgefunden hat, aufgeweckt. Die aufgeweckten Funksensorknoten warten, bis auf ihren Zeitschlitz, um zu senden. Nach Ablauf dieser Zeit werden sie ihre Daten in der ihnen zugeteilten Zeit senden. Diese kollisionsfreie Datenübertragungssynchronisation wird mithilfe der Nummer (oder Koordinatenmarkierung $\mathcal{P}_l\,(x, y, z)$ (s. Gl. (2.26)) der Funksensorknoten, des Routers und einer festgelegten Zeitschlitzkonstante k ermöglicht.

Die Sendezeit des Funksensorknotens t_{SF} und des Routers t_{SR} ist abhängig von der Gesamtgröße der gesendeten Datenmenge M_d (in Bits oder Bytes) und von der Bandbreite B (Bits oder Bytes pro Sekunde) der drahtlosen Kommunikation. Zusätzlich muss hier auch die Kommunikationsverzögerung und Pufferzeit zwischen den gesendeten Datenpaketen als τ_{p} berücksichtigt werden. Wenn die t_{SF} und t_{SR} gleich angenommen werden, d. h. $t_{SF} = t_{SR} = \tau$, werden ihre Werte wie in Gleichungen (2.34–2.35)

$$t_{SF} = t_{SR} = \tau = \frac{M_d}{B} + \tau_{\mathrm{p}} \tag{2.34}$$

$$t_{SF} + t_{SR} = 2\tau = \tau_T \tag{2.35}$$

berechnet.

Die Zeitschlitzkonstante k wird aus der Laufzeit t_d, der Zeit für die Schallwellenfortpflanzung v_{me} zwischen zwei Punktgruppen, d. h. zwischen $p'_{j,j'}$ und $p'_{j,j'-1}$ (oder $p'_{j,j'}$ und $p'_{j,j'+1}$) mit der Entfernung d, in einem Medium, aus der Sendezeit des Funksensorknotens und Routers τ_T festgelegt (s. Gl. (2.36)):

$$t_d = \frac{d}{v_{me}}. \tag{2.36}$$

Die Wartezeit t_{W_i}, in der der aufgeweckte Funksensorknoten auf das Senden seiner Daten wartet, wird nach der Nummer i von Funksensorknoten nach der Anzahl m der Funksensorknoten in einem Tunnelabschnitt und nach der Zeitschlitzkonstante k bestimmt. Die Zeitschlitzkonstante k und die Wartezeit t_{w_i}, werden wie in Gleichungen (2.37–2.38) im Folgenden berechnet:

$$k = \begin{cases} \tau_T & t_d < \tau_T \\ t_d & t_d \geq \tau_T \end{cases} \tag{2.37}$$

$$t_{w_i} = \begin{cases} \tau\ ms, & k \cdot ((i-1)\ mod\ m) = 0 \\ k \cdot \big((i-1) mod\ m\big) ms, & k \cdot ((i-1)\ mod\ m) > 0. \end{cases} \tag{2.38}$$

Die Wartezeit $t_{w_{j',i'}}$, die die Wartezeit des aufgeweckten Funksensorknotens in einem Unterabschnitt ist, wird nach der Nummer i des Funksensorknotens, nach der Anzahl m' der Funksensorknoten in einem Unterabschnitt und nach der Zeitschlitzkonstante k bestimmt. Die Zeitschlitzkonstante k und die Wartezeit $t_{w_{j',i'}}$, werden wie in Gleichungen (2.39–2.40) im Folgenden berechnet:

$$k = \begin{cases} \tau_T & t_d < m' \cdot \tau_T \\ t_d & t_d \geq m' \cdot \tau_T \end{cases} \tag{2.39}$$

$$t_{w_{j',l'}} = \begin{cases} \Big(\big(((i-1)\, mod\, m)\, div\, m'\big) + 1\Big) \cdot \tau\ ms, \\ \qquad f\ddot{u}r\ \big(((i-1)\, mod\, m) - 1\big)\, mod\, m' = 0 \\ k\big(((i-1)\, mod\, m)\, div\, m'\big) + \Big(\big(((i-1)\, mod\, m) - 1\big)\, mod\, m'\Big)\tau_T, \\ \qquad f\ddot{u}r\ \big(((i-1)\, mod\, m) - 1\big)\, mod\, m' \geq 0. \end{cases} \tag{2.40}$$

Für den Fall, dass die Variablen j' und l' wie in den Gleichungen (2.41–2.42)

$$j' = k\big(((i-1)\, mod\, m)\, div\, m'\big) \tag{2.41}$$

$$l' = k\big(((i-1)\, mod\, m)\, mod\, m'\big) \tag{2.42}$$

definiert werden und in die Gleichung (2.40) eingesetzt werden, wird die Warteizeit eines Unterabschnittes $t_{w_{j',l'}}$ wie in Gleichung (2.43) nach der Nummer eines Unterabschnittes j' und der Nummer des Funksensorknotens eines Unterabschnittes l' berechnet:

$$t_{w_{j',l'}} = \begin{cases} (j'+1) \cdot \tau\ ms, & \big(((i-1)\, mod\, m) - 1\big)\, mod\, m' = 0 \\ k \cdot (j') + (l') \cdot \tau_T, & \big(((i-1)\, mod\, m) - 1\big)\, mod\, m' \geq 0. \end{cases} \tag{2.43}$$

2.2.3 Stoßwellen in freier Luft und Anwendungsszenarien von LZV

In diesem Abschnitt werden drei Anwendungsszenarien des LZVs, die eine Detonation über einer Betonplatte (s. Abschn. (2.2.3.2)), in einem Verkehrstunnel (s. Abschn. (2.2.3.3)) und in einem Gebäude (s. Abschn. (2.2.3.4)) sind, gegeben. Es wird angenommen, dass bei allen drei Anwendungsszenarien die Beschädigung der Infrastruktur durch eine Detonation in der Luft verursacht wird. Deswegen wird in Abschnitt (2.2.3.1) vor der Darstellung der genannten drei Fälle eine kurze Einführung zur Stoßwellenausbreitung in freier Luft gegeben.

2.2.3.1 Stoßwellenausbreitung in freier Luft

Den Stoßwellendruck *P* beschreibt Taylor [115, 116] proportional zum Explosionsradius *R* wie in Gleichung (2.49)

$$P \sim \frac{1}{R^3} \tag{2.49}$$

und zeigt mit der Abbildung (2.10) den Druckverlauf nach der Zeit auf einem fixierten Punkt. In der Abbildung (2.10) ist p_1 (bzw. p) der Druck der Stoßwellen an einem Punkt (oder Objekt) während der Zeit t_1 (bzw. t) nach der Explosion.

In der heutigen Fachliteratur wird die Gleichung (2.49) noch vereinfacht und der Explosionsradius R nur als Funktion der angewendeten Sprengstoffmenge W, z. B. TNT, betrachtet, so z. B. bei Larcher [117] und aus Berechnungen von Kinney et al. [118]

$$R \sim \sqrt[3]{W}. \qquad (2.50)$$

Bei der Gleichung (2.50) ist die Messeinheit Meter (*m*) für den Explosionsradius R und Kilogramm (*kg*) für die Sprengstoffmenge W.

Ein idealisierter zeitlicher Verlauf, der den Druck der Stoßwellen nach einer Explosion zeigt, wird In der Abbildung (2.11) dargestellt, bearbeitet nach [119, 120].

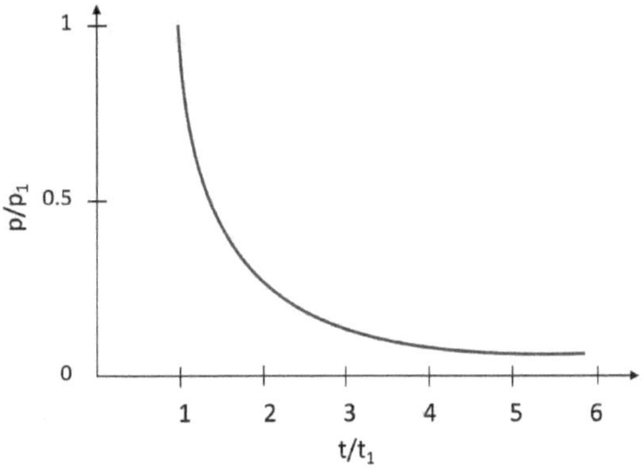

Abb. 2.10 Zeitverlauf des Stoßwellendrucks an einem fixierten Punkt, bearbeitet nach [116].

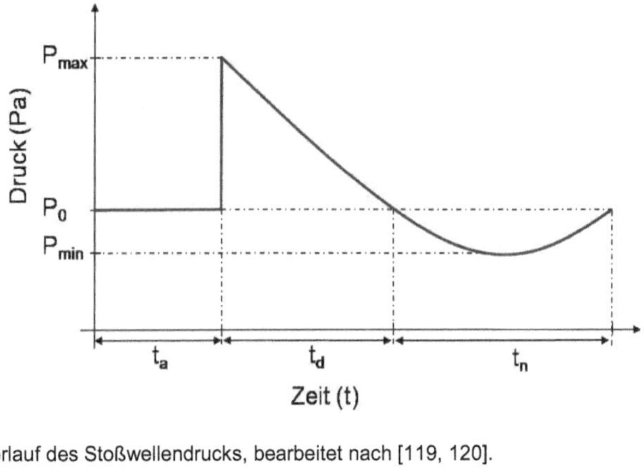

Abb. 2.11 Zeitverlauf des Stoßwellendrucks, bearbeitet nach [119, 120].

Hier sind t_a die Ankunftszeit der Stoßwellen an dem gemessenen Punkt (t_a beinhaltet auch t_0 die Zündungszeit der Explosion), t_d die Dauer der positiven Druckphase, t_n die Dauer der negativen Druckphase, P_{max} der maximale positive Wert des Drucks, P_0 der Referenzdruck (in den meisten Fällen ist das der normale Atmosphäre-Druck), P_{min} der maximale negative Druckwert.

- **Zeitlicher Verlauf des Stoßwellendruckes**

Der zeitliche Verlauf des Stoßwellendrucks P (Pa) wird in Gleichung (2.51) wie im Folgenden

$$P(t) = P_0 + P_{max}\left(1 - \frac{t}{t_d}\right)^{-\frac{b.t}{t_d}} \tag{2.51}$$

beschrieben [115, 118, 119, 122]. Hier sind die Zeit t die Ankunftszeit der Stoßwellen an den betrachteten Punkten in der Zeit t_1, d. h. $t = t_1 - t_d$ und b Dämpfungsfaktor. b wird in der Literatur [117, 119–126] aus den Impulsen von der positiven Druckphase berechnet.

- **Positiver Impuls**

Der positive Impuls i_+ wird aus dem zeitlichen Verlauf des Druckes als Produkt mit der Zeit, d. h. Pascal Sekunde, $(Pa \cdot s)$, wie im Folgenden in Gleichung (2.52) berechnet [119, 121]:

$$i_+ = \int_{t_a}^{t_a+t_d} P_+(t)dt. \tag{2.52}$$

Hier ist P_+ der Druckwert in der positiven Druckphase.

- **Negativer Impuls**

Der negative Impuls i_- wird aus dem zeitlichen Verlauf des Druckes wie im Folgenden

$$i_- = \int_{t_d}^{t_d+t_n} P_-(t)dt \tag{2.53}$$

in Gleichung (2.53) berechnet.

- **Skalierter Abstand**

Anhand der Gleichung (2.50) wird das Zeitlaufverhalten einer Explosion mit Hilfe eines skalierten Abstands Z

$$Z = \frac{d}{\sqrt[3]{W}} \tag{2.54}$$

beschrieben (s. Gl. (2.54)). Hier sind d der Abstand (als Meter (m)) zum Explosionszentrum und W die Masse (als Kilogramm (*kg*)) des Explosionsstoffs, d. h. Z $(m/\sqrt[3]{kg})$ [120, 121].

Für den Fall, dass der skalierte Abstand Z größer als 20 $(\mathrm{m}/\sqrt[3]{\mathrm{kg}})$ ist, können die negativen Druckwerte P_- nicht mehr vernachlässigt werden. Je größer der Wert des skalierten Abstands Z wird, desto größer wird auch der Wert der negativen Impulse, der sich an den Wert der positiven Impulse nähert. In diesem Fall wird an der betroffenen Infrastruktur während der negativen Impulsphase ein größerer Schaden verursacht als während der positiven Impulsphase [119, 125].

- **Dämpfungsfaktor b**

Der Dämpfungsfaktor b wird nach [116, 118, 119, 122] mit Gleichung (2.55)

$$b \sim \frac{1}{Z} \quad (2.55)$$

berechnet.

- **Der maximale positive und negative Druck, reflektierte Druck und der Impuls**

In der Fachliteratur werden unterschiedliche Parameter abhängig von den angenommenen Z-Werten zur Berechnung des maximalen Druckwertes P_{max} angewendet. Z. B. bei Tai [118] P_{max} wurde mit den Gleichungen (2.56–2.57)

für $0{,}1\ (\mathrm{m}/\sqrt[3]{\mathrm{kg}}) \leq Z \leq 0{,}3\ (\mathrm{m}/\sqrt[3]{\mathrm{kg}})$ als

$$P_{max} = (1{,}4072\ \frac{1}{Z} + 0{,}554\ \frac{1}{Z^2} - 0{,}357\ \frac{1}{Z^3})\ Pa \quad (2.56)$$

und für $0{,}3\ (\mathrm{m}/\sqrt[3]{\mathrm{kg}}) \leq Z \leq 1\ (\mathrm{m}/\sqrt[3]{\mathrm{kg}})$ als

$$P_{max} = (0{,}619\ \frac{1}{Z} - 0{,}033\ \frac{1}{Z^2} + 0{,}213\ \frac{1}{Z^3})\ Pa \quad (2.57)$$

aus dem Henrych [127] berechnet. Tai [119] verglich diese Berechnungen mit den Berechnungen von Baker [122, 123]

für $0{,}05\ (\mathrm{m}/\sqrt[3]{\mathrm{kg}}) \leq Z \leq 0{,}5\ (\mathrm{m}/\sqrt[3]{\mathrm{kg}})$ als

$$P_{max} = \left(20{,}06\ \frac{1}{Z} + 1{,}94\ \frac{1}{Z^2} - 0{,}04\frac{1}{Z^3}\right) Pa \quad (2.58)$$

und für $0{,}5\ (\mathrm{m}/\sqrt[3]{\mathrm{kg}}) \leq Z \leq 70{,}9\ (\mathrm{m}/\sqrt[3]{\mathrm{kg}})$ als

$$P_{max} = (0{,}67\ \frac{1}{Z} + 3{,}01\ \frac{1}{Z^2} - 4{,}31\frac{1}{Z^3}) Pa \quad (2.59)$$

mit den Gleichungen (2.58–2.59). Die Berechnung des minimalen Druckwertes P_{min} gibt Larcher [120] in die Gleichungen (2.60) und (2.61)

für $Z > 3{,}5\ (\mathrm{m}/\sqrt[3]{\mathrm{kg}})$

$$P_{min} = 10^5\ \frac{0.35}{Z}\ Pa \quad (2.60)$$

für $Z < 3{,}5\ (\mathrm{m}/\sqrt[3]{\mathrm{kg}})$

$$P_{min} = 10^4\ Pa \quad (2.61)$$

aus den Berechnungen von Krauthammer [126].

Der reflektierte Druck P_r (s. Gl. (2.62)) kann in dem Fall erscheinen, wenn vor den Stoßwellen Hindernisse entstehen. Die Größe, die Form und die materiellen Eigenschaften des Hindernisses, der Luftwärme-Koeffizient γ und der Reflexionswinkel sind die Faktoren, die während der Berechnung des reflektierten Drucks P_r mit einbezogen werden sollen [117].

$$P_r = 2P_{max}\left(\frac{7P_0 + 4P_{max}}{7P_0 + P_{max}}\right). \tag{2.62}$$

In der Gleichung (2.63) gibt Larcher [117, 120] das Verhältnis zwischen dem normalen Atmosphärendruck P_0 und dem maximalen Druck P_{max}

$$\frac{P_{max}}{P_0} = \frac{808\left(1 + \left(\frac{Z}{4,5}\right)^2\right)}{\sqrt{1 + \left(\frac{Z}{0,048}\right)^2}\sqrt{1 + \left(\frac{Z}{0,32}\right)^2}\sqrt{1 + \left(\frac{Z}{1,35}\right)^2}} \tag{2.63}$$

weiter. Auch in der Gleichung (2.64) wurden die Impulse i

$$i = \frac{0,067\sqrt{1 + \left(\frac{Z}{0,23}\right)^4}}{Z^2\sqrt[3]{1 + \left(\frac{Z}{1,55}\right)^3}} 100\sqrt[3]{w}\ Pa \cdot s \tag{2.64}$$

nach dem skalierten Abstand Z für die chemischen Explosionen aus der Kinney [118] Berechnungen genommen.

- **Die Stoßfrontgeschwindigkeit und der Luftwärme-Koeffizient**

Die Stoßfrontgeschwindigkeit v_s ist abhängig von der Schallgeschwindigkeit $c_0 = 343\,m/s$, dem maximalen positiven Druck P_{max}, dem normale Atmosphäredruck P_0 und dem Luftwärme-Koeffizient γ,

$$v_s = c_0\sqrt[2]{1 + \frac{(\gamma + 1)\,P_{max}}{2\gamma\,P_0}} \tag{2.65}$$

wie in der Gleichung (2.65) zu sehen ist [117, 125].

Der Luftwärme-Koeffizient (oder die spezifische Wärmekennzahl) γ, der in der Gleichung (2.65) auftaucht, beschreibt das Verhältnis zwischen dem Druckwärmekoeffizient c_p und dem Raumwärmekoeffizient c_v,

$$\gamma = \frac{c_p}{c_v} \tag{2.66}$$

wie in der Gleichung (2.66) gezeigt wird. Nach Kingery [125] variiert der Wert des Luftwärme-Koeffizient γ zwischen 1,176 und 1,402 [117].

- **Die Ankunftszeit und Dauer der positiven (bzw. negativen) Druckphase**

  - **Ankunftszeit t_a**

Die Berechnung der Ankunftszeit t_a (s. Gl. (2.67–2.68)) nach dem skalierten Abstand Z wird für $Z > 40\ \mathrm{m}/\sqrt[3]{\mathrm{kg}})$ als

$$t_{a_Z} = t_{a_{Z=40}} + \frac{d_Z - d_{Z=40}}{c_0} \tag{2.67}$$

nach den Gleichungen von Baker [123] und Kingery [125] bei Larcher [117, 120] gezeigt. In der Gleichung (2.68) ist die Schallgeschwindigkeit $c_0 = 343\ m/s$ in Gleichung (2.67) eingesetzt:

$$t_{a_Z} = t_{a_{Z=40}} + \frac{(d_Z - d_{Z=40})\ m}{343\ m/s}. \tag{2.68}$$

- **Dauer der positiven Druckphase t_d**

Die Dauer der positiven Druckphase t_p (s. Gl. (2.69)) nach dem skalierten Abstand Z für $Z > 40\ (\mathrm{m}/\sqrt[3]{\mathrm{kg}})$ mit

$$t_p = 10^x\ s \tag{2.69}$$

festgestellt. Hier wird der Wert von x nach den Gleichungen von Baker [123] und Kingery [125] und Larcher [117, 120] als $x = 0.230 \log(Z) - 2{,}594$ genommen.

- **Dauer der negativen Druckphase t_n**

Die Dauer der negativen Druckphase t_n (s. Gl. (2.70–2.72)) nach dem skalierten Abstand $Z\ (\mathrm{m}/\sqrt[3]{\mathrm{kg}})$ und der Sprengstoffmenge W (kg) werden

für $Z < 0{,}3\ (\mathrm{m}/\sqrt[3]{\mathrm{kg}})$

$$t_n = 0{,}0104 \cdot \sqrt[3]{\mathrm{W}}\ \mathrm{s} \tag{2.70}$$

für $1{,}9\ (\mathrm{m}/\sqrt[3]{\mathrm{kg}}) \geq Z \geq 0{,}3\ (\mathrm{m}/\sqrt[3]{\mathrm{kg}})$

$$t_n = (0{,}003125 \log(\mathrm{Z}) + 0{,}01201) \cdot \sqrt[3]{\mathrm{W}}\ \mathrm{s} \tag{2.71}$$

und für $Z > 1{,}9\ (\mathrm{m}/\sqrt[3]{\mathrm{kg}})$

$$t_n = 0{,}0139\ \sqrt[3]{\mathrm{W}}\ \mathrm{s} \tag{2.72}$$

von Krauthammer [126] und nach Larcher [117, 120] übernommen.

2.2.3.2 Anwendungsszenarien-1: Detonation über einer Betonplatte in der freien Luft

Hier wird der Einfluss einer Explosion über zwei Betonplatten (je 186x62x10,5 cm) auf gewählte sechs Punkten, wie in Abbildung (2.12) (s. Abschn. (4.2) und Abb. (4.10)) gezeigt wird, in Tabelle (2.1) rechnerisch dargestellt. Die praktische Durchführung dieser und anderer verschiedener realer Explosionen, mit den in dieser Arbeit entwickelten Hard- und Softwarekomponenten werden in Abschnitt (4.2) behandelt.

Für die Explosion wurde ein kugelförmiger 400 gr. Plastiksprengstoff (Semtex) auf Styropor mit einem Abstand von 64 cm über den Betonblöcken platziert. In der Tabelle (2.1) werden die Koordinaten der gewählten Punkte, der Abstand (d) zum Explosionszentrum, die Ankunftszeit t_a (s. Gl. (2.67)), Schockfrontgeschwindigkeit v_s (s. Gl. (2.65)) und die mittlere Explosionsgeschwindigkeit v_m gegeben.

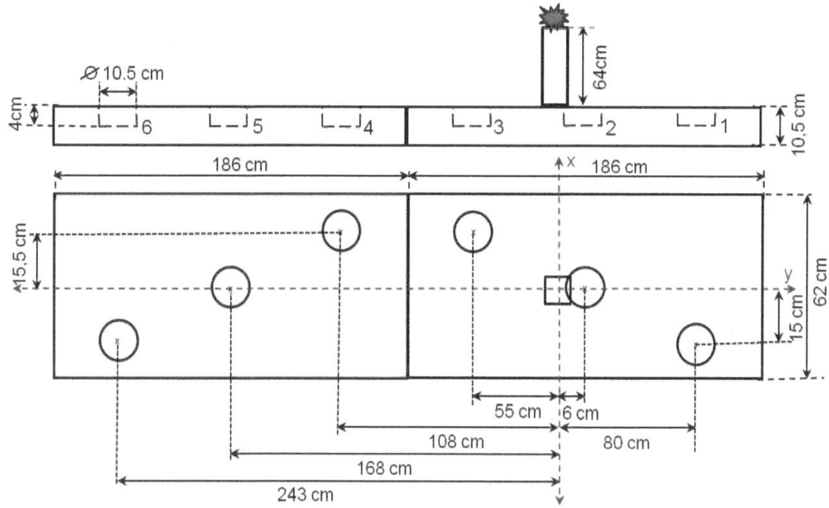

Abb. 2.12 Eine schematische Darstellung der zwei Betonblöcke mit markierten sechs Punkte darauf. Der Abstand ist zwischen jedem Punkt und Explosionszentrum zu sehen.

Tab. 2.1 Die Berechnung der Detonationsparameter für die bei der Abbildung (4.12) dargestellten Punkte.

Punktnr. n	x (m)	y (m)	z (m)	Abstand d (m)	Ankunftszeit t_a (ms)	Stoß-Frontgeschwin. v_s (m/s)	mittlere Detonationsgeschwin. v_m (m/s)
1	0,150	0,80	0,64	1,035	0,696	765	1487,676
2	0	0,06	0,64	0,643	0,304	1176	2114,495
3	0,155	0,55	0,64	0,857	0,568	844	1508,802
4	0,155	1,08	0,64	1,264	1,162	610	1088,572
5	0	1,68	0,64	1.797	2,178	483	825,425
6	0,150	2,43	0,64	2,517	3,790	419	664,206

Die Entfernung d_n eines betrachteten Punktes n (hier $n = \{1, 2, 3, 4, 5, 6\}$) zum Explosionszentrum wird durch die Gleichung (2.73)

$$d_n = \sqrt[2]{{x_n}^2 + {y_n}^2 + {z_n}^2}\ m \tag{2.73}$$

und die mittlere Explosionsgeschwindigkeit v_{m_n}

$$v_{m_n} = \frac{d_n}{t_{a_n}}\ m/s \tag{2.74}$$

durch die Gleichung (2.74) berechnet. Bei diesem Explosionsszenario wird durch die Berechnungen in Tabelle (2.1) gesehen, dass eine kleine Änderung vom Abstand des Explosionszentrums großen Einfluss auf die Ankunftszeit, Stoßfront- und mittlere Detonationsgeschwindigkeit hat. Wenn ein Vergleich zwischen dem entferntesten Punkt 6 und dem nächsten Punkt

2 zum Explosionszentrum gemacht wird, dann wird folgende Relation aus der Tabelle (2.1) gesehen: obwohl der Punkt 6 fast vierfach so weit wie Punkt 2 vom Explosionszentrum entfernt ist, werden diesem die Stoßwellen fast zehnfach später und mit fast dreifach verlangsamten Stoßfront- und mittlerer Detonationsgeschwindigkeit erreicht. Deswegen wird eine Explosion an Punkt 6 weniger Schaden verursachen als an Punk 2. Um diesen Punkt deutlicher darzustellen, wird aus der Gleichung (2.65) das maximale Druckwertverhältnisse zwischen dem P_{max2} für den Punkt 2 und P_{max6} für den Punkt 6 in Gleichungen (2.75–2.76) wie folgt berechnet:

$$v_s = c_0 \cdot \sqrt[2]{1 + \frac{(\gamma+1)\cdot P_{max}}{2\gamma \cdot P_0}} \Rightarrow P_{max} = \left(\left(\frac{v_s}{c_0}\right)^2 - 1\right)\frac{2\gamma \cdot P_0}{(\gamma+1)} \tag{2.75}$$

$$\frac{P_{max2}}{P_{max6}} = \frac{\left(\left(\frac{v_{s_2}}{c_0}\right)^2 - 1\right)\frac{2\gamma \cdot P_0}{(\gamma+1)}}{\left(\left(\frac{v_{s_2}}{c_0}\right)^2 - 1\right)\frac{2\gamma \cdot P_0}{(\gamma+1)}} = \frac{v_{s2}{}^2 - c_0{}^2}{v_{s6}{}^2 - c_0{}^2}. \tag{2.76}$$

Aus der Tabelle (2.1) wird v_{s_2}Stoßfrontgeschwindigkeit und c_0 Schalgeschwindigkeit als proportional zu der v_{s_6} Stoßfrontgeschwindigkeit wie in den Gleichungen (2.77–2.78)

$$v_{s_2} = 2{,}806\, v_{s_6} \tag{2.77}$$

$$c_0 = 0{,}818\, v_{s_6} \tag{2.78}$$

berechnet. Wenn in Gleichungen (2.77–2.78) in Gleichung (2.76) eingesetzt wird, dann wird durch die Gleichungen (2.79–2.80)

$$\frac{P_{max2}}{P_{max6}} = \frac{(2{,}806\, v_{s_6})^2 - (0{,}818\, v_{s_6})^2}{v_{s_6}{}^2 - (0{,}818 v_{s_6})^2} = \frac{7{,}873 v_{s_6}{}^2 - 0{,}670 v_{s_6}{}^2}{v_{s_6}{}^2 - 0{,}670 v_{s_6}{}^2} = \frac{7{,}203 v_{s_6}{}^2}{0{,}33 v_{s_6}{}^2} \tag{2.79}$$

$$\frac{P_{max2}}{P_{max6}} = 21{,}827 \tag{2.80}$$

der Wert 21,827 für das maximale Druckwertverhältnis zwischen dem P_{max2} für den Punkt 2 und P_{max6} für den Punkt 6 erhalten.

2.2.3.3 Anwendungsszenarien-2: Detonation in einem Verkehrstunnel

- ***Stoßwellenausbreitung***

In der Arbeit von Nöldgen und Stolz [128] werden die Folgen eines Explosionsereignisses in einem Tunnel als lokale und globale Belastung, die abhängig von den Festigkeitsparametern des Objektes ist, aufgeteilt. Hier wird eine rechnerische Einschätzung der Art der Belastung nach einer Explosion mithilfe des skalierten Abstands Z (s. Gl. (2.54)) beschreiben.

Eine lokale Beschädigung durch eine Explosion wird das Versagen eines Teiles des Objektes nicht verursachen, z. B. ein Loch an der Tunnelwand. Für eine mögliche globale Beschädigung, die auf einem großen Teil des beobachteten Objektes erscheint, wird ab dem Wert $Z > 0{,}5\ (\mathrm{m}/\sqrt[3]{\mathrm{kg}})$ bei Flächentragwerken aus Stahlbetonbauteilen (Wände, Platten) als möglich angenommen.

Der Unterschied zwischen im Freien und in einem Tunnel stattgefundenen Explosion sind die in einem Tunnel mehrfach auftretenden reflektierten Druckwellen (s. Gl. (2.62)). Aufgrund der reflektierten Druckwellen wird die Stoßwellenausbreitung in einem Tunnel auf zwei Stadien gezeigt: am Anfang der Explosion wird die hohe Spitzendrücke (P_{max}) (s. Abb. (2.11)) und Gleichung (2.51)) mit kurzzeitiger Einwirkung (einige ms) und danach ein geringer Druck mit langzeitigen Einwirkungen (mehrere 100 ms) auftreten. Dadurch wird eine quasistatische (d. h. langzeitige mit geringerer Amplitude) Belastung, die abhängig von der Tunnelstruktur ist, beschrieben. In dieser Arbeit wird der Einfluss des negativen Spitzendrucks P_{min} (s. Abb. (2.11)) nicht betont.

Das Verhalten eines von einer Explosion beeinflussten Objektes wird mithilfe der aus den Berechnungen des Druckes und Impulses (s. Gl (2.52)) dargestellten Diagramme und der objektspezifischen Zerstörungskennlinien, die mithilfe der Angabe einer kritischen Auslenkung als Grenzwert der Objektzerstörung erhalten wird, festgestellt.

Eine realitätsnahe Ermittlung der Resttragfähigkeitsberechung des Tunnelquerschnitts wird in der Arbeit [128] durch den Ansatz der physikalischen Nichtlinearität des Konstruktionsmaterials (Beton, Faserbeton, Bewehrung) und des Baugrunds beschrieben. Dafür wird für eine zusammengefasste Resttragfähigkeitsberechnung ein globaler Sicherheitsbeiwert γ_0, der nach dem semiprobabilistischen Teilsicherheitskonzepte der DIN 1055-100 festgestellt und als Bewertungskriterium des globalen Zerstörungsgrads bzw. Restsicherheitsniveaus des Tragwerks betrachtet wird, gegeben.

In der gleichen Arbeit werden für die in stationären Last-Zeit-Funktionen der Druckwellen während der globalen Belastungen, die gleichzeitige lokale Zerstörungen verursachen, zwei Methoden beschrieben: eine ist die direkte Ermittlung in einer strukturdynamischen Tragwerksberechnung auf Bauwerksebene unter Berücksichtigung der Dämpfungsfaktoren und Massenträgheitseffekte. Die andere ist die Ansetzung eines stationären Ersatzdruckes in einer statischen Berechnung auf den Tunnelquerschnitt. Gleichzeitig wird der Einfluss der elastischen Verformbarkeit des Tragwerks, der Einwirkungsdauer der (positiven) Impulsphase und der Eigenfrequenz des Tunnelquerschnitts auf den stationären Ersatzdruck betont. Die Analyse und Abschätzung verschiedener Explosionsbelastungsszenarien werden mithilfe einiger Berechnungsverfahren, wie z. B. im Modellversuch, Finite Element Methoden (FEM-) Simulation und Ingenieurverfahren, durchgeführt [129].

- **Einsetzung der Funksensorknoten in einem Tübbingsbauweise-Tunnel**

Im Folgenden wird der Einfluss der Schall- und Detonationswellen auf Markierungspunkte, die als Stellen der Funksensorknoten angenommen werden, gemessen. Die Markierungspunkte sind auf der Tunnelinnenwand eines nach der Tübbingbauweise gebauten Tunnels.

In einem in der Tübbingbauweise gebauten Tunnel sind drei Übertragungsmedien für die Schallwelle vorhanden: Luft, Beton und Gummi. Zwischen den Tübbingen befindet sich jeweils eine Gummidichtung zur Einhaltung der Wasserdichte des Tunnels. Aufgrund der sehr hohen Dämpfungseigenschaft von Gummi wird die Schallwelle im Beton beim Übergang von einem Tübbing in den benachbarten stark gedämpft. Deshalb wird hier die Luft als Übertragungsmedium betrachtet, nicht anstatt des Betons.

In Abbildung (2.13) wurde ein durch die Tübbingbauweise gebauter Tunnel (s. Abb. (2.13a)) mit 13 m Durchmesser und mit jeweils 2 m langen Tübbingen für den Vergleich der Ausbreitung der Schall- und Detonationswellen in einem Abschnitt (s. Abb. (2.13b–c)) dargestellt. Hier wurde an der oberen Hälfte der inneren Wand des Tunnels n Anzahl der Punkte $\mathcal{P}_i\,(x, y, z)$ mit gleichem Abstand voneinander entfernt und aufsteigend durchnummeriert.

In der Tabelle (2.2) wurde die Laufzeit t_d (s. Gl. (2.74)), in der die Schall- und Stoßwellen die Distanz d (s. Gl. (2.73)) zurücklegen, für die Übertragungsmedien (Beton, Gummi und Luft) mit der Mediumsgeschwindigkeit v_{me}

$$t_d = \frac{d}{v_{me}} = \frac{8{,}845\,m}{v_{me}\frac{m}{s}} = \frac{8{,}845\,m}{c_0\frac{m}{s}} = \frac{8{,}845\,m}{343\frac{m}{s}} \tag{2.81}$$
$$t_d = 25{,}787\,ms$$

in der Gleichung (2.81) berechnet. Für die Berechnung t_d wurde die mittlere Explosionsgeschwindigkeit v_m mit dem Wert 5000 m/s angenommen, obwohl sie aufgrund der Abhängigkeit von der Explosionsart und Explosionslast weniger oder mehr als dieser Wert sein könnte. Der Wert $d = 8{,}845$ m ist die Entfernung eines Punktes aus einer Punktgruppe zum Zentrum der Nachbarpunktgruppe (s. Abb. (2.13a–b)). Deswegen ist t_d hier die Laufzeit der Schallwellen zwischen zwei Punktgruppen mit dem Abstand d . Hier wurde angenommen, dass ein Ereignis auf den Punkten $\mathcal{P}_e\ (0, 0, z)$ über z-Koordinatenachse stattfinden wird (s. Abb. (2.13b)).

Tab. 2.2 Schall- und Stoßwellenausbreitung in verschiedenen Materialien.

	Schallwellen				Stoßwellen
(@ 20 °C)	*Beton(C20/25)*	*Beton(C30/37)*	*Gummi*	*Luft*	*Luft*
v_{me} *(m/s)*	3.655	3.845	150	343	1.000 -10.000
t_d *(ms)*	2,412	2,300	58,967	25,787	8,845 – 0,885

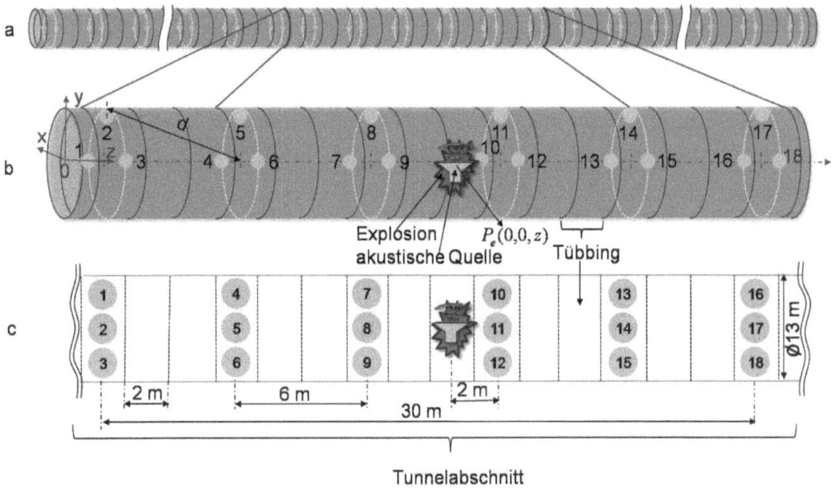

Abb. 2.13 (a) Eine systematische Anordnung der Punkte in einem Tunnel und Tunnellabschnitt **(b)**. **(c)** Draufsicht der angezeigten Anordnung von Punkten.

In Tabelle (2.3) wurde die Berechnung für die Schall- und Detonationswellenausbreitung die in Abbildung (2.13) dargestellten 18 Punkten in einem Tunnelabschnitt gezeigt. Anschließend wurden die berechneten Werte der Ankunftszeiten t_a für die Schall- und Detonationswellen mit der Abbildung (2.14) graphisch dargestellt. Bei der Berechnung der Tabelle (2.3) und Abbildung (2.14) wurde der reflektierte Druck P_r (s. Gl. (2.62)) vernachlässigt. Wie in Abbildung (2.13b) zu sehen, wurde hier angenommen, dass der Explosions- und der akustische Schall-Quelleort auf demselben Punkt $\mathcal{P}_e\ (0, 0, z)$ sind. Aus diesem Grund sind die Verläufe der Ankunftszeitkurven für die beiden Wellenarten mit unterschiedlichen t_a Ankunftszeitwerten für die markierten 18 Punkte gleich.

Aufgrund der Anordnung der Punkgruppen erreichen die Schall- und Detonationswellen jeden der drei Punkte zur selben Zeit. Deswegen entstehen zwischen der Ankunftszeit t_a und den drei Punkten in einer Punktgruppen mehrdeutige Verhältnisse.

Wenn an den Punkten $\mathcal{P}_i\ (\mathrm{x, y, z})$ die Funksensorknoten, die nach einem Ereignis (z. B. Schall- und Detonationswellen) getriggert werden und ihre Daten senden, eingesetzt werden, dann wird hier aufgrund von gleichzeitigem Senden der Daten die Datenkollision entstehen und wird keine Daten erhalten. Um diesen Fall zu vermeiden, wird hier die beschriebene LZV-Topologie für Funksensorknoten angewendet. Dadurch wird ein Zeitschlitz für jeden Funksensorknoten geschafft. Dafür wird hier eine Zeitkonstante k gegeben.

Wie in den Abbildungen (2.13b–c) zu sehen, wurde eine Topologie für die Anordnung der Funksensorknoten (s. Gl. (2.11)) in einem Tunnelabschnitt p_j mit Anzahl $l = m = 18$ der Punkte $\mathcal{P}_{\mathrm{j,l}}\ (\mathrm{x,\ y,\ z})$ nach den Gleichungen (2.82–2.84) markiert:

Tab. 2.3 Die Berechnung für die Schall- und Stoßwellenausbreitung in Abbildung (2.13) dargestellten 18 Punkten in einem Tunnelabschnitt.

Punktnr. n	x (m)	y (m)	z (m)	Abstand *d* (m)	Ankunftszeit *ta@co* (ms)	Ankunftszeit *ta@vm* (ms)	Stoß-Frontgeschw. *vs* (m/s)	mittlere Detonationsgeschw. *vm* (m/s)
1	0	6,5	16	17,270	50,350	26,300	412	656,651
2	6,5	0	16	17,270	50,350	26,300	412	656,651
3	0	6,5	16	17,270	50,350	26,300	412	656,651
4	0	6,5	10	11,927	34,772	14,100	470	845,877
5	6,5	0	10	11,927	34,772	14,100	470	845,877
6	0	6,5	10	11,927	34,772	14,100	470	845,877
7	0	6,5	4	7,632	22,251	6,250	649	1221,147
8	6,5	0	4	7,632	22,251	6,250	649	1221,147
9	0	6,5	4	7,632	22,251	6,250	649	1221,147
10	0	6,5	2	6,801	19,827	5,070	713	1341,368
11	6,5	0	2	6,801	19,827	5,070	713	1341,368
12	0	6,5	2	6,801	19,827	5,070	713	1341,368
13	0	6,5	8	10,308	30,052	10,920	521	943,934
14	6,5	0	8	10,308	30,052	10,920	521	943,934
15	0	6,5	8	10,308	30,052	10,920	521	943,934
16	0	6,5	14	15,435	45,001	21,950	427	703,205
17	6,5	0	14	15,435	45,001	21,950	427	703,205
18	0	6,5	14	15,435	45,001	21,950	427	703,205

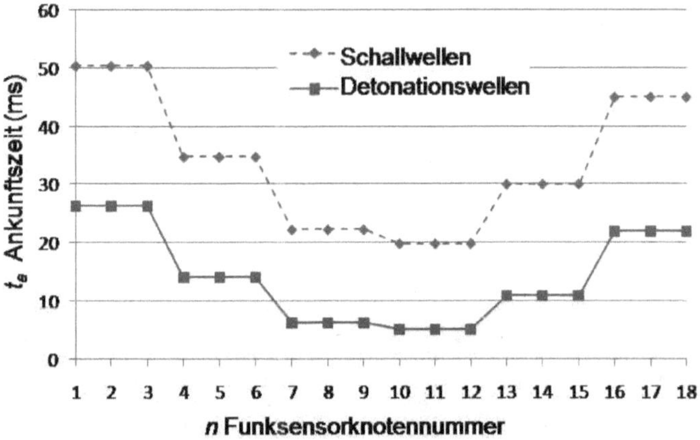

Abb. 2.14 Grafische Darstellung der Ankunftszeit t_a der Schall- und Explosionswellen ausTabelle (2.1) an den in Abbildung (2.13) beschriebenen 18 Punkten.

$$f_m(i) = (i\ div\ m, \quad (i-1)\ mod\ m)$$
$$f_{18}(i) = (i\ div\ 18, \quad (i-1)\ mod\ 18) \tag{2.82}$$
$$f_{18}(i) = (j,l) \Rightarrow \tag{2.83}$$
$$\mathcal{P}_i\ (\mathrm{x,y,z}) \rightarrow \mathcal{P}_{\mathrm{j,l}}\ (\mathrm{x,y,z}). \tag{2.84}$$

Die gesamte Menge S der Punkte in dem Tunnel wird nach den Gleichungen (2.9–2.23) wie im Folgenden durch Gleichung (2.85) beschrieben:

$$S = \begin{bmatrix} (0,0)\ (0,1)\ (0,2) & \dots & (0,17) \\ (1,0)\ (1,1)\ (1,2) & \dots & (1,17) \\ \vdots & \dots & \vdots \\ ((u-2),0)\ ((u-2),1)\ ((u-2),2) & \dots & ((u-2),17) \end{bmatrix} \cup \\ \cup\ [((u-1),0)\ ((u-1),1)\ ((u-1),2)\ \dots\ ((u-1),(r-1))] \tag{2.85}$$

Wenn die Anzahl der Punkte in dem letzten verbleibenden Tunnelabschnitt r gleich m angenommen wird, dann wird die gesamte Menge der Punkte S in dem Tunnel wie mit der

$$S = \begin{bmatrix} (0,0)\ (0,1)\ (0,2) & \dots & (0,17) \\ (1,0)\ (1,1)\ (1,2) & \dots & (1,17) \\ \vdots & \dots & \vdots \\ ((u-1),0)\ ((u-1),1)\ ((u-1),2) & \dots & ((u-1),17) \end{bmatrix} \tag{2.86}$$

Gleichung (2.86) beschrieben.

Wie in der Abbildung (2.13) zu sehen ist, wurden die Punkte in einem Tunnelabschnitt unter sechs Punktgruppen, jeweils 3 Punkten zugeordnet. Dadurch wurde der Tunnelabschnitt,

z. B. p_j, in sechs Unterabschnitte als $p'_{j,j'}$ (s. Gl. (2.24–2.27)) aufgeteilt. Hier wurde eine Punktgruppe (oder Reihe) als gesamte Menge der Punkte, die auf der gleichen z-Koordinatenachse liegen, definiert. Die z-Koordinatenachse liegt in der Mitte des Tunnels und geht durch den Tunnel durch. In der Abbildung (2.13) wurde angenommen, dass die Entfernung zwischen zwei Nachbarpunktgruppe auf der z-Koordinatenachse 6 m ist. Eine Punktgruppe in einem Abschnitt wird im Folgenden auch als Unterabschnitt bezeichnet, damit nach den Gleichungen (2.9–2.23) weitere mathematische Beschreibungen möglich sind. Die Anzahl der gesamten Punkte m' in einer Punktgruppe (oder Unterabschnitte) wurde hier (s. Abb. (2.13b–c)) als $m' = 3$ angenommen. Die Beschreibung der Punkte des in Abbildung (2.13) gezeigten Unterabschnitts, z. B. p_j, nach den Gleichungen (2.24–2.27) wird im Folgenden mit den Gleichungen (2.87–2.88) beschrieben:

$$f_3(l) = (l \; div \; 3, \qquad (l-1) \; mod \; 3) \tag{2.87}$$
$$f_3(l) = (j', l'). \tag{2.88}$$

Die Menge der Punkte S_j (s. Gl. (2.30)) in den gesamten Unterabschnitten $p'_{j,j'}$ wird durch die Menge $\mathrm{P_j}$ (s. Gl. (2.28)), die die Menge der p' Unterabschnitte für den Abschnitt p_j ist, und die Menge $\mathrm{M_j}$ (s. Gl. (2.29)), die die Menge der Punkte in einem Unterabschnitt ist, wie in Gleichung (2.89–2.90) berechnet:

$$P_j = \begin{bmatrix} 0 \\ 1 \\ \vdots \\ 5 \end{bmatrix} \; und \; M_j = \; [0, 1, 2] \tag{2.89}$$

$$S_j = \begin{bmatrix} (0,0) \; (0,1) \; (0,2) \\ (1,0) \; (1,1) \; (1,2) \\ \vdots \\ (5,0) \; (5,1) \; (5,2) \end{bmatrix}. \tag{2.90}$$

Wie in Tabelle (2.3) und Abbildung (2.14) zu sehen, sind die Stoßfrontgeschwindigkeit v_s und die mittlere Detonationsgeschwindigkeit v_m einer Detonation für jede Punktgruppe $p'_{j,j'}$ (s. Gl. (2.27–2.28)) (unter gleiche Wärme, Luftdruck und Feuchtigkeit) unterschiedlich, obwohl die Schallwellen einen konstanten Wert c_0 haben. Wie bei den Abbildungen (2.10) und (2.11) zu sehen, nimmt der Druckverlauf der Stoßwellen mit der zunehmenden Entfernung vom Detonationszentrum stark (und zwar nicht linear) (s. Gl. (2.51)) ab. Ein anderer Faktor für den Druckverlauf ist die Menge des Sprengstoffs, die auch großen Einfluss auf die Geschwindigkeit der Detonationswellen (s. Gl. (2.54) und Gl. (2.64)) hat. Aus diesen Gründen ist eine Voraussage über die Stoßwellengeschwindigkeit einer unkontrollierten Detonation in einem Tunnel nicht möglich. Hier wird zur Festlegung des Zeitschlitzes für Funksensorknoten in einem Detonationsfall angenommen, dass die Detonationswellen sich mit Ihrem untersten Geschwindigkeitslimit, d. h. der Schallwellengeschwindigkeit, in der Luft in einer Tunnelumgebung fortpflanzen. In dem Fall, dass die Funksensorknoten in einem Tunnel eingesetzt werden, wird jeder Funksensorknoten in der vorher beschriebenen Topologie auf dem markierten Punkte $\mathcal{P}_i\,(x, y, z)$ (s. Gl. (2.84)) eingebracht. So werden diese Punkte entsprechend (s. Abb. (2.13b–c)) entlang des Tunnels aufsteigend durchnummeriert (als Base_ID).

Im Falle eines Ereignisses in einem Tunnelabschnitt werden die Funksensorknoten in diesem Abschnitt aufgeweckt. Die aufgeweckten Funksensorknoten warten auf ihren Zeitschlitz, um dann nach Ablauf der Wartezeit ihre Daten innerhalb des ihnen zugeteilten Zeitschlitzes weiter zu senden. Anschließend gehen die Funksensorknoten in den Sleep Modus. Um hier diesen Zeitschlitz festzulegen, wird die Zeitschlitzkonstante k (s. Gl. (2.37–2.43)) aus der Laufzeit

$t_d = 25{,}787\, ms$ (s. Gl. (2.81)), die der Laufzeit der Schallwellen zwischen den zwei benachbarten Punktgruppe ist, und der Sendezeit der Funksensorknoten (auch Router) $\tau_T = 2{,}6\, ms$ (s. Gl. (2.34–2.35)), für die gesendeten Datenmenge $M_d = 21$ Byte und $B = 16\ kByte/s$) als $k = t_d = 25{,}787\, ms$ genommen, weil hier der Fall $t_d \geq m'\tau_T$ für $m' = 3$ gilt. Die Wartezeit t_{w_i} der Funksensorknoten nach einer Detonation wird nach Gleichung (2.40) als

$$t_{w_i} = 25{,}787\, ms \cdot \Big(\big((i-1)\, mod\ 18\big)\, div\ 3\Big) + \\ + \Big(\big((i-1)\, mod\ 18\big)\, mod\ 3\Big) \cdot 2{,}6\, ms \qquad (2.91)$$

in Gleichung (2.91) berechnet (s. Abb. (2.16)).

Im Falle $t_d < m'\tau_T$ (z. B. $\tau_T = 20\, ms$) wird k wie im Folgenden in Gleichung (2.92) den Wert

$$k = t_d = 25{,}787\, ms \qquad (2.92)$$

haben. Für diesen Fall wird t_{w_i} aus der Gleichung (2.38) wie in Gleichung (2.93)

$$t_{w_i} = 25{,}787\, \big((i-1)\, mod\ 18\big)\, ms \qquad (2.93)$$

berechnet. Die Zeit des Sendeanfangs t_{st_i} des Funksensorknotens mit der Nummer i wird wie in Gleichung (2.94) als Summe der Wartezeit t_{w_i} und Wellenankunftszeit t_{a_i} (s. Gl. (2.67–2.68) und Tab. (2.3))

$$t_{st_i} = t_{a_i} + t_{w_i} \qquad (2.94)$$

berechnet (s. Abb. (2.15)).

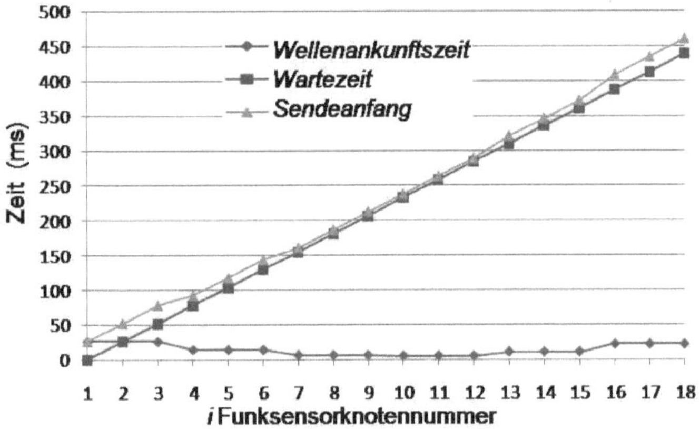

Abb. 2.15 Grafische Darstellung der Ankunftszeit t_{a_i}, der Wartezeit t_{w_i} und des Sendeanfang t_{st_i} der 18 Funksensorknoten in einem Tunnelabschnitt nach einer Detonation (in dem Fall $t_d \leq m'\tau_T$).

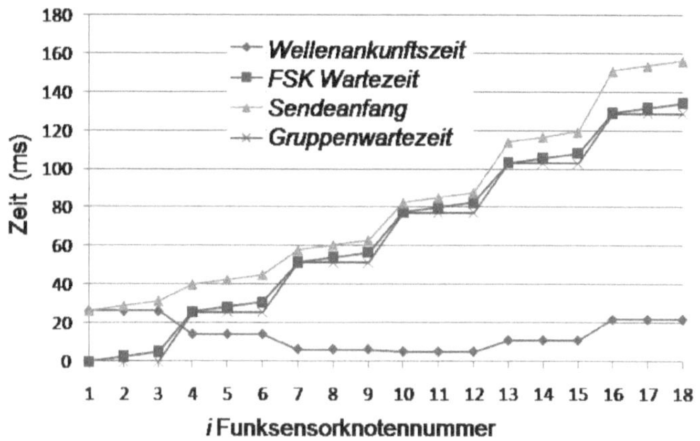

Abb. 2.16 Grafische Darstellung der Ankunftszeit t_{a_i}, der Wartezeit t_{w_i} und des Sendeanfangs t_{st_i} der 18 Funksensorknoten in einem Tunnelabschnitt nach einer Detonation (in dem Fall $\mathrm{t_d} \geq \mathrm{m'\tau_T}$).

- **Datenübertragungszeit**

Wie oben beschrieben variiert die Wartezeit der aufgeweckten Funksensorknoten für das Senden ihrer Daten zwischen *0,3 ms* und *442,82 ms*. Nachdem der Router die Daten empfangen hat, leitet er diese zum entferntesten in seiner Funkreichweite befindlichen Router weiter. Der *1.* Funksensorknoten benötigt *0,3 ms* nach dem Aufwecken für die Datenübermittlung. Nach einer Zeitschlitzlänge von *25,787 ms* werden noch zusätzliche *20 ms* benötigt – zwei Router mit je $t_{SR} = 10\ \mathrm{ms}$ –, um *1 km* Tunnellänge zurückzulegen. Die gesamte Datenübertragungszeit für die ersten *1 km* Distanz beträgt demnach *45,787 ms*. Für jede weitere Strecke von *1 km* sind vier Router notwendig. Deshalb dauert die Übertragungszeit der aufgeweckten Funksensorknoten innerhalb des lokalen Zeitschlitzes länger, wie in Abbildung (2.17) dargestellt, als die Zeit zur Weiterleitung für weitere *1 km* Tunnellänge.

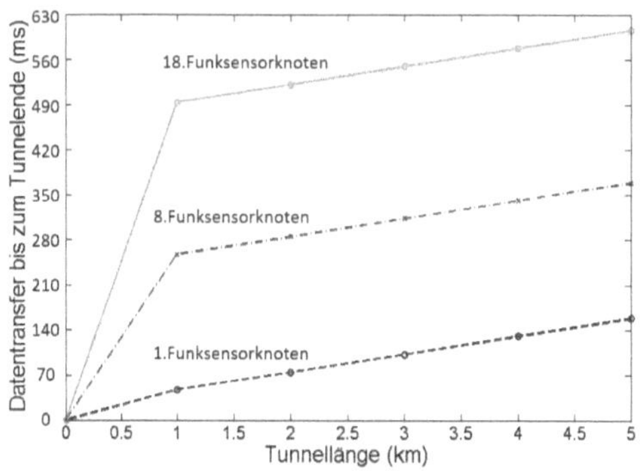

Abb. 2.17 Die Funksensorknoten im Tunnelabschnitt leiten ihre Daten über den Router weiter (s. Abb. (2.16)).

2.2.3.4 Anwendungsszenarien-3: Übermittlung der Zustandsdaten eines Gebäudeteils anstatt eines Tunnelabschnittes nach einer Detonation als Großversuch

Aufgrund von mangelnden zum Abriss freigegebenen Verkehrstunnel wurde in Abschn. (4.2) ein Explosionstest für den Großversuch in einem Teil einer Textilfabrik, die teilweise abgerissen ist, vorgestellt (s Abb. (4.11) und (4.12)). Hier wird durch eine Explosionsszenerie in den vorgestellten Gebäudeteilen die Übermittlung der Zustandsdaten des Gebäudeteiles durch die vorgestellten Topologien und Routingsverfahren dargestellt.

Das Sprengungsobjekt ist der in Abbildung (2.18a) rot schraffierte Bereich der Fabrik, welcher einen Teil einer zweistöckigen Halle darstellt. Innerhalb dieser Halle (BxLxH, 13x48x4 m) werden 20 Funksensorknoten verteilt. Im rot schraffierten Explosionsbereich werden 14 Funksensorknoten, die restlichen 6 im nicht zu sprengenden Teil der Halle angebracht.

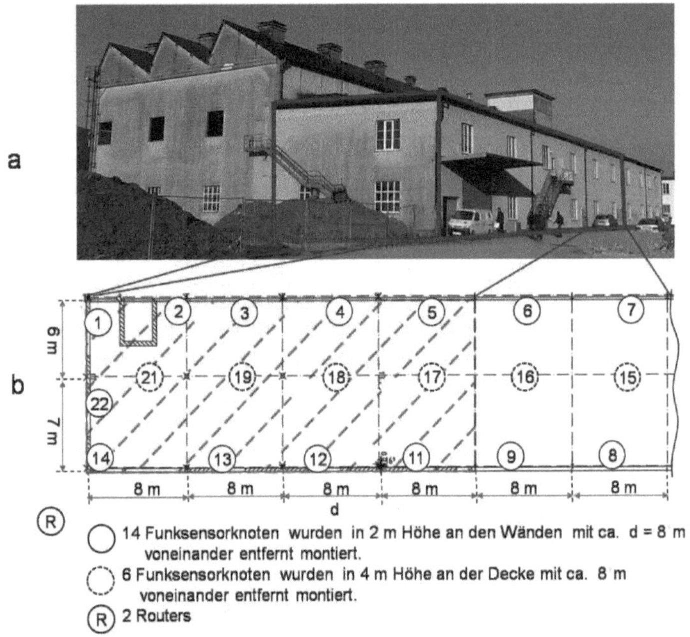

Abb. 2.18 Die Funksensorknoten werden an den Hallenwänden **(a)** und an der Decke montiert. Die Router befinden sich außerhalb der Halle und leiten die Datenpakete weiter: (a) Der rot markierte Bereich des Gebäudes als Sprengungsbereich, **(b)** schematische Darstellung der Anordnung von 20 Funksensorknoten und 2 Routern im Testbereich [16].

Die Funksensorknoten werden voneinander ca. 8 m entfernt in 2 m Höhe an den Wänden (14 Funksensorknoten) und in 4 m Höhe an der Decke der Halle montiert. Zusätzlich werden zwei Router – einer davon als Redundanz – eingesetzt, um die Datenübertragung zum Datenbewertungszentrum sicher weiterzuleiten.

Eine Explosionsszenerie wird hier wie in Abschnitt (2.2.3.3) (s. Abb. (2.15)) vorgenommen. Hier wird angenommen, dass eine Explosion zwischen dem ersten und zweiten Abschnitt der Halle stattfindet. Die Explosionswellengeschwindigkeit im gesamten Testbereich wird als 5000 m/s und die Entfernung zwischen zwei Nachbarfunksensorknoten als ca. 8 m angenommen. Aus den Gleichungen (2.67) und (2.68) wird die Ankunftszeit der Explosionswellen t_a von einem Funksensorknoten zum anderen Nachbarfunksensorknoten

$$t_{a_i} \cong \frac{d}{v_m} = \frac{8\,m}{5000\frac{m}{s}} = 1{,}6\,ms \tag{2.94a}$$

wie in der Gleichung (2.94) sein. In Abbildung (2.19a) wird die Zeitreihe der angenommenen Explosion in einzelnen Schritten mit 0,4 ms von der Ankunftszeit t_{a1} bis zur t_{a6} gegeben. Zum Zeitpunkt t_{a1} hat die Explosion schon angefangen, aber noch keinen der Funksensorknoten erreicht. Alle Funksensorknoten sind daher noch im Sleep Modus. Während der Ankunftszeit t_{a2} werden die Explosionswellen die Funksensorknoten mit der Nummer 19 und 20 erreichen, weil sie 4 m von der Explosionszentrum entfernt sind. Ab diesem Zeitpunkt werden die beide Funksensorknoten getriggert. Dadurch werden sie aus dem Sleep Modus aufgeweckt. Sie berechnen ihre Wartezeit t_{w_i} (s. Gl. (2.42–2.43)) bis zum Senden ihrer Ereignisdaten und warten auf ihren Zeitschlitz, um zu senden. Während der Ankunftszeit t_{a3} werden die Funksensorknoten 2, 3, 22, und 13 getriggert. Auch diese Funksensorknoten berechnen ihre Wartezeit, um auf ihren Zeitschlitz zu warten. Der gleiche Vorgang wird während t_{a4} mit den Funksensorknoten 1 und 14, während t_{a5} mit den Funksensorknoten 4, 12, 18 und während t_{a6} mit den Funksensorknoten 5, 11, 17 geschehen.

In Abbildung (2.19b) wird der Zeitablauf von der Auflösung der Explosion, und Triggern der Funksensorknoten bis zum Senden der gesamten Ereignisdaten gezeigt. Die Funksensorknoten, die durch die Explosion nicht getriggert worden sind, bleiben im Sleep Modus, bis sie allein in einer festgelegten Zeitperiode – z. B. jede 100 s – durch einen internen Watchdog-Timer aufwachen, um ihre "alive" Sgnale zu senden.

In Abbildung (2.20a) wird die Zeitreihe von zwei angenommenen gleichzeitigen Explosionsszenarien in einzelnen Schritten mit 04 ms – von der Ankunftszeit t_{a1} bis zur 1,6 ms t_{a4} – dargestellt. In Abbildung (2.20b) wird, wie in Abbildung (2.19b), der Zeitablauf von der Auflösung der zwei Explosionen und Triggern der Funksensorknoten bis zum Senden der gesamten Ereignisdaten gezeigt.

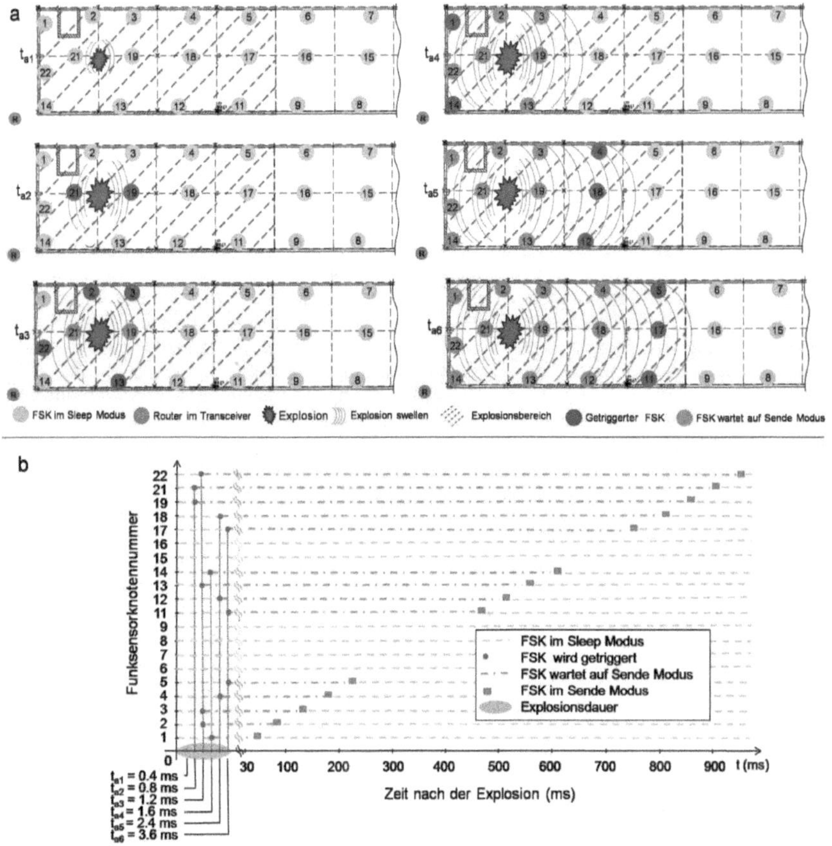

Abb. 2.19 **(a)** Zeitreihe einer angenommenen Explosionsszenerie in einzelnen Schritten mit 0,4 ms – von der Ankunftszeit t_{a1} bis zur t_{a6} –, **(b)** von der Auflösung der Explosion, dem Triggern der Funksensorknoten bis zum Senden der Ereignisdaten [16].

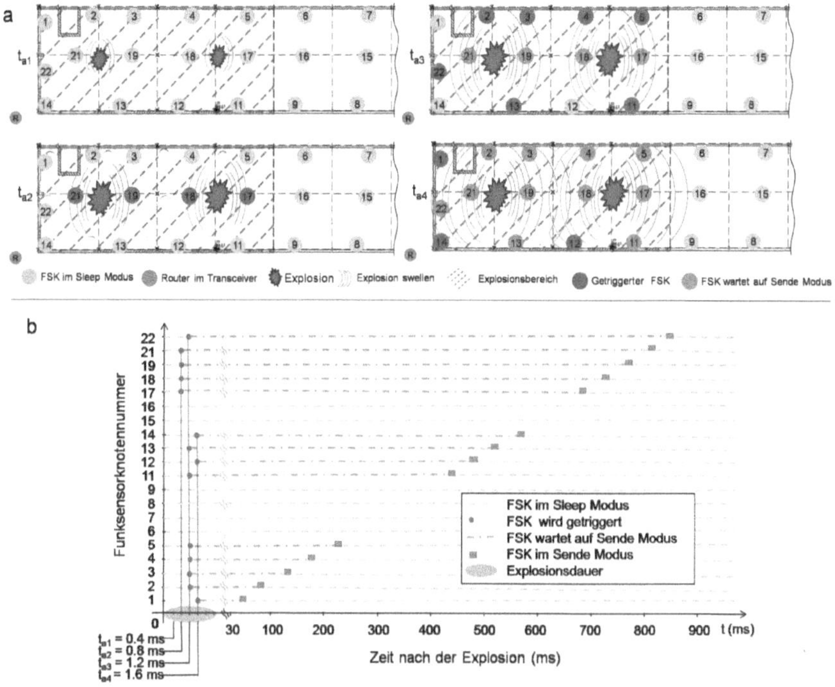

Abb. 2.20 (a) Zeitreihe von zwei angenommenen gleichzeitigen Explosionsszenarien in einzelnen Schritten mit 0,4 ms – von der Ankunftszeit t_{a1} bis zur 1,6 ms t_{a4} –, **(b)** von dem Auslösen der Explosionen, dem Triggern der Funksensorknoten bis zum Senden der Ereignisdaten [16].

2.3 Entwurf des Routing- und Kommunikationsverfahren

Energieeffiziente Kommunikationsprotokolle spielen bei energieautarken drahtlosen Sensornetzwerken eine wichtige Rolle. Die optimale Nutzung der Energie muss durch eine geeignete Topologie und ein Routingverfahren ergänzend unterstützt werden. Ein energieeffizientes Protokoll erzielt eine Verringerung des Protokoll-Overheads, vermeidet Kollisionen, Overhearing und Idle Listening. Die kollisionsfreie Datenübertragung ist bei der Anwendung der Funksensorknoten für das Katastrophenmanagement ein wichtiger Aspekt, der gewährleistet werden muss, um sichere Informationen von den beschädigten Infrastrukturen zu erhalten.

2.3.1 Einführung

In dieser Arbeit findet die Kommunikation zwischen Funksensorknoten und/oder Routern auf den ersten drei Schichten (überwiegend auf der zweiten und dritten Schicht) des Referenzmodelles „International Standards Organization/Open Systems Interconnection (ISO/OSI)" statt. Nach einer kurzen Beschreibung dieses Referenzmodelles wird dieses zunächst mit dem Standard Medienzugriffsverfahren (engl., Medium Access Control, MAC) verglichenen und einige für die Funksensorknoten erweiterten MAC-Protokolle werden genannt. Anschließend wird das Routingsverfahren, das für diese Arbeit entworfene Lokale Zeitschlitzverfahren (LZV), dargestellt. Auf die entworfene Hardware und den Energieverbrauch wird ebenso eingegangen.

2.3.1.1 Referenzmodell

Das *International Standards Organization/Open Systems Interconnection (ISO/OSI)* ist ein Referenzmodell für die Kommunikationsnetzwerke, um eine einheitliche Struktur unter Kommunikationsnetzwerken zu ermöglichen. Nach dem ISO/OSI Modell werden die Kommunikationsnetzwerke in Schichten aufgeteilt. Für jede Schicht wird beschrieben, welche Aufgaben zu erfüllen sind. In diesem Modell wird ein Kommunikationsnetzwerk in sieben Schichten, die im Folgenden beschrieben sind, aufgeteilt [130–132]:

- *Bitübertragungsschicht/Physikalische Schicht (Physical Layer):* Diese Schicht ist für die Übertragung einzelner Informationen (Bits) mittels des Kommunikationskanals verantwortlich. Die Signale werden auf der Senderseite zu elektromagnetischen Wellen (mit der Festlegung der Frequenz, die Amplitude.) umgewandelt (Modulation), um durch die Antenne zu übertragen. Auf der Empfängerseite werden die empfangenen Signale in gleicher Schicht zu den einzelnen Informationen (Bits) umgewandelt (Demodulation).
- *Sicherungsschicht/Verbindungsschicht (Data Link Control Layer):* Diese Schicht besteht aus zwei Teilen. Der unter Teil wird *Medienzugriffsschicht* (engl., *Medium Access Control Layer, MAC Layer*) und der obere Teil die *logische Verbindungsschicht* (engl., *Logical Link Control Layer, LLC Layer*) genannt. Auf dieser Schicht wird durch verschiedene Medienzugriffsverfahren die gleichzeitige Verwendung der Übertragungsmedien (als Frequenzkanäle auch für die Funksensorknoten) koordiniert. Die Übertragungsfehler werden erkannt und behoben. Die Verantwortung für die „Punkt zu Punkt Verbindung" oder „Punkt zu Mehrpunkt" zwischen Sender und Empfänger liegt an dieser Schicht.
- Netzwerksicht/Vermittlungsschicht (Network Layer): Diese Schicht ist für die Steuerung des Betriebs des Verbindungsnetzes verantwortlich. Hier werden die Routing-Pfade für die Weiterleitung der Informationen festgelegt. Gleichzeitig wird Engpässen, d. h. wenn es in die Verbindungsnetzen zu viele Pakete gibt, behoben. Durch die Flusskontrolle (Congestion Control) wird sichergestellt, dass die Netzwerkteilnehmer während der Versendung Ihrer Daten (Pakete) die Netzwerkskapazitäten betrachten sollen. Die Informationen, die die Anwesenheit, Lokalisierung, Adressierung der Netzteilnehmer betrifft, wird auch auf dieser Schicht bearbeitet. Die Netzwerkschicht wird bei den

Broadcast-Netzen entweder sehr klein oder nicht gebraucht, weil sie keine komplexen Routingsverfahren beinhalten.

- Transportsicht (Transport Layer): Diese Schicht befasst sich mit den Themen, wie der Steuerung der Dienstgüte, dem Datenfluss, dem Datenstau, um eine fehlerfreie Endpunkt- zu- Endpunkt (End-to-End Layer) Verbindung zwischen zwei Endgeräten zu ermöglichen.
- *Sitzungssicht (Session Layer):* Diese Schicht übernimmt die Aufgabe der Steuerung und Überwachung der Kommunikation, die als eine Einheit vom Anfang bis zum Ende desProzesses betrachtet wird.
- *Darstellungsschicht (Presentation Layer):* Diese Schicht beinhaltet die Syntax und Semantik der übertragenen Informationen. Die Konvertierung von Datenstrukturen, Datenkompression und kryptografische Verfahren werden auf diese Schicht realisiert.
- *Anwendungsschicht (Application Layer):* Diese Schicht beinhaltet die Protokolle, die die Dienste für die Anwender ermöglichen.

2.3.1.2 Medienzugriffsverfahren

In einem drahtlosen Kommunikationsmedium wird die Kommunikation zwischen den Mediumsnutzer mit Hilfe von *Medienzugriffsverfahren* koordiniert. Die grundlegenden Medienzugriffsverfahren sind *Mehrfachzugriffe durch Zeitmultiplex* (engl., *Time Division Multiple Access, TDMA), Frequenzmultiplex* (engl., *„Frequency Division Multiple Access, FDMA), Raummultiplex* (engl., *Space Division Multple Access, SDMA)* und *Codemultiplex* (engl., *Code Division Multiple Access, CDMA).* Der Vergleich zwischen diesen Mehrfachzugriffsverfahren wird kurz in Tabelle (2.4) dargestellt [132,133].

Energieeffiziente Kommunikationsprotokolle spielen bei energieautarken drahtlosen Sensornetzwerken eine bedeutsame Rolle. Die optimale Nutzung der Energie, die durch den Einsatz von Micro Energy Harvesting-Technologien wie z. B. elektromagnetische Energiewandler, piezo- und thermoelektrische Generatoren geerntet wird, muss durch eine geeignete Topologie und ein Routingverfahren ergänzend unterstützt werden. Ein energieeffizientes Protokoll erzielt eine Verringerung des Protokoll-Overheads, vermeidet Kollisionen, Overhearing und Idle Listening. Deswegen sind die Standard MAC-Protokolle für die Funksensorknoten nicht anwendbar.

Aus diesem Grund werden zu diesen Standard MAC-Protokolle – z. B. TDMA, FDMA, CDMA– je nach Anwendungsbereich neue Punkte, wie die Regelung der Schlafzeit der Teilnehmer, Ermöglichung der energieeffizienten Kommunikation zwischen den Teilnehmern, zugefügt. Einige für die Funksensorknoten erweiterte MAC-Protokolle sind: *Sensor-MAC (S-MAC)* [134],

Tab. 2.4 Vergleich der CDMA-, FDMA-, SDMA- und TDMA-Verfahren [132,133].

Verfahren	Ziel	Signaltrennung	Endgeräte	Vorteile	Nachteile	Bemerkung
CDMA	Die Bandbreite wird durch den orthogonalen Code gespreizt	Der Code wird für spezielle Empfänger angewendet	Auf gleiche Frequenz und Ort senden alle Endgeräte kontinuierlich	Frequenz-Planung wird nicht gebraucht (flexibel)	Schwierige Leistungs-Steuerung beim Sender, komplexe Empfänger	Kombination mit TDMA/FDM Einsatz in 3G-Systemen, Komplex
FDMA	Die Frequenz wird in disjunkte Teilbänder unterteilt	Im Frequenz-Bereich wird gefiltert	Auf eigener Frequenz senden Endgeräte kontinuierlich	Robust, erprobt, einfach	Ist nicht flexibel, Freie Frequenzen sind rar	Kombination mit TDMA und SDMA
SDMA	Der Raum wird in Segmente oder Zellen unterteilt	Gerichtete Antennen werden für die Zellstruktur angewendet	In einer Zelle sendet nur ein Endgerät	einfach	Ist nicht flexibel, Anwendung der festen Antennen	Kombination mit TDMA, FDMA oder CDMA
TDMA	Die Zeit wird in disjunkte Zeitschlitze unterteilt	Im Zeitbereich wird synchronisiert	Auf gleicher Frequenz senden alle Endgeräte jeweils für eine kurze Zeit	flexibel, digitale Verfahren , erprobt	Synchroni.-Schwierig-keit, größere Abstände für Mehrwege-ausbreitung	häufige Kombination mit FDMA und SDMA, Anwendung in Fest- und Mobilfunk-netz

(B-MAC), (D-MAC), (R-MAC), (T-MAC) und Wireless HART [Har25] für die Sensornetze mit Mesh-Struktur und Clustering-Methode [135–138].)

2.3.1.3 Die Anwendung von erweiterten MAC-Protokollen im Tunnel

Die Anwendung der erweiterten neuen MAC-Protokolle für Funksensorknoten im Tunnel ist bisher sehr selten.

Bei der Arbeit [139] wird die Fernüberwachung eines Minentunnels durch drahtloses Sensornetzwerk realisiert. Die Überwachungsart ist ein Video-Montierung. Für die Datenübertragung wurde ein spezielles Mesh-Netzwerk aufgebaut. In einem bestimmten Bereich, der als „lokale Segment" genannt wurde, sind die Sensoren mit der Sterntopologie zu einem Mesh-Knoten verbunden. Die Kommunikation läuft nur zwischen den Mesh-Knoten. Die Sensordaten eines „lokalen Segments" werden von seinem Mesh-Knoten zum nächsten Mesh-Knoten geleitet. Die Datenübermittlung läuft zwischen den Nachbar-Knoten (one-hoping) bis zur Verwaltungsstation nur in einer Richtung. Hier wird beschrieben, dass sie durch ihre Topologie „lokale Segment" und Routing „one-hop Mesh" bessere Ergebnisse als die „end-to-end" Verbindung mit dem End-Empfänger hatten. Nach den Messungen im Minentunnel und Simulationsergebnisse wurde festgestellt, dass die nach ihrem eigenen Algorithmus BCRT (Braided Cooperative Realiable Transport) durchgeführte Routingverfahren weniger Datenverluste (ca. 14%) als das TCP (Transmission Control Protocol) verzeichnen. Für die Messungen im Minentunnel wurde ein Netzwerk mit acht drahtlosen Internet Protocol (IP) Kameras und sechs Mesh-Knoten angewendet. Die Kommunikation zwischen den Sensoren und Mesh-Knoten und den Mesh-Knoten selbst wird durch das drahtlose Kommunikationsprotokoll IEEE-802.11g ermöglicht.

In dieser Arbeit wurden Energieeffizienz, Energieautark, Energy-Harvesting, zeitkritische Ereignisse und Datenübertragung nicht betrachtet.

2.3.2 Routingsverfahren

Es wurde hier drei verschiedene drahtlose Kommunikationsart, die die bidirektionale Kommunikation zwischen Routern, die bidirektionale (und unidirektionale) Kommunikation zwischen den Funksensorknoten und den Routern, beschrieben.

2.3.2.1 Bidirektionale Kommunikation zwischen Routern

In Abbildung (2.21) ist das Zustandsdiagramm des Betriebssystems dargestellt. Mit der Reset-Aktion wird die Routerhardware initialisiert (INIT-Zustand). Danach wird in einer Routing-Tabelle überprüft, ob alle sich in Funkreichweite befindlichen Router nach ihrer Nummer (Base-ID) gespeichert sind. Bei bereits registrierten Nachbarn wird das System als eingelernt betrachtet, ansonsten müssen die Router ihre Nachbarn in Reichweite durch einen Einlernvorgang registrieren. Dabei wird auch die Entfernung zwischen den Routern und somit die maximale Reichweite bekannt. Der Einlernvorgang kann beliebig oft mithilfe eines „TeachRequest (passives Einlernen) oder durch das Betätigen der Einlerntaste „TeachButton“ (aktives Einlernen) ausgelöst werden. Während der Einlernphase speichert der Router sowohl die Base_ID seiner in Reichweite befindlichen Nachbarn als auch die Base_ID der von diesen Nachbarn erreichbaren Router.

Nach einer erfolgreich abgeschlossenen Einlernaktion entscheidet der Router mithilfe seiner Base_ID und der Routing-Tabelle, ob er innerhalb der Reichweite seiner Nachbarn der entfernteste („LastRouter“) für eine Senderichtung ist. In diesem Fall leitet er die Daten weiter (FORWARDING-Zustand). Ansonsten befindet er sich in einem Bereitschaftsmodus (LISTENING-Zustand) und übernimmt die Aufgabe der Datenweiterleitung, falls der in dieser lokalen Anordnung entfernteste Router aus irgendeinem Grund dazu nicht in der Lage ist. Weist der Router global gesehen die höchste Base_ID auf, dann wird er zum End-Router (GATHERING-Zustand) und übergibt die empfangenen Daten der Auswerteschnittstelle.

Die Sicherheit der Datenübertragung wird mit einem ACK-Telegramm (Acknowledgement-Telegramm) erhöht. Nach einer erfolgreichen Datenweiterleitung erhält der Router die Bestätigung vom entferntesten Router, dass dieser die Daten empfangen hat. Falls eine negative Bestätigung empfangen wird (NAK = No Acknowledgement), werden die Daten nach einer bestimmten Wartezeit wiederholt übertragen. Bei einer nicht erfolgreichen Datenübertragung wird eine Verknüpfung zu einem anderen in Reichweite befindlichen Router hergestellt („Node-Hop“). Wenn kein „Node-Hop“ möglich ist, dann wird zum LISTENING-Zustand übergegangen.

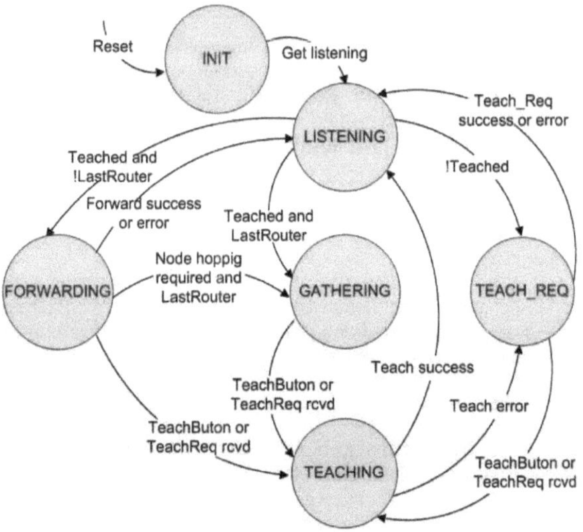

Abb. 2.21 Zustandsautomat für das Betriebssystem des Routers.

Die vom Router empfangenen Daten werden zuerst in einem Puffer bzw. Speicherbereich (Telegramm-FIFO (Fist-In, First-Out)) zwischengespeichert. Bei vollem Zwischenspeicher wird nach dem Empfangen weiterer Daten ein NAK gesendet. Dies geschieht so lange bis der Zwischenspeicher leer ist. Damit wird der Puffer-Voll-Zustand angezeigt und ein Datenverlust vermieden.

2.3.2.2 Bidirektionale Kommunikation zwischen den Funksensorknoten und den Routern

Die Bidirektionale Kommunikation zwischen den Funksensorknoten und den Routern ist ähnlich wie die zuvor beschriebene bidirektionale Kommunikation zwischen den Routern.

Mit der Reset-Aktion wird zum Zustand Initialisierung (INIT) gegangen (s. Abb. (2.22)). In diesem Zustand wird das System initialisiert. Hier wird geprüft, ob ein „Teach-in" benötigt wird. Wenn bereits eine Routing-Tabelle vorhanden ist, dann wird zum „ALIVE"-Zustand gegangen, damit periodisch ein Lebenssignal (Alive-Paket) an den entferntesten Router (mit der höchsten Nummer in der Routing-Tabelle) gesendet wird. Die Periode des Alive-Pakets wird über den Watchdog-Timer eingestellt. Wenn ein Ereignis stattgefunden hat, dann sendet der Funksensorknoten der Ereignisdaten weiter. Der Unterschied zwischen dem Senden des Alive-Pakets und der Sensordaten ist, dass der Router nach dem Empfangen der Sensordaten ein ACK sendet. Im Falle, dass der Funksensorknoten wiederholt kein ACK empfängt, wird ebenfalls ein „Node-Hop" zu einem näheren Router versucht.

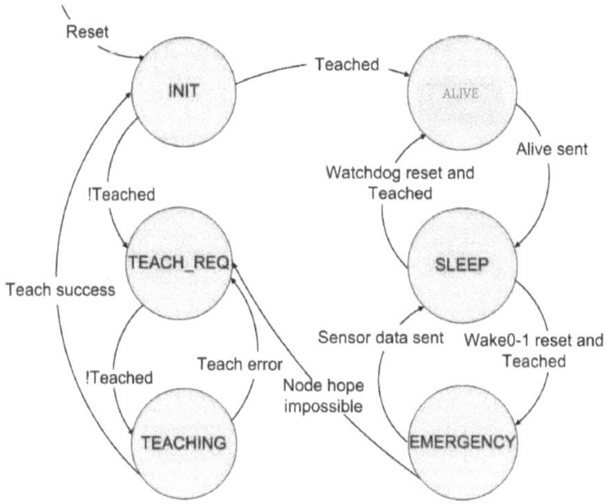

Abb. 2.22 Zustandsautomat für die bidirektionale Kommunikation zwischen den Funksensorknoten und den Routern.

Der größte Unterschied zwischen dem Router und Funksensorknoten bei diesem Routingverfahren ist, dass der Funksensorknoten außer dem Ereignis-Zustand immer im energiesparenden Sleep-Modus ist und keine Daten empfängt. Um kritische Daten zu sichern, werden diese vor dem Wechsel in den Sleep-Modus im RAM0 (Ultra Low Power Memory) abgespeichert. Im Gegensatz hierzu ist der Router immer aktiv und wird mit einer permanenten Energiequelle versorgt.

Um einen passiven „Teach“ durchzuführen, bieten sich softwaremäßig zwei Möglichkeiten an. Entweder wird in dem Zustand Initialisierung (INIT) oder nach dem Auftreten eines Ereignisses ein „Teach“ durchgeführt. Beim ersten Fall wird nur ein Mal eine Routing-Tabelle erstellt und die Aktualisierung der Routing-Tabelle ist nicht mehr möglich. Im zweiten Fall wird nach jedem Ereignis eine neue Routing-Tabelle zu Kosten der Energie und Zeit erstellt. In den kritischen Fällen wird der erste Fall bevorzugt.

2.3.2.3 Unidirektionale Kommunikation zwischen den Funksensorknoten und den Routern

Systeme, bei denen der Energieverbrauch und die Datenübertragungsgeschwindigkeit eine große Rolle spielen, wird anstatt der bidirektionalen die unidirektionale Kommunikation bevorzugt. In Abbildung (2.23) ist ein Zustandsautomat für die unidirektionale Kommunikation zwischen den Funksensorknoten und den Routern gezeigt.

Der Unterschied zu der im vorherigen Abschnitt beschriebenen bidirektionalen Kommunikation ist der Wegfall des „Teach“-Vorgangs. D. h. die Funksensorknoten erstellen keine Routing-Tabelle, um zum entferntesten Router ihre Daten senden zu können. Der Funksensorknoten sendet Alive-Pakete (oder Ereignisdaten) ein oder mehrmals, ohne zu wissen, ob seine Daten vom Router empfangen wurden. Nachdem die Daten von einem sich in Funksensorknotenreichweite befindlichen Router erfasst wurden, leitet dieser mittels des oben vorgestellten bidirektionalen Routingverfahrens zwischen den Routern die Daten sicher und schnell weiter.

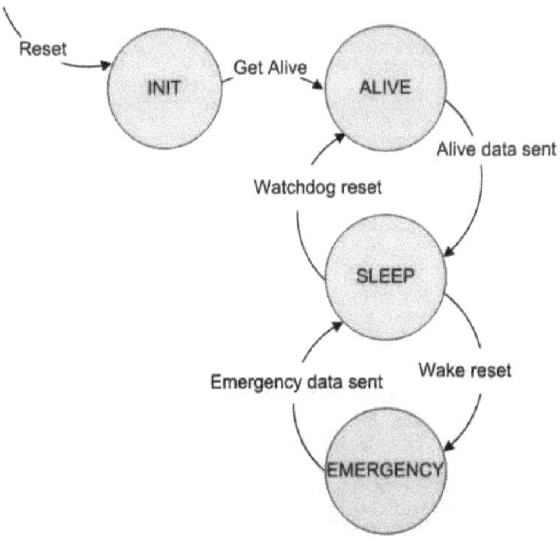

Abb. 2.23 Zustandsautomat für die unidirektionale Kommunikation zwischen den Funksensorknoten und den Routern [16].

Aufgrund der geringen Energieerträge der Energy Harvester und der sehr hohen Geschwindigkeit des Ereignisvorgangs wurde in dieser Arbeit die unidirektionale Kommunikation zwischen den Funksensorknoten und den Routern als geeignet betrachtet. Die Router selbst kommunizieren bidirektional untereinander.

Zur Evaluierung der Software für die Datenerfassung, die Sensorsignalverarbeitung und die Funkkommunikation wurde der in Abbildung (1.2) dargestellte Funksensorknoten ohne Energy Harvester in Abschnitt (2.4) entwickelt.

2.4 Hardware (ohne EH), Kommunikationsprotokoll, Frame-Format und Energieverbrauch der Funksensorknotenplattform

2.4.1 Hardware

2.4.1.1 Leiterplatte mit elektronischen Komponenten

Die folgenden Elektronikkomponenten des Funksensorknotens wurden auf der Funksensorknotenplattform (s. Abb. (2.24–2.25)) eingesetzt:

- der Funk Chip EO3000I von Firma EnOcean (gehäust als STM300-Dolphin) als Funkschnittstelle (Mikrocontroller-1) [Eno25],
- der Mikrocontroller MSP430F2417 (Mikrocontroller-2) von Texas Instruments [Tex25] für die Erfassung und Erarbeitung des Signals aus Sensor,
- Ultraschalsensor (US-Sensor) (Vallen-VS 150 M von Firma Vallen) [Val25]
- das Energiemanagement und Energiespeicher (aufladbare Lithiumzelle VL2330 der Firma Panasonic) [Pan25].

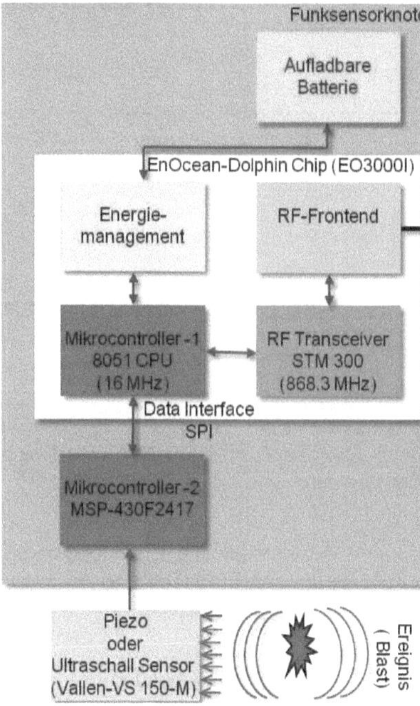

Abb. 2.24 Schematische Darstellung des Funksensorknotens als eine Plattform mit den angewendeten Komponenten ohne Energiewandler. Wie hier aus dem Blockschaltbild des entwickelten Funksensorknoten zu sehen, beinhalten der Funksensorknoten die vier wichtigsten Teile: die RF-Transceiver STM300 (868,3 MHz), RF-Frontend, Mikrocontroller 8051 CPU (16 MHz) und eine Power-Management-Einheit für Energie-Management. Zusätzlich wurde der Mikrocontroller MSP430n (MSP430F2417) verwendet, um die Sensordaten während der Detonation zu bearbeiten und zu STM300 weiter zu leiten. Ein Ultraschallsensor wurde verwendet, um die ankommenden Druckwellen zu erfassen. Eine Lithium-Batterie (50 mAh, 3 V) lieferte die notwendige Energie [16].

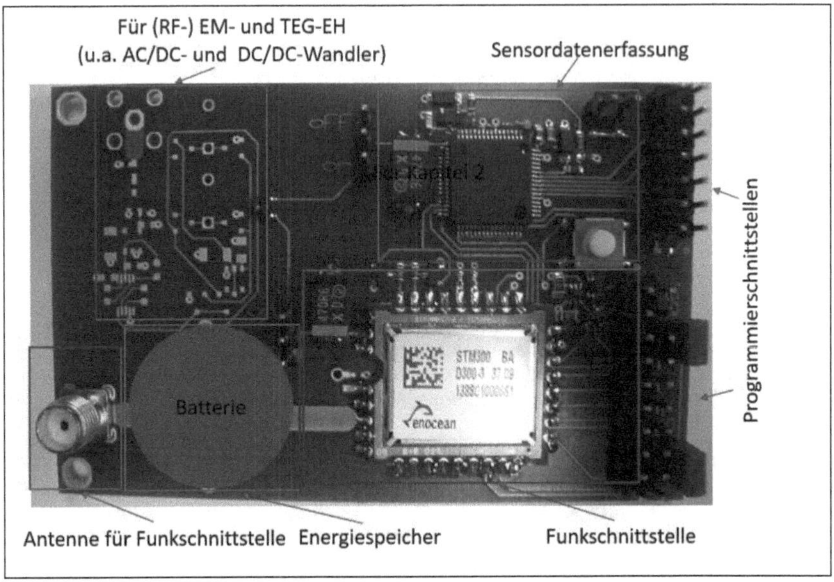

Abb. 2.25 Testplattform mit gekennzeichneten Elektronikgruppen. Die Leiterplatte hat die Maße von 80 mm x 50 mm.

- **Funkschnittstelle**

Die Funkschnittstelle besteht aus dem Funkchip STM300 [Eno25-4] und den im Folgenden beschriebenen Komponenten.

  - **Funkchip**

Aufgrund der energiesparenden Schlafmodi und des Aufweckens aus diesen mithilfe eines externen Signals wurde die Vorversion BA des Funkchips STM300 („Dolphin") der Firma EnOcean für die Grundplattform der Hardware- und Softwareentwicklung des Funksensorknotens verwendet.

Der Funkchip vereint die verschiedenen Funktionsblöcke Spannungsregler, Spannungsbegrenzer, Schwellendetektor, 8-Bit 8051-Prozessor, Funk-Transceiver, Timer, A/D und D/A-Wandler, Temperatursensor, serielle Schnittstellen und digitale wie analoge Ein- und Ausgänge.

Die Stromaufnahmen der Version BA STM300 bei verschiedenen Betriebsmodi sind in folgender Tabelle (2.5) aufgeführt:

Tab. 2.5 Stromaufnahmen der Version BA STM300 bei verschiedenen Betriebsmodi

Betriebsmodus des STM300	Stromaufnahme bei 25 °C
Empfangen (−92 dBm Empfindlichkeit)	30 mA
Senden (3 dBm Sendeleistung, 50% Dutycycle)	26 mA
CPU aktiv (16 MHz Taktfrequenz)	4 mA
Schlafmodus 1 (Standby)	1,4 mA
Schlafmodus 2 (Short Term Sleep)	10 µA
Schlafmodus 3 (Flywheel Sleep)	720 nA
Schlafmodus 4 (Deep Sleep)	220 nA
Analoge Messung	14 mA

Die Funkfrequenz des STM300 von 868,3 MHz liegt im europäischen lizenzfreien Band für Nahbereichskommunikation. Der Antennenausgang des Funkchips ist für eine Monopolantenne mit einer Impedanz von 50 Ω ausgelegt. Um eine ausreichende Leistungsfähigkeit der Antenne zu gewährleisten, sollte die Länge des Kupfers auf der Funksensorknotenleiterplatte mindestens ein Viertel der Wellenlänge betragen. Aus diesem Grund wurden, unter Berücksichtigung der Vorgaben für die maximalen Abmessungen des Gehäuses, die Leiterplattenmaße von 50 mm x 80 mm x 1,6 mm festgelegt. Hierzu wurden verlustarme Komponenten für die Entwicklung der Funksensorknotenhardware verwendet. Die Entwicklungsplattform wurde auf einer zweilagigen Leiterplatte mit folgenden Subsystemen aufgebaut:

- **Weitere HW-Komponenten**

- Ein Pufferkondensator mit einer Kapazität von 470 µF dient dem Zwischenspeichern von elektrischer Energie, welche insbesondere beim drahtlosen Senden benötigt wird. Die geringe Selbstentladung des Kondensators minimiert den Ladungsverlust des Energiespeichers.
- Die beiden n-Kanal-Transistoren werden zum Aufwecken des Funkchips aus den Schlafmodi benötigt. Der STM300 stellt zwei Aufweck-Eingänge zur Verfügung, welche bei allen Schlafmodi aktiv sind und auf eine Änderung des logischen Pegels reagieren. Mithilfe des ebenfalls ständig aktiven 1,8 V-Spannungsreglers können diese Eingänge über Pullup-Widerstände auf eine logische 1 eingestellt werden. Die n-Kanal-Transistoren ziehen diese Eingänge bei Anlegen eines externen Signals an deren Gates auf eine logische 0. Die Transistoren sollten schnell sein und eine geringe Gate-Spannung aufweisen, um den Funkchip so schnell wie möglich aufzuwecken.
- Ein Uhrenquarz mit einer Schwingfrequenz von 32,768 kHz dient dem Betreiben eines internen Timers des Funkchips, welcher zur Generierung von hochgenauen Zeitperioden verwendet wird. Aus diesem Grund sollte der Uhrenquarz hohe Frequenzstabilität und einen geringen Temperaturdrift aufweisen.
- Eine ähnliche Kombination eines n- und p-Kanal-Transistors wird auch bei der Versorgung des I/O-Blocks des Funkchips eingesetzt. Der STM300 besitzt zwei getrennte Versorgungsspannungseingänge, wobei einer davon nur den I/O-Block versorgt. Laut Hersteller muss dieser im Schlafmodus spannungslos sein, da ansonsten ein erhöhter Stromverbrauch auftritt. Um dies zu unterbinden wird mithilfe der Transistoren der Pfad zwischen der Versorgungsspannung und dem I/O-Block nur im aktiven Zustand des Funkchips geschlossen.
- Ein Spannungsregler wird für die Spannungsversorgung des Funkchips während dem Programmieren verwendet. Der USB-Programmieradapter von EnOcean stellt lediglich die USB-Spannung von 5 V zur Verfügung, welche außerhalb der Spezifikationen des STM300 liegt. Die USB-Spannung wird mithilfe des Spannungsreglers auf 3,3 V gewandelt und über Dioden mit sehr geringem Rückwärtsstrom dem Funkchip

zugeführt. Somit ist eine stabile Spannungsversorgung während dem Programmieren gewährleistet und die Verluste sind durch den ansonsten nicht benötigten Spannungsregler minimiert.

- Die Kombination aus einem n-Kanal und p-Kanal-Transistor in Verbindung mit einem kleinen Pufferkondensator ermöglicht eine sparsame Spannungsmessung des Energiespeichers. Beim Anlegen eines externen Signals wird der Pfad zwischen dem Energiespeicher und dem Pufferkondensator geschlossen und der Pufferkondensator lädt sich auf die Spannung des Energiespeichers auf. Anschließend kann der Pfad unterbrochen und die Spannung des Pufferkondensators mithilfe des A/D-Wandlers des Funkchips gemessen werden.

- **Sensordatenerfassung**

Die Sensordatenerfassung beinhaltet den Mikrocontroller, den Sensor und die in Abbildung (2.24) genannten Komponenten [Val25].

- **Mikrocontroller**

Das Sensordatenerfassungssystem wurde auf dem 16-bit Mikrocontroller MSP430F2417T, der für die energiesparsame Anwendungen entwickelt wurde, aufgebaut [Tex25]. Der Prozessor verfügt über fünf energiesparende Schlafmodi sowie eine sehr schnellen Aufweckzeit – ca. 1 µs aus Schlafmodus 4 auf – nach einem Ereignis Er kann unter mehreren Taktfrequenzen betrieben werden, was eine flexible Anwendung ermöglicht (s. Tab. (2.6)).

- **Weitere HW-Komponenten und Sensor**

  - **Komponenten**

- Ähnlich wie beim Funkchip wird auch hier ein n-Kanal-Transistor zum Aufwecken des MSP430F2417T aus den Schlafmodi verwendet. Dabei wird das Gate des Transistors vom Sensor direkt angesteuert, so dass unmittelbar nach dem Eintritt eines Katastrophenereignisses der Prozessor die Sensordaten erfassen und diese im internen Speicher ablegen kann. Anschließend erfolgt die Verarbeitung der Daten, wobei die Kritikalität des Ereignisses extrahiert und somit die Datenmenge erheblich reduziert wird.
- Der für die Detektion der Stoßwellen eingesetzte Sensor wurde über diesen Anschluss zum Mikrocontroller MSP430F2417T angeschlossen.
- Ein Pufferkondensator mit einer Kapazität von 470 µF dient ebenfalls zum Zwischenspeichern von elektrischer Energie.
- Die Daten werden über eine serielle Schnittstelle (SPI) vom MSP430F2417T zum Funkchip übertragen. Da die seriellen Datenleitungen auch mit der Programmierschnittstelle des Funkchips verbunden sind, werden diese vom MSP430F2417T während dem Programmieren belastet. Dies kann zu instabilen Zu ständen und dem

Tab. 2.6 Die Stromaufnahmen der Mikrocontroller MSP430F2417T bei verschiedenen Betriebsmodi

Betriebsmodus	Stromaufnahme bei 25 °C @ 3 V
CPU aktiv (AM: 1; 8; 12 und 16 MHz)	0,5 mA; 5 mA; 7mA; 9 mA
Schlafmodus 1 (LPM0)	87 µA
Schlafmodus 2 (LPM1)	45 µA
Schlafmodus 3 (LPM2)	25 µA
Schlafmodus 4 (LPM3)	1,1 µA
Schlafmodus 5 (LPM4)	0,2 µA

Abbruch der Programmierung des Funkchips führen. Aus diesem Grund wurden Widerstände in die Datenleitungen eingefügt, um die beiden Prozessoren voneinander zu entkoppeln.

- **Sensor**

Der Ultraschall Sensor VS150-M der Firma Vallen wurde für den Empfang der Detonationswellen angewendet [Val25].

2.4.1.2 Energiemanagement und der Energiespeicher ohne EH

- **Energiemanagement**

Mithilfe von Dioden mit geringen Rückwärtsstrom wurden die unterschiedlichen Spannungsquellen voneinander entkoppelt und beim Energiespeicher zusammengeführt. Zudem wurden die Verluste durch zurückfließende Ströme minimiert.

- **Energiespeicher**

Beim Energiespeicher handelt es sich um eine wieder aufladbare Lithium-Vanadium-Knopfzelle von Panasonic mit einer Nominalspannung von 3 V und einer Kapazität von 50 mAh. Die Zelle zeichnet sich durch eine sehr geringe Selbstentladungsrate und eine hohe Langzeitstabilität aus, was durch einen hohen Innenwiderstand erkauft wird. Aufgrund dieser Eigenschaften eignet sich die Zelle für Langzeitanwendungen mit Vorgängen kurzzeitiger Energieentnahme. Abbildung (2.26) zeigt den Selbstentladungsstrom der Lithium-Vanadium-Knopfzelle von ca. 320 nA bei einer Ladespannung von 3,3 V.

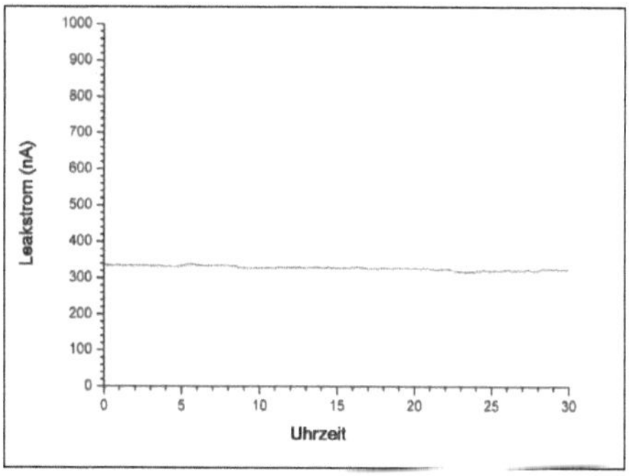

Abb. 2.26 Der Leckstrom des Energiespeichers von ca. 320 nA bei einer Ladespannung von 3,3 V für die Testplattform. Dieser Leckstromwert addiert sich zusätzlich zum Stromverbrauch der Testplattform.

2.4.2 Kommunikationsprotokoll und Frame Format

In dieser Arbeit wurde für den EnOcean Dolphin Chip EO3000I (STM 300) die Software mit der Programmierungssprache C unter Keil-PK51 Professional Developer's Kit-Umgebung programmiert. Es wurde EnOcean Radio Protokoll mit der Frame-Format-Typ „Variable Length Data" (VLD) benützt. Abbildung (2.27) zeigt diesen VLD-Typ, mit dem maximal 21 Byte Datenpaket gesendet werden können. Von diesen 21 Byte sind 7 Byte für Headerdaten (1 Byte für den Art von EnOcean Radio Protokoll (Choice), 4 Byte für die Sender Nummer, 1 Byte für das Status und 1 Byte für Checksum). Mit der übrige 14 Byte für die Nutzdaten, die gesendet werden sollen, benützt. Der VLD-Protokoll-Typ ist unter dem EnOcean Radio Protokoll mit der längste Datenpaket. Mit dem kann bis zur 14 Byte Nutzdaten gesendet werden. Die Datenübertragungszeit des VLD-Protokolls variiert sich – je nachdem wie viel Byte Nutzdaten (von 1 bis 14 Byte) gesendet wird – zwischen 896 und 2176 µs (s. Abb. (2.24–2.25)) [Eno25-1–Eno25-4].

Die Funksensorknoten senden für Lebenzeichen (Alive-Zustand) in einem festgelegten Periode (z. B. 30 s) 8 Byte Nutzdaten – 1 Byte Vorzeichen „0", 2 Byte Funksensorknotennummer (Base_ID), 2 Byte Temperaturwert vom Dolphin-Transceiver, 2 Byte das gespeicherte Energiezustand und 1 Byte Checksum –. Wenn ein Ereignis aufgetreten (Emergency-Zustand), ist, dann senden sie 13 Byte Nutzdaten – 1 Byte Vorzeichen „1", 2 Byte Funksensorknotennummer (Base_ID), 2 Byte Temperaturwert vom Sensor, 2 Byte das gespeicherte Energiezustand, 5 Byte Sensordaten und 1 Byte Checksum –. Das erste Byte der Sensordaten bestimmt mit dem Wert „0" oder „1" der Zustand des Ereignisses, d. h. „0" ist für „uncritical Emergency" und „1" für „critical Emergency".

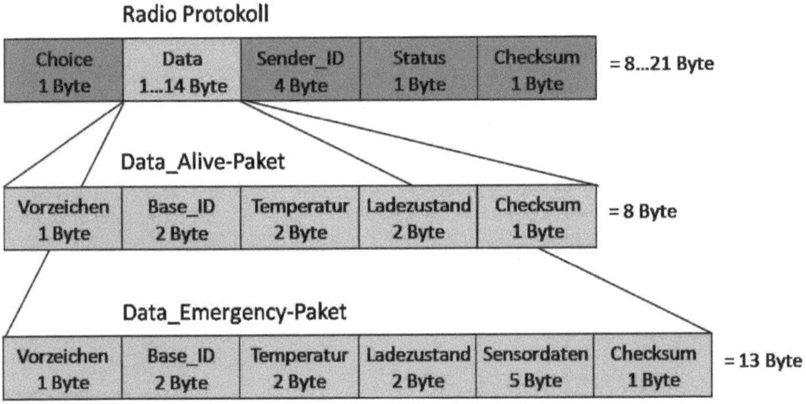

Abb. 2.27 Frame Format. Mit dem kann höchsten 21 Byte Datenpaket gesendet werden. Von diesen 21 Byte sind 7 Byte für Headerdaten und 14 Byte für die Nutzdaten.

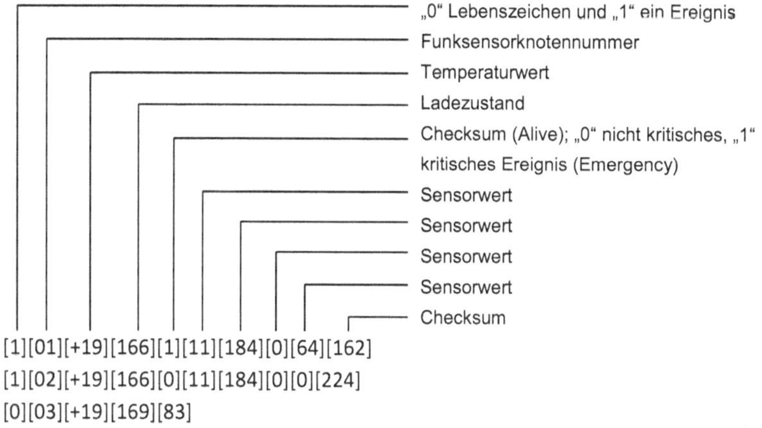

Abb. 2.28 Beschreibung der Frame Format-Nutzdaten in Abbildung (2.27).

In der Abbildung (2.28) wurden die Ausgaben von drei Funksensorknoten nach einem Ereignis gezeigt. Durch die erste Stelle der empfangenen Daten wird festgestellt, dass die ersten zwei Funksensorknoten durch ein Ereignis getigerte wurden. Die zweite Stelle zeigt die Funksensorknotennummer. Die dritte Stelle ist für die Temperaturwert von Transceiver Chip-Dolphin. Bei der vierten Stelle der empfangenen Daten wird den Ladezustand des Energiespeichers ausgegeben. Die fünfte Stelle der empfangenen Daten zeigt, dass im Bereich des ersten Funksensorknotens ein kritischer Zustand („critical Emergency“) gibt. Bei den Funksensorknoten mit den Nummern 2 ist diese fünfte Stelle mit dem Wert „0“ empfangen. Deswegen wird hier ein Ereignis mit nicht kritischem Zustand („not critical emergency“) bewertet. Von den sechsten bis zur neunten Stelle der empfangenen Daten sind die Datenwerten, die durch ein Ereignis beim Sensor aufgelöst wurde. Die letzte Stelle der empfangenen Daten ist „checksumwert“, mit dem einer fehlerfreien Datenübertragung überprüft wird.

Im Bereich des Funksensorknotens mit den Nummern 3 wurde kein Ereignis aufgenommen. Oder das ausgelöste Ereignis war nicht genug stark, um diese Funksensorknoten aufzuwecken. Deswegen wurde von diesem Funksensorknoten nur im bestimmten Periode Lebenszeichen (Alive) erhalten. Hier wird Alive-Zustand mit dem Wert „0“ des ersten Bytes gesehen. Die Daten, die von zweiten bis zum vierten Stellen befinden, sind wie in „Emergency“-Zustand. In der letzten Stelle der beiden Zustände ist „checksumwert“, mit dem im „Alive“- und „emergency“-Zustand eine fehlerfreie Datenübertragung überprüft wird.

2.4.3 Energieverbrauch

Im Folgenden wird die Energieverbrauch der Funksensorknoten ohne Anwendung von Energy-Harvester in verschiedene Betriebsmodus dargestellt. Als Energiespeicher wurde eine aufladbare Batterie (Panasonic-VL 2330-Goldcap) [Pan25] angewendet (s. Abb. (2.24–2.25)). Die Kennbuchstaben, Variablen und Konstanten, die verwendet werden, um im Folgenden den Energieverbrauch zu berechnen, sind in Tabelle (2.7) am Ende dieses Kapitels aufgeführt.

Die Energiemenge der Energiespeicher mit Mittelspannung U_m und Nennkapazität C_n wird in Gleichungen (2.95–2.99)

$$E = \int_{t_0}^{t_1} u(t) \cdot i(t) dt \tag{2.95}$$

für den Fall, dass $\Delta t = t_1 - t_0$ ist,

$$E = U \cdot I \cdot \Delta t \tag{2.96}$$

$$P = U \cdot I => E = P \cdot \Delta t \tag{2.97}$$

$$C = \int_{t_0}^{t_1} i(t) dt = I \cdot \Delta t -> E = U \cdot C \tag{2.98}$$

$$E_{vor} = U_m \cdot C_n = 2{,}75V \cdot 50\, mAh = 137{,}5\, mWh \tag{2.99}$$

berechnet.

Für die Verbrauchsdauer eines vollgeladenen Energiespeichers T_L im Jahr unter seinem eigenen Leckstrom gilt mit der Gleichung (2.100):

$$T_L = \frac{E_{Vor}}{P_L \cdot 24h \cdot 365} = \frac{137{,}5\, mWh}{U_m \cdot I_L \cdot 24h \cdot 365} = \frac{137{,}5\, mWh}{2{,}75V \cdot (3{,}2 \cdot 10^{-4}\, mA) \cdot 24h \cdot 365} = 17{,}836\, Jahr. \tag{2.100}$$

Die Lebensdauer des Funksensorknotens T_{S_R} im Schlafmodus (Deepsleep der Transciever-Dolphin) im Jahr wird mit der vorhandenen Energie der Energiespeicher wie unten in Gleichung (2.101) berechnet:

$$T_{S_R} = \frac{E_{Vor}}{P_{D_R} \cdot 24h \cdot 365} = \frac{137{,}5\, mWh}{P_{D_R} \cdot 24h \cdot 365} = \frac{137{,}5\, mWh}{U_m \cdot I_{D_R} \cdot 24h \cdot 365} = \frac{137{,}5\, mWh}{2{,}75V \cdot (5{,}9 \cdot 10^{-4}\, mA) \cdot 24h \cdot 365} = 9{,}674\, Jahr. \tag{2.101}$$

Um ein Lebenszeichen zu senden wird ein Prozess mit drei Schritte durchgeführt. Diese Schritte sind das Aufwecken der Mikrocontroller, das Messen der Temperatur des Mikrocontrollers und das Senden der vorbereitenden Daten.

Der Tagesenergieverbrauch $E_{i_{Tag}}$ des Funksensorknotens mit der Nummer i für das Senden des Lebenszeichens „Alive" x-mal am Tag ohne ein Ereignis wird wie im Folgenden mit den Gleichungen (2.102–2.103) berechnet:

$$E_{i_{Tag}} = x \cdot \left(E_A + E_M + E_{LZ_{Tx}}\right) + E_{D_{R_{i_{Tag}}}} + E_{MSP_{R_{Tag}}} + E_L \tag{2.102}$$

$$\begin{aligned} E_{i_{Tag}} = {} & x \cdot \left(P_A \cdot t_A + P_M \cdot t_M + P_{LZ_{Tx}} \cdot t_{LZ_{Tx}}\right) + \\ & + P_{D_{R_{i_{tag}}}} \cdot (Tag(ms) - x \cdot (t_A + t_M + t_{LZ_{Tx}})) + \\ & + P_{MSP_{R_{tag}}} \cdot Tag(ms) + P_L \cdot t_L. \end{aligned} \tag{2.103}$$

Wenn $t_{LZ_{Tx}} = t_{Er_{Tx}} = t_{T_x}, I_{D_{R_{i_{tag}}}} = I_{D_R}, I_{MSP_{R_{tag}}} = I_{MSP_R}$ angenommen wird, wird die Gleichung (2.103) wie die Gleichung (2.104) dargestellt:

$$\begin{aligned} E_{i_{Tag}} &= +x \cdot \left(U_m \cdot I_A \cdot t_A + U_m \cdot I_M \cdot t_M + U_m \cdot I_{T_x} \cdot t_{T_x}\right) + \\ &\quad +U_m \cdot I_{D_R} \cdot (864.000.00\, ms - x \cdot (t_A + t_M + t_{T_x}))) + \\ &\quad +U_m \cdot I_{MSP_R} \cdot 864.000.00\, ms + U_m \cdot I_L \cdot t_L \end{aligned} \tag{2.104}$$

Für den Fall, dass die Strom- und Zeitwerte (s. Tab. (2.7)) in die Gleichung (2.104) eingesetzt werden; ergeben sich die Ergebnisse wie in den Gleichungen (2.105) und (2.106):

$$\begin{aligned} E_{i_{Tag}} &= +x \cdot U_m \cdot (15\, \mu\text{A} \cdot 0{,}1\, ms + 1300\, \mu\text{A} \cdot 0{,}1\, ms + 26000\, \mu\text{A} \cdot 0{,}94\, ms) + \\ &\quad +U_m \cdot 0{,}22\, \mu\text{A} \cdot (864.000.00\, ms - (x \cdot (0{,}1\, ms + 0{,}1\, ms + 0{,}94\, ms))) + \\ &\quad +U_m \cdot 0{,}2\, \mu\text{A} \cdot 864.000.00 + U_m \cdot 0{,}32\, \mu\text{A} \cdot 864.000.00\, ms \end{aligned} \tag{2.105}$$

$$\begin{aligned} E_{i_{Tag}} &= x \cdot U_m \cdot (24.571{,}5\, \mu Ams) + \\ &\quad +U_m \cdot 19.008.000\, \mu Ams - \ U_m \cdot 0{,}22\, \mu\text{A} \cdot (x \cdot 1{,}4\, ms) + \\ &\quad + U_m \cdot 17.280.000\ \ \mu Ams + U_m \cdot 27.648.000\, \mu Ams \\ &= U_m \cdot (19.008.000 + 17.280.000 + 27.648.000)\, \mu Ams + \\ &\quad +U_m \cdot x \cdot (24.571{,}5 - 0{,}308)\, \mu Ams \\ &= U_m \cdot 63.936.000\ \ \mu Ams + U_m \cdot x \cdot 24.571{,}192\, \mu Ams \\ &= U_m \cdot (\ 63{,}936000\ \ + 0{,}024571192 \cdot x\ )\, mAs. \end{aligned} \tag{2.106}$$

Für den Wert $U_m = 2{,}75\, V$ wird die Gleichung (2.106) wie in Gleichung (2.107)

$$\begin{aligned} E_{i_{Tag}} &= 2{,}75\, V \cdot (63{,}936000 + 0{,}024571192 \cdot x)\, mAs \\ &= (175{,}824000\ \ + 0{,}067570778 \cdot x)\, mWs \end{aligned} \tag{2.107}$$

beschrieben. Für den Fall, dass der Funksensorknoten jede 100 s am Tag das Lebenzeichen sendet, wird x den Wert 864 nehmen. Für diesen Fall wird die Gleichung (2.107) den Wert, der in Gleichung (2.108) berechnet wird, geben:

$$\begin{aligned} E_{i_{Tag}} &= (175{,}824000\ \ + 0{,}067570778 \cdot x) mWs = 234{,}205152192\, mWs \\ E_{i_{Tag}} &\cong 234{,}2052\, mWs. \end{aligned} \tag{2.108}$$

Die Tagesenergieverbrauch $E_{i_{Tag}}$ des Funksensorknotens mit der Nummer i für das Senden des Lebenszeichens „Alive", das x-mal am Tag gesendet wird, und der Ereignisdaten (y-mal am Tag) wird wie im Folgenden mit den Gleichungen (2.109–2.115) berechnet:

Die Wartezeit t_{W_i} für das Senden von Ereignisdaten des Funksensorknotens mit der Nummer i wird wie in Gleichung (2.109)

$$t_{W_i} = \begin{cases} 0{,}3\, ms, & k \cdot ((i-1)\, mod\, m) = 0 \\ k \cdot ((i-1)\, mod\, m)\, ms, & k \cdot ((i-1)\, mod\, m) > 0 \end{cases} \tag{2.109}$$

berechnet. Die Variable l wird nach der Nummer des entsprechenden Funksensorknotens für einen festgelegten lokalen Abschnitt durch die Umwandlung der Gleichung (2.109) in die Gleichungen (2.110–2.111) wie im Folgenden berechnet:

$$l = \left((i-1) mod\, m\right) \tag{2.110}$$

$$t_{W_i} = \begin{cases} 0{,}3\, ms, & k \cdot l = 0 \\ k \cdot l\, ms, & k \cdot l > 0. \end{cases} \tag{2.111}$$

Der tägliche Energieverbrauch $E_{i_{Tag}}$ des Funksensorknotens mit der Nummer i ist unter den Annahmen der Gleichungen (2.110) und (2.111) wie in den Gleichungen (2.112) und (2.113) beschrieben:

$$\begin{aligned} E_{i_{Tag}} = {} & x \cdot \left(E_A + E_M + E_{LZ_{Tx}}\right) + y \cdot (E_{MSP_A} + E_A + E_M + E_{An_M} + E_{W_i} + E_{Er_{Tx}}) + \\ & + E_{D_{R_{i_{Tag}}}} + E_{MSP_{R_{Tag}}} + E_L \end{aligned} \tag{2.112}$$

$$\begin{aligned} E_{i_{Tag}} = {} & x \cdot (P_A \cdot t_A + P_M \cdot t_M + P_{LZ_{Tx}} \cdot t_{LZ_{Tx}}) + \\ & + y \cdot \left(P_{MSP_A} \cdot t_{MSP_A} + P_A \cdot t_A + P_M \cdot t_M + P_{An_M} \cdot t_{An_M} + P_{W_i} \cdot t_{W_i} + P_{Er_{Tx}} \cdot t_{Er_{Tx}}\right) + \\ & + P_{D_{R_{i_{tag}}}} \cdot (Tag(ms) - (x \cdot (t_A + t_M + t_{LZ_{Tx}}) + y \cdot (t_A + t_M + t_{An_M} + t_{W_i} + t_{Er_{Tx}}) + \\ & + P_{MSP_{R_{tag}}} \cdot (Tag(ms) - y \cdot (t_{MSP_A})) + P_L \cdot t_L. \end{aligned} \tag{2.113}$$

Wenn gilt $t_{LZ_{Tx}} = t_{Er_{Tx}} = t_{T_x}$, $I_{D_{R_{i_{tag}}}} = I_{D_R}$, $I_{MSP_{R_{tag}}} = I_{MSP_R}$ wird die Gleichung (2.113) wie die Gleichung (2.114) dargestellt:

$$\begin{aligned} E_{i_{Tag}} = {} & +x \cdot (U_m \cdot I_A \cdot t_A + U_m \cdot I_M \cdot t_M + U_m \cdot I_{T_x} \cdot t_{T_x}) + \\ & + y \cdot (U_m \cdot I_{MSP_A} \cdot t_{MSP_A} + U_m \cdot I_A \cdot t_A + U_m \cdot I_M \cdot t_M + U_m \cdot I_{An_M} \cdot t_{An_M} + \\ & + U_m \cdot I_{W_i} \cdot t_{W_i} + U_m \cdot I_{T_x} \cdot t_{T_x}) + \\ & + U_m \cdot I_{D_R} \cdot (Tag(ms) - (x \cdot (t_A + t_M + t_{T_x}) + y \cdot (t_A + t_M + t_{An_M} + t_{W_i} + t_{T_x}))) + \\ & + U_m \cdot I_{MSP_R} \cdot (Tag(ms) - y \cdot (t_{MSP_A})) + U_m \cdot I_L \cdot t_L. \end{aligned} \tag{2.114}$$

Dadurch, dass die Gleichungen (2.110) und (2.111) in der Gleichung (2.114) eingesetzt werden, wird die Wartezeit t_{W_l} aufgrund der Nummer i des Funksensorknoten entweder den Wert $0{,}3\ ms$ oder den Wert $(k \cdot l)\ ms$ wie in Gleichungen (2.115–2.118) annehmen.

Für den Fall, dass $t_{W_i} = 0{,}3\ ms$ sein wird, dann wird $E_{i_{Tag}}$ gemäß der Gleichung (2.110) wie in Gleichung (2.115) berechnet:

$$\begin{aligned} E_{i_{Tag}} = {} & +x \cdot U_m \cdot (I_A \cdot t_A + I_M \cdot t_M + I_{T_x} \cdot t_{T_x}) + \\ & + y \cdot U_m \cdot (I_{MSP_A} \cdot t_{MSP_A} + I_A \cdot t_A + I_M \cdot t_M + I_{An_M} \cdot t_{An_M} + I_{W_i} \cdot 0{,}3\, ms + I_{T_x} \cdot t_{T_x}) + \\ & + U_m \cdot I_{D_R} \cdot (Tag(ms) - (x \cdot (t_A + t_M + t_{T_x}) + y \cdot (t_A + t_M + t_{An_M} + t_{W_i} + t_{T_x}))) + \\ & + U_m \cdot I_{MSP_R} \cdot (Tag(ms) - y \cdot (t_{MSP_A})) + U_m \cdot I_L \cdot t_L. \end{aligned} \tag{2.115}$$

Für den Fall, dass die Strom- und Zeitwerte aus der Tabelle (2.7) in die Gleichung (2.115) eingesetzt werden, dann ergeben sich die Berechnungen wie in den Gleichungen (2.116) und (2.117):

$$\begin{aligned} E_{i_{Tag}} = {} & +x \cdot U_m \cdot (15\, \mu A \cdot 0{,}1\, ms + 1300\, \mu A \cdot 0{,}1\, ms + 26000\, \mu A \cdot 0{,}94\, ms) + \\ & + y \cdot U_m \cdot (9000\, \mu A \cdot 1000\, ms + 15\, \mu A \cdot 0{,}1\, ms + 1300\, \mu A \cdot 0{,}1\, ms + \\ & + 14000\, \mu A \cdot 0{,}1\, ms + 4000\, \mu A \cdot 0{,}3\, ms + 26000\, \mu A \cdot 0{,}94\, ms) + \\ & + U_m \cdot 0{,}22\, \mu A \cdot (86400000\, ms - (x \cdot (0{,}1\, ms + 0{,}1\, ms + 0{,}94\, ms) + \\ & + y \cdot (0{,}1\, ms + 0{,}1\, ms + 0{,}1\, ms + 0{,}3\, ms + 0{,}94\, ms))) + \end{aligned} \tag{2.116}$$

$$+U_m \cdot 0{,}2\ \mu\text{A} \cdot (86400000\ ms - \ y \cdot 1000\ ms) + U_m \cdot 0{,}32\ \mu\text{A} \cdot 86400000\ ms$$

$$\begin{aligned} E_{i_{Tag}} &= x \cdot U_m \cdot (24.571{,}5\ \mu Ams) + y\ \cdot U_m \cdot (9.027.171{,}5\ \ \mu Ams) + \\ &\quad +U_m \cdot 19.008.000\ \mu Ams -\ U_m \cdot 0{,}22\ \mu\text{A} \cdot (x \cdot 1{,}4\ ms) - U_m \cdot 0{,}22\ \mu\text{A} \cdot (y \cdot 1{,}54\ ms) + \\ &\quad +\ U_m \cdot 17.280.000\ \ \mu Ams -\ U_m \cdot 0{,}2\ \mu\text{A} \cdot (y \cdot 1000\ ms) + U_m \cdot 27.648.000\ \mu Ams \\ &= U_m \cdot (19.008.000 + 17.280.000 + 27.648.000)\ \mu Ams + \\ &\quad +U_m \cdot x \cdot (24.571{,}5 - 0{,}308)\ \mu Ams + U_m \cdot y \cdot (9.027.171{,}5 - 0{,}3388 - 200)\ \mu Ams \\ &= U_m \cdot 63.936.000\ \ \mu Ams + U_m \cdot x \cdot 24.571{,}192\ \mu Ams + U_m \cdot y \cdot 9.026.971{,}1612\ \mu Ams \\ &= U_m \cdot (63.936.000 + 24.571{,}192 \cdot x\ + 9.026.971{,}1612 \cdot y)\ \mu Ams \\ &= U_m \cdot (\ 63{,}936000\ + 0{,}024571192 \cdot x\ + 9{,}0269711612 \cdot y)\ mAs. \end{aligned} \tag{2.117}$$

Und für den Wert $U_m = 2{,}75\ V$ ergibt sich die Gleichung (2.117) wie in Gleichung (2.118):

$$\begin{aligned} E_{i_{Tag}} &= 2{,}75\ V \cdot (63{,}936000 + 0{,}024571192 \cdot x\ + 9{,}0269711612 \cdot y)\ mAs \\ &= (175{,}824000\ + 0{,}067570778 \cdot x\ + 24{,}8241706933 \cdot y)\ mWs \\ &\cong (175{,}8240\ + 0{,}0676 \cdot x + 24{,}8242 \cdot y)\ mWs. \end{aligned} \tag{2.118}$$

Für den Fall, dass der Wert $t_{W_i} = k \cdot l\ ms$ und die Strom- und Zeitwerte aus der Tabelle (2.7) in die Gleichung (2.115 und 2.117) eingesetzt werden, ergeben sich die Gleichungen (2.119) und (2.120):

$$\begin{aligned} E_{i_{Tag}} &= +x \cdot U_m \cdot (15\ \mu\text{A} \cdot 0{,}1\ ms + 1300\ \mu\text{A} \cdot 0{,}1\ ms + 26000\ \mu\text{A} \cdot 0{,}94\ ms) + \\ &\quad +y\ \cdot U_m \cdot (9000\ \mu\text{A} \cdot 1000\ ms + 15\ \mu\text{A} \cdot 0{,}1\ ms + 1300\ \mu\text{A} \cdot 0{,}1\ ms + \\ &\quad +14000\ \mu\text{A} \cdot 0{,}1\ ms + 4000\ \mu\text{A} \cdot k \cdot l\ ms +\ 26000\ \mu\text{A} \cdot 0{,}94\ ms) + \\ &\quad +U_m \cdot 0{,}22\ \mu\text{A} \cdot (86400000\ ms - (x \cdot (0{,}1\ ms + 0{,}1\ ms + 0{,}94\ ms) + \\ &\quad +y \cdot (0{,}1\ ms + 0{,}1\ ms + 0{,}1\ ms + k \cdot l\ ms + 0{,}94\ ms))) + \\ &\quad +U_m \cdot 0{,}2\ \mu\text{A} \cdot (86400000\ ms -\ \ y \cdot 1000\ ms) + U_m \cdot 0{,}32\ \mu\text{A} \cdot 86400000\ ms \end{aligned} \tag{2.119}$$

$$\begin{aligned} E_{i_{Tag}} &= x \cdot U_m \cdot (24.571{,}5\ \mu Ams) + y\ \cdot U_m \cdot ((9.025.971{,}5 + 4000 \cdot k \cdot l)\ \ \mu Ams) + \\ &\quad +U_m \cdot 19.008.000\ \mu Ams -\ U_m \cdot 0{,}22\ \mu\text{A} \cdot (x \cdot 1{,}4\ ms) - \\ &\quad -U_m \cdot 0{,}22\ \mu\text{A} \cdot (y \cdot (1{,}24 + k \cdot l)\ ms) + \\ &\quad +\ U_m \cdot 17.280.000\ \ \mu Ams -\ U_m \cdot 0{,}2\ \mu\text{A} \cdot (y \cdot 1000\ ms) + \\ &\quad +U_m \cdot 27.648.000\ \mu Ams \\ &= U_m \cdot (19.008.000 + 17.280.000 + 27.648.000)\ \mu Ams + \\ &\quad +U_m \cdot x \cdot (24.571{,}5 - 0{,}308)\ \mu Ams + \\ &\quad +U_m \cdot y \cdot ((9.025.971{,}5 + 4000 \cdot k \cdot l - 0{,}2728 - 0{,}22 \cdot k \cdot l - 200)\ \mu Ams \\ &= U_m \cdot 63.936.000\ \ \mu Ams + U_m \cdot x \cdot 24.571{,}192\ \mu Ams + \\ &\quad +U_m \cdot y \cdot (9.025.771{,}2272 + 3.999{,}78 \cdot k \cdot l)\ \mu Ams \\ &= U_m \cdot (63.936.000 + 24.571{,}192 \cdot x\ + y \cdot (9.025.771{,}2272 + 3.999{,}78 \cdot k \cdot l) \cdot y)\ \mu Ams \\ &= U_m \cdot (\ 63{,}936000\ + 0{,}024571192 \cdot x\ + (9{,}0257712272 + 0{,}00399978 \cdot k \cdot l) \cdot y)\ mAs \end{aligned} \tag{2.120}$$

Für den Fall $U_m = 2{,}75\ V$ ergibts sich die Gleichung (2.120) wie in den Gleichungen (2.121) und (2.122):

$$\begin{aligned} E_{i_{Tag}} &= 2{,}75\ V \cdot (63{,}936000 + 0{,}024571192 \cdot x\ + (9{,}0257712272 + 0{,}00399978 \cdot k \cdot l) \cdot y)\ mAs \\ &= (175{,}824000\ + 0{,}067570778 \cdot x\ + (24{,}8208708748 + 0{,}010999395 \cdot k \cdot l) \cdot y)\ mWs \end{aligned} \tag{2.121}$$

$$E_{i_{Tag}} = (175{,}824000 + 0{,}067570778 \cdot x + (24{,}8208708748 + 0{,}010999395 \cdot k \cdot l) \cdot y) mW \frac{h}{3600}. \quad (2.122)$$

Die Lebensdauer des Funksensorknotens $T_{i_{GS}}$ mit der Nummer i für das Senden des Lebenszeichens „Alive", das x-mal am Tag gesendet wird, und der Ereignisdaten (y-mal am Tag) wird wie im Folgenden mit Hilfe der Gleichung (2.122) durch die Gleichungen (2.123) und (2.124) berechnet:

$$T_{i_{GS}} = \frac{E_{Vor}}{P_{i_{GS}} \cdot 24h \cdot 365/Jahr} \quad (2.123)$$

$$T_{i_{GS}} = \frac{137{,}5\ mWh}{((175{,}824000 + 0{,}067570778 \cdot x + (24{,}8208708748 + 0{,}010999395 \cdot k \cdot l) \cdot y)\ mW \frac{h}{3600}) \cdot 24 \cdot \frac{365}{Jahr}}. \quad (2.124)$$

Tab. 2.7 Variable, Konstante, Werte und einige Gleichungen zur Energieverbrauch

Variable	Bedeutung	Einheiten/ Werte/ Gleichungen
	Kapazität der Energiespeicher und Spannung	
C	Kapazität der Energiespeicher	*Ah*
C_n	Nennkapazität der Energiespeicher	*50 mAh*
C_o	Anfangskapazität der Energiespeicher	*Ah*
C_{ist}	Vorhandenen Kapazität der Energiespeicher	*Ah*
U_{Ent}	Entladeschlussspannung	*2,5 V*
U_n	Nennspannung	*3 V*
U_m	Mittelspannung	*2,75 V*
	Elektrische Stromstärke	
I_A	Verbrauchte Strommenge während des Aufweckens des Mikrocontrollers (Dolphin)	$15\ \mu A$
I_{GS_R}	Ruhestrom der Funksensorknoten (Ruhestrom aus Deepsleep (Dophin)+ LMP4-Schlafmodus (MSP)+ Leckstrom (Energiespeicher))	*ca. 740 nA (s. Tab. 2.5–2.6) und Abb. (2.26))*
I_{D_R}	Ruhestrom (Deepsleep, MSP aus) der Funksensorknoten	*220 nA (s. Tab. 2.5))*
I_L	Leckstrom der Energiespeicher	*320 nA (s. Abb. (2.26))*
I_M	Verbrauchte Strommenge während des Messens der Temperatur des Mikrocontrollers (Dolphin)	$1300\ \mu A$
I_{An_M}	Verbrauchte Strommenge während der analogen Messung des Sensors über Mikrocontroller (Dolphin)	$14000\ \mu A$
I_{Tx}	Verbrauchte Strommenge während des Sendens der Dateien des Lebenzeichens	$26000\ \mu A$
I_{Tx}	Verbrauchte Strommenge während des Sendens der Daten des Ereignisses	$26000\ \mu A$
I_{Rx}	Verbrauchte Strommenge während des Empfangens der Daten des Ereignisses	*30000 µA*
I_{W_i}	Verbrauchte Strommenge während der Wartezeit, um die Daten des Ereignisses zu senden (CPU aktiv (16 MHz), Dolphin)	$4000\ \mu A$
I_{MSP_R}	Verbrauchte Strommenge während Low-Modus, LPM4-Schlafmodus, von MSP	$0{,}2\ \mu A$
I_{MSP_A}	Verbrauchte Strommenge während Aktiv-Modus (16 MHz) von MSP	$9000\ \mu A$
	Zeit für die Aktivitäten	
t_A	Zeit für das Aufwecken des Mikrocontrollers (Dolphin)	$0{,}1\ ms$
t_M	Zeit für das Messen der Temperatur des Mikrocontrollers (Dolphin)	$0{,}1\ ms$
t_{An_M}	Zeit für die analoge Messung des Sensors über Mikrocontroller (Dolphin)	*0,1 ms*
$t_{LZ_{Tx}}$	Zeit für das Senden der Dateien des Lebenzeichens	$0{,}94\ ms$
$t_{Er_{Tx}}$	Zeit für das Senden der Dateien des Ereignisses	*0,94 ms*
t_{W_i}	Wartezeit, um die Dateien des Ereignisses zu senden	*ms (s. Gl. (2.109))*
t_{MSP_R}	Zeit während MSP im Low-Modus (LPM4-Schlafmodus)	*ms*
t_{MSP_A}	Zeit während MSP im Aktiv-Modus	*1000 ms*

	Zeit für den Verbrauch und die Lebensdauer	
T_L	Verbrauchsdauer der Energiespeicher unter eigenem Leckstrom	*17,836 Jahr (s. Gl. (2.100))*
T_{S_R}	Lebensdauer des FSKs im Ruhemodus	*9,674 Jahr (s. Gl. (2.101))*
$T_{i_{GS}}$	Die Lebensdauer des Funksensorknotens $T_{i_{GS}}$mit der Nummer i für das Senden des Lebenszeichens „Alive", das x-mal am Tag gesendet wird, und der Ereignisdaten, die y-mal am Tag gesendet werden.	*Jahr (s. Gl. (2.123–2.124))*
	Variable und Konstanten	
k	*Lokale Zeitschlitzkonstante*	*37,5 ms (s. Gl. (2.37) u. Gl (2.39))*
i	Base_ID der Funksensorknoten	*{1,2,3, …, n}*
m	Anzahl der Funksensorknoten in einem festgelegten Abschnitt	*{1,2,3, …,18}*
l	Nummer des Funksensorknoten *i* in einem festgelegten Abschnitt	*{0,1,2,3, …,17} (s. Gl. (2.11))*
x	Anzahl des Lebenszeichens des Funksensorknotens an einem Tag	–
y	Anzahl der Ereignisse, die der Funksensorknoten an einem Tag triggert.	–
N_L	Prozent der selbstentladenen Energie der Energiespeicher	*0-100*
	Elektrische Leistung	
P	Elektrische Leistung	*W*
P_A	Zeit für das Aufwecken des Mikrocontrollers (Dolphin)	*W*
$P_{Er_{Tx}}$	Leistung für die gesendete Ereignisdaten	*W*
P_{D_R}	Leistung während Dolphin in Deepsleep-Modus	*W*
$P_{D_{R_{i_{tag}}}}$	Der Tagesleistungbrauch des Mikrocontrollers (Dolphin) während des Schlaf-Modus bei dem Funksensorknotens mit der Nummer i	*W*
$P_{i_{GS}}$	Leistung während des gesamten Systemstromverbrauches (Sensor-, Leck-, Mikrocontroller- und andere Bauteile-Strom) für x mal am Tag gesendete Lebenszeichen und y mal am Tag gesendete Ereignisdaten.	*W (s. Gl. (2.120))*
P_L	Leck-Leistungsverbrauch der Energiespeicher	*W*
$P_{LZ_{Tx}}$	Leistung für das Senden der Dateien des Lebenzeichens	*W*
P_M	Leistung für das Messen der Temperatur des Mikrocontrollers (Dolphin)	*W*
P_{MSP_A}	Leistung während MSP in Aktiv-Modus (LPM4-Schlafmodus)	*W*
P_{MSP_R}	Leistung während MSP in Low-Modus (LPM4-Schlafmodus)	*W*
$P_{MSP_{R_{tag}}}$	Der tägliche Leistungsverbrauch während des Low-Modus (LPM4 Sleep Mode) von MSP an dem Funksensorknoten mit der Nummer i	*W*
P_S	Sensorleistung	*W*
	Elektrische Energie	
E	Elektrische Energie	*Ws*
E_A	Verbrauchte Energiemenge für das Aufwecken des Mikrocontrollers (Dolphin)	$0{,}004\ \mu Ws$
E_{D_R}	Verbrauchte Energiemenge während des Schlaf-Modus des Mikrocontrollers (Dolphin)	$8640{,}002\ \mu Ws$

$E_{DR_{i_{Tag}}}$	Der Tagesenergieverbrauch des Mikrocontrollers (Dolphin) während des Schlaf-Modus bei dem Funksensorknotens mit der Nummer i	*Ws*
E_{ErTx}	Verbrauchte Energiemenge der gesendeten Ereignisdaten	*Ws* (s. Gl. (2.120))
$E_{i_{Tag}}$	Der Tagesenergieverbrauch des Funksensorknotens mit der Nummer i für das Senden des Lebenszeichens „Alive" x-mal am Tag ohne ein Ereignis oder y mal am Tag gesendete Ereignisdaten	*Ws* (s. Gl. (2.103–2.122))
E_L	Verbrauchte Energiemenge der Energiespeicher unter eigenem Leckstrom	*Ws*
E_{LZTx}	Verbrauchte Energiemenge pro gesendetem Lebenszeichen (Dolphin an, MSP in Low-Modus (LPM4-Schlafmodus)	$85{,}666\ \mu Ws$ (s. Gl. (2.102))
E_M	Verbrauchte Energiemenge für das Messen der Temperatur des Mikrocontrollers (Dolphin)	$0{,}357\ \mu Ws$
E_{LZTx}	Energieverbrauch für das Senden von Dolphin-Lebenszeichendateien ohne MSP	$85{,}305\ \mu Ws$
E_{MSP_A}	Verbrauchte Energiemenge während Aktiv-Modus (16 MHz) von MSP	*Ws*
E_{MSP_R}	Verbrauchte Energiemenge während Low-Modus (LPM4-Schlafmodus) von MSP	*Ws*
$E_{MSPR_{Tag}}$	Der Tagesenergieverbrauch während Low-Modus (LPM4-Schlafmodus) von MSP bei dem Funksensorknotens mit der Nummer i	*Ws*
E_{W_i}	Verbrauchte Energiemenge der Wartezeit, um die Dateien des Ereignisses zu senden	*Ws*
E_{vor}	Die vorhandene Energiemenge der Energiespeicher	*137,5 mWh*

2.5 Lageüberwachung eines Katastrophenfalles

Der Informationsfluss und die Informationsverarbeitung während eines Katastrophenfalles von dem Detektieren bis zur Lagedarstellung eines Ereignisses wurden in Kapitel (1) mit der Abbildung (1.3) aus gerätetechnischer Aufsicht einführend dargestellt. In den folgenden Kapiteln werden die gerätetechnische Aufsicht und der Informationsverarbeitungsprozess des gesamten Lageüberwachungssystems sowie die grafische Benutzeroberfläche zur Visualisierung der Messdaten der Anwendungsbeispiele (s. Abschn. (4.2)) näher thematisiert.

2.5.1 Systemarchitektur der Lageüberwachung eines Katastrophenfalles aus gerätetechnischer Aufbausicht

In Abbildung (2.19) ist eine Systemarchitektur einer Lageüberwachung während eines Ereignisses (z. B. Explosion, Erdbeben, Brand, ...) aus gerätetechnischer Aufbausicht dargestellt [140–143]. Hier kommunizieren mehrerer Systemebenen (Erfassungs-, Kommunikations-, Verarbeitungs- und Visualisierungsebene) über unterschiedliche Datenschnittstellen miteinander. Gleichzeitig wird ein Teil der Systemkomponenten (Systemserver, Lagetischserver, Lagetisch-Client, Displays) als mobile Komponenten und andere Teile der Systemkomponenten (Sensorquellen, Subsystemserver) als lokale Komponenten aufgeteilt. Die Flexibilität der Anwendung des Systems wird somit erhöht.

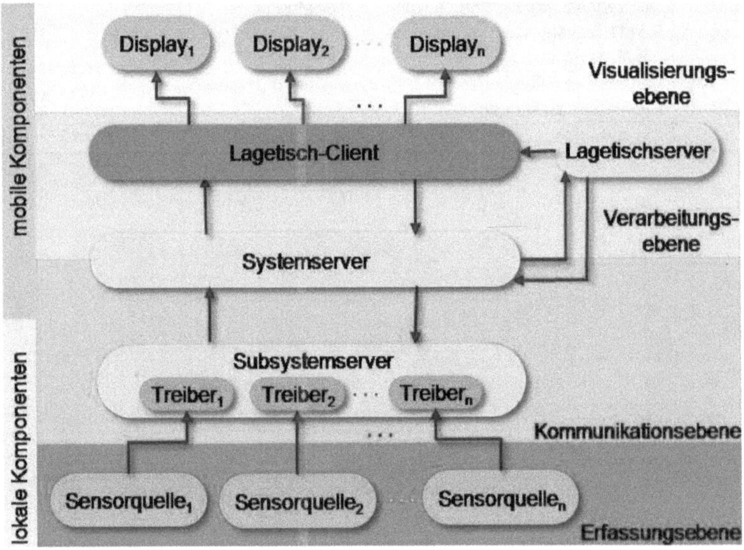

Abb. 2.29 Die Darstellung einer Lageüberwachung während eines Ereignisses aus gerätetechnischer Aufsicht: Die Systemarchitektur besteht aus lokalen Komponenten den Sensorquellen (Analog- oder Funksensorknoten), dem Subsystemserver und Treiber und aus mobilen Komponenten (dem Systemserver, Lagetisch-Client und -server und den Displays. Die Systemarchitektur wird in vier Ebenen geteilt: die Erfassungs-, Kommunikations-, Verarbeitungs- und Visualisierungsebene [16].

Die Kommunikation zwischen der Erfassungsebene und Verarbeitungsebene erfolgt über die standardisierte Software-Schnittstelle, die den Datenaustauch zwischen unterschiedlichen Kommunikationsprotokollen, (z. B. „OLE for Process Control" (OPC), „Data Communication Protocol for Building Automation and Control Networks" (BACnet)) herstellt [Opc25], [Bac25]. Aufgrund einer höheren Anzahl von Sensoren wird in der Kommunikationsebene zwischen den Sensoren und dem Systemserver der Subsystemserver benötigt. Die in der Verarbeitungsebene in dem Systemserver gesammelten Ereignisdaten werden gezielt nach bestimmten Kriterien (dem Anwendungsbereich, der Rolle des Anwenders, der Alarmstufe, usw.) bearbeitet. Der Systemserver hat bidirektionale Kommunikation mit dem Lagetischserver und Lagetisch-Client. Der Lagetisch-Client kann z. B. – je nach der Rolle des Clients – aus dem Systemserver bestimmte Dateien selektieren und gezielt noch detaillierter über den Lagetischserver bedienen oder mehrere Arbeitsbereiche für verschiedene Aufgaben aufteilen. In der Visualisierungsebene wird durch die verschiedene Art (Position, Zoom, Bedingung, usw.) von Displays eine effektive und effiziente Datenbearbeitung und Entscheidung für die Rettungskräfte und für die Planung der Ressourcen unterstützt.

2.5.2 Informationsverarbeitungsprozess eines Katastrophenfalles

Die Verarbeitung der erhaltenen Informationen eines Ereignisses wie in Abbildung (2.30) dargestellt, bestehen aus mehreren Prozessen [141, 142]. Zuerst werden die Daten nach dem Aufnehmen eines Ereignisses entweder durch eine serielle oder drahtlose Kommunikation zu einem Server (oder zu den Servern) gesendet, wo verschiedene Datenverarbeitungsprozesse (Automatische Analyse, Interaktive Analyse, Analyse, Prognose und Lagedarstellung) durchgeführt werden. Die entscheidungstreffenden Personen (Experten, Rettungskräfte) haben somit verschiedene Arten der Datenvisualisierung.

Nach der Aufnahme der Ereignisdaten durch Server werden automatische Analyseprozesse durchgeführt. Während dieser Prozesse werden die Daten durch die vorher festgelegten Kriterien als verschiedene Einwirkungen des Ereignisses unter Gruppen (z. B. Brand, Explosion,

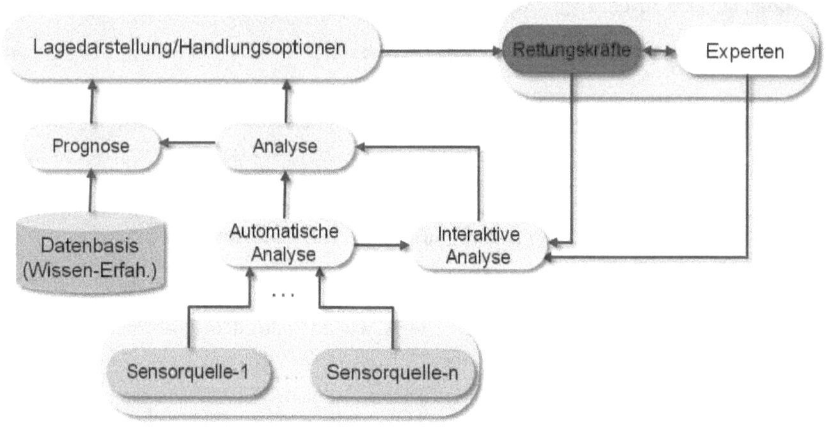

Abb. 2.30 Schematische Darstellung des Informationsflusses und der Informationserarbeitung üines Ereignisses während eines Katastrophenfalles von dem Detektieren bis zur Lagedarstellung [16].

Erdbeben, usw.) aufgeteilt. Danach werden die Informationen durch eine interaktive Analyse der Experten und Rettungskräften bearbeitet, um eine realistische Bewertung für die nächsten Verarbeitungsschritte zu ermöglichen. In dem *Analyseprozess* wird die *automatische Analyse* mit der *interaktiven Analyse* einmal zum Lagedarstellungsprozess und einmal zum Prognoseprozess weitergeleitet. Im Prozess *Prognose* werden die aus der *Analyse* erhaltenen Daten durch vorhandenes *Wissen und Erfahrungen* bewertet und zur *Lagedarstellung/Handlungsoptionen* aufbereitet, wo die Ereignisdaten nach bestimmten Aspekten visuell dargestellt werden. Die *Rettungskräfte und Experten* können die *Lagedarstellung/Handlungsoptionen* durch die *interaktive Analyse* immer beeinflussen, bzw. korrigieren.

Die rasante Entwicklung im Bereich der Künstlichen Intelligenz (KI) (engl., Aritificial Intelligence (AI)) in den letzten Jahren hat bereits zu ersten KI-Anwendungen geführt [144–149], die von der Informationsverarbeitung über das Management bis hin zu Vorhersagemodellen für verschiedene Arten von Katastrophen reichen (s. Abb. (2.30)).

Insbesondere der Einsatz von Erklärbare Künstliche Intelligenz (EKI) (engl., Explainable Artificial Intelligence (XAI)) [150, 151] in Katastrophenfällen, z. B. Kartierung von Gebäudeschäden durch Erdbeben [152], räumliche Vorhersage von Erdrutschen [153], Erkennung von Waldbränden [154–157], anstelle von Black-Box-KI-Methoden wie Deep Learning – z. B. bei Hochwasser- und Erdbebenvorhersage [158–160] – ermöglicht eine Glass-Box-KI-Methodik [161, 162]. Dadurch wird eine nachvollziehbare und transparente Lösung gewährleistet, um das Vertrauen in KI-Anwendungen in diesem Bereich zu erhöhen [150].

Die Anwendung der in der Literatur genannten KI-Methoden wird noch als verbesserungsbedürftig angesehen. Die Einbeziehung menschlicher Expertise in die KI-gestützte Entscheidungsfindung wird hingegen als Lösung angesehen [144].

Aufgrund der Art des Ereignisses, das zur Auslösung der verwendeten Sensoren geführt hat, und der Menge an Daten, die dabei erzeugt wurden, waren die Methoden der künstlichen Intelligenz, die während der Datenerhebung für diese Arbeit zur Verfügung standen, nicht geeignet, um eine zuverlässige Datenerhebung und Entscheidungsfindung zu gewährleisten.

2.5.3 Live Sensor Data Monitoring (LiveSDM)

Zur Visualisierung der in dieser Arbeit durchgeführten Labor- und Freifeldtestes wird hier eine grafische Benutzeroberfläche GUI als Lagedarstellung („Lagetisch") dargestellt.

Diese Lagedarstellung wurde mit dem grafischen Programm „Laboratory Virtual Instrumentation Engineering Workbench" (LabVIEW) entworfen [Lab25] und hier als LiveSDM (engl. „Live Sensor Data Monitoring") genannt. Mithilfe von LabVIEW konnte die Aufgabe einer komplexen Systemarchitektur der Datenverarbeitung [142] übernommen werden.

Die in Abbildung (2.31) gezeigte farbige Beschreibung von LiveSDM bezieht sich auf die in den Abbildungen (2.29) und (2.30) beschriebenen gerätetechnischer Aufsicht der Lagedarstellung. Die Informationsverarbeitung von LiveSDM wurde nach dem in Abbildung (2.30) beschriebenen Informationsfluss des Ereignisses durchgeführt.

Die bei LiveSDM beschriebenen fünf Zustände (Einstellung-Schnittstellen, Rohdaten-Empfang, Rohdaten-Verarbeitung, Visualisierung lokaler Sensoren, Visualisierung des Datenflusses) sind im Angang in acht Tabellen („Tab") ausführlich dargestellt (s. Abb. (A.2.1–A.2.7)).

Wie in Abbildung (2.30) dargestellt, wurde durch die LiveSDM die Langzeitüberwachung der Funksensorknoten lokal (s. Abb. (2.32a)) und mobil/global (s. Abb. (2.32b)) realisiert. Für eine globale Überwachung der Funksensorknoten-Netzwerke wurde ein GSM-Modem (franz., „Groupe Spécial Mobile"; engl., „Global System for Mobile Communications") eingesetzt, welches mit dem Endrouter über die serielle UART-Schnittstelle verbunden ist (s. Abb.

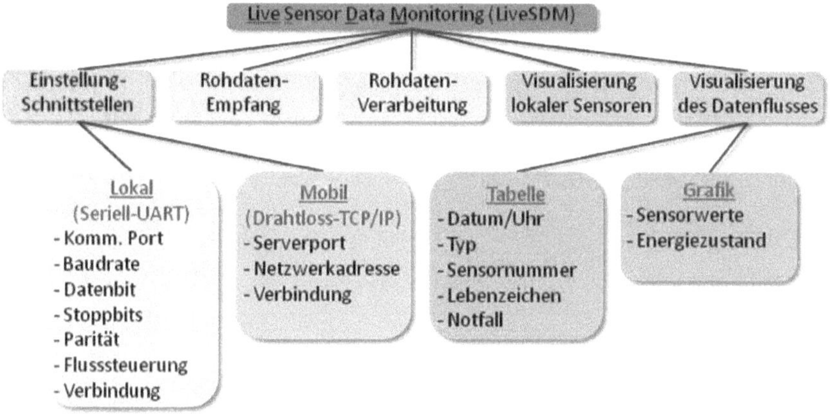

Abb. 2.31 Schematische Darstellung der grafischen Benutzeroberfläche „LiveSDM" als eine Lagedarstellung nach dem in Abbildung (2.30) dargestellten Informationsverarbeitungsprozess.

(2.32b)). Das GSM-Modem übermittelt die vom End-Router empfangenen Daten über das Handy-Netz an eine bestimmte IP-Adresse im Internet. Somit wird kein Präsenz vor Ort benötigt und die Daten können auf einem Bürorechner (oder PDA (engl., „Personal Digital Assistant"), Mobiltelefon) visualisiert werden.

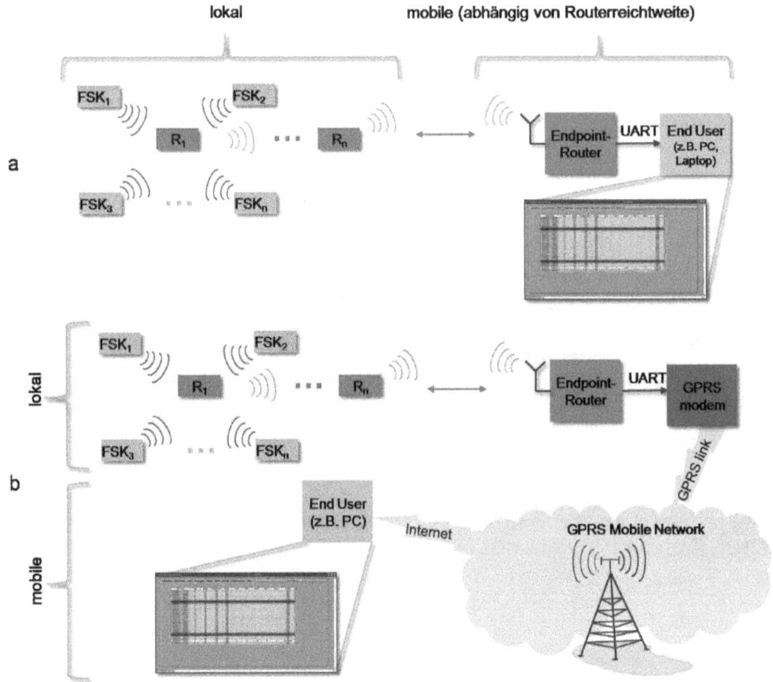

Abb. 2.32 **(a)** Nach einem Ereignis wartet jeder Funksensorknoten nach einer vorgegebenen Zeit, die nach der Knotennummer berechnet wurde, und leitet die Daten über mehrere Router zum Endpoint-Router (s. Abschn. (2.2.2)). Der Endpoint-Router ist über die serielle UART-Schnittstelle mit einem Rechner, der die empfangenen Daten auch visualisiert, verbunden. **(b)** Die empfangenen Daten werden durch einen GPRS-Modem (engl., „General Packet Radio Service") an einer IP-Adresse gesendet [16].

3 Analyse, Simulation und Messung von elektromagnetischen Energy-Harvesting-Anwendungen für energieautarke Funksensorknoten in der Tunnelumgebung des Schienen- und Straßenverkehrs

In diesem Kapitel werden die Möglichkeiten der Energieversorgung für energieautarke Funksensorknoten im Umfeld von Straßen- und Bahntunneln diskutiert. Der Schwerpunkt dieses Kapitels liegt auf der elektromagnetischen Energieversorgung, d. h. der elektromagnetischen Fernspeisung, der elektrischen Kopplung (oder kapazitive Kopplung) und der magnetischen Induktion (oder induktive Kopplung).

Eine Einführung in die Einsatzmöglichkeiten der Funksensorknoten wird in Abschnitt (3.1) mit einem Überblick über die Energieversorgung elektrischer Bahnen und die elektromagnetische Fernspeisung in Straßentunneln gegeben.

Der Stand der Technik in Abschnitt (3.2) gliedert sich in Abschnitt (3.2.1), der einen kurzen Rückblick auf die Entdeckung und Entwicklung der drahtlosen Energieübertragung in den Jahren 1800–1930 gibt – da einige Entwicklungen aus dieser Zeit auch Anfang 2000 noch Stand der Technik sind – und in Abschnitt (3.2.2), der ebenfalls einen Überblick über den Stand der Technik der drahtlosen Energieübertragung und der entsprechenden Energy-Harvesting-Anwendungen von den 1940er Jahren bis heute gibt.

Die theoretischen Grundlagen elektromagnetischer Felder und elektromagnetischer Energy-Harvesting-Anwendungen sind in Abschnitt (3.3) zusammengefasst. Nach einem kurzen einführenden Überblick über elektromagnetische Felder werden in Abschnitt (3.3.1) zunächst die Ladungs-/Stromdichten, die grundlegenden Maxwell-Gleichungen und das Poynting'sche Gesetz/Energieerhaltungssatz kurz beschrieben. Daran schließt sich in Abschnitt (3.3.2) das Thema elektrostatische Felder an, bei dem der Schwerpunkt auf den Grundbegriffen und physikalischen Zusammenhängen liegt. Das anschließende Thema Magnetfelder in Abschnitt (3.3.3) behandelt Themen wie quasistationäre Felder, elektromagnetische Wellen, die Antenne und damit zusammenhängende Begriffe, die für das RF-Energie-Harversting eine wichtige Rolle spielen.

Die theoretischen Grundlagen zur Erweiterung der Hardware, basierend auf der Hardware aus Abschnitt (2.4), um die in Abschnitt (3.5) beschriebenen Messungen und Energy Harvesting Anwendungen zu ermöglichen, sind in Abschnitt (3.3.4) zusammengefasst. Der Schwerpunkt liegt hier auf Gleichrichtern und DC/DC-Wandlern und auf der Festlegung des Gesamtwirkungsgrades der entworfenen elektromagnetischen Energy Harvesting-Systeme/Einheiten, d. h. des Gesamtwirkungsgrades des elektrisch/kapazitiv gekoppelten, des magnetisch/-induktiv gekoppelten und des Fernspeisung/RF-Energy Harvesting-Systems.

Anhand der Simulationsergebnisse der elektrischen und magnetischen Feldverteilung mit der Simulationssoftware WinField/ETC 400® [Wit25] an Hochspannungsleitungen für ein- und zweigleisige Bahnstrecken und eingleisige Bahntunnel ist es möglich, die Energiedichte der elektrischen und magnetischen Felder in der gesamten Umgebung der Bahnstrecke und des Tunnels in Abschnitt (3.4) aufzuzeigen, um die Anwendung der verschiedenen Arten des EM-Energie-Harvestings zu vergleichen und über die effektivsten Installationskoordinaten der Funksensorknoten in den genannten Umgebungen zu entscheiden.

M. Erd, *Energieautarke eingebettete Funksensorknoten zur Zustandsüberwachung von zivilen Infrastrukturen im Katastrophenfall*, https://doi.org/10.1007/978-3-658-51811-0_3

3.1 Einführung

Zunächst wird ein kurzer Überblick über die Einsatzmöglichkeiten von Funksensorknoten in Verkehrstunneln ohne zusätzliche bauliche Maßnahmen entsprechend den baulichen Besonderheiten der Infrastruktur gegeben (Abschn. (3.1.1)), gefolgt von der Energieversorgung elektrischer Bahnen (Abschn. (3.1.2)) und der elektromagnetischen Fernspeisung in Straßentunneln (Abschn. (3.1.3)).

3.1.1 Einsatzmöglichkeit der Funksensorknoten in Verkehrstunneln ohne zusätzliche bauliche Maßnahmen

Abbildung (3.1) zeigt eine Einsatzmöglichkeit der energieautarken Funksensorknoten bei der vorhandenen tübbingbauweise Verkehrstunnel ohne zusätzliche Baumaßnahmen für elektrifizierte Fernbahnstrecken. Für die Platzierung der Funksensorknoten sind die konischen Zentrieraussparungen der Tübbingen, wie in den Abbildungen (3.1b–c) gezeigt, vorgesehen. Der Durchmesser der konischen Zentrieraussparungen auf der breiteren Seite beträgt 110 mm und auf der schmalen Seite 73 mm. Die Länge der konischen Zentrieraussparungen mit der Spitze in der Wand beträgt 125 mm.

Abbildung (3.1) zeigt Querschnittdarstellung des tübbingbauweise Zugtunnels mit den eingesetzten Funksensorknoten in der konischen Zentrieraussparungen. Nach der vorher festgelegten der Topologie (s. Abschn. (2.2)) werden die Stelle, Anzahl und der Abstand der Funksensorknoten festgelegt, um die energieeffiziente Datenübertragung der Funksensorknoten zu ermöglichen.

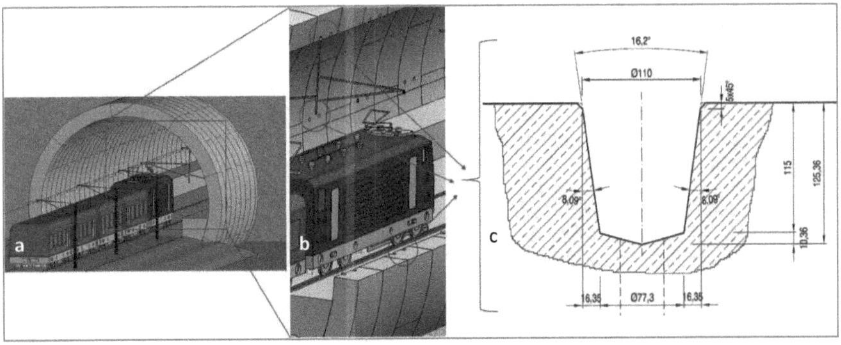

Abb. 3.1 Tübbingbauweise Verkehrstunnel ohne Brandschutzschalle: **(a)** Tunnel für elektrifizierten Fernbahnstrecke, **(b)** und **(c)** konische Zentrieraussparungen der Tübbinge als Einbauort für die Funksensorknoten. Der Durchmesser der konischen Zentrieraussparungen auf der breiteren Seite beträgt 110 mm und auf der schmalen Seite 73 mm. Die Länge der konischen Zentrieraussparungen mit der Spitze in der Wand beträgt 125 mm.

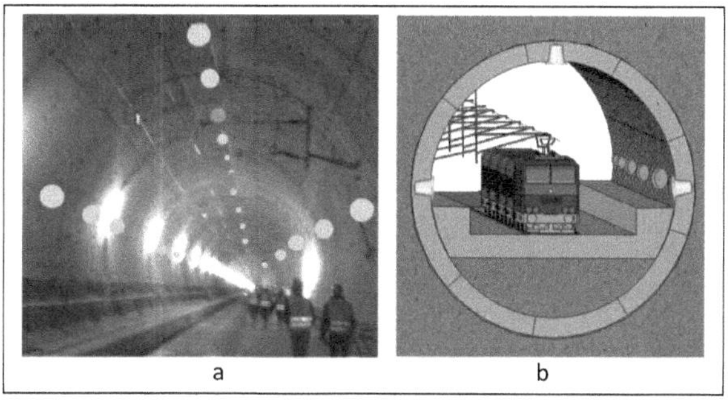

Abb. 3.2 Querschnittsdarstellung des Zugtunnels in Tübbingbauweise mit den eingesetzten Funksensorknoten in der konischen Zentrieraussparung. **(a)** Entsprechend der zuvor festgelegten der Topologie werden die Lage, Anzahl und der Abstand der gelb dargestellten Funksensorknoten und der blau dargestellten Router festgelegt, um eine energieeffiziente Datenübertragung der Funksensorknoten zu ermöglichen (s. Abschn. (2.2)). **(b)** Die für die konischen Zentrieraussparungen vorgesehenen Funkmessknoten werden entsprechend der oben unter (a) definierten Topologie platziert.

Abbildung (3.3) zeigt die Skizze eines Straßentunnels mit Leckleitung [RFS25] und die mögliche Platzierung der Funksensorknoten entsprechend einer vorher festgelegten Topologie. Wie aus der Abbildung ersichtlich ist, wird hier aufgrund der unterschiedlichen Eigenschaften der beiden Tunneltypen in Bezug auf Bauart und verfügbare Energiequellen ein anderes Sensordesign als in den Abbildungen (3.1) und (3.2) für die Anwendung des Energy Harvesting verwendet. Die drei verschiedenen Bauarten und Anwendungen des Tübbingtunnels mit unterschiedlichen Innen- und Außendurchmessern und Tübbingdicken sind in den Abbildungen (3.4#a1–#a3) dargestellt. Der zweigleisige Groene Hart-Zugtunnel

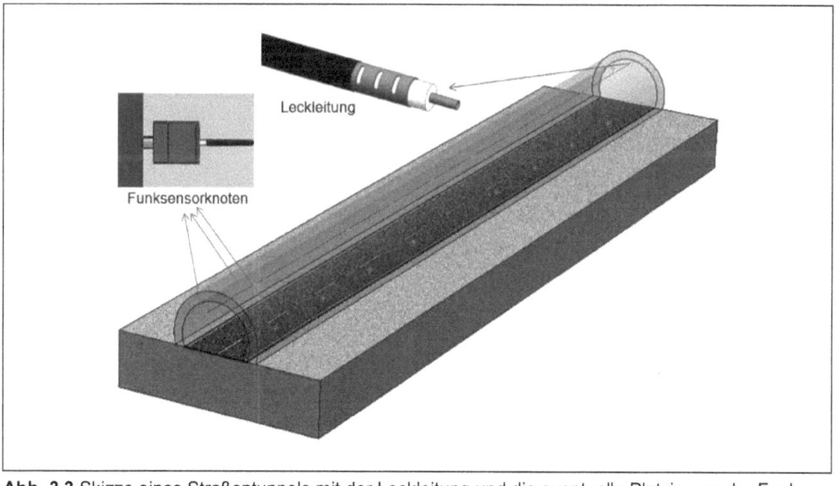

Abb. 3.3 Skizze eines Straßentunnels mit der Leckleitung und die eventuelle Platzierung der Funksensorknoten nach einer vorher festgelegten Topologie.

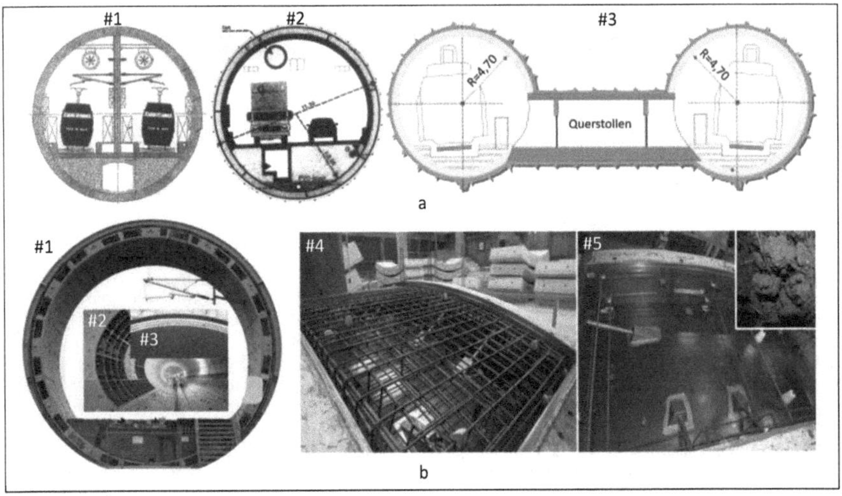

Abb. 3.4 Verschiedene Anwendungen der Tunnels in Tübbingbauweise **(#a1–#a3)** und ihre unterschiedlichen Bauweisen **(#b1–#b4)**. (#a1) zeigt den zweigleisigen Groene Hart-Zugtunnel in den Niederlanden mit einem Ausbruchdurchmesser von 14,87 m und einer einschaligen, wasserdichten Tunnelauskleidung von 60 cm (s. Tab. (3.2)). **(#a2)** zeigt den Westerschelde-Tunnel, einen zweispurigen Straßentunnel in 60 m unter dem Meeresspiegel in den Niederlanden mit einem Ausbruchdurchmesser von 11,30 m und einer zweischaligen Tunnelauskleidung von 60 cm. **(#a3)** zeigt den Katzenbergtunnel zwischen Karlsruhe und Basel mit zwei parallelen eingleisigen Tunnelröhren, die durch insgesamt 19 Verbindungsstollen im Abstand von 500 m miteinander verbunden sind, mit einem Ausbruchdurchmesser von 9,40 m und einer zweischaligen Tunnelauskleidung von 60 cm. (b) zeigt mit **(#b1)** ein Model des Querschnitts des Katzenbergtunnels am Besucherzentrum, mit **(#b2)** einen Stahltübbing um eine Querschlagöffnung, mit **(#b3)** eine Flanschkonstruktion am Übergang zur Ortbetonkonstruktion aus dem Katzenbergtunnel (s. Tab. (3.1)), mit **(#b4)** eine konventionelle Tübbingbewehrung und mit (#b5) einen Tübbing mit Stahlfasern. Bearbeitet nach [163] (#a1–#a2), [Kat25] (#a3), [164] (#b1) und [165] (#b2–#b5).

mit einem Ausbruchdurchmesser von 14,87 m und einer einschaligen, wasserdichten Tunnelauskleidung von 60 cm in (#a1) und der ebenfalls zweigleisige Westerschelde-Straßentunnel mit einem Ausbruchdurchmesser von 11,30 m und einer zweischaligen Tunnelauskleidung von 45 cm in 60 m unter dem Meeresspiegel in den Niederladen in (#a2) [163] und anschließend der Katzenbergtunnel mit zwei parallelen eingleisigen Tunnelröhren mit einem Ausbruchdurchmesser von 9,40 m und einer zweischaligen Tunnelauskleidung von 60 cm in (#a3) [Kat25] sind die Beispiele für die vielseitigen und anspruchsvollen Anwendungen des Tübbingbauverfahrens.

Ein Schaumodell des Querschnitts des Katzenbergtunnels ist im Besucherzentrum in Efringen-Kirchen-Freiburg [164], ein Stahltübbing um eine Querschlagöffnung, eine Flanschkonstruktion am Übergang zur Ortbetonkonstruktion aus dem Katzenbergtunnel, eine konventionelle Tübbingbewehrung und ein Tübbing mit Stahlfasern sind in den Abbildungen (3.4#b2–#b5) dargestellt [165]. Wie aus den Abbildungen zu sehen sind, bestimmen die gegebenen Randbedingungen, wie z. B. Geometrie des Tübbingausbaus, Gebirgsart, Abdichtungskonszept, Anforderungen an Korrosions- und Brandschutz etc. einerseits die Anordnung des Tübbingtunnels andererseits die Lage der Querschlagsöffnung.

Tab. 3.1 Verkehrstunnel in Tübbingbauweise verschiedener Länder, bearbeitet und ergänzt nach [163–165, Kat25].

Tunnel	Baujahr	Durchmesser	Tübbingdicke
Passante Ferroviaro, Mailand, IT	1990–1992	9,00 m	30 cm
EOLE Lot35B, Paris, FR	1993–1996	7,40 m	35 cm
Lefortovo, Moskau, RU	2001–2003	14,21 m	60 cm
Groene Hart, NL	2001–2004	14,87 m	60 cm
Metro Barcelona, ES	2004–2007	12,06 m	40 cm
Katzenbergtunnel, Karlsruhe-Basel, DE	2003–2012	9,40 m	60 cm
Gotthard-Basistunnel, Zürich und Mailand, CH	2003–2016	7,60 m	70 cm

3.1.2 Energieversorgung elektrischer Bahnen

Nach dern Angaben [166, 167] ist die Länge der weltweiten elektrifizierten Fernbahnenstrecken im Jahre 2001 mehr als 237 600 km. 38,1 %. der weltweiten elektrifizierten Fernbahnenstrecken werden mit Gleichstrom (30,3% als DC 3 kV, 6,4 % als DC 1,5 kV, 1,4 % andere DC) und der Rest mit dem Wechselstrom (44,8 % AC 25 kV mit 50 Hz, 13,6 % als AC 15 kV mit $16\frac{2}{3} \cong 16{,}7$ Hz und 3,4 % andere AC) betrieben.

Die europäischen Spannungssysteme für elektrische Bahnen wurde in Tab. (3.2) nach EN50163 [168] dargestellt [166]. Hierbei wird mit U_n die Nennspannung, mit U_{min1} die niedrigste Dauerspannung, mit U_{min2} die niedrigste nicht-permanente Spannung (maximal 10 min auftritt), mit U_{max1} die höchste Dauerspannung, mit U_{max2} die höchste nicht-permanente Spannung (maximal 5 min auftritt), mit U_{max3} die Überspannungsspitze von 20 ms Dauer für die drei verschiedenen Stromarten (Gleichstrom, AC 15 kV mit 16,7 Hz und AC 25 kV mit 50 Hz) bezeichnet.

Abbildung (3.5) gibt einen Überblick über die Bahnenergieversorgung vom Kraftwerk bis zum Verbrauch am elektrischen Treibfahrzeug [169], die Energiespeisung der auf die einzelnen Wagen verteilten Verbraucher (z. B. die Beleuchtung, die Heizung, die Lüftung etc.) über die Zugsammelschiene [171] und die Aufteilung des Rückstroms entlang der Strecke auf die verschiedenen Rückleiter [166, 171].

Abbildung (3.5) zeigt den Systemaufbau der zentralen Bahnenergieversorgung. Dargestellt ist das bahneigene Hochspannungsnetz von den Erzeugeranlagen, das sind die *Kraftwerke* (Wärme-, Laufwasser- und Pumpspeicherkraftwerke), die zentrale Umformerwerke und *Umrichterwerken* bis zu den *Unterwerken* zur Versorgung der Bahnstrecken. Dabei wandeln die zentralen Umformerwerke und Umrichterwerke die elektrische Energie aus dem Landesnetz in die Bahnenergieform um. Die *Energieleitungen* des Bahnstromnetzes werden als Freileitungen mit zwei Stromsystemen, d. h. mit vier Leiterseilen und einem Erdseil, ausgeführt [169]. Bei der *Energieverteilung* wird aus dem 110-kV-Bahnstromnetz in Unterwerken auf das 15-kV-Fahrleitungsnetz transformiert. Bei der *Energiezuführung* wird die Energie von den Unterwerken über die Oberleitung (Fahrleitung) oder im Tunnel auch über Stromschienenoberleitungen zu den elektrischen Triebfahrzeugen übertragen (s. Abb. (3.5)). Zur *Fahrleitung* gehören neben Fahrdraht und den Tragseilen auch die Verstärkungs-, Speise-, Umgehungs-, Verbindungs- und Rückleitungen. Die Rückleitung dient der Rückführung des eingespeisten Stroms von den Triebfahrzeugen zu den Unterwerken [169].

Tab. 3.2 Die europäischen Spannungssysteme für elektrische Bahnen nach EN50163 [168]

	Stromart					
	Gleichstrom (DC)				Wechselstrom (AC)	
Volt	DC 600 (V)	DC 750 (V)	DC 1,5 (kV)	DC 3,0 (kV)	AC 15 (kV) 16,7 (Hz)	AC 25 (kV) 50 (Hz)
U_n	600	750	1500	3000	15000	25000
U_{min1}	–	–	–	–	11000	17500
U_{min2}	400	500	1000	2000	12000	19000
U_{max1}	720	900	1800	3600	17250	27000
U_{max2}	770	950	1950	3900	18000	29000
U_{max3}	1015	1269	2538	5075	24311	38746

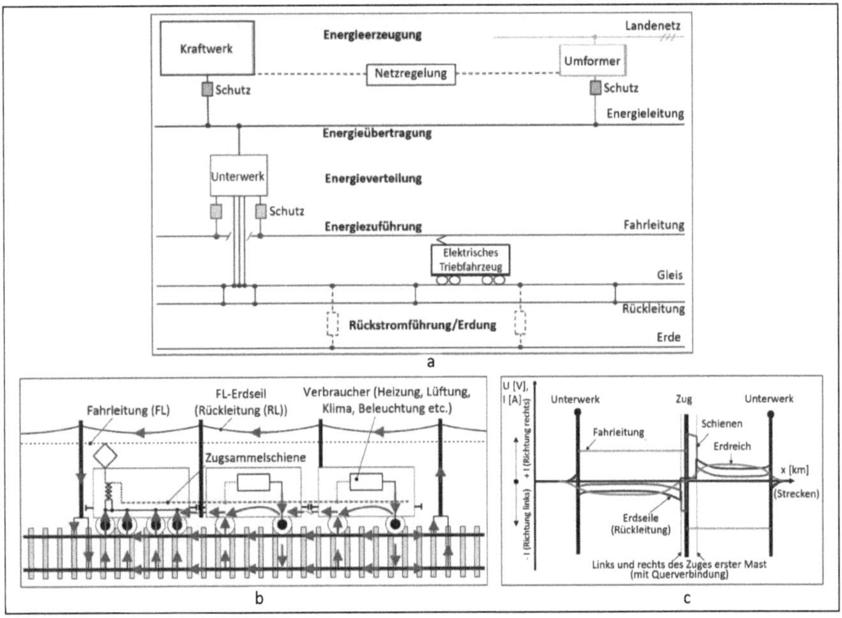

Abb. 3.5 Übersicht zum Bahnenergieversorgungssystem und Energieversorgung über Zugsammelschiene. **(a)** Zeigt eine Übersicht Bahnenergieversorgung aus dem Kraftwerk bis zum Verbrauch zum elektrischen Treibfahrzeug. **(b)** Zeigt die Energiespeisung der über die einzelnen Wagenverteilten Verbraucher (z. B. die Beleuchtung, die Heizung, die Lüftung etc.) über die Zugsammelschiene. **(c)** Zeigt die Aufteilung des Rückstroms entlang der Strecke auf die verschiedenen Rückleiter. Bearbeitet nach [169] (a), [171] (b) und [166, 171] (c).

Abbildung (3.5b) zeigt die Rückstromführung bei lokbespannten Zügen mit Wagen. Hier wird der Rückstrom zum größten Teil über das Gleis zum Einspeisepunkt zurückgeführt. Im Gegensatz dazu erfolgt die Rückstromführung bei Triebwagenzügen meistens über einen Rückleiter innerhalb des Zugs. Bei Güterzügen ist jedoch keine Zugsammelschiene vorhanden ist [171].

Ein Zug zwischen zwei Unterwerken, die den über die Fahrleitung mit Strom versorgen, und die verschiedenen Arten der Rückstromführung sind in Abbildung (3.5c) skizziert [171]. Die Nähe des Zuges zu den Unterwerken beeinflusst die eingespeiste Stromstärke, d. h. das rechte Unterwerk liefert mehr Strom. Dadurch fließt Strom von der Lokomotive zu den Schienen. Ein Teil des Rückstroms fließt über die Querverbindungen von den Schienen in die Erdseile (Rückleitung) und der andere Teil des Rückstroms fließt über die Schienen in die Erde. Dabei sind die lokalen Ableitfähigkeiten, die Erdleitfähigkeit und der Übergangswiderstand zwischen Schiene und Boden die Faktoren, die den Rückstromanteil im Erdreich beeinflussen. Dieser Rückstromsteil ist antiproportional zum Abstand vom Unterwerk. In der Nähe des Unterwerks fließt er aus dem Erdreich in die Schienen und die Erdseile.

Der Oberleitungs- und Stromabnehmerbereich für zweigleisige Strecken nach EN 50122-1 [166, 170–173] und die Beschreibung einer Tunnelröhre mit bahntechnischer Ausrüstung [174] sind in Abbildung (3.6a) dargestellt. Der Oberleitungs- und Stromabnehmerbereich für elektrische Bahnen nach EN 50122-1 legt die Grenzen fest, die von einer gerissenen Oberleitung oder einem entgleisten Stromabnehmer nicht überschritten werden dürfen. Bei der Deutsche Bahn ist der Stromabnehmerbereich 8 m hoch, was auch der Höhe der Ober- und Fahrleitungen entspricht, und 4 m bereit [166]. Bei der Stuttgarter Straßenbahnen AG hingegen beträgt die Höhe 6,5 m und die Breite 3 m [175].

Die gesamte bahntechnische Ausrüstung des 90 km langen Gotthard-Basistunnels ist in Abbildung (3.6b) dargestellt. Der Gotthard-Basistunnel ist die erste schweizerische Nord-Süd-Hochgeschwindigkeitsstrecke zwischen Zürich und Mailand und ein Beispiel für einen vollständig ausgerüsteten Tunnel in Tübbingbauweise [174] (s. Tab. (3.1)).

Für die Messungen oder Simulationen muss daher bekannt sein, nach welchen Vorgaben von EN 50122-1/EN 50119 die Fahrwege gebaut sind und mit welcher Bahnstromrückleitungskomponenten [166], d. h. Fahrschienen, Rückleitungsstromschienen (z. B. Metro Paris), Rückleitungskabel, Rückleitungsseile, und bei Wechselstrombahnen das Erdreich, die Rückstromführung nach Vorgaben von EN 50163/IEC 60850 durchgeführt sind.

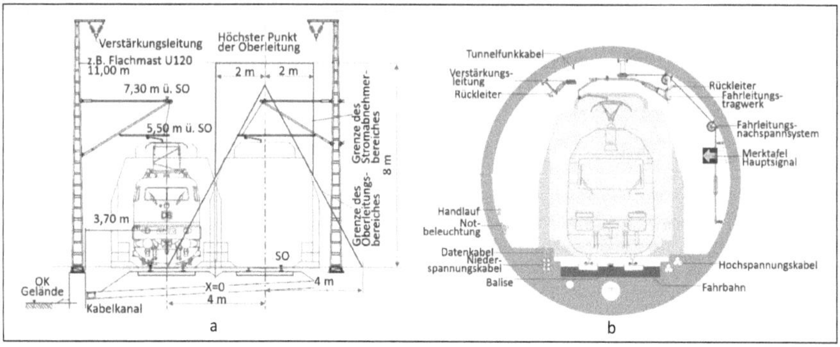

Abb. 3.6 (a) Beschreibung des Oberleitungs- und Stromabnehmerbereiches für zweiglasige Strecken nach EN 50122-1 [170], **(b)** eine tübbingbauweise Tunnelröhre mit bahntechnischen Anlagen. Bearbeitet nach [172, 173] (a) und [174] (b).

3.1.3 Elektromagnetische Fernspeisung in Straßentunnel

Die Leckleitung, die auch als geschlitzte Koaxialkabel bezeichnet wird, wird als Schlitzantenne zum Zweck der drahtlosen Kommunikation im großen Teil des Verkehrstunnels [176–180] und Minentunnel [181–184] angewendet. In dieser Arbeit wird diese Antenne als ein Teil des Tunnelfunksystems für elektromagnetische Fernspeisung betrachtet.

Tunnelfunksysteme dienen der Überwachung und Kommunikation im Alltäglichen und für Notfallzustände. Deswegen ist ein zuverlässiges Funksystem in einem Tunnel für die Rettungs- und Hilfsdienste (z. B. Feuerwehr, Polizei) unverzichtbares Mittel, um eine rechtzeitige Bewertung und Entscheidung nach einem Ereignis zu treffen. In einem Tunnel wird die Informationsübertragung mittels elektromagnetischer Wellen entweder durch die Richtantennen und/oder das (die) Strahlungskabel (Leckleitung) ermöglicht (s. Abb. (3.7–3.8)) [Ast25].

Im Allgemein wird das Funksystem in einem Tunnel als Betriebsfunk und als Rundfunk – wie Ultrakurzwelle (UKW) mit Frequenzmodulation (FM) – auf zwei geteilt. Der Betriebsfunk dient nicht der öffentlich zugänglichen Kommunikation, sondern der internen Kommunikation und der Notfallkommunikation.

Die Abbildung (3.7) zeigt die verschiedenen Realisierungsmöglichkeiten der Tunnelfunkanlagen. Die Einsatz-Zentrale (EZ) bedient zum Einsprechen auf die Radiosendungen des Tunnels und zum Einsammeln die ausgelösten Alarme. In die Basisstation (BS) werden die Informationen für die Einspeisung in das Übertragungsmedium gesendet und empfangen. Die Außenantenne dient zur Übermittlung der Informationen von BS zur Tunnelfunkanlage. Die Kopfstation (KS) dient als Verbindungsabschnitt zwischen den Funkzellen und der Außenversorgung. Der Zubringer ist eine drahtgebundene (für hohe Frequenzen werden Koaxialkabel, Glasfaser für niedrige Frequenzen Kupferdraht angewendet) Verbindung zwischen den Tunnelfunksystem-Komponenten. Die Tunnelstation (TS) dient zur Auswahl der Frequenzen und Verstärkung der elektromagnetischen Wellen für das Senden und Empfangen. Das Koaxialkabel wird als Verbindung zwischen TS und Leckkabel eingesetzt. Als eine Antenne dient hier das Leckkabel zur drahtlosen Kommunikation in einem Tunnel. Die Portalantenne wird entweder als Funkversorgung für den Anfangsbereich einer Leckleitung oder zum Zellenwechsel bei Mobilfunk außerhalb des Tunnels angewendet.

Die Ankopplungen der Tunnelfunkanlagen an die Basisstationen werden meistens in drei verschiedenen Arten realisiert. Der erste ist die Ankopplung über eine drahtgebundene Verdingung (z. B. Koaxialkabel, Glasfaser). Die Daten, die in Tunnel eingespeist und aus dem Tunnel ausgespeist werden, können über eine Außenantenne empfangen oder gesendet werden (s. Abb. (3.7a)). Bei dem zweiten Fall ist die Basisstation ein Teil der Tunnelfunkanlage. Die Datenübermittlung zwischen der Zentrale und der Tunnelfunkanlage erfolgt, wie beim ersten Fall über die drahtgebundene Verbindung (Abb. (3.7b)). Beim dritten Fall wird der Datenaustausch zwischen der Basisstation und der Kopfstation im Freiraum für die Versorgung der Tunnelfunkanlagen mittels einer Antenne erfolgen (Abb. (3.7c)).

Die Struktur eines Tunnels spielt eine große Rolle für die Platzierung des Leckkabels. Deswegen ergeben sich verschiedene Möglichkeiten, um den Leckkabel in einem Tunnel zu installieren. Wie in Abbildung (3.8) gesehen wird, gibt es verschiedene Installationsmöglichkeiten, um das Leckkabel in einem Tunnel zu platzieren. Der ausgewählte Ort des Leckabels hat einen großen Einfluss über die Energieversorgung des Funksensorknotens mittels EM-Strahlung.

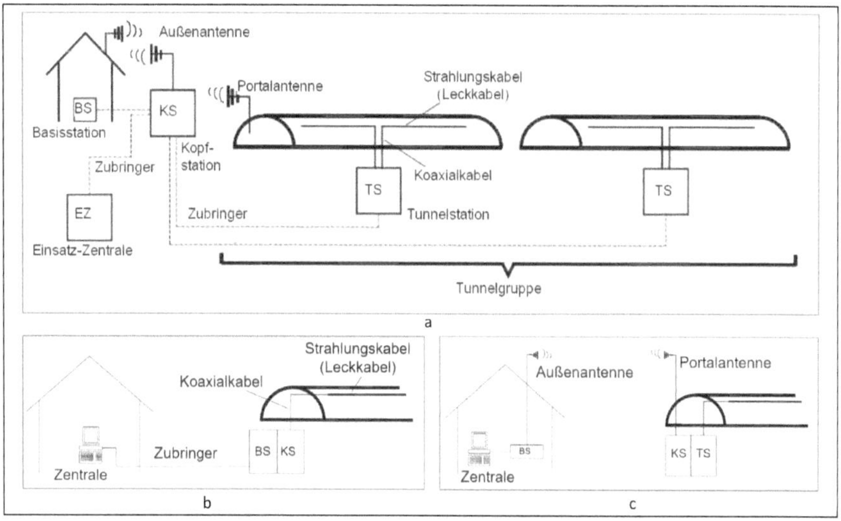

Abb. 3.7 Skizze eines Straßentunnels zur Informationsübertragung mittels elektromagnetischer Wellen entweder durch die Richtantennen und/oder das (die) Strahlungskabel (Leckleitung). **(a)** Die Ankopplung wird über eine drahtgebundene Verdingung (z. B. Koaxialkabel, Glasfaser) realisiert. **(b)** Die Basisstation ist ein Teil der Tunnelfunkanlage. Die Datenübermittelung zwischen der Zentrale und der Tunnelfunkanlage erfolgt, wie beim ersten Fall, über die drahtgebunde Verbindung. **(c)** Der Datenaustausch für die Versorgung der Tunnelfunkanlagen zwischen der Basisstation und der Kopfstation in Freiraum wird mittels einer Antenne erfolgen. Bearbeitet nach [Ast25].

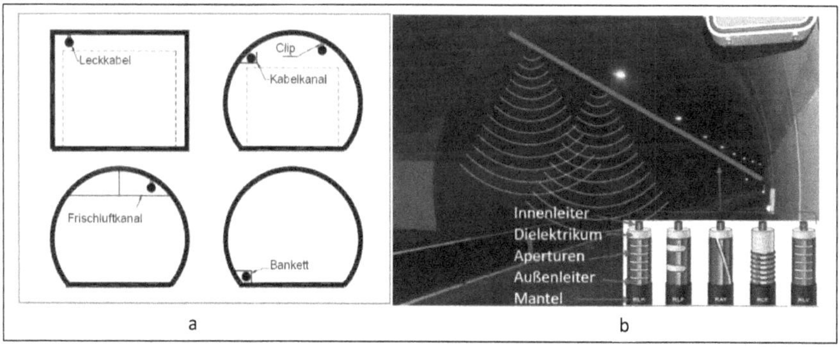

Abb. 3.8 Möglichkeiten zur Einsatzort und Art der Leckkabel. **(a)** Skizze zu vier Platzierungsmöglichkeiten des Leckkabels nach der Struktur des Tunnels. **(b)** Skizze zu vier verschiedenen Arten von Leckkabel [RFS25] in einem Straßentunnel (Bild: Hugenwaldltunnel in Waldkirch bei Freiburg im Breisgau). Abbildung (3.8a). Bearbeitet nach [Ast25].

3.2 Stand der Technik

Die neuen Forschungen auf dem Gebiet des Elektromagnetismus und der drahtlosen Energieübertragung (engl., Wireless Power Transport (WPT)), erfordern einige Korrekturen für die Punkte, die

- die Entdeckung des Zusammenhangs zwischen magnetischer Wirkung und elektrischer Stromstärke,
- die ersten experimentellen Nachweise elektromagnetischer Wellen und die Personen, die dazu beigetragen haben,
- und den Einfluss der Arbeiten zum Nachweis elektromagnetischer Wellen auf andere Gebiete

sind. Leider werden neue Erkenntnisse zu den oben genannten Punkten in den Publikationen der meisten Fachleute nicht berücksichtigt. Um dieses Defizit auszugleichen, erscheint es notwendig, hier einen kurzen Rückblick auf die Entdeckung und Entwicklung der drahtlosen Energieübertragung in den Jahren 1800–1930 im folgenden Abschnitt (3.2.1) zu geben. Dabei wird auch deutlich, dass einige Entwicklungen aus dieser Zeit sogar dem Stand der Technik von Anfang 2000 entsprechen, was wiederum von großen Teilen der Fachwelt nicht betont wird. Anschließend wird ein Überblick über den Stand der Technik von den 1930er Jahren bis heute sowie über Energy-Harvesting-Anwendungen in Abschnitt (3.2.2) gegeben. Dabei liegt der Schwerpunkt in Abschnitt (3.2.2.1) auf dem Nahfeld, in Abschnitt (3.2.2.2) auf dem Fernfeld und in Abschnitt (3.2.2.3) auf Energy Harvesting-Anwendungen in der Schienen- und Straßeninfrastruktur.

3.2.1 WPT von 1800 bis in die 1930er Jahre

Auch wenn der erste Nachweis des Zusammenhangs zwischen magnetischer Wirkung und elektrischer Stromstärke von der überwiegenden Mehrheit der Fachwelt dem dänischen Naturphilosophen, Chemiker und Physiker Hans Christian Ørsted (dt., Oersted) zugeschrieben wird [185–187], der 1820 in einer seiner Vorlesungen die Ablenkung einer Kompassnadel durch einen stromdurchflossenen Draht beobachten konnte, so wird diese Meinung durch neuere Forschungen korrigiert und die Entdeckung des genannten physikalischen Phänomens 18 Jahre vor der Oersteds Beobachtung dem italienischen Juristen, Ökonomen, Philosophen und Physiker Gian Domenico Romagnosi zugeschrieben [188–191]. Romagnosi konnte in einem Experiment die Ablenkung einer Kompassnadel durch galvanischen Fluss nachweisen und veröffentlichte diese Entdeckung am 03.08.1802 in der lokal gelesenen Tageszeitung „Gazetta die Trention“ [189, 190].

Erst mit der mathematischen Beschreibung der elektromagnetischen Wellen durch die im Jahr 1864 veröffentlichte Arbeit von James Clerk Maxwell [192], die das Ampère'sche Durchflutungsgesetz von Jahr 1826 und das Faraday'sche von Jahr 1831 zusammengeführte Induktionsgesetz [187, 193], begann die einheitliche mathematische Beschreibung der magnetischen Wirkung und die theoretische Vorhersage der drahtlosen Energieübertragung. Mit Hilfe der Maxwellschen Gleichungen formulierte Henry Poynting im Jahr 1884 die drahtlose Energieübertragung mathematisch als Poynting'sches Energieerhaltungssatz (s. Kap. (3), Abschn. (3.3.1.2)).

Auch wenn – wie bei der Entdeckung des magnetischen Effekts – der experimentelle Nachweis der theoretischen Vorhersagen von Maxwell über die Ausbreitung elektromagnetischer Wellen von der überwiegenden Mehrheit der Fachwelt [194–197] dem Henrich Hertz, Professor und Lehrstuhlinhaber für Physik an der Technischen Hochschule Karlsruhe, aufgrund seiner Veröffentlichung „Über die Ausbreitungsgeschwindigkeit der elektrodynamischen Wirkungen“ im Jahre 1888 [198] und [199] (s. S. 115–132) zugeschrieben wird, wird diese Meinung ebenfalls durch neuere Forschungen korrigiert [186, 200, 201]. Demnach wird die

Entdeckung des genannten physikalischen Phänomens 17 Jahre vor der Veröffentlichung von Hertz dem britisch-amerikanischen Elektroingenieur, Chemiker, Erfinder und Unternehmer Professor Elihu Thomson und dem amerikanischen Elektroingenieur und Unternehmer Professor Edwin James Huston aufgrund der Veröffentlichung ihrer Ergebnisse in den Jahren 1871 [202] und 1876 [203] zugeschrieben.

Elihu Thomson veröffentlichte die Ergebnisse seiner Experimente im Alter von 18 Jahren, als er Assistent von Professor E. J. Houston war, der den Lehrstuhl für physische Geographie und Naturphilosophie an der „Central High School" in Philadelphia innehatte. Thomsons erste Veröffentlichung mit dem Titel "On a New Connection for the Induction Coil" erschien unter dem Namen E. J. Thomson in der Juni–Ausgabe 1871 des Journal of the Franklin Institute [202]. Aus Laborbucheinträge von Thomas Alva Edison [204–212] ist ersichtlich, dass Edison vier Jahre nach dieser Veröffentlichung die Entdeckung einer „neuen Naturkraft" verkündete (s. Abb. (A.3.1a–b, d) und dazu Fn. (10–12)) die er als „ätherische" Kraft bezeichnete [200], [205] (s. S. 580, 581, 600, 601, 646–658, 662, 663).

Gleichzeitig erschien am 2. Dezember 1875 in der Zeitung The New York Herald ein ausführlicher Artikel mit dem Titel „Eterich Force: Mr. Edison's Discovery of a Supposed New Natural Force, Electricity Superseded by a More Docile Agent" [205] (s. S. 668–672). Auf diese Weise erfuhren Thomson und Huston von Edisons Behauptung, und um diese Behauptung zu widerlegen, dass die erwähnte „ätherische" Kraft nichts anderes als ein „elektrisches Phänomen" sei, schlug Thomson Huston vor, die Experimente der Veröffentlichung von 1871 [202] fortzusetzen [186] (s. S. 286). Huston veröffentlichte daraufhin die Ergebnisse der erweiterten Experimente unter dem Titel „Phenomena of Induction" in der Januarausgabe 1876 des Journal of the Franklin Institute [203]. Als Antwort auf diese Veröffentlichung schrieb Edison am 12. Februar 1876 einen Brief an den Herausgeber des genannten Journals [205] (s. S. 762 und 763). Dabei verteidigt er seinen Standpunkt und behauptet, er sei der erste, der diese neue Naturkraft entdeckt habe. Gleichzeitig fordert er, dass die Kritiker, also Thomson und Huston, ihre Experimente noch detaillierter – auch mit Skizze – veröffentlichen, damit er selbst eine freie Kritikmöglichkeit an deren Experimenten habe. Die beiden Wissenschaftler kommen mit ihrer dritten Publikation „Electrical Phenomena: The Alleged Etheric Force. Test Experiments as to its Identity with Induced Electricity" [213] in der April–Ausgabe 1876 des gleichen Journals – wie die vorherigen Veröffentlichungen – auf Edison zu (s. Abb. (A.3.2) und dazu Fn. (13)).

Nach dieser Veröffentlichung baute Edison in seinem Laboratorium die Experimente (s. Abb. (A.3.1c)) von Thomson-Huston nach [206] (s. S. 70), während Thomson und Huston auch die Experimente von Edinson nachbauten [201] (s. S. 58–67), um die gegenteiligen Behauptungen zu widerlegen. Während dieser Auseinandersetzung war Edison von seiner Behauptung so überzeugt, dass er eine Maschine als „Eatheroscope" (s. Abb. (3.1e)) konstruierte, um diesen „Äther-Effekt" zu demonstrieren [205] (s. S. 658). Am Ende dieser Auseinandersetzung wurde die Behauptung von Thomson-Huston bestätigt, dass es sich bei dem von Edison gezeigten Phänomen um nichts anderes als eine drahtlose Energieübertragung handelte. Dadurch wurde Edisons Ansehen in der Öffentlichkeit und in der Fachwelt im Sinne wissenschaftlicher Seriosität teilweise negativ beeinflusst. Trotzdem finden sich in Edisons Laborbüchern weitere Notizen, Experimente und Zeitungsinterviews.

Diese Auseinandersetzung mit Edison ermöglichte es dem Duo Thomson-Huston, Experimente, die auch bei ihnen in Vergessenheit geraten sein könnten, zu erweitern und daraus wichtige Schlüsse zu ziehen. Abgesehen von den unveröffentlichten Experimenten von Joseph Henry aus den Jahren 1835 [214] (s. S. 8) und 1842 [215] (s. S. 62) konnten sie durch diese erweiterten Experimente auf dem amerikanischen Kontinent die Gültigkeit der Maxwellschen Theorie mehr als Jahrzehnte vor Hertz' Experiment und für die "drahtlose Telegraphie" zwanzig Jahre vor Marconis Patent beweisen [186] (s. S. 287)[2].

Trotz ihrer experimentellen Stärke gelang es dem Duo Thomson-Huston nicht, ihre präzisen Messergebnisse mathematisch mit der Maxwellschen Theorie in Einklang zu bringen. In keiner der drei oben genannten Veröffentlichungen des Duos Thomson-Huston wird die Maxwellsche Theorie erwähnt.

Henrich Hertz, der mit seinen Experimenten 1887, d. h. 16 Jahre nach der ersten Veröffentlichung des Duos Thomson-Huston, die gleichen Ergebnisse nachweisen konnte, diese aber im Gegensatz zu Thomson-Huston mit der Maxwellschen Theorie präzise beschreiben konnte [198] (oder [199] (s. S. 115–132)).

Mit seiner letzten Veröffentlichung „Über die Grundgleichungen der Elektrodynamik für bewegte Körper" im Jahr 1890 [216] (oder [199] (s. S. 256–304)) konnte er seine Kenntnisse auf diesem Gebiet unter Beweis stellen, so dass Albert Einstein einige seiner Gleichungen als „Maxwell-Hertzsche Gleichungen" in seine Arbeiten „Zur Elektrodynamik bewegter Körper„ – bekannt als erste Veröffentlichung zur Speziellen Relativitätstheorie – [217] (s. S. 907, 908) und „Ist die Trägheit eines Körpers von seinem Energiegehalt abhängig?" [218] (s. S. 639) im Jahr 1905. Damit leistete Hertz auch einen wesentlichen Beitrag zur Einsteinschen Relativitätstheorie [219] (s. S. 48), [197].

Bei dieser vertieften Kenntnis von Hertz auf dem Gebiet der Maxwellschen Theorie und seiner dazu geleisteten experimentellen Arbeit darf die Rolle von Herman Ludwig Ferdinand von Helmholtz nicht vergessen werden. Helmholtz stand mit James Clerk Maxwell über seine noch nicht abgeschlossenen Theorien der elektromagnetischen Felder in Austausch [215] (s. S. 16, 17, 216, 217 und 348–351) [220] und [221]. So erwähnte Maxwell in seiner Veröffentlichung „On Faraday's Lines of Force" von 1856 [222] (s. S. 64), [223] und in seiner letzten vollständigen Veröffentlichung „A Dynamical Theory of The Electromagnetic Field" von 1864 [192] (s. S. 464) die Helmholtzsche Methode aus der Veröffentlichung „Über die Erhaltung der Kraft" von Helmholtz [224], die er für seine Theorie verwendet hatte.

Die genannte Veröffentlichung von Helmholtz wurde von der älteren Generation der Annalen der Physik, die mit dieser Arbeit die Wiederkehr der Hegelschen Naturphilosophie befruchteten, zurückgestellt und konnte aus diesem Grund erst im Jahr 1847 in der Sitzung der Physikalischen Gesellschaft zu Berlin vorgetragen und im folgenden Jahr gedruckt werden [215] (s. S. 216). Aus dieser gedruckten Arbeit konnte Maxwell die Darstellung der Bedingungen für die Leitung elektrischer Ströme im Medium bei Änderungen des elektrotonischen Zustandes vervollständigen. Die im Jahr 1856 erschienene Veröffentlichung von Helmholz „Über Integrale der Hydrodynamischen Gleichungen, welche den Wirbelbewegungen entsprechen" inspirierte Maxwell ebenso wie seine oben erwähnte Arbeit [225].

Helmholtz förderte Hertz während seiner Zeit als Student und nach seiner Promotion als sein Assistent. Auch durch seine Vorschläge als Doktorvater versuchte er Hertz zur experimentellen Untersuchung der elektromagnetischen Wellen nach der Maxwelltheorie zu motivieren

[2] *Edison setzte seine „Ätherkraft"-Experimente auch in den folgenden Jahren fort: z. B. Feldversuch in einem Park im August 1877 [206] (s. S. 487), Notizen zum Aufbau eines Versuchs im Dezember 1878 [207] (s. S. 846 und 850), Interview mit der Zeitung New York Daily Graphic im Dezember 1878 [207] (s. S. 749), Versuchsplan vom Januar 1886 [211] (s. S. 280). Unter den in den Jahren 1888–89 geplanten Zukunftsprojekten werden auch die als „Neue Kraft" oder „Ätherkraft" bezeichneten Projekte genannt [212] (s. S. 1018). Die Theorie der „Ätherkraft" faszinierte Edison so sehr, dass er sich für die Forschung der Szintillation interessierte und zwischen den Jahren 1887 und 1889 Experimente durchführen ließ, um die entstehenden Funken für die Szintillationsforschung zu fotografieren [212] (s. S. 23).*

[199] (s. S. 1–21), [226]. So konnte Hertz bereits 1884 behaupten, dass die elektrischen Feldstärken $\vec{E}$, die sowohl durch Ladungen als auch durch zeitlich veränderliche Magnetfelder hervorgerufen werden, identisch sind. Er konnte zeigen, dass die Grenzfälle der Helmholtzschen Theorien als Maxwellsche Gleichungen interpretiert werden können. Dabei konnte er die 20 Maxwellschen Gleichungen auf 12 Gleichungen reduzieren (s. Tab. (3.6)), wobei er Maxwells Ätherbegriff nicht berücksichtigte und statt der Potentiale die Quellen in den Mittelpunkt stellte [215] (s. S. 18), [227]. Nach Maxwells Tod wurde Hertz zu den ersten Fachleuten auf dem Gebiet der Maxwellschen Feldtheorie gezählt [228], [229].

Erst durch die Weiterentwicklung und Anwendung der o.g. Messanordnung von Thomson-Huston (s. Abb. (A.3.2)) und Hertz konnten die weiteren wesentlichen Fortschritte auf dem Gebiet der drahtlosen elektrischen Energieübertragung bereits vor ca. 169 Jahren – nahezu dem heutigen Stand Anfang der 2000er Jahre entsprechend – erreicht werden. Auch hier erscheint eine Korrektur hinsichtlich der Personen, die zu diesen weiteren Entwicklungen und Anwendungen beigetragen haben, notwendig. Die überwiegende Mehrheit der Fachleute schreibt heute Nikola Tesla den größten Teil des Fortschritts auf diesem Gebiet in dem oben genannten Zeitraum zu, wobei korrigierend auf die Beteiligung anderer Personen – wie Elihu Thomson, Edwin James Huston, Herny Rowland, Thomas Alva Edison, obwohl er die drahtlose Energieübertragung als "Ätherkraft" bezeichnet – an diesem Entwicklungs- und Anwendungsprozess hingewiesen werden soll [230] (s. S. 581, 582).

Die in der Messanordnung von Thomson-Huston, Edison, Hertz verwendete elektrische Schwingungseinheit, bekannt als Spule oder Oszillations-/Resonanztransformator, war schon vor deren Experimenten bekannt und wurde bereits 1850 von Joseph Henry [230] verwendet (s. S. 581). Elihu Thomson [186, 231–237] (s. Abb. (A.3.3#a)), Henry Rowland [232] (s. S. 41, 42), [237, 238] (s. Abb. (A.3.4#a1)), Heinrich Hertz [198, 199] (s. Abb. (A.3.3#a1)) erweiterten unabhängig voneinander diese Messanordnung zur drahtlosen elektrischen Energieübertragung u. a. für die Glühlampenbeleuchtung. Wobei Tesla erst später seinen Beitrag [239–242] zu der oben genannten erweiterten Messanordnung seiner Vorgänger leistete[3] [243] (s. S. 93–95) und als erster sein US-Patent im April 1891 einreichte und im Juni desselben Jahres erhielt [239] (s. Abb. (A.3.3#a2)), während Thomson sein US-Patent im Juli 1892 einreichte und ein

[3] *Nikola Tesla wurde 1882 von Charles Batchelor, der Edisons Assistent – auch seine rechte Hand galt – war und einige „Ätherkraft" Experimente durchführte [205] (s. S. 701, 702), bei Edisons Firma Société Electrique Edison (SE Edison) in Frankreich eingestellt [268] (s. S. 63) .Batchelor war der in den Jahren 1881–1884 als Manager für die drei Edison-Firmen, die Compagnie Continentale Edison, die Société Industrielle & Commerciale und die Société Electrique Edison in Frankreich verantwortlich. Als Edison den Batchelor im Jahr 1884 für seine neuen Aufgaben nach New York zurückrief, schlug er Tesla vor, seine Arbeit auf dem Gebiet der Dynamos in New York bei Edison fortzusetzen [268] (s. S. 69). So kam Tesla am 6. Juni 1884 in New York an. Nach einem Vorstellungsgespräch, bei dem u. a. Edison und Batchelor anwesend waren, nahm er am 8. Juni 1884 seine Arbeit bei Edinson auf (s. ebd.). Nach sechs Monaten kündigte er.*

Hier stellt sich die Frage, ob Tesla durch seine Zusammenarbeit mit Batchelor und gleichzeitig als Mitarbeiter in Edisons Firma etwas über das Projekt „Ätherkraft" erfahren haben könnte. Die Beantwortung dieser Frage wäre ein Beitrag zur Klärung des Einflusses des Standes der Technik in den Jahren 1870–1900 und der oben genannten Arbeiten des Duos Thomson-Huston und Edinson auf eine Person, die ca. 15 Jahre nach der oben genannten, nicht nur in Fachkreisen, sondern auch in der Öffentlichkeit bekannten Auseinandersetzung als Pionier auf dem Gebiet der drahtlosen Energieübertragung bekannt war/ist. Die Untersuchung dieser Frage würde den Rahmen dieser Arbeit sprengen.

Jahr später erhielt [236] (s. Abb. (A.3.3#a3)). Die Anwendungsmöglichkeiten der genannten Spule/Resonanztransformator[4] (s. Abb. (A.3.3) und (A.3.4)) in der drahtlosen Energieübertragung waren – und sind teilweise noch heute – vielfältig und reichten von der Beleuchtung, der Energieversorgung elektrischer Bahnsysteme und der Telekommunikation bis hin zur Medizin.

Maurice Hutin und Maurice Leblanc aus Frankreich patentieren ein drahtloses Energieübertragungssystem für die Energieversorgung elektrischer Bahnsysteme, zuerst in Frankreich im Jahr 1890 und dann in den USA im Oktober 1894 [244]. Dabei werden mehrere resonante Empfangsspulen als Sekundärseite an den Waggons entlang der Bahnstrecke über einen Einzeldraht als Primärseite mit Strom versorgt [245, 246]. Auch Nikola Tesla erreichte im Jahr 1892 ein US-Patent für drahtlose elektrische Energieversorgung für den Straßen- und Schienenverkehr und erhielt es im selben Jahr, aber acht Monate vor Hutin und Maurice [247].

Bei weiteren bahnbrechenden Erfindungen und Anwendungen, insbesondere in den Jahren 1891–1914, spielte die Spule bzw. der Resonanztransformator eine enorme Rolle [248–254]. Sogar auch die kommerziellen Zeitschriften der 1900–1920er Jahre berichteten mit großem Interesse über die Neuheiten, bei der drahtlose Energieübertragung angewendet wird, ihre möglichen Auswirkungen auf den Alltag und die Zukunft [255–264], [Tes25-1–Tes25-5]. So berichteten sie über verschiedene Experimente/Demonstrationen Teslas, z. B. über die drahtlose Beleuchtung von Leuchtstoffröhren unter Anwendung des Effektes der statischen Elektrizität bei hohen Wechselströmen/-spannungen (s. auch [240, 241]), über die Entwicklung von Teslas Spule bzw. Resonanztransformator (s. auch [239, 242, 249]), über das Projekt „Wardenclyffe Tower“ in den Jahren 1901 bis 1917 zur drahtlosen Energieübertragung über den Atlantik zu Schiffen oder weit entfernten Orten (s. auch [249, 251, 253]), über die Fernsteuerung von Schiffen (siehe auch [250]), über Teslas „Kolumbus-Ei“, das auf der Weltausstellung 1893 in Chicago gezeigt wurde, um die Wirkung rotierender Magnetfelder zu demonstrieren und über die Anwendung von Teslas Spule bzw. Resonanztransformatoren in der Medizin (s. auch [248]). Auch Harry Winfield Secor berichtete im Jahr 1921 in seiner Veröffentlichung „Tesla-Apparate und Experimente – wie man große und kleine Tesla – und Oudin-Spulen baut und damit spektakuläre Experimente durchführt“ über die Beleuchtung einer Glühbirne mit einer Leistung von 42–40 Watt bei einer Spannung von 110 V [264] (s. Abb. (A.3.4#c)).

[4] *Die mathematische Beschreibung der Schwingungstheorie von Spule/Resonanztransformator durch die Analyse der Induktivität und Kapazität von Schaltungen ist nicht den oben genannten Entdeckern/Entwicklern zu verdanken, sondern anderen Personen wie Anton Oberbeck mit der Veröffentlichung "Über den Verlauf der elektrischen Schwingungen bei den Teslaschen Versuchen" [266] im Jahr 1895 oder Paul Drude mit der Veröffentlichung "Über induktive Erregung zweier elektrischer Schwingungskreise mit Anwendung auf Perioden- und Dämpfungsmessung, Teslatransformatoren und drahtlose Telegraphie" [267] im Jahr 1904 [215] (s. S. 270), [230] (s. S. 581–582).*

3.2.2 WPT von den 1940er Jahren bis heute

Aus den weiteren Entwicklungen auf dem Gebiet der drahtlosen Energieübertragung seit Mitte des 19. Jahrhunderts bis heute ergibt sich die Gruppierung, die einen Überblick und die Zusammenhänge zwischen den verschiedenen Arten der drahtlosen Energieübertragung ermöglicht [269–273]. Hierbei gliedert sich die drahtlose Energieübertragung (engl., Wireless Power Transfer (WPT)) in zwei Hauptgruppen, das *Fernfeld* und das *Nahfeld* (engl., far- and near-field). Diese teilen sich wiederum in Untergruppen auf, wobei sich die Fernfeld-Energieübertragung in *Radiowellen* (Mikrowellen) (engl., radio frequency, radio wave (microwave)) (oder RF-Energieübertragung, RF-WPT) und *Laser* (L-WPT) aufteilt, während sich die Nahfeld-Energieübertragung in *induktive* (engl., inductive) und *kapazitive* (engl., capacitive) Energieübertragung (oder *kapazitive Kopplung, CC-WPT*) aufteilt. Die induktive Energieübertragung wird wiederum in gekoppelte (engl., coupled) (oder *induktive Kopplung, IC-WPT*) und *magnetisch resonanzgekoppelte* (engl., magnetically resonance coupled, MRC-WPT) Energieübertragung (oder resonante induktive Kopplung, RIC-WPT) unterteilt. In dieser Arbeit wird der Schwerpunkt auf die induktive, kapazitive und Radiowellen (RF-) Energieübertragung gelegt.

Tabelle (3.3) und Tabelle (3.4) geben einen Überblick über die Entwicklungsrichtung der drahtlosen Energieübertragung von der ersten Patentanmeldung [239] im Jahr 1891 bis zum Jahr 2023. Hier ist die Anzahl der Veröffentlichungen dargestellt, die anhand der Suche in „Google Scholar" nach einigen zusammengesetzten englischen Begriffen, die sich überwiegend auf die oben genannten Gruppierungsbegriffe der drahtlosen Energieübertragung beziehen, im Titel der Veröffentlichung gefunden wurden. In Tabelle (3.3) sind die Fachbegriffe *"Wireless", "Wireless Energy", "Far Field", "Radio Frequency (RF)", "RF", "Near Field", "Inductive", "Magnetic", "Capacitive"* mit den Fachbegriffen *"Power Transfer (PT)"* und *"Energy Harvesting (EH)"* zusammengestellt und die entsprechende Suchanfrage mit den Optionen "ohne Patente und Zitate" und "mit Patente ohne Zitate" nach dem gewählten Zeitraum gestellt. In Tabelle (3.4) sind die Fachbegriffe *„Rail", „Railway", „Road", „Roadway", „Tunnel/Tube"* mit den Fachbegriffen aus der Tabelle (3.3) zusammengesetzt und die entsprechenden Suchanfragen wie in Tabelle (3.3) durchgeführt. Hierbei erfolgt die Suche über „Beliebige Sprache"-Option von „Google Scholar".

Aus der Tabelle (3.3) wird deutlich, dass die ersten Veröffentlichungen zu den oben genannten

Tab. 3.3 Anzahl der Veröffentlichungen, die die unten gegebenen zusammengesetzten Bergriffe in ihrem Titel für den Zeitraum von der ersten Patentanmeldung [239] zur drahtlosen Energieübertragung im Jahr 1891 bis zum Jahr 2023 erhalten, aus den Suchergebnissen von „Google Scholar". *

			1891-1941	1942-1992	1993-2003	2004-2014	2015	2016	2017	2018	2019	2020	2021	2022	2023	Σ	1891-2023	1891-2023
Zusammengesetzte Begriffe im Titel des Artikels	Power (P) Transfer (T) (PT)	Wireless PT	-	1	6	1280	684	830	1150	1200	1250	1190	1210	1330	1230	11361	10500	11900
		Wireless Energy T	-	2	2	216	96	100	145	111	112	119	78	114	85	1180	1100	1450
		Far Field PT	-	-	1	6	3	4	5	3	8	11	11	14	8	74	66	68
		Radio Frequency PT	-	2	1	6	1	5	4	6	4	2	4	2	4	43	37	44
		RF PT	-	4	9	27	8	12	23	19	29	28	31	23	18	231	215	234
		Near Field PT	-	1	-	41	19	20	26	21	32	37	13	24	19	253	235	251
		Inductive PT	-	8	9	325	124	139	195	198	199	199	188	191	245	2020	1920	2240
		Magnetic PT	-	5	5	264	96	105	144	117	137	96	123	115	106	1313	1220	1290
		Capacitive PT	-	-	-	28	18	41	49	71	79	80	83	76	73	598	568	619
	Energy Harvesting (EH)	Wireless EH	-	-	2	723	235	302	318	316	288	233	201	185	178	2981	2810	2880
		Far Field EH	-	-	-	5	4	6	1	3	2	5	2	3	-	31	28	28
		Radio Frequency EH	-	-	-	51	12	16	21	38	22	35	23	38	34	290	274	295
		RF EH	-	-	-	254	125	164	200	225	253	201	215	190	177	2004	1900	1940
		Near Field EH	-	-	-	2	6	5	2	1	-	4	1	5	7	26	25	26
		Inductive EH	-	-	1	10	1	2	5	2	3	2	1	2	1	30	28	34
		Magnetic EH	-	-	1	73	18	28	19	22	40	19	51	51	49	371	347	364
		Capacitive EH	-	-	-	13	3	2	3	7	3	4	4	8	9	56	55	60

**Mit Ausnahme der Abkürzung mit den Kennbuchstaben „RF" erfolgte die Suche nach ganzen Wörtern wie „Wierless Power Transfer", „Wierless Energy Harvesting".*

Begriffen in Kombination mit dem Begriff „Power Transfer" erst zwischen den Jahren 1942 und 1992 erschienen sind, während die ersten Veröffentlichungen zu den ebenfalls genannten Begriffen mit dem Begriff „Energy Harvesting" erst fünfzig Jahre später, d. h. zwischen den Jahren 2004 und 2014 erschienen sind. Die ungleiche Anzahl der Erscheinungen der genannten Begriffe schwankt ab dem Zeitraum 2004–2014 bis zum Jahr 2023 stark von einstelligen bis zu vierstelligen Zahlen. In der Tabelle (3.3) ist zu erkennen, dass die Zahl in der Spalte (∑), die für die Summe der einzelnen Zeiträume steht, größer ist als die Zahl in der Nachbarspalte, die den Gesamtzeitraum „1891–2023" darlegt, obwohl sie eigentlich gleich sein müssten. Der Grund dafür ist, dass der Suchalgorithmus von Google für große Zeiträume nicht so effektive Ergebnisse liefert wie für kleine Zeiträume. Mit Ausnahme der Zeile „Far Field Energy Harvesting" enthält jedoch die letzte Spalte "mit Patenten ohne Zitationen" die größte Anzahl für den gesamten Zeitraum „1891–2023".

Aus den Zahlen in der Spalte (∑), die die Summe der einzelnen Zeiträume darstellt, geht hervor, dass bei den ersten Teile der Tabelle (3.3) mit „Power Transfer" die zusammengesetzten Begriffe „Wireless Power Transfer" mit der Zahl 11361 an erster Stelle, „Inductive Power Transfer" mit der Zahl 2020 an zweiter Stelle, " „Wireless Energy Transfer" mit der Zahl 1180 an dritter Stelle, „Magnetic Power Transfer" mit der Zahl 1313 an vierter Stelle, „Capacitive Power Transfer" mit der Zahl 598 an fünfter Stelle, „Near Field Power Transfer" mit der Zahl 253 an sechste Stelle, „RF Power Transfer" mit der Zahl 231 an siebter Stelle, „Far Field Power Transfer" mit der Zahl 74 an achter Stelle und „Radio Frequency Power Transfer" mit der Zahl 43 an neunter Stelle stehen.

Die Zahlen in der Spalte (∑) zeigen auch für den zweiten Teil der Tabelle (3.3) mit „Energy Harvesting" , dass die zusammengesetzten Begriffe „Wireless Energy Harvesting" mit der Zahl 2981 an erster Stelle, „RF Energy Harvesting" mit der Zahl 2004 an zweiter Stelle, „Magnetic Energy Harvesting" mit der Zahl 371 an dritter Stelle, „Radio Frequency Energy Harvesting" mit der Zahl 290 an vierter Stelle, „Capacitive Energy Harvesting" mit der Zahl 56 an fünfter Stelle, „Far Field Energy Harvesting" mit der Zahl 31 an sechster Stelle, „Inductive Energy Harvesting" mit Zahl 30 an siebter Stelle und „Near Field Energy Harvesting" mit der Zahl 26 an achter Stelle stehen.Die Anzahl der Veröffentlichungen und die Reihenfolge einiger zusammengesetzter Begriffe in den beiden Teilen der Tabelle (3.3) zeigen große Unterschiede. Während „Inductive Power Transfer" im ersten Teil der Tabelle mit insgesamt 2020 Veröffentlichungen an zweiter Stelle steht, fällt „Inductive Energy Harvesting" im zweiten Teil der Tabelle mit insgesamt 30 Veröffentlichungen auf den siebten Platz zurück.

Tab. 3.4 Anzahl der Veröffentlichungen, die die in Tab. (3.3) genannten Begriffe mit den Begriffen *„Rail, Railway, Road, Tunnel/Tube"* zusammen im Titel für den Zeitraum von der ersten Patentanmeldung [239] zur drahtlosen Energieübertragung im Jahr 1891 bis zum Jahr 2023 erhalten, aus den Suchergebnissen von „Google Scholar".

			Artikelanzahl													
			ohne Patente und Zitate													mit Pat.
			1891-1941	1942-1992	1993-2003	2004-2014	2015	2016	2017	2018	2019	2020	2021	2022	2023	1891-2023	1891-2023
Zusammengesetzte Begriffe im Titel des Artikels	Power (P) Transfer (T) (PT)	Rail Wireless PT	-	-	-	-	-	2	1	2	2	1	3	-	1	12	13
		Railway Wireless PT	-	-	-	3	1	1	3	3	3	2	1	1	4	22	22
		Road Wireless PT	-	-	-	2	2	-	1	-	1	3	5	2	4	20	24
		Roadway Wireless PT	-	-	-	4	2	4	1	-	-	1	1	-	3	16	18
		Rail Tunnel/Tube PT	-	-	-	-	-	-	-	-	-	-	-	-	-	-	-
		Railway Tunnel/Tube PT	-	-	-	-	-	-	-	-	-	-	-	-	-	-	-
		Road Tunnel/Tube PT	-	-	-	-	-	-	-	-	-	-	-	-	-	-	-
		Roadway Tunnel/Tube PT	-	-	-	-	-	-	-	-	-	-	-	-	-	-	-
	Energy Harvesting (EH)	Rail Wireless EH	-	-	-	-	-	-	-	-	-	-	-	-	-	-	-
		Railway Wireless EH	-	-	-	1	-	-	1	-	-	-	2	-	1	5	5
		Road Wireless EH	-	-	-	-	-	-	-	-	-	-	-	-	1	1	1
		Roadway Wireless EH	-	-	-	-	-	-	-	1	1	-	-	-	-	2	2
		Rail Tunnel/Tube EH	-	-	-	-	-	-	-	-	-	-	-	-	-	-	-
		Railway Tunnel/Tube EH	-	-	-	-	-	-	-	-	-	-	-	-	-	-	-
		Road Tunnel/Tube EH	-	-	-	-	-	-	-	-	-	-	-	-	-	-	-
		Roadway Tunnel/Tube EH	-	-	-	-	-	-	-	-	-	-	-	-	-	-	-

Umgekehrt steht „RF Power Transfer“ im ersten Teil der Tabelle mit insgesamt 231 Veröffentlichungen an siebter Stelle, während „RF Energy Harvesting“ im zweiten Teil der Tabelle mit insgesamt 2004 Veröffentlichungen an zweiter Stelle steht. Obwohl „Capacitive Power Transfer“ und „Capacitive Energy Harvesting“ in beiden Teilen der Tabelle an siebter Stelle stehen, unterscheiden sie sich noch in der Anzahl der Veröffentlichungen, die 598 zu 56 beträgt.

Im Gegensatz zur Tabelle (3.3) ist in der Tabelle (3.4) die Anzahl der Veröffentlichungen, die sich mit der drahtlosen Energieübertragung und dem Energy Harvesting im Umfeld des Schienen- und Straßenverkehrs befassen, relativ gering. Hier beträgt die Gesamtzahl in der Spalte (∑) der Tabelle (3.4) gerade ca. 0,5 % der Gesamtzahl in derselben Spalte der Tabelle (3.3). Die ersten Veröffentlichungen in der Tabelle (3.4) erscheinen erst im Zeitraum 2004–2024 mit einstelligen Zahlen, und in den folgenden Jahren setzt sich dieser Trend der Veröffentlichungen nur für einige zusammengesetzte Begriffe fort, während für die restlichen Begriffe kaum Veröffentlichungen zu verzeichnen sind. Daraus wird ersichtlich, dass dieser Bereich bisher kaum erforscht ist, wozu diese Arbeit einen Beitrag leisten wird.

Mit dem Fokus auf einige Veröffentlichungen, die in den Tabellen (3.3) und (3.4) in Zahlen dargestellt sind, werden im Folgenden wichtige Eckdaten der Entwicklung auf dem Gebiet der drahtlosen Energieübertragung und von Energy Harvesting thematisiert.

Olivares-Galvan et al. [274] geben einen Überblick über die Verteilung der Veröffentlichungen nach Anzahl der Zitationen und damit nach Ländern in diesem Bereich für die Jahre 2001–2013 anhand der beiden kostenpflichtigen Datenbanken „Web of Science“ und „Scopus“. Sie verzichten dabei auf die Berücksichtigung von Beiträgen zu Konferenzen und Symposien. Aus einem Dutzend begutachteter Zeitschriften wählen sie 90 bzw. 122 Veröffentlichungen aus, die den zusammengesetzten Begriff „Wireless Power Transfer“ im Titel enthalten. Sie kommen zu dem Schluss, dass die fünf produktivsten Länder in beiden Datenbanken die USA, Südkorea, China, Japan und Singapur sind.

3.2.2.1 Nahfeld-WPT

In den oben mit Zahlen gekennzeichneten Veröffentlichungen erschienen nennenswerte Arbeiten zur Nahfeldenergieübertragung erst in den 1960er Jahren. Im Jahre 1961 berichteten J. Schuder et al. über eine Energieübertragung von 50 W nach dem Prinzip der resonanten induktiven Kopplung [275]. Damit konnten sie in der letzten Hälfte des Jahres 1960 die Energieversorgung eines Herzens realisieren, was sie später als die Geburtsstunde des transkutanen Energietransformators (TET) bezeichneten. Sie berichteten über Versuche an Hunden mit einem Wirkungsgrad von ca. 95 % und einer Leistung von 50 bzw. 69 W [276]. Heute ist die Entwicklung der resonanten induktiven Energieübertragung so weit fortgeschritten, dass sie in vielen miniaturisierten implantierbaren medizinischen Geräten als eingebettete Einheit zur effizienteren Energieversorgung ohne Energy Harvesting [277, 278] und mit Energy Harvesting [279] eingesetzt wird.

Mitte der 1970er Jahre leisteten Cardullo et al. [280] und Koelle et al. [281] einen wichtigen Beitrag auf dem Gebiet der Radiofrequenz-Identifikation (RFID). Die Entwicklung auf diesem Gebiet setzte sich in den folgenden Jahren fort und reichte von der Erkennung und Verfolgung von Objekten auf Förderbändern mittels „Simatic RFID Systems“ [SIM25] über den Einsatz von RFID-Systemen in 5G-Netzwerkanwendungen in Kombination mit RF Energy Harvesting [282] und Smartcard-Anwendungen [283–285] bis hin zu am Körper tragbaren und implantierbaren medizinischen Geräten [279].

Eine Veröffentlichung auf diesem Gebiet durch ein Team des Massachusetts Institute of Technology (MIT) im Jahr 2007 hat in der Fachwelt große Aufmerksamkeit geweckt [286] (s. Abb. (A.3.4#d1)). Das Team berichtete über eine resonante induktive Energieübertragung bei einer Resonanzfrequenz von 9,9 MHz mit einer Leistung von 60 W und einem Wirkungsgrad von 40% über eine Entfernung von mehr als dem Achtfachen des Durchmessers der Sekundärspule, d. h. mehr als 2 m, und damit über die Beleuchtung einer Glühlampe. Auf der Grundlage dieser Ergebnisse gründete das Team ein Start-Up-Unternehmen [Wit25]. Der Mangel dieser ist, dass die Autoren, ohne eine gründliche Recherche durchgeführt zu haben, ihr Experiment als eine Weltneuheit darstellen, was aber nicht der Wahrheit entspricht[5]. Im Jahr 2008 wiederholten Intel-Ingenieure dieses Experiment erfolgreich mit flachen Spulen anstelle von Helixspulen, um Anwendungen in mobilen Geräten zu ermöglichen [272].

Auch die Veröffentlichung von Park et al. aus einem Team der Abteilung für Nuklear- und Quantenmechanik der KAIST-Universität in Südkorea zur drahtlosen Energieübertragung durch induktive Kopplung im Jahr 2014 hat in der Fachwelt Interesse geweckt [287] (s. Abb. (A.3.4#d2)). Nachdem sie die Vorteile ihres Experiments gegenüber der Arbeit des MIT-Teams im Jahr 2007 [286] erwähnt hatten, berichten sie über die Ergebnisse ihres Experiments, dass sie unter 20 kHz für Entfernungen von 3, 4 und 5 m jeweils 1403, 471 und 209 W als Ausgangsleistung an der Primärspule bzw. mit einer Leistungseffizienz von 29 %, 16 % und 8 % erhalten haben[6]. Über weitere Experimente zum Nachbau des Tesla-Patents mit der Nummer US645576 [249] bzw. US649621 [251] und dazu Simulationsmodelle mit *Comsol* berichteten Leyh et al. im Jahr 2008 [289] und Tucker et al. im Jahr 2012 [290].

Der Unterschied zwischen IC-WPT und RIC-WPT besteht darin, dass IC-WPT-Anwendungen bei Frequenzen zwischen 10 kHz und 1 MHz betrieben werden, bei denen der Abstand zwischen der Primärspule und der Sekundärspule zwischen einigen Millimetern und einigen zehn Zentimetern liegt, d. h. der als "kurze Reichweite" bezeichnete Abstand nicht größer ist als der Spulendurchmesser. Während RIC-WPT-Anwendungen bei Frequenzen zwischen 5 MHz und 20 MHz betrieben werden und bei denen der Abstand zwischen der Primärspule und der Sekundärspule bis zu einigen Metern beträgt, d. h. der als "mittlere Reichweite" bezeichnete Abstand einige Male (max. 10-mal) größer ist als der Spulendurchmesser [269, 271, 291, 292].

Sowohl IC-WPT- als auch RIC-Anwendungen sind zwei Leistungsstufen zugeordnet: die nied-

---

[5] *In der Veröffentlichung des MIT-Teams wird Teslas US-Patent US119732A [253] erwähnt, das am 2. Januar 1902 eingereicht, am 4. Mai erneuert und erst am 1. Dezember 1914 erteilt wurde. Auf der Grundlage dieses Patents begann Tesla 1901 sein Projekt zur „drahtlosen Energieübertragung über die Erde“ und errichtete in Shoreham, Long Island, New York, einen 57 Meter hohen Funksender, den „Wardenclyffe Tower“, der die große Form eines Resonanztransformators hatte. Da sich der Investor aus dem Projekt zurückzog, konnte das Projekt nicht zu Ende geführt werden, und der genannte Funkturm wurde 1917 ohne bekannten experimentellen Erfolg abgerissen [260] (s. S. 112, 113, 167, 173, 176). Das MIT-Team zitiert zwar dieses Tesla-Patent, dessen Anwendung einen überdimensionierten Turmbau erforderte und letztlich erfolglos blieb, erwähnt aber nicht die zu ihrem Experiment passenden Tesla-Patente mit den Nummern US645576 [249] und US649621 [251] im Jahr 1900. Es ist jedoch bemerkenswert, dass Tesla selbst in dem Patent [253], das das Team in der Referenz seiner Veröffentlichung zitiert, die beiden genannten Patente [249, 251] erwähnt (s. [253], Nr. 105) und in seinem einen anderen Patent mit der Nr. US54622A [239] im Jahr 1891 als Last eine Glühbirne am Ausgang der Sekundärspule zeichnet (s. Abb. (A.3.3#a2)). Mit einem weiteren Patent mit der Nr. US568178A im Jahre 1896 [259] (s. S. 28–30 „The True Wireless“) beschreibt er noch detaillierter die drahtlose Energieübertragung auch für Beleuchtung und baut entsprechend diesem Patent seine Experimente zur Beleuchtung [257] (s. S. 759) und (s. Abb. (A.3.4#c1–c2)), die viel komplexer sind als die oben genannten Experimente des MIT-Teams. Mehr als 130 Jahre vor dem oben erwähnten MIT-Experiment wurde bereits die Glühlampe durch resonante induktive Kopplung zum Leuchten gebracht [229, 232, 233, 237, 252, 264] (vgl. s. Abb. (A.3.4#a1, #a4–5, #b1, #c1–3)).*

6 Auch diese Arbeit war nicht die erste auf ihrem Gebiet. Elihu Thomson berichtete bereits 1889 über seine Experimente zur induktiven Kopplung [231, 233] (vgl. s. Abb. (A.3.4#a2–3)) und diese Neuheit galt im Jahr 1910 schon als Stand der Technik [288] (vgl. s. Abb. (A.3.4#b2)).

Aufgrund derartiger Defizite auf diesem Gebiet in weiten Teilen der Fachwelt sah sich der Verfasser dieser Arbeit veranlasst, eine solche erstmalige Recherche durchzuführen (s. u. a. Abb. (A.3.1–A.3.4) und dazu die Fußnoten Fn. (10–13)).

rige Leistungsstufe mit einem Wirkungsgrad von bis zu 70 % und einer Leistung von einigen mW bis 100 W und die hohe Leistungsstufe mit einem Wirkungsgrad von bis zu 90 % und einer Leistung von einigen 100 W bis über 1 KW [271, 292]. Bei RIC/IC-WPT mit niedriger Leistung, die z. B. für biomedizinische Implantate [279, 292–294] (s. Abb. (A.3.4#d3)), für Energy-Harvesting [295], bei dem elektrische Zahnbürsten, Ladegeräte für Mobiltelefone und Laptops eingesetzt werden [296], liegt der Schwerpunkt auf minimaler Größe und einem an die Umgebung angepassten Design sowie auf Sicherheit für den Anwender – insbesondere bei medizinischen Anwendungen –, während bei höheren Leistungen, z. B. beim Laden von Elektrofahrzeugen [297–299], die Sicherheit der Benutzer im Vordergrund steht. Zu den weiteren Anwendungen von RIC/IC-WPT mit hohen Leistungen zählen auch die Energieversorgung der unbemannten Unterwasser- und Luftfahrzeuge [270, 292, 300]. Nach Wei et al. werden IC-WPT und RIC-WPT trotz ihrer derzeitigen Unterschiede aufgrund ihres gemeinsamen physikalischen Prinzips, der elektromagnetischen Induktion, in Zukunft zusammengeführt werden, um eine WPT-Anwendung mit verbesserter Effizienz über große Entfernungen zu ermöglichen. [292, 301].

Eines der ersten Beispiele für die Anwendung der CC-WPT hat Tesla in seinem Vortrag vom 20. Mai 1891 vor dem American Institute of Electrical Engineers am Columbia College in New York gegeben [241] (s. S. 46). Erst mehr als 100 Jahre später können Forscher auf diesem Gebiet neue Erfolge melden. Einer davon ist die Arbeit des Teams der Universität Auckland in Neuseeland aus dem Jahr 2008 [302]. Hier wird über ein neuartiges kontaktloses Batterieladesystem mit CC-WPT berichtet, das dazu dient, einen Fußball spielenden Roboter automatisch aufzuladen.

Roboters berichtet, der seinen niedrigen Ladezustand erkennt und zur Ladestation navigiert, um seine Batterie aufzuladen. Eine weitere bemerkenswerte Arbeit berichtete ein Team von Universität Kansas im Jahr 2016 [303]. Diese Arbeit ist eine der ersten, die sich mit den technischen Hürden bei der Entwicklung von CC-WPT-Anwendungen im Kilowattbereich mit sicherer Feldbegrenzung durch Erreichen einer hohen Kopplungskapazität zwischen Fahrzeug und Ladestation befasst. Dem Team ist es gelungen, eine 156-Volt-Batterie eines Elektrofahrzeugs mit einer Leistung von $1\,kW$ und einem Wirkungsgrad von 90 % bei einer Kopplungskapazität von $10\,nF$ und einer Betriebsfrequenz von $540\,kHz$ mit Hilfe einer selbst gebauten Ladestation zu laden.

Die CC-WPT kann auch in ähnlichen Anwendungen wie die RIC/IC-WPT eingesetzt werden [271, 292, 304–306], z. B. zum Laden von Elektrofahrzeugen [306, 307], Elektroschiffen und Unterwasserfahrzeugen [308], zum Laden und Betreiben von elektronischen Geräten wie Smartphones und kleinen Haushaltsgeräten [309], zum Betreiben von biomedizinischen Geräten [279] und zum Bewegen von kabellosen Robotergelenken [310].

Ein zusammenfassender Vergleich der o. g. Nahfeld-, also IC-, RIC- und CC-WPT untereinander ergibt folgendes Gesamtbild [269–275, 292, 298, 300, 311, 312]: Eine Anwendung der IC-WPT zeigt die Vorteile einer hohen Effizienz von bis zu 90 % im Nahbereich, einer einfachen Topologie und Implementierung und keiner schädlichen Strahlung für den menschlichen Körper. Demgegenüber stehen die Nachteile der kurzen Übertragungsdistanz und der genauen Ausrichtung in der Ladeposition. Hingegen zeigt eine Anwendung der RIC-WPT die Vorteile der Energieübertragung über mehrere Meter, keine Ausrichtung zwischen Primär- und Sekundärspule ist erforderlich, gleichzeitiges Laden mehrerer Geräte mit unterschiedlicher Leistung. Demgegenüber stehen die Nachteile eines geringeren Wirkungsgrades im Vergleich zu IC-WPT, komplexe Implementierung. Auch die Anwendung der CC-WPT weist einige Vor- und Nachteile auf. Während ein hoher Wirkungsgrad, eine hohe Ausgangsleistung zum Laden von Elektroautobatterien und ein einfacher Aufbau Vorteile sind, sind eine geringe Reichweite, eine große Koppelfläche bei hoher Leistung Nachteile.

3.2.2.2 Fernfeld-WPT

Die ersten nennenswerten Entwicklungen auf dem Gebiet der Fernfeld-WPT nach 1900 erfolgten erst in den 1960er Jahren [313]. William Brown berichtete in den 1960er Jahren über die Entwicklung der ersten gleichrichtenden Antenne "Rectenna" (engl., Rectifying Antenna), die als Schaltungsanordnung zur Umwandlung hochfrequenter elektromagnetischer Wellen in Gleichspannung eingesetzt wird, um die Energieversorgung nachgeschalteter elektronischer Einheiten ohne Batterie zu ermöglichen [314], und erhielt dafür 1969 ein Patent [315].

Eine weitere Arbeit von Brown aus dem Jahr 1964 über die drahtlose Energieübertragung zu einer Drohne war ebenfalls ein Meilenstein auf diesem Gebiet [316]. Die im Jahr 1968 veröffentlichte Arbeit von Peter Glaser [317], die Forschungsarbeiten zur Entwicklung eines Solarenergiesatelliten beinhaltete und bis in die 1980er Jahre weitere Arbeiten anregte, erregte in der Fachwelt große Aufmerksamkeit. Diese Arbeit sieht vor, einen Teil des elektrischen Energiebedarfs der Erde mittels Solarzellen im Weltraum zu decken, die das Sonnenlicht in Mikrowellen umwandeln und zur Rectenna-Antenne auf der Erde senden [318].

Anfang 2000 und 2013 sind zwei weitere wichtige Arbeiten auf diesem Gebiet erschienen, eine von Hagerty et al. [319] im Jahr 2000 und eine von Liu et al. [320] im Jahr 2013. Hagerty et al. stellten einen neuen Ansatz für effiziente Gleichrichteranordnungen für beliebig polarisierte einfallende Wellen mit breitem Spektralgehalt vor. Sie experimentierten mit zwei Arten von Gleichrichtertopologien, von denen die eine mit einer Topologie aus einem dichten Gitter-Array und die andere mit einer Topologie aus einem Spiral-Array mit abwechselnd rechts- und linkszirkularer Polarisation validiert ist. Die beiden Arten von Gleichrichteranordnungen hatten Leerlaufspannungen von 3,5 bzw. 4,0 V in den Frequenzbereichen 4,5 bis 8 GHz und 8,5 bis 15 GHz, und ihre Wirkungsgrade erreichten bis zu 35 % bzw. 45 %. Liu et al. stellen ein Kommunikationssystem für zwei selbst entworfene Prototypen als Kommunikationsgeräte vor, die aus einer Transceiver-Einheit, einem MSP430-Mikrocontroller, einem kapazitiven Berührungssensor und LEDs bestehen. Diese Prototypen ernten ihre Energie für die Kommunikation untereinander aus den elektromagnetischen Wellen der Umgebung, die als RF-Signale für TV- und Mobilfunkübertragungen zur Verfügung stehen. Dadurch wird eine Datenübertragungsrate von 1 KiBit/s zwischen den beiden Geräten über eine Entfernung von 2,5 Fuß (ca. 76,2 cm) im Freien und 1,5 Fuß (ca. 45,7 cm) in Innenräumen erreicht. Dies ist eines der ersten gelungenen Beispiele für RF-EH dieser Art.

Trotz des geringeren Wirkungsgrades und der potenziell schädlichen Strahlung für den menschlichen Körper im Vergleich zur Nahfeld-WPT werden Anwendungen der Fernfeld-WPT gegenüber der Nahfeld-WPT aufgrund folgender Vorteile eingesetzt: bei der RF-WPT die kleine Empfängerfläche und die große Reichweite von bis zu mehreren Kilometern und bei der L-WPT die Übertragung von mehreren kW Leistung und die große Reichweite wie bei der RF-WPT [272].

Einen detaillierten Überblick über die Rolle der WPT bei der Energieversorgung von Funksensorknoten und anderen elektronischen Geräten, die insbesondere für aktuelle Anwendungen im „Internet der Dinge“ (engl., Internet of Things (IoT)) mit niedrigem Energieverbrauch in Frage kommen, geben Makhetha et al. [321]. Gleichzeitig wird in dieser Arbeit auf die Möglichkeiten zur Realisierung von weiträumigen Netzwerken (engl., Low Power Wide Area Networks (LPWANs)) mit geringerem Energieverbrauch durch die Anwendung von WPT auf die genannten Funksensorknoten bzw. elektronischen Geräte hingewiesen. Nach Ansicht der Autoren ist es notwendig, das Potenzial für die Anwendung von WPT und LPWAN zusammen in verschiedenen Bereichen wie Gesundheit, Landwirtschaft, Umweltüberwachung usw. zu erkennen.

3.2.2.3 EH-Anwendungen in der Schienen- und Straßeninfrastruktur

Die Untersuchung zur Ermittlung geeigneter Standorte für den Einsatz von EH-Anwendungen zur Energieversorgung von WSN im Schienenverkehr wird von Diez et al. [322] vorgestellt. Durch die Analyse von Schlüsselparametern und Leistungskennzahlen bestehender EH-Typen nach der Taxonomie-Methode [323] wird der Fokus auf das Anwendungspotenzial mechanischer EH-Technologien (MeEHT) [324, 325], die durch die Anwendung verschiedener physikalischer Effekte – wie Rotations-/Linearbewegung, Schwingung, Dehnung-Verformung, Impuls und Schallwellen – realisiert werden, gelegt. Die Autoren unterteilen die MEHT in primäre, wie Piezoelektrizität [11, 12], Elektromagnetik [326, 327] und Elektrostatik [328, 329], und sekundäre, wie Magnetoelektrizität [330], variable Reluktanz [331], Magnetostrictivität [332, 333] und Wiegand [334, 335] als zwei verschiedene Anwendungsbereiche, um die EH-Klassifizierung nach vorgegebenen taxonomischen Kriterien darzustellen und die Anwendungsmöglichkeiten der MEHT mit hybriden EH zu bestimmen.

Ein energieautarkes Funksensornetzwerk zur Überwachung von Güterwagen auf der Grundlage von IoT wird von He et al. [336] vorgeschlagen. Dabei werden die mechanischen Schwingungen der Waggons durch 16 Geophone in elektrische Spannung umgewandelt. Um die durch die Geophone induzierte niedrige Spannung auf eine Betriebsspannung zwischen 3 V bzw. 3,3 V zu bringen, wird eine Energiemanagement-Schnittstelle aus einem Mikrocontroller vom Typ STM32L053 der Firma ST mit einer minimalen Startspannung von 1,8 V eingesetzt, die auch für die Temperaturdatenerfassung, die Interaktion mit drahtlosen Daten und die Digital-Analog-Wandlung verwendet wird. Zusätzlich werden eine Aufladepumpe vom Typ TPS6031X, die aus einer Eingangsspannung zwischen 0,9 V und 1,8 V eine Ausgangsspannung von 3 V bzw. 3,3 V erzeugt, und zwei Tantalkondensatoren mit 470 μF als Speicherkondensatoren eingesetzt. Schließlich konnte in einem erfolgreichen Überwachungsfeldversuch über eine Strecke von 128 km an einem fahrenden Güterzug mit einer Geschwindigkeit von bis zu 140 km/h die proportionale Abhängigkeit zwischen der erzeugten Betriebsspannung und der Geschwindigkeit des Güterzuges nachgewiesen werden.

Einen Überblick über EH-Anwendungen in der Straßeninfrastruktur geben Gholikhani et al. [337]. Dabei werden die Harvester in elektromagnetische [338, 339], piezoelektrische [340, 341, 342], thermoelektrische [13, 343, 344], pyroelektrische [345], photovoltaische [346, 347] und solarthermische Kollektoren mit Flüssigkeits- oder Luftzirkulation [348] unterteilt. Die Autoren schildern einige interessante Prototyp Beispiele und Pilotprojekte, wie z. B. den Prototyp eines hydraulischen Servosystems mit Hydraulikkolben zum Anfahren der Fahrzeuge [349] oder die erste Pilot-Solarmodulstraße [347, 350], auf der ein normaler Verkehrsbetrieb stattfindet. Gleichzeitig werden die genannten EH-Typen hinsichtlich ihrer wirtschaftlichen und energetischen Effizienz verglichen. Abschließend kommen sie zu dem Schluss, dass EH-Anwendungen aufgrund der Nachfrage nach intelligenten Autobahnfunktionen am ehesten in Frage kommen. In diesem Zusammenhang werden die thermoelektrische Harvester (TEH) und piezoelektrische Harvester (PEH) als die am besten geeigneten Harvester für die Straßeninfrastruktur betrachtet.

Moser&Erd et al. [13] konnten in einem Feldversuch im Hugenwaldstraßentunnel in Waldkirch im Breisgau bei Freiburg erstmals einen Funksensorknoten durch den Einsatz von TEG energieautark betreiben. Dabei wurde der TEG vom Typ 128A0020 der Firma Peltron [Pel25] mit einer Seite an der Tunnelwand und mit der anderen Seite an einem Stiftrippenkühlkörper *ickpen45w* befestigt, um eine maximale Temperaturdifferenz zwischen Wandoberfläche und Luft zu ermöglichen. Der Ausgang des an den TEG angeschlossenen DC/DC-Wandlers vom Typ ECT310 der Firma Enocaen [Eno25] wurde mit einem Speicherkondensator von 470 mF verbunden, um das Transceivermodul STM300 der Firma EnOcean [Eno25-3] zu betreiben. Bei einer Quellentemperaturdifferenz von 1,2 K beginnt der DC/DC-Wandler zu arbeiten. Damit konnte eine elektrische Energie von 70 mJ pro Tag geerntet und somit mehr als 400 Datenpakete mit einer Paketlänge von 8 Byte pro Tag drahtlos übertragen werden.

3.3 Theoretische Grundlagen elektromagnetischer Felder und elektromagnetischer Energy-Harvesting-Anwendungen

Die theoretischen Grundlagen der elektromagnetischen Felder und des elektromagnetischen Energy Harvesting sind in diesem Abschnitt zusammengefasst Nach einem kurzen einführenden Überblick über elektromagnetische Felder (Abschn. (3.3.1)) werden zunächst die Ladungs-/Stromdichten, die grundlegenden Maxwell-Gleichungen (Abschn. (3.3.1.1)) und der Poyntingsche Satz/Energieerhaltungssatz (Abschn. (3.3.1.2)) vorgestellt.

Es folgt das Thema Elektrostatische Felder (Abschn. (3.3.2)), bei dem der Schwerpunkt auf den Grundbegriffen und den physikalischen Zusammenhängen zwischen den oben genannten Begriffen liegt, wie Coulombsches Gesetz, elektrisches Feld, elektrische Arbeit und Spannung, elektrisches Potential und Spannung (Abschn. (3.3.2.1)), das Gaußsche Gesetz und die Energie im elektrostatischen Feld (Abschn. (3.3.2.2)), das Thema Kapazitäten, wie die Kapazität eines Zylinderkondensators, Teilkapazitäten in einem Mehrleitersystem und die Kapazität einer Parallelleitung zur Erde (Abschn. (3.3.2.3)).

Danach wird das Thema Magnetfelder (Abschn. (3.3.3)) mit den unter Themen wie Quasistationäre Felder (Abschn. (3.3.3.1)), welches das magnetische Skalarpotential, die magnetische Spannung und das magnetische Vektorpotential, das Biot-Savartsche Gesetz und die magnetische Energie beinhaltet, und Induktivität (Abschn. (3.3.3.2)), welches die Gegeninduktivität zwischen Stromkreisen, die innere und äußere Induktivität einer Drahtspule in Zylinderform, das Induktionsgesetz beinhaltet, dargestellt. Das nachfolgende Thema Elektromagnetische Wellen (Abschn. (3.3.3.3)) beinhaltet die Themen wie Zeitharmonische Felder, Umformung der inhomogenen Feldwellengleichung in die komplexe Wellengleichung, Skin-Effekt und ohmscher Widerstand, Nah- und Fernfeld der abstrahlenden Quelle, Feldwellenimpedanz im Nah-/Fernfeld und Leistungsdichte. Die Antenne und die damit zusammenhängenden Begriffe (Abschn. (3.3.3.4)), die für das RF-Energy-Harversting eine große Rolle spielen, folgen als letzte Unterthemen der Magnetfelder, zudem die Strahlungsleistungsdichte, Richtcharakteristik, Richtfunktion und Richtfaktor, Gewinn und Wirkfläche, Funkübertragungsstrecke, Streckendämpfung, Impedanz, S-Parameter, L-Schaltung und die Resonanzüberhöhung.

Als Erweiterung der Hardware aus Abschnitt (2.4) folgen die theoretischen Grundlagen zu weiteren Hardwarekomponenten (Abschn. (3.3.4)), die speziell für die Messungen und Energy Harvesting Anwendungen entworfen und eingesetzt sind (s. Abschn. (3.5)). Hierbei liegt der Fokus zunächst auf Gleichrichtern und DC/DC-Wandlern (Abschn. 3.3.4.1)) mit den Unterpunkten wie Dioden bzw. Schottky-Dioden, Gleichrichterschaltungen, DC/DC-Wandler. Anschließend wird der Gesamtwirkungsgrad der entworfenen elektromagnetischen Energy-Harvesting-Systeme, d. h. des elektrisch/kapazitiv gekoppelten, des magnetisch/induktiv gekoppelten und des Fernspeisung-/RF-Energy-Harvesting-Systems dargestellt.

3.3.1 Kurze Einführung in elektromagnetische Felder

Die elektrostatischen und -magnetischen Felder, wie sie in Tabelle (3.5) dargestellt sind, lassen sich zunächst in zeitlich konstante und zeitlich veränderliche Felder unterteilen. Die zeitlich konstanten Felder lassen sich in elektrostatische $\vec{E}$-Felder, magnetostatische $\vec{H}$-Felder und statische $\vec{J}$-Felder unterteilen. Dabei bezeichnet $\vec{E}$ die elektrische Feldstärke in V/m, $\vec{H}$ die magnetische Feldstärke in A/m und $\vec{J}$ die Strömungsfeldstärke (bzw. die elektrische Strom(fluß)dichte) in A/m^2. Die zeitlich veränderlichen Felder lassen sich zunächst in langsam und schnell veränderliche Felder unterteilen. Die langsam veränderlichen Felder werden als quasistatische Felder in drei verschiedene Gruppen unterteilt, nämlich in $\vec{E}$-, $\vec{H}$- und $\vec{J}$-Felder. Die schnell veränderlichen Felder teilen sich in quasistationäre $\vec{J}$-Felder und elektromagnetische Wellen auf.

Zeitkonstante Felder als stationäre Felder sind zeitunabhängige, ortsfeste bzw. ruhende Felder. Ihre Feldgrößen sind an den Ort ihrer Entstehung gebunden und können daher als elektrische und magnetische Felder unabhängig voneinander, d. h. ohne gegenseitige Beeinflussung, nebeneinander existieren. Zur Beschreibung dieser Felder eignet sich die Laplace-Gleichung.

Die zeitlich veränderlichen elektrischen und magnetischen Felder, die gekoppelt auftreten, unterteilen sich in langsam und schnell veränderliche Felder, wobei deren Feldgrößen zeitabhängig sind. Als Kopplung elektromagnetischer Felder wird die Entstehung magnetischer Felder nach dem Verschiebungsstromprinzip durch zeitlich veränderliche elektrische Felder und die Entstehung elektrischer Felder nach dem Induktionsgesetz elektrischer Wirbelfelder durch zeitlich veränderliche magnetische Felder betrachtet. Auf die zeitlich langsam veränderlichen Felder können die für statische bzw. stationäre Felder geltenden Lösungsverfahren angewendet werden. Aus diesem Grund werden sie auch als von Ort und Zeit entkoppelte Felder, d. h. als quasistatische Felder, bezeichnet [351]. Für den Fall, dass die Zeitabhängigkeit nicht mehr vernachlässigt werden kann, werden die wechselseitig miteinander gekoppelten elektrischen und magnetischen Felder durch die in den

Tab. 3.5 Einteilung der elektrostatischen und -magnetischen Felder. Bearbeitet nach [351].

Elektrostatische und -magnetische Felder				
Zeitlich konstante Felder $\left(\frac{\partial}{\partial t} = 0\right)$		*Elektrostatisches $\vec{E}$-Felder	*Magnetostatisches $\vec{H}$-Felder	*Statisches $\vec{J}$-Felder
Zeitlich veränderliche Felder $\left(\frac{\partial}{\partial t} \neq 0\right)$	Langsam veränderliche Felder	**Quasistatisches $\vec{E}$-Felder	**Quasistatisches $\vec{H}$-Felder	**Quasistatisches $\vec{J}$-Felder
	Schnell veränderliche Felder	***Quasistationäres $\vec{J}$-Felder	****Elektromagnetischen Wellen	

* Stationäre Felder, d. h. ortsfeste bzw. ruhende Felder mit Laplace-Gleichung; ** Quasistationäre Felder, d. h. quasi ortsfest bzw. ruhende mit Laplace-Gleichung; *** Quasistationäre Felder, d. h. quasi ortsfest mit Diffusions-Gleichung; **** Nichtstationäre Felder, d. h. nicht ortsfest, mit Wellen-Gleichung

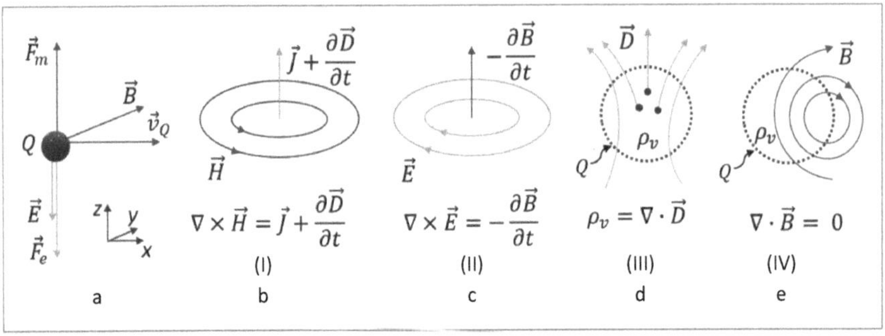

Abb. 3.9 Schematische Darstellung der elektromagnetischen Kraft und des Durchflutungsgesetzes, des Induktionsgesetzes, des Gaußschen Gesetzes und der Quellenfreiheit des magnetischen Flusses und ihre mathematische Beschreibung durch die vier Maxwell-Gleichungen. **(a)** Beschreibt die Wirkung der elektrischen Kraft $\vec{F}_e$ und der magnetischen Kraft $\vec{F}_m$ auf eine Ladungsanordnung Q mit der Geschwindigkeit $\vec{v}_Q$. **(b)** Stellt das Durchflutungsgesetz dar, das die Entstehung der magnetischen Feldstärke $\vec{H}$ durch die Strömungsfeldstärke $\vec{J}$ und die zeitlich veränderliche elektrische Flussdichte/ Verschiebungsdichte $\vec{D}$ beschreibt. **(c)** Zeigt die Entstehung der elektrischen Feldstärke $\vec{E}$, in diesem Fall auch elektrische Wirbelfeldstärke genannt, durch die zeitlich veränderliche magnetische Flussdichte $\vec{B}$. **(d)** Zeigt das Gaußsche Gesetz, das die Kausalität zum elektrischen Quellenfeld, das für den kleinsten Teil eines Raumes V durch die *Raumladungsdichte* ρ_v beschreibt. **(e)** Stellt die Quellenfreiheit des magnetischen Flusses dar, die die Nichtexistenz magnetischer Ladungen und gleichzeitig die Existenz endlich geschlossener magnetischer Feldlinien voraussetzt. Bearbeitet nach [352].

Abbildungen (3.9b) und (3.9c) dargestellten Maxwell-Gleichungen, d. h. das Durchflutungsgesetz (I) und das Induktionsgesetz (II), beschrieben (s. Abb. (3.10)).

Als Ursache der elektromagnetischen Erscheinungen wird die Wechselwirkung der mit positiver (Proton) und negativer Polarität (Elektron) definierten Elementarladungen angenommen, die auch mit dem Kennbuchstaben $\mp e$ und dem Wert *1,602177 33 x10⁻¹⁹ in C* (oder As) bezeichnet werden. Aus der ganzen Zahl mit *n* Elementarladungen wird die Ladung Q

$$Q := \mp n \cdot e \tag{3.1}$$

berechnet [353]. Hierbei ist Q in C (oder As) und n *1,602177 33 x10¹⁹*. Gemäß der Gleichung (3.1) sind die Ladungen quantisiert, d. h. die Ladungsverteilung ist nicht kontinuierlich, wie in der Maxwelltheorie angenommen, sondern diskret [354]. Die Wechselwirkung zwischen den Ladungen, die durch die örtlichen und mobilen Zustandsänderungen der Ladungen hervorgerufen wird, beruht auf elektromagnetischen Federn, welche die elektrische Feldstärke $\vec{E}$ und die magnetische Flussdichte $\vec{B}$ in Vs/m^2(oder $Vs/m^2 = Wb(Weber)/m^2 = T\ (Tesla)$) sind (s. Abb. (3.9a)). Die genannte Wirkung von einer Ladungsanordnung auf eine andere Ladung/Ladungsanordnung wird durch die elektromagnetische Kraft $\vec{F}$ in N (Newton) wie in Gleichung (3.1a)

$$\vec{F} = \vec{F}_e + \vec{F}_m = Q \cdot (\vec{E} + \vec{v}_Q \,\mathrm{x}\, \vec{B}) = Q \cdot \vec{E} + Q \cdot \vec{v}_Q \,\mathrm{x}\, \vec{B} \tag{3.1a}$$

beschrieben. Dabei bezeichnet, wie in Abbildung (3.9a) skizziert, $\vec{F}_e$ die elektrische Kraft (bzw. Coulomb-Kraft) in AsV/m $(= Ws/m = N)$ und $\vec{F}_m$ die magnetische Kraft (oder Lorentz-Kraft)

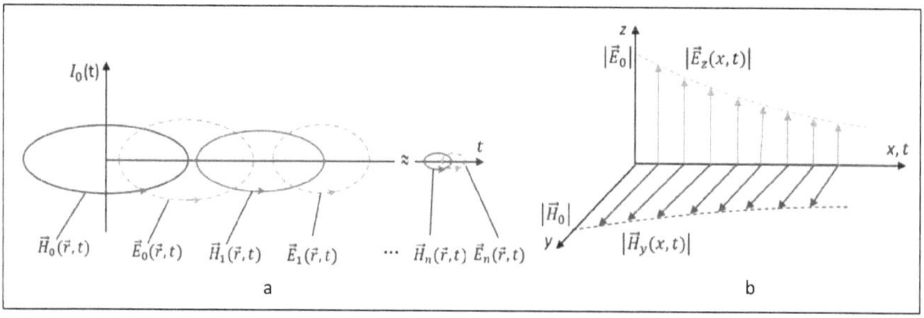

Abb. 3.10 Schematische Darstellung der gegenseitigen Kopplung von elektrischen und magnetischen Feldern. **(a)** Beschreibung der Kopplung durch das Durchflutungs- und Induktionsvorganges und **(b)** durch das Betragsprofil der elektromagnetischen Felder innerhalb eines leitfähigen Halbraumes. Bearbeitet nach [351, 352] (a) und [352] (b).

in $AsmVs/sm^2$ $(= Ws/m = N)$ und $\vec{v}_Q$ die Geschwindigkeit der Ladungsanordnung Q in m/s. Abbildung (3.10) zeigt schematisch die Erzeugung und Ausbreitung der genannten zeitlich veränderlichen elektromagnetischen Wellenfelder durch gegenseitige Durchflutungs- und Induktionsvorgänge [351, 352].

Im Folgenden werden zunächst die Ladungs-/Stromdichten, die Maxwell-Grundgleichungen im Abschnitt (3.3.1.1) und der Poyntingsche Satz/ Energieerhaltungssatz im Abschnitt (3.3.1.2) kurz beschrieben.

3.3.1.1 Ladungs- und Stromdichten und Maxwell-Gleichungen

- **Ladungs- und Stromdichten**

Der Ladungsbetrag wird für die minimale Länge einer Linie l durch die *Linienladungsdichte* ρ_l *in* As/m, für den minimalsten Teil einer Fläche $\vec{O}$ durch die *Flächenladungsdichte* ρ_f As/m^2 und für den minimalsten Teil eines Raumes V durch die *Raumladungsdichte* ρ_v As/m^3, wie nachfolgenden mit den Gleichungen (3.2), (3.3) und (3.4), beschrieben [354]. Durch die Bewegung der genannten Ladungsmengen mit der Geschwindigkeit $\vec{v}_Q$ pro Zeit (s. Abb. (3.9a)) ergibt den elektrischen Strom I, die Flächen- und Raumstromdichte $\vec{J}$ nach den Gleichungen (3.2a), (3.3a) und (3.4a) [31]. Die aus den Punktladungen entlang einer Linie zusammengesetzte Linienladungsdichte ρ_l ergibt sich in As/m aus Gleichung (3.2)

$$\rho_l = \frac{dQ}{dl}. \tag{3.2}$$

Die Bewegung einer Ladung oder Ladungsmenge mit der Geschwindigkeit $\vec{v}_Q$ pro Zeit in einem dünnen Draht, dessen Querschnittsabmessung vernachlässigt wird, hinterlässt eine Linienlänge $dl = \vec{v}_Q \cdot dt$. Damit wird die Gleichung (3.2) wie in Gleichung (3.2a)

$$\begin{gathered} \rho_l = \frac{dQ}{dl} = \frac{dQ}{\vec{v}_Q \cdot dt} = \frac{I}{\vec{v}_Q} \Rightarrow \\ I = \rho_l \cdot \vec{v}_Q = \vec{J}_l \end{gathered} \tag{3.2a}$$

beschrieben. In diesem Fall ist der Linienstrom $\vec{J}_l$ gleich dem elektrischen Strom I in A (Ampère), der die Änderung der Ladungsmenge Q nach der Zeit, d. h. $\frac{dQ}{dt}$, darstellt. $\vec{e}_{v_Q} := \vec{e}_{v_Q(x,y,z)}$ beschreibt den Einheitsvektor der Geschwindigkeit $\vec{v}_Q$ der Ladungsmengen in Stromrichtung.

Die Flächenladungsdichte ρ_f, die sich aus den Punktladungen in einer Fläche zusammensetzt, ergibt sich nach Gleichung (3.3)

$$\rho_f = \frac{dQ}{dO}. \tag{3.3}$$

in As/m^2. Die Bewegung einer Ladung/Ladungsmenge verursacht mit der Geschwindigkeit $\vec{v}_Q$ pro Zeiteinheit und Längenabschnitt dl auf einem durchtretenden Flächenabschnitt $dO = dl \cdot \vec{v}_Q \cdot dt$ die pro Ladungseinheit dQ auftretende Flächenstromdichte $\vec{J}_f$ in A/m, wie in Gleichung (3.3a)

$$\vec{J}_f = \frac{dQ}{dt \cdot dl}\vec{e}_{v_Q} = \frac{dI}{dl}\vec{e}_{v_Q} \tag{3.3a}$$

beschrieben.

Die *Raumladungsdichte* ρ_v, die die Verteilung der Punktladungen in einem Volumen beschreibt, wird wie in Gleichung (3.4)

$$\rho_v = \frac{dQ}{dv} \tag{3.4}$$

in As/m^3 dargestellt (s. Abb. (3.9d)). Die Bewegung einer Ladung oder Ladungsmenge mit der Geschwindigkeit $\vec{v}_Q$ pro Zeit- und Flächeneinheit dO in einem durchtretenden Rauminhalt ($dV = dO \cdot \vec{v}_Q \cdot dt$) ergibt die Stromdichte $\vec{J}_v := \vec{J}$ in A/m^2 nach Gleichung (3.4a)

$$\vec{J} = \frac{dQ}{dt\, dO}\vec{e}_{v_Q} = \frac{dI}{dO}\vec{e}_{v_Q}. \tag{3.4a}$$

- **Maxwell-Gleichungen**

Die Beziehungen zwischen den zeitlich konstanten und veränderlichen elektrostatischen und -magnetischen Feldern (s. Tab. (3.5)) werden durch die vier Maxwell-Gleichungen (Differentialform), die in den Abbildungen (3.9b–e) mit den römischen Ziffern (I)–(IV) bezeichnet sind, dargestellt. Dabei steht (I) für das Durchflutungsgesetz, (II) für das Induktionsgesetz, (III) für das Gaußsche Gesetz und (IV) für die Quellenfreiheit des magnetischen Feldes/Flusses. In Abbildung (3.9b) ist das Durchflutungsgesetz (I), das die Erscheinung der magnetischen Feldstärke $\vec{H}$ durch die Strömungsfeldstärke $\vec{J}$ und die zeitlich veränderliche elektrische Flussdichte/Verschiebungsdichte $\vec{D}$ (in As/m) beschreibt, bildlich dargestellt. Das Induktionsgesetz (II), das die Entstehung der elektrischen Feldstärke $\vec{E}$ durch die zeitlich veränderliche magnetische Flussdichte $\vec{B}$ (in Vs/m^2) beschreibt, ist in Abbildung (3.9c) dargestellt. Das Gaußsche Gesetz (III), das die Kausalität zum elektrischen Quellenfeld beschreibt, das für den kleinsten Teil eines Raumes V durch die *Raumladungsdichte* ρ_v As/m^3 beschrieben wird, ist in Abbildung (3.9d) dargestellt. Die Quellenfreiheit des magnetischen Flusses (IV), die Nichtexistenz magnetischer Ladungen und die Existenz endlich geschlossener magnetischer Feldlinien voraussetzt, ist in Abbildung (3.9e) dargestellt.

Tab. 3.6 Zusammenhang zwischen den vier Maxwell-Gleichungen für Elektrostatik, Elektrodynamik, Ampèreschen Magnetismus und Magnetodynamik [351–355].

Maxwell-Gleichungen für Elektrostatik, Elektrodynamik, Ampéreschen Magnetismus und Magnetodynamik

	I. Durchflutungsgesetz	II. Induktionsgesetz	III. Kontinuitätsgleichung (Bei der Elektrostatik: Gaußscher Satz)	IV. Quellenfreiheit des magnetischen Flusses	Materialbeziehungen
Elektrostatik	*	$U = \oint \vec{E} \cdot d\vec{s}$ (3.5) $\nabla \times \vec{E} = 0$ (3.6)	$Q = \oiint \vec{D} \cdot d\vec{O}$ (3.7) $= \iiint_v \rho_v \cdot dV$ $\rho_v = \nabla \cdot \vec{D}$ (3.8)	*	$\vec{D} = \varepsilon \cdot \vec{E}$ (3.9)
Elektrodynamik	$I = \iint \left(\vec{J} + \frac{\partial \vec{D}}{\partial t}\right) \cdot d\vec{O}$ (3.10)	$U = \oint \vec{E} \cdot d\vec{s}$ (3.5) $\nabla \times \vec{E} = 0$ (3.6)	$I = \oiint \left(\vec{J} + \frac{\partial \vec{D}}{\partial t}\right) \cdot d\vec{O} = 0$ (3.11) $\nabla \cdot \vec{J} = -\frac{\partial \rho_v}{\partial t} = -\nabla \cdot \frac{\partial \vec{D}}{\partial t}$ (3.12)	*	$\frac{\partial \vec{D}}{\partial t} = \varepsilon \cdot \frac{\partial \vec{E}}{\partial t}$ (3.13) $\vec{J} = \kappa \cdot \vec{E}$ (3.14)
Ampéreschen Magnetismus	$\nabla \times \vec{H} = 0 \Rightarrow \varphi_m = \oint \vec{H} \cdot d\vec{s}$ (3.15) $\nabla \times \vec{H} = \vec{J} + \frac{\partial \vec{D}}{\partial t} \Rightarrow V_m = \oint \vec{H} \cdot d\vec{s}$ (3.16)	**	$I = \oiint \left(\vec{J} + \frac{\partial \vec{D}}{\partial t}\right) \cdot d\vec{O} = 0$ (3.11) $\nabla \cdot \vec{J} = -\frac{\partial \rho}{\partial t}$ (3.12)	$\Phi_m = \oiint \vec{B} \cdot d\vec{O} = 0$ (3.17) $\nabla \cdot \vec{B} = 0$ (3.18)	$\vec{B} = \mu \cdot \vec{H}$ (3.19)
Magnetodynamik	$\nabla \times \vec{H} = 0 \Rightarrow \varphi_m = \oint \vec{H} \cdot d\vec{s}$ (3.15) $\nabla \times \vec{H} = \vec{J} + \frac{\partial \vec{D}}{\partial t} \Rightarrow V_m = \oint \vec{H} \cdot d\vec{s}$ (3.16)	$U = \oint \vec{E} \cdot d\vec{s}$ $= -\frac{d}{dt} \iint \vec{B} \cdot d\vec{O}$ (3.20) $\nabla \times \vec{E} = -\frac{\partial \vec{B}}{\partial t}$ (3.21)	$I = \oiint \left(\vec{J} + \frac{\partial \vec{D}}{\partial t}\right) \cdot d\vec{O} = 0$ (3.11) $\nabla \cdot \vec{J} = -\frac{\partial \rho_v}{\partial t} = -\nabla \cdot \frac{\partial \vec{D}}{\partial t}$ (3.12)	$\Phi_m = \oiint \vec{B} \cdot d\vec{O} = 0$ (3.17) $\nabla \cdot \vec{B} = 0$ (3.18)	$\frac{\partial \vec{D}}{\partial t} = \varepsilon \cdot \frac{\partial \vec{E}}{\partial t}$ (3.13) $\vec{J} = \kappa \cdot \vec{E}$ (3.14) $\vec{B} = \mu \cdot \vec{H}$ (3.19)

Hierbei bezeichnet die Kennbuchstaben U die elektrische Spannung in V, $\vec{E}$ das elektrische Feldstärke in V/m, $\vec{s}$ den Weg in m, Q die Ladung/Ladungsmenge in C (= $As, Coulomb$), $\vec{D}$ die elektrische Flussdichte/Verschiebungsdichte in As/m, $\vec{O}$ die Oberfläche in m^2, ρ_v die Raumladungsdichte in As/m^3, V Raum/Volumen in m^3, ε die Dielektrizitätskonstante (Permittivität) des Mediums in As/Vm, I elektrische Stromstärke in A, $\vec{J}$ elektrische Stromdichte in A/m^2, t Zeit in s, κ die elektrische Leitfähigkeit in A/Vm, φ_m magnetische Potential in A, V_m magnetische Spannung in A, $\vec{H}$ die magnetische Feldstärke in A/m, $\vec{B}$ die magnetische Flussdichte in Vs/m^2 (= $T, Tesla$), Φ_m magnetischer Fluss in Wb (= $Tm^2, Weber$), μ magnetische Permeabilitätskonstante in Vs/Am.

* keine Integral möglich, ** bis jetzt wurde nicht definiert

Die Anwendung der Maxwell-Gleichungen, einschließlich der vier in den Abbildungen (3.9b–e) dargestellten Maxwell-Gleichungen (s. Tab. (3.6)), auf verschiedene Koordinatensysteme, d. h. auf kartesische Koordinaten, Zylinderkoordinaten und Kugelkoordinaten, wird im Folgenden durch den Nabla-Operator ∇ anstelle der Differentialoperatoren „grad", „div" und „rot" dargestellt, wie z. B. $\vec{E} = -grad\, \varphi_e = -\nabla\, \varphi_e$ (s. Gl. (3.28)), *div* $\vec{D} = \nabla \cdot \vec{D} = \rho_v$ bzw. $rot\, \vec{H} = \nabla \times \vec{H} = \vec{J} + \frac{\partial \vec{D}}{\partial t}$ (s. Tab. (3.6) und (A.3.1–A.3.3)).

Tabelle (3.6) gibt einen Überblick über die Anwendung der vier oben genannten Maxwell-Gleichungen (auch unter dem Aspekt der Materialbeziehungen) in vier verschiedenen elektromagnetischen Bereichen, die als Elektrostatik, Elektrodynamik, Ampèrescher Magnetismus und Magnetodynamik bezeichnet werden. Hier wird der Zusammenhang zwischen verschiedenen physikalischen Phänomenen und Parametern, von denen einige oben genannt wurden, dargestellt. Neben dem bereits erwähnten zusätzlichen Kennbuchstaben bezeichnet U die elektrische Spannung in V, $\vec{O}$ die Oberfläche in m^2, ρ_v die Raumladungsdichte in As/m^3, V den Raum/ das Volumen in m^3, ε die Dielektrizitätskonstante (Permittivität) des Mediums in As/Vm, κ die elektrische Leitfähigkeit in Leitfähigkeit in A/Vm, φ_m das magnetische Potential in A, Φ_m der magnetische Fluss in Wb $(= Tm^2, Weber)$, μ die magnetische Permeabilitätskonstante in Vs/Am.

Nachfolgenden wird eine kurze theoretische Einführung in die oben genannten elektrostatischen und -magnetischen Felder gegeben, die auf den drei in diesem Kapitel vorgestellten Energie-Harvester-Quellen beruhen, nämlich der elektrischen Kopplung, der magnetischen Induktion und den elektromagnetischen Wellen.

3.3.1.2 Poyntingscher Satz-Energieerhaltungssatz

Mit Hilfe des Poyntingschen Satzes wird die Energiebilanz im elektromagnetischen Feld aus den Maxwell-Gleichungen beschrieben. Dazu wird aus der Gleichung (3.1a) der elektromagnetischen Kraft $\vec{F}$ der Poyntingsche Satz wie in Gleichung (3.21a)

$$\nabla \cdot \left(\vec{E} \times \vec{H}\right) = -\vec{E} \cdot \vec{J} - \vec{E} \cdot \frac{\partial \vec{D}}{\partial t} - \vec{H} \cdot \frac{\partial \vec{D}}{\partial t} = -(P_w + P_e + P_m) \tag{3.21a}$$

dargestellt. Hierbei werden die Volumenbezogenen Leistungen, die die Wärme-Verlustleistung P_w, die vom elektrischen Feld aufgenommenen Leistung P_e und die vom magnetischen Feld aufgenommenen Leistung P_m sind, berechnet [352].

- **Poynting-Vektor**

Der Poynting-Vektor $\vec{S}$ gibt die Leistungsflussdichte, d. h. die Leistung pro Fläche, des elektromagnetischen Feldes wie in Gleichung (3.21b)

$$\vec{S} = \vec{E} \times \vec{H} \tag{3.21b}$$

in W/m^2 an. Wird die Gleichung (3.21b) in Gleichung (3.21a) eingesetzt, so ergibt sich die Energieerhaltung in differentieller Form, d. h. lokaler Form, wie in Gleichung (3.21c)

$$\nabla \cdot \vec{S} = -P_w - \frac{\partial}{\partial t}(w_e + w_m) \tag{3.21c}$$

angegeben ist. Hierbei ist w_e bzw. w_m die im elektrischen bzw. magnetischen Feld gespeicherte *Energievolumendichte* (s. Gl. (3.40–3.43) bzw. Gl. (3.87–3.93)).

3.3.2 Elektrostatische Felder

Dieser Abschnitt gibt einen kurzen Überblick über elektrostatische Felder mit den Grundbegriffen und den physikalischen Größen wie Coulombsches Gesetz, elektrisches Feld, elektrische Arbeit und Spannung, elektrisches Potential und Spannung (Abschn. (3.3.2.1)), Gaußsches Gesetz und Energie im elektrostatischen Feld (Abschn. (3.3.2.2)), Kapazitäten wie die Kapazität eines Zylinderkondensators, Teilkapazitäten in einem Mehrleitersystem und einer Leitung parallel zur Erde (Abschn. (3.3.2.3)) gegeben.

3.3.2.1 Coulombsches Gesetz und Zusammenhang zwischen elektrischem Feld, elektrischer Arbeit, elektrischem Potential und Spannung

- **Coulombsches Gesetz**

Das Coulombsche Gesetz beschreibt die Kräfte $\vec{F}$ in kgm/s^2 (oder in N), die von aufeinander wirken, z. B. zwei Ladungen Q_1 und Q_2, die durch einen Abstand r voneinander entfernt sind. Das Coulombsche Gesetzt führt damit zur Quellstärke des elektrischen Feldes und ermöglicht durch Überlagerung die Berechnung des elektrischen Feldes einer beliebigen Ladungsverteilung im freien Raum [354] (s. Gl. (3.22)):

$$\vec{F} = \frac{Q_1 . Q_2}{4\pi \cdot \varepsilon \cdot r^2} \vec{e}_{uw}. \tag{3.22}$$

In Gleichung (3.22) ist $\vec{e}_{uw}$ der Einheitsvektor. Dieser Vektor beschreibt mit u die Richtung der Ursache und mit w die Richtung der Wirkung. Dabei ist ε die Dielektrizitätskonstante (Permittivität) des Mediums und es gilt somit $\varepsilon = \varepsilon_0 \cdot \varepsilon_r$. Dabei ist ε_0 mit dem Wert $8{,}854 \cdot 10^{-12}\ As/Vm$ die elektrische Feldkonstante des Vakuums (oder auch Permittivität genannt) und ε_r die stoffabhängige Permittivitätszahl (auch relative Permittivität genannt), die für das Luft hat den Wert von $\approx 1{,}00059$ hat [356]. Damit ist die Dielektrizitätskonstante der Luft $\varepsilon \cong \varepsilon_0$ in Gleichung (3.22) eingesetzt.

- **Elektrisches Feld**

Die Coulombkräfte $\vec{F}$ werden durch elektrische Felder $\vec{E}$ hervorgerufen, die von den Ladungen Q_1 und Q_2 erzeugt werden. D. h. eine Ladung übt durch das von ihr erzeugte elektrische Feld $\vec{E}$ eine Kraft $\vec{F}$ in kgm/As^2 (bzw. N/C , V/m) auf eine andere Ladung aus [353]. Das elektrische Feld $\vec{E}$ kann somit definiert werden als die Kraft pro Ladung, die eine kleinste Probeladung dQ erfährt [354]. Die als Ursache betrachtete Ladung (s. Gl. (3.22)) erzeugt ein elektrisches Feld $\vec{E}$, das durch die folgenden Gleichungen (3.23) und (3.24)

$$\vec{E} = \frac{\vec{F}}{Q_w} \Rightarrow \vec{F} = Q_w \cdot \vec{E} \tag{3.23}$$

$$\vec{E} = \frac{Q_u}{4\pi \cdot \varepsilon \cdot r^2} \vec{e}_r \tag{3.24}$$

beschrieben wird. Die Darstellung der Gleichung (3.24) des elektrischen Feldes $\vec{E}$ im Kugelkoordinatensystem mit $\vec{r} = (r, \psi, \varphi)$ wird wie folgenden

$$\vec{E}(\vec{r}) = \begin{pmatrix} E_r(\vec{r}) \\ E_\psi(\vec{r}) \\ E_\varphi(\vec{r}) \end{pmatrix} = \begin{pmatrix} E_r(\vec{r}) \\ 0 \\ 0 \end{pmatrix} = \begin{pmatrix} \frac{Q}{4\pi\varepsilon r^2} \\ 0 \\ 0 \end{pmatrix} = \frac{Q}{4\pi\varepsilon r^2} \cdot \begin{pmatrix} 1 \\ 0 \\ 0 \end{pmatrix} = \frac{Q}{4\pi\varepsilon r^2} \cdot \vec{e}_r \tag{3.25}$$

beschreiben [353].

- **Elektrische Arbeit und Spannung**

Die elektrische Spannung U wird aus der Arbeit abgeleitet, die bei der Bewegung der Ladung von Punkt 1 (s_1) nach Punkt 2 (s_2) im elektrischen Feld $\vec{E}$ aufgrund der Coulombkräfte $\vec{F}$ verrichtet wird. Die verrichtete Arbeit A_{12} ist durch Gleichung (3.26)

$$A_{12} = \int_{s_1}^{s_2} \vec{F} \cdot d\vec{s} \tag{3.26}$$

in kgm^2/s^2 (bzw. Nm, J, Vas, Ws) beschreiben. Durch Einsetzen von Gleichung (3.22) in Gleichung (3.26) wird die Spannung U_{12} wie in Gleichung (3.27)

$$A_{12} = Q \int_{s_1}^{s_2} \vec{E} \cdot d\vec{s} = Q \cdot U_{12} \Longrightarrow U_{12} = \frac{A_{12}}{Q} = \int_{s_1}^{s_2} \vec{E} \cdot d\vec{s} \tag{3.27}$$

dargestellt [353, 357]. Dabei beschreibt s die Weglänge zwischen den Punkten 1 und 2.

- **Elektrisches Potential und elektrische Spannung**

Die Ladung, die durch das Kraftfeld von einem niedrigen Potential, angenommen: Punkt 1, zu einem höheren Potential, angenommen Punkt 2, bewegt wird, verrichtet Arbeit. Die Potentialdifferenz zwischen den beiden Punkten ergibt die Spannung U_{12} (s. Gl. (3.27)). Der entsprechende Zusammenhang zwischen der elektrischen Feldlinie $\vec{E}$ und dem Potential φ_e ist in Gleichung (3.28)

$$\vec{E} = -grad\ \varphi_e = -\nabla\ \varphi_e \tag{3.28}$$

dargestellt. Durch Einsetzen von Gleichung (3.28) in Gleichung (3.27) wird der Zusammenhang zwischen der Spannung U_{12} und dem Potential φ_e wie in den Gleichungen (3.29) und (3.29a)

$$\begin{aligned} U_{12} &= \int_{s_1}^{s_2} \vec{E} \cdot d\vec{s} = \int_{s_1}^{s_2} \begin{pmatrix} E_x \\ E_y \\ E_z \end{pmatrix} \cdot \begin{pmatrix} dx \\ dy \\ dz \end{pmatrix} = -\int_{s_1}^{s_2} \begin{pmatrix} \partial\varphi_e/\partial x \\ \partial\varphi_e/\partial y \\ \partial\varphi_e/\partial z \end{pmatrix} \cdot \begin{pmatrix} dx \\ dy \\ dz \end{pmatrix} \\ &= -\int_{s_1}^{s_2} \left(\frac{\partial\varphi_e}{\partial y} dy + \frac{\partial\varphi_e}{\partial y} dy + \frac{\partial\varphi_e}{\partial z} dz \right) \end{aligned} \tag{3.29}$$

$$U_{12} = \triangle\ \varphi_e = \varphi_{e1} - \varphi_{e2} \tag{3.29a}$$

dargestellt. Die Äquipotentialflächen (s. Abb. (3.11a–c)) sind die Niveauflächen des Potentials φ_e, die durch gleiche Werte gebildet werden. Ladungen, die sich entlang einer Äquipotentialfläche bewegen, leisten keine Arbeit. Das bedeutet, bei dieser Bewegung findet keine Energieabfuhr oder -zufuhr statt.

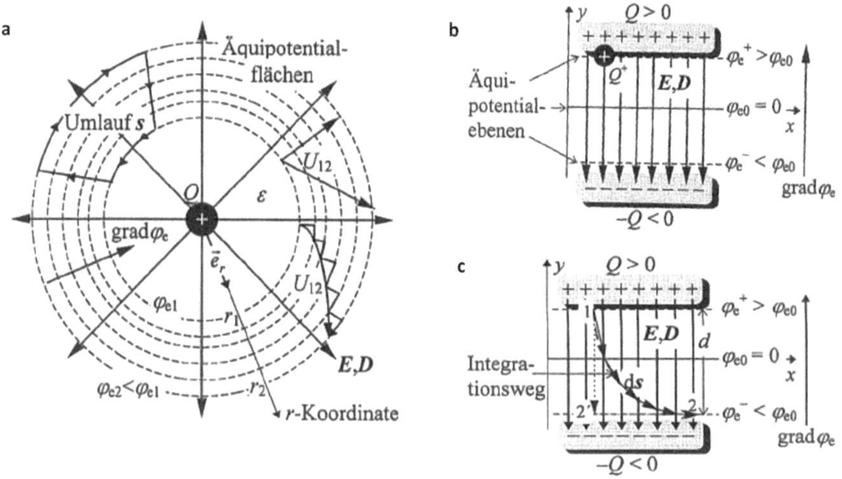

Abb. 3.11 **(a)** Elektrisches Feld, Gradient des Potentials, Äquipotentialflächen und Spannung in der Umgebung einer positiv geladenen Kugel, **(b)** homogenes elektrisches Feld, Gradient des Potentials und Äquipotentialflächen, **(c)** gekrümmter Integrationsweg im homogenen Feld schräg zu einer Feldlinie. Übernommen aus [353].

Die in Abbildung (3.11) dargestellten Beziehungen zwischen der elektrischen Feldlinie, der Spannung U_{12} und dem Potential φ_e sind im kartesischen Koordinatensystem (s. Abb. (A.3.5a) und Tab. (A.3.1)) und für das zylindrische bzw. für das sphärische Koordinatensystem (s. Abb. (A.3.5a–b), Tab. (A.3.2) und Tab. (A.3.3)) wie folgt in Geleichung (3.30) definiert:

$$\vec{E} = \begin{pmatrix} E_x \\ E_y \\ E_z \end{pmatrix} = \begin{pmatrix} 0 \\ -E \\ 0 \end{pmatrix} = -\begin{pmatrix} \partial\varphi_e/\partial x \\ \partial\varphi_e/\partial y \\ \partial\varphi_e/\partial z \end{pmatrix}. \tag{3.30}$$

Nach der Gleichung (3.30) sind die Parameter $\varphi_e(x)$ und $\varphi_e(z)$ konstant und $\varphi_e(y) = \vec{E}.y + \varphi_{e0}$, da die Änderung des Wertes des Potentials φ_e. nur in Richtung der y-Koordinatenachse erfolgt, wo sich die elektrischen Feldlinien ausbreiten. Das Potential φ_{e0} ist das angenommene Nullpotential, um die Potentialänderung entlang der Feldlinien $\vec{E}$ zu referenzieren.

Wird hier der Potentialnullpunkt (Bezugspotential) auf unendlich gesetzt, so sind das Potential $\varphi_e(r)$ und die Spannung U_{12} an der Stelle im Abstand r vom Kugelmittelpunkt wie in den Gleichungen (3.31) und (3.32)

$$\varphi_e(r) = -\int_{r_1}^{r_\infty} \vec{E}(\mathrm{r})\mathrm{dr} = -\frac{Q}{4\pi \cdot \varepsilon} \cdot \int_{r_1}^{r_\infty} \frac{dr}{r^2} = \frac{Q}{4\pi \cdot \varepsilon \cdot r} \tag{3.31}$$

$$U_{12} = \frac{Q}{4\pi \cdot \varepsilon \cdot r} \cdot (\frac{1}{r_1} - \frac{1}{r_2}) \tag{3.32}$$

beschrieben. Gleichzeitig ist die Umlaufspannung entlang des Weges s (s. Abb. (3.11)), der eine geschlossene Kurve ist,

$$U = \oint \vec{E} \cdot d\vec{s} = 0 \tag{3.33}$$

immer Null. Die Gleichung (3.33) ist ein anderer Ausdruck der Kirchhoffschen Maschenregel, die wie in Gleichung (3.34)

$$\sum_{k=1}^{m} \pm U_k = 0 \tag{3.34}$$

lautet. Die Gleichung (3.34) beschreibt, dass die Summe aller Spannungen während einer Umlaufzeit in einem elektrischen Netz gleich Null ist. Daher wird der Spannungswert entlang des Weges s von Punkt 1 zu Punkt 2 (s. Abb. (3.11c)) wie folgt in Gleichung (3.34a–b)

$$\begin{aligned} U_{12} &= \int_{s_1}^{s_2} \vec{E} \cdot d\vec{s} = \int_{s_1}^{s_2} \vec{E} \cdot ds \cdot cos\,\beta = E \cdot cos\,\beta \int_{s_1}^{s_2} ds \\ &= E \cdot \frac{d}{s} \cdot s \cdot cos\,0^0 = E \cdot d = \varphi_{e1} - \varphi_{e2} \end{aligned} \tag{3.34a}$$

$$\begin{aligned} U_{13} &= \int_{s_1}^{s_3} \vec{E} \cdot d\vec{s} = \int_{s_1}^{s_2} \vec{E} \cdot ds \cdot cos\,0^0 + \int_{s_2}^{s_3} \vec{E} \cdot ds \cdot cos\,90^0 \\ &= E \cdot d = \varphi_{e1} - \varphi_{e2} = U_{12} \end{aligned} \tag{3.34b}$$

berechnet. Dabei ist ß der Winkel zwischen dem Weg s und der elektrischen Feldlinie $\vec{E}$.

3.3.2.2 Satz von Gauß und die Energie im elektrostatischen Feld

- **Satz von Gauß**

Der Satz von Gauß beschreibt einen Zusammenhang zwischen dem Verlauf des elektrischen Feldes einer Ladungsquelle über einer geschlossenen Oberfläche $\vec{O}$ und in einem Volumen wie in Gleichung (3.35):

$$Q = \oint\!\!\oint \varepsilon \cdot \vec{E} \cdot d\vec{O} = \oint\!\!\oint \vec{D} \cdot d\vec{O} = \iiint_{v} \rho_v \, dv = \Phi_e. \tag{3.35}$$

In Gleichung (3.35) ist festgelegt, dass der elektrische Fluss Φ_e in C (oder As) die Ladung Q entspricht, solange irgendeine Fläche, darüber eine Integration durchgeführt wird, die die Ladung Q umgeschossen haben [354, 357]. Die Feldgröße $\vec{D}$ wird hier als elektrische (Verschiebungs-) Flussdichte genannt. Die Flussdichte $\vec{D}$ hat die gleichen Eigenschaften wie die elektrische Feldlinie $\vec{E}$ (außer der Materialabhängigkeit).

Mit Hilfe des Gaußschen Satzes (s. Gl. (3.35)) lassen sich das elektrische Feld $\vec{E}$ und das Potential φ_e.für verschiedene spezielle Ladungsanordnungen berechnen, wenn die gegebenen Anordnungen symmetrisch sind und das elektrische Feld $\vec{E}$ konstant senkrecht zur Integrationsfläche steht [354].

- **Metallkugel**

Im Inneren einer Kugel ist $\vec{E} = 0$, d. h. die Beschreibung dieses Falles mit der Gleichung (3.35) erfolgt wie in Gleichung (3.35a):

$$0 = \oiint \varepsilon \cdot \vec{E} \cdot d\vec{O} \Rightarrow \vec{E} = 0. \tag{3.35a}$$

Die Ladungen sind auf der Kugeloberfläche verteilt. Deshalb fangen die elektrischen Feldlinien von $\vec{E}$ senkrecht zur Kugeloberfläche an und verhalten sich ab diesem Punkt wie in Gleichung (3.25) für eine Punktladung.

Im Gegensatz dazu ist der Wert des elektrischen Potentials φ_e in im Inneren der Kugel gleich dem Wert an ihrer Oberfläche, da die Metalle äquipotential sind [357]. Von der Kugeloberfläche aus ist der Wertverlauf des Potentials φ_e wie in Gleichung (3.31) für eine Punktladung.

- **Linienladung**

Das elektrische Potential φ_e eines unendlich langen (l) Drahtes mit der Linienladungsdichte ρ_l wird hier durch die Integration des elektrischen Feldes bei Linienladung mit Hilfe des Gaußschen Satzes (s. Gl. (3.35)) wie in Gleichung (3.36)

$$Q = \oiint \vec{D} \cdot d\vec{O} = \oiint \varepsilon \cdot \vec{E} \cdot d\vec{O} = \rho_l \cdot l \Rightarrow \vec{E} \cdot \varepsilon_0 \cdot 2\pi \cdot r \cdot l = \rho_l \cdot l \tag{3.36}$$

berechnet. Nach dieser Gleichung werden das elektrische Feld $\vec{E}$ und das elektrische Potential φ_e durch Einsetzen der Dielektrizitätszahl des freien Raumes $\varepsilon \cong \varepsilon_0$ wie in den Gleichungen (3.37) und ((3.38)

$$\vec{E}(r) = \frac{\rho_l}{2\pi \cdot \varepsilon_0 \cdot r} \vec{e}_r \tag{3.37}$$

$$\varphi_e(r) = -\int_{r_1}^{r_2} \vec{E}(r) \frac{\mathrm{d}\vec{r}}{\mathrm{r}} = -\int_{r_1}^{r_2} \frac{\rho_l}{2\pi \cdot \varepsilon_0} \frac{\mathrm{d}\vec{r}}{\mathrm{r}} = -\frac{\rho_l}{2\pi \cdot \varepsilon_0} \cdot \ln\left(\frac{r_1}{r_2}\right) \tag{3.38}$$

beschrieben. Um das Gaußsche Gesetz in diesem Fall anwenden zu können, wird vorausgesetzt, dass die Verläufe des elektrischen Feldes $\vec{E}$ und der elektrischen Flussdichte $\vec{D}$ bekannt sind [28]. Andernfalls erfolgt die Berechnung des elektrischen Potentials φ_e durch Integration über die Punktladungen wie nachfolgend in Abbildung (3.12) und in Gleichung (3.39)

$$\begin{aligned} \Delta\varphi_{e12}(r,z) &= \varphi_{e1}(r,z) - \varphi_{e2}(r,z) = \varphi_e(r_1, z_l) - \varphi_e(r_2, z_l) \\ &= \frac{\rho_l}{4\pi \cdot \varepsilon_0} \left(\int_{-l}^{l} \frac{dz_l}{\sqrt{{r_1}^2 + (z_l)^2}} - \int_{-l}^{l} \frac{dz_l}{\sqrt{{r_2}^2 + (z_l)^2}} \right) \end{aligned} \tag{3.39}$$

mit der $\rho_l = \pi \cdot d^2 \cdot \rho_v$ beschrieben. Bei unendlicher Linienladung, d. h. $l \to \infty$, wird das elektrische Potential φ_e wie in Gleichung (3.39a) beschrieben:

$$\varphi_e(r) = -\frac{\rho_l}{2\pi \cdot \varepsilon_0} \cdot \ln\left(\frac{r_1}{r_2}\right) = -\frac{d^2 \cdot \rho_v}{2\varepsilon_0} \cdot \ln\left(\frac{r_1}{r_2}\right). \tag{3.39a}$$

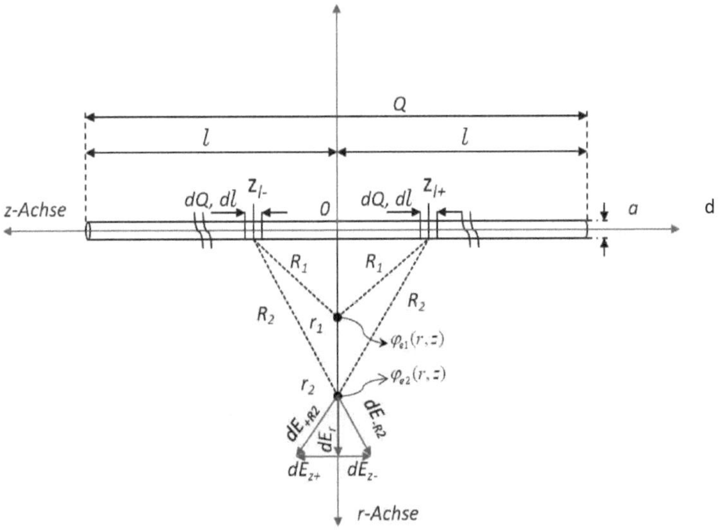

Abb. 3.12 Berechnung des elektrischen Potentials φ_e durch Integration über die Punkladungen. Die Berechnung der elektrischen Feldstärke $\vec{E}$, verursacht durch die Linienladung ρ_l, wird durch einen zylindrischen Draht mit der Länge l und dem Durchmesser d betrachtet. Zur Berechnung der entlang des gesamten Drahtes gesammelten Ladung Q wird zunächst die Linienladungsdichte ρ_l definiert (s. Gl. (3.2)) und die Gleichungen mit Zylinderkoordinaten berechnet (s. Gl. (3.39)). Bearbeitet nach [353] und [354].

- **Energie im elektrostatischen Feld**

Die Energiedichte des elektrischen Feldes w_e wird wie in Gleichung (3.40)

$$w_e = \int_0^t P_e\,dt = \int_0^t \vec{E} \cdot \frac{\partial \vec{D}}{\partial t}\,dt = \int_0^D \vec{E} \cdot d\vec{D} = \frac{1}{2} \cdot \vec{E} \cdot \vec{D} = \frac{\varepsilon}{2} \cdot \vec{E}^2 = \frac{1}{2\varepsilon}\vec{D}^2 \tag{3.40}$$

in Ws/m^3 beschrieben. Hierbei ist P_e die volumenbezogene elektrische Feldleistung nach dem Poyntingischen Satz [352]. Damit ergibt sich die elektrostatische Feldenergie W_e aus der Integration der in Gleichung (3.40) beschriebenen elektrischen Feldenergiedichte w_e über das Volumen V wie in Gleichung (3.41)

$$W_e = \iiint w_e\,dv = \frac{\varepsilon}{2} \cdot \iiint \vec{E}^2\,dv = \frac{1}{2\varepsilon} \iiint \vec{D}^2\,dv \tag{3.41}$$

angegeben. Wird Gleichung (3.28) anstelle des elektrischen Feldes $\vec{E}$ in der Gleichung (3.41) eingesetzt, so ergibt sich die elektrostatischen Feldenergie W_e in Abhängigkeit vom Potential φ_e wie in Gleichung (3.42)

$$W_e = \iiint w_e\,dv = \frac{\varepsilon}{2} \cdot \iiint (-\nabla\,\varphi_e)^2\,dv. \tag{3.42}$$

Durch die Anwendung des 1. Greenschen Integralsatzes und des Poisson-Satzes [352] wird die Gleichung wie in Gleichung (3.43)

$$W_e = \frac{\varepsilon}{2} \cdot \iiint (\nabla \varphi_e)^2 \, dv = \frac{1}{2} \cdot \iiint \rho_v \cdot \varphi \, dv \tag{3.43}$$

beschrieben. Damit wird die Berechnung der elektrostatischen Feldenergie W_e anstelle des Integrals über das unbegrenzte Volumen in einem begrenzten Volumen durchgeführt, in dem die Ladungsdichte $\rho_v \neq 0$ ist.

3.3.2.3 Kapazitäten

- **Kapazität eines Plattenkondensators**

In einem Plattenkondensator, wie in Abbildung (3.13) dargestellt, wird durch die elektrische Feldstärke $\vec{E}$ zwischen den positiv und negativ geladenen Platten eine Spannung U erzeugt. Der Plattenabstand d, die Plattenfläche A, die Ladungsmenge Q und die relative Dielektrizitätskonstante der Luft ε_r sind die Faktoren, die die hier entstehende Spannung U beeinflussen. Nach dem Satz von Gauß (s. Gl. (3.35)) ergibt sich die elektrische Feldstärke $\vec{E}$

zwischen den positiv und negativ geladenen Platten mit der Ladungsmenge Q durch Einsetzen der Plattenfläche $A = a \cdot b$, wobei a die Länge und b die Breite der Platte ist (s. Abb. (3.13a)), anstelle der Kugelfläche in Gleichung (3.41) und Gleichung (3.2) wie in Gleichung (3.44):

$$\vec{E} = -\frac{Q/A}{\varepsilon}\vec{e}_z \approx \frac{\rho_f}{\varepsilon}\vec{e}_z \tag{3.44}$$

Durch die Einsetzten der Gleichung (3.44) in Gleichung (3.29) wird die Spannung U zwischen den Platten wie in Gleichung (3.45)

$$U = \int_{s_1}^{s_2} \vec{E} \cdot d\vec{s} = E \cdot d = \frac{Q \cdot d}{\varepsilon \cdot A} \tag{3.45}$$

berechnet. Damit ergibt sich die Kapazität eines Plattenkondensators aus der Gleichung (3.45) wie in Gleichung (3.46):

$$C \cong \frac{\varepsilon \cdot A}{d}. \tag{3.46}$$

Dadurch wird die Gleichung (3.46) wie in Gleichung (3.47)

$$U = \frac{Q}{C} \Rightarrow C = \frac{Q}{U} \tag{3.47}$$

beschrieben. Dadurch die Anwendung der Gleichung (3.43) wird die in einem Plattenkondensator gespeicherte Feldenergie W_e wie in Gleichung (3.48) berechnet [352]:

$$W_e = \frac{1}{2} \cdot Q \cdot U = \frac{1}{2} \cdot C \cdot U^2 = \frac{1}{2} \cdot \frac{Q^2}{C}. \tag{3.48}$$

- **Teilkapazitäten eines Zylinderkondensator**

Die längenbezogene Kapazität eines Kondensators aus zwei zylindrischen Elektroden bestehenden Leitung, z. B. Koaxialleitung, mit Innenradius r_1 und Außenradius r, wie in Abbildung (3.13b) dargestellt, wird mit den Gleichungen (3.49–3.51) berechnet [352].

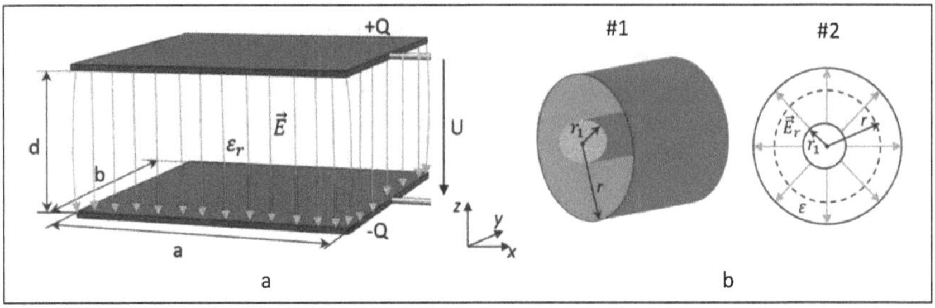

Abb. 3.13 3D- und 2D-Darstellung eines Platten- und Zylinderkondensators. **(a)** Ein idealer Plattenkondensator mit der elektrischen Feldstärke $\vec{E}$ und der stoffabhängigen Dielektrizitätskonstante (Permittivitätszahl). Hierbei ist d der Abstand zwischen den Platten, b die Breite und a die Länge jeder Platte, Q die Ladung und U die Spannung zwischen den Platten. **(b)** Ein Zylinderkondensator aus zwei symmetrisch angeordneten Zylinderelektroden mit Innenradius r_1 und Außenradius r mit der elektrischen Feldstärke $\vec{E}$ und der Dielektrizitätszahl (Permittivität) des Mediums ε. **(#b1)** 3D-Darstellung, **(#b2)** 2D-Darstellung des Kondensators mit Richtungsdarstellung der elektrischen Feldstärke $\vec{E}$ (s. Abb. (3.9a)) und der Dielektrizitätszahl (Permittivität) des Mediums ε.

Aus dem Satz von Gauß nach den Gleichungen (3.18–21, s. Tab. (3.6)) ergibt sich eine eingeschlossene Ladung ρ_l (s. Gl (3.2)) pro Länge, die durch die Integration um einen Kreis mit Radius r_1 bzw. r wie in Gleichung (3.49)

$$Q = \oiint \varepsilon \cdot \vec{E} \cdot d\vec{O} = \rho_l \cdot l \Longrightarrow \vec{E} \cdot \varepsilon \cdot 2\pi \cdot r \cdot l = \rho_l \cdot l \Rightarrow \rho_l = \frac{Q}{l} \tag{3.49}$$

berechnet. Die Spannung $U_{r_1,r}$ zwischen den Elektroden ergibt sich aus Gleichung (3.50):

$$U_{r_1,r} = -\int_{r_1}^{r} \vec{E}(r)\frac{\mathrm{d}\vec{r}}{\mathrm{r}} = -\int_{r_1}^{r} \frac{\rho_l}{2\pi \cdot \varepsilon}\frac{\mathrm{d}\vec{r}}{\mathrm{r}} = -\frac{\rho_l}{2\pi \cdot \varepsilon} \cdot \ln\left(\frac{r}{r_1}\right). \tag{3.50}$$

Durch das Einsetzen der Gleichung (3.50) in Gleichung (3.47) wird die längenbezogene Kapazität $\acute{C}$, d. h. Kapazität /Länge (Kapazitätsbelag, (C/l)) wie in Gleichung (3.51)

$$\acute{C} = \frac{2\pi \cdot \varepsilon}{\ln\left(\frac{r}{r_1}\right)} \tag{3.51}$$

berechnet.

Die Alternative zu Gleichung (3.51) zur Darstellung der längenbezogenen Kapazität t $\acute{C}$ ergibt sich durch Einsetzen der Gleichungen (3.29) und (3.35) in Gleichung (3.47) wie in Gleichung (3.52):

$$C = \frac{Q}{U} = \frac{\oiint \vec{D} \cdot d\vec{O}}{\int_{S_1}^{S_2} \vec{E} \cdot d\vec{s}}. \tag{3.52}$$

Unter der Annahme, dass das Differential $d\vec{O} = \vec{e}_n dsdz$ der geschlossenen Fläche $\vec{O}$ mit der Leitungslänge l in z-Richtung integriert ist. Dabei ist $\vec{e}_n$ der Normaleneinheitsvektor zur Oberfläche $\vec{O}$ [355]. Damit ergibt sich die Gleichung (3.52) wie in den Gleichungen (3.53) und (3.54):

$$C = \frac{l \cdot \oint \vec{D} \cdot \vec{e}_n ds}{\int_{s_1}^{s_2} \vec{E} \cdot d\vec{s}} \tag{3.53}$$

$$\acute{C} = \frac{C}{l} = \frac{\oint \vec{D} \cdot \vec{e}_n ds}{\int_{s_1}^{s_2} \vec{E} \cdot d\vec{s}}. \tag{3.54}$$

- **Teilkapazitäten in Mehrleitersystem und einer Parallelleitung zur Erde**

Um den Einfluss des kapazitiven Verhaltens von Mehrleitersystemen zur Energieversorgung von Bahnen bei der Energieernte mit elektrischer Kopplung zu beschreiben, wird nachfolgend die Potential- und Kapazitätsberechnung des Mehrleitersystems dargestellt (s. Abb. (3.14a)). Anschließend werden die Potential- und Kapazitätswerte einer Zweileiteranordnung, die im Folgenden als Berechnungs-, Simulations- und Messanordnung angenommen wird, über Masse berechnet (s. Abb. (3.14)).

  - **Teilkapazitäten in Mehrleitersystem**

In diesem Fall wird die Kapazität einer Anordnung von zwei Elektroden (s. Abb. (3.13)) auf mehrere Elektroden erweitert. Dieses erweiterte Mehrleitersystem (s. Abb. (3.14a)) besteht aus n Leitern, d. h. $\{i\} \in \mathbb{N}_1 := \{1, 2, 3, \ldots, n\}$, und einem Bezugsleiter mit dem Index 0. Durch Anwendung des Superpositionsprinzips zwischen mehreren Potentialen φ_n und Einführung der Potentialkoeffizienten β_{ij}, die den Betrag der Ladungsmenge Q_j zum Potential φ_n angeben, wird die Potentialberechnung des Mehrleitersystems wie in Gleichung (3.55)

$$\boldsymbol{\varphi} = \begin{bmatrix} \varphi_1 \\ \vdots \\ \varphi_n \end{bmatrix} = \begin{bmatrix} \begin{bmatrix} \beta_{11} & \cdots & \beta_{1n} \\ \vdots & \ddots & \vdots \\ \beta_{n1} & \cdots & \beta_{nn} \end{bmatrix} \end{bmatrix} \cdot \begin{bmatrix} Q_1 \\ \vdots \\ Q_n \end{bmatrix} = \boldsymbol{\beta} \cdot \boldsymbol{Q} \tag{3.55}$$

beschrieben. Die Indexzahl j ist hierbei definiert als $\{j\} \in \mathbb{N}_1 := \{1, 2, 3, \ldots, n\}$. Durch die Fettschreibung der Kennbuchstaben $\boldsymbol{\varphi}$ und $\boldsymbol{Q}$ des Potentials bzw. der Ladungsmenge werden diese als Matrix dargestellt. Aus der Energieberechnung im System (s. Gl. (3.43)) wird der Potentialkoeffizienten β_{ij} wie in Gleichung (3.56) berechnet:

$$\beta_{ij} = \frac{1}{4\pi \cdot \varepsilon} \cdot \frac{1}{Q_i \cdot Q_j} \oiint \oiint \frac{\rho_{f,i} \cdot \rho_{f,j}}{|\vec{r}_i - \vec{r}_j|} \cdot d\vec{O}_j \, d\vec{O}_i. \tag{3.56}$$

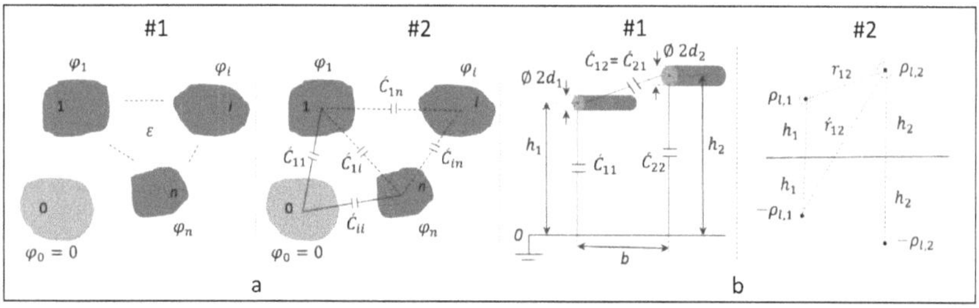

Abb. 3.14 Schematische Darstellung eines Mehrleitersystems zur Potentialberechnung. **(a)** Mehrleitersystem mit den n Leitern und einem Bezugsleiter. **(#a1)** Mehrleitersystem mit dem Bezugsleiter $\varphi_0 = 0$ und die Dielektrizitätskonstante (Permittivität) des Mediums ε, **(#a2)** Kapazitives Ersatzschaltbild des Mehrleitersystems, **(b)** Zweileiteranordnung über Masseebene mit kapazitivem Ersatzschaltbild **(#b1)** und Berechnung der Potentialkoeffizienten mit der Spiegelungsmethode **(#b2)**. Bearbeitet nach [352].

In diesem Fall sind die Potentialkoeffizienten mit umgekehrten Indizes identisch, d. h. $\beta_{ij} = \beta_{ji} \geq 0$ ist [352].

Die Berechnung der gesamten Leiterladungen mit der Ladungsmatrix $\boldsymbol{Q}$ nach der Gleichung (3.55) von Leiterpotentialmatrix $\boldsymbol{\varphi}$ wird wie in Gleichung (3.57)

$$\boldsymbol{Q} = (\boldsymbol{\beta})^{-1} \cdot \boldsymbol{\varphi} = \begin{bmatrix} Q_1 \\ \vdots \\ Q_n \end{bmatrix} = \begin{bmatrix} \begin{bmatrix} c_{11} & \cdots & c_{1n} \\ \vdots & \ddots & \vdots \\ c_{n1} & \cdots & c_{nn} \end{bmatrix} \end{bmatrix} \cdot \begin{bmatrix} \varphi_1 \\ \vdots \\ \varphi_n \end{bmatrix} = \boldsymbol{c} \cdot \boldsymbol{\varphi} \tag{3.57}$$

dargestellt. Dabei werden die Matrixelemente $c_{i,j}$ des Kapazitätsmatrix $\boldsymbol{c}$ wie in Gleichung (3.58)

$$c_{ij} = (\boldsymbol{\beta})^{-1} = \frac{adj(\boldsymbol{\beta})}{\det(\boldsymbol{\beta})} \tag{3.58}$$

berechnet. Hierbei beschreibt $(\boldsymbol{\beta})^{-1}$ die Inverse, $adj(\boldsymbol{\beta})$ die Adjunkte und $\det(\boldsymbol{\beta})$ Determinanten der Matrix $\boldsymbol{\beta}$. Alle Nebendiagonalelemente der Kapazitätsmatrix $\boldsymbol{c}$, wie in Gleichung (3.59) angegeben,

$$c_{ij} = c_{ji} = \begin{cases} > 0, & i = j \\ \leq 0, & i \neq j \end{cases} \tag{3.59}$$

sind negativ. Die Energie im Mehrleitersystem wird wie in Gleichung (3.60) durch die Anwendung der Potential- bzw. Kapazitätskoeffizienten (s. Gl. (3.56) und Gl. (3.58))

$$W_e = \begin{cases} \frac{1}{2} \cdot \sum_{i=1}^{n} \sum_{j=1}^{n} \beta_{ij} \cdot Q_i \cdot Q_j, & \varphi_i = \sum_{j=1}^{n} \beta_{ij} \cdot Q_j \\ \frac{1}{2} \cdot \sum_{i=1}^{n} \sum_{j=1}^{n} c_{ij} \cdot \varphi_i \cdot \varphi_j, & Q_i = \sum_{j=1}^{n} c_{ij} \cdot \varphi_j \end{cases} \tag{3.60}$$

berechnet. Durch Umformung von Gleichung (3.57), wie in Gleichung (3.61), wird eine influenzierte Ladung Q von einem anderen Leiter in Abhängigkeit von der Potentialdifferenz $\triangle\, \varphi_e$ (s. Gl. (3.29a)) zwischen den beiden Leitern

$$\begin{aligned} Q_i &= \sum_{j=1}^{n} c_{ij} \cdot \varphi_j = \sum_{j=1 \wedge j \neq i}^{n} c_{ij} \cdot \varphi_j + c_{ii} \cdot \varphi_i \\ &= \sum_{j=1 \wedge j \neq i}^{n} c_{ij} \cdot \varphi_j - \sum_{j=1 \wedge j \neq i}^{n} c_{ij} \cdot \varphi_j + c_{ii} \cdot \varphi_i + \sum_{j=1 \wedge j \neq i}^{n} c_{ij} \cdot \varphi_j \\ &= \varphi_j \cdot \sum_{j=1}^{n} c_{ij} - \sum_{j=1 \wedge j \neq i}^{n} c_{ij} \cdot (\varphi_i - \varphi_j) \end{aligned} \tag{3.61}$$

dargestellt. Hierbei werden die Teilkapazitäten c_{ij} wie in den Gleichungen (3.62)

$$C_{ij} = \begin{cases} \sum_{j=1}^{n} c_{ij}, & i = j \\ -c_{ij}, & i \neq j \end{cases} \tag{3.62}$$

berechnet. Daraus ergibt sich die Gegenkapazität zwischen den Leitern mit unterschiedlichen Indexzahlen, im anderen Fall ergibt sich die Eigenkapazität des Leiters in Bezug auf den Referenzleiter. Die Spannung U_{ij} zwischen zwei Leitern wird ebenfalls nach Gleichung (3.63))

$$U_{ij} = \begin{cases} \varphi_i - \varphi_j, & i = j \\ \varphi_i, & i \neq j \end{cases} \tag{3.63}$$

beschreiben. Daraus ergibt sich entweder die Spannung zwischen Leitern unterschiedlicher Indexzahlen oder zwischen einem Leiter und dem Bezugsleiter Index 0.

- **Teilkapazitäten einer Parallelleitung**

Für die in Abbildung (3.14#b1) gezeigte Anordnung von zwei Leitern über der Masseebene wird im Folgenden die Berechnung der Potentialkoeffizienten und Teilkapazitäten beschrieben. Die Leiter mit den Höhen h_1 und h_2 haben die Radien d_1 und d_2. Der Zusammenhang zwischen den Höhen, den Radien und dem Abstand der Leiter wird als $h_1, h_2, b \ggg d_1, d_2$ und die Ladung auf der Leiteroberfläche als Linienladungsdichte ρ_l angenommen (s. Gl. (3.2)). Diese Annahmen sind Voraussetzung für die Anwendung der in Abbildung (3.14#b2) schematisch dargestellten Spiegelungsmethode in den folgenden Berechnungen.

Das Potential φ_1 der ersten Leitung wird unter der Annahme, dass die Linienladungsdichte $\rho_{l,2}$ der zweiten Leitung gleich Null ist und der Referenzabstand d_0 beliebig sind, durch Addition des direkten Beitrags in d_1 und des Spiegelbeitrags im Abstand $2h_1$ [354] gemäß Gleichung (3.55) wie in Gleichung (3.64)

$$\varphi_1 = -\frac{\rho_{l,1}}{2\pi \cdot \varepsilon_0} \cdot \ln\left(\frac{d_1}{d_0}\right) + \frac{\rho_{l,1}}{2\pi \cdot \varepsilon_0} \cdot \ln\left(\frac{2h_1}{d_0}\right) = \frac{\rho_{l,1}}{2\pi \cdot \varepsilon_0} \ln\left(\frac{\frac{2h_1}{d_0}}{\frac{d_1}{d_0}}\right) = \frac{\rho_{l,1}}{2\pi \cdot \varepsilon_0} \ln\left(\frac{2h_1}{d_1}\right) \tag{3.64}$$

berechnet. Unter der Annahme, dass die Linienladungsdichte $\rho_{l,2}$ der zweiten Leitung gleich null ist, ergibt sich Gleichung (3.56) der Potentialkoeffizient β_{11} wie in Gleichung (3.65)

$$\beta_{11} = \frac{\varphi_1}{\rho_{l,1}} = \frac{1}{2\pi \cdot \varepsilon_0} \ln\left(\frac{2h_1}{d_1}\right) \tag{3.65}$$

dargestellt.

Analog zur Berechnung des Potentials φ_1 wird das Potential φ_2 der zweiten Leitung unter der Annahme, dass die Linienladungsdichte $\rho_{l,0}$ der ersten Leitung gleich Null ist und der Referenzabstand d_0 beliebig ist, durch Addition des direkten Beitrags in d_2 und des Spiegelbeitrags in Abstand $2h_2$ wie in Gleichung (3.66)

$$\varphi_2 = \frac{\rho_{l,2}}{2\pi \cdot \varepsilon_0} \ln\left(\frac{2h_2}{d_2}\right) \tag{3.66}$$

berechnet. Entsprechend zum Potentialkoeffizient β_{11} wird der Potentialkoeffizient β_{22} unter der Annahme, dass die Linienladungsdichte $\rho_{l,1}$ der ersten Leitung gleich Null ist, wie in Gleichung (3.67)

$$\beta_{22} = \frac{\varphi_2}{\rho_{l,2}} = \frac{1}{2\pi \cdot \varepsilon_0} \ln\left(\frac{2h_2}{d_2}\right) \tag{3.67}$$

berechnet. Die identischen Potentialkoeffizienten β_{12} und β_{21} zwischen den beiden Leitern werden unter den oben genannten obigen Annahmen der Potentialberechnung φ_1 durch die Potentialberechnung φ_{12} wie in den Gleichungen (3.68) und (3.69)

$$\varphi_{12} = -\frac{\rho_{l,1}}{2\pi \cdot \varepsilon_0} \cdot \ln\left(\frac{r_{12}}{d_0}\right) + \frac{\rho_{l,1}}{2\pi \cdot \varepsilon_0} \cdot \ln\left(\frac{r'_{12}}{d_0}\right) = \frac{\rho_{l,1}}{2\pi \cdot \varepsilon_0} \ln\left(\frac{\frac{r'_{12}}{d_0}}{\frac{r_{12}}{d_0}}\right)$$
$$= \frac{\rho_{l,1}}{2\pi \cdot \varepsilon_0} \ln\left(\frac{r'_{12}}{r_{12}}\right) = \frac{\rho_{l,1}}{2\pi \cdot \varepsilon_0} \ln\left(\sqrt{\frac{d^2 + (h_1 + h_2)^2}{d^2 + (h_1 - h_2)^2}}\right) \tag{3.68}$$

$$\beta_{12} = \beta_{21} = \frac{\varphi_{12}}{\rho_{l,1}} = \frac{1}{2\pi \cdot \varepsilon_0} \ln\left(\sqrt{\frac{d^2 + (h_1 + h_2)^2}{d^2 + (h_1 - h_2)^2}}\right) \tag{3.69}$$

berechnet.

Der längenbezogene Kapazitätskoeffizient c'_{ij} wird gemäß der Gleichung (3.58) wie in Gleichung (3.70)

$$\boldsymbol{c}'_{ij} = (\boldsymbol{\beta})^{-1} = \frac{adj(\boldsymbol{\beta})}{\det(\boldsymbol{\beta})} = \frac{1}{\beta_{11} \cdot \beta_{22} - \beta_{12}^{\ 2}} \cdot \begin{bmatrix} \beta_{22} & -\beta_{12} \\ -\beta_{12} & \beta_{11} \end{bmatrix} \tag{3.70}$$

berechnet (s. Gl. (3.71)). Dadurch ergeben sich die längenbezogenen Teilkapazitäten wie in Gleichung (3.54):

$$\boldsymbol{C}' = \begin{bmatrix} c'_{11} + c'_{12} & -c'_{12} \\ -c'_{12} & c'_{22} + c'_{12} \end{bmatrix} = \frac{1}{\beta_{11} \cdot \beta_{22} - \beta_{12}^{\ 2}} \cdot \begin{bmatrix} \beta_{22} - \beta_{12} & \beta_{12} \\ \beta_{12} & \beta_{11} - \beta_{12} \end{bmatrix}. \tag{3.71}$$

Die Betriebskapazität C'_B wird nach dem kapazitiven Ersatzschaltbild in Abbildung (3.14#b1) aus den in Reihe geschaltet Teilkapazitäten C'_{11}und C'_{22} sowie $C'_{12}(= C'_{21})$, die parallel zu den beiden Teilkapazitäten C'_{11}und C'_{22} geschaltet sind, wie in Gleichung (3.72)

$$C'_B = C'_{12} \cdot \frac{C'_{11} \cdot C'_{22}}{C'_{11} + C'_{22}} \tag{3.72}$$

berechnet. Werden die Leitungen 1 und 2 als Hochspannungsleitungen betrachtet, so sind sie mit den Wechselspannungen U_1 und U_2 miteinander übergekoppelt. Aufgrund der quasistatischen Eigenschaften des Leitersystems wird das Ersatzschaltbild des Systems als kapazitiver Spannungsteiler gemäß Gleichung (3.73)

$$\frac{U_2}{U_1} = \frac{C'_{12} \cdot C'_{22}}{C'_{12} + C'_{22}} \cdot \frac{1}{C'_{22}} = \frac{C'_{12}}{C'_{12} + C'_{22}} \tag{3.73}$$

betrachtet [352, 353, 354].

3.3.3 Magnetische Felder

Eine kurze Einführung in die magnetischen Felder wurde bereits mit der Tabelle (3.5), den Abbildungen (3.9) und (3.10) und der Tabelle (3.6) gegeben. Im Folgenden wird ein Überblick über die zeitlich veränderlichen elektromagnetischen Felder gegeben. Dabei werden die langsam veränderlichen elektromagnetischen Felder, d. h. die quasistationären Felder, im Hinblick auf die magnetische Induktion und die schnell veränderlichen/Hochfrequenz (HF) Felder, d. h. die elektromagnetischen Wellen (EM-Wellen), im Hinblick auf die elektromagnetische Fernspeisung, d. h. die drahtlose Übertragung elektromagnetischer Energie mittels EM-Wellen in Form von Radiofrequenzen (engl., Radio Frequency (RF)), dargestellt. Die Energieübertragung durch elektromagnetische Fernspeisung ist auch unter dem Begriff *„RF-Energy-Harvesting"* bekannt.

Zunächst wird in Abschnitt (3.3.3.1) das Thema „Quasistationäre Felder" mit folgenden Unterthemen behandelt: das magnetische Skalarpotential, die magnetische Spannung und das magnetische Vektorpotential, das Biot-Savartsche Gesetz und die magnetische Energie. Danach wird in Abschnitt (3.3.3.2) das Thema „Induktivität" behandelt, das die folgenden Unterthemen umfasst: Gegeninduktivität zwischen Stromkreisen, innere und äußere Induktivität einer zylindrischen Drahtspule, das Induktionsgesetz. Das nächste Thema „Elektromagnetische Wellen" wird in Abschnitt (3.3.3.3) mit den folgenden Unterthemen behandelt: die zeitharmonischen Felder, die Umformung der inhomogenen Feldwellengleichung in die komplexe Wellengleichung, der Skineffekt mit dem ohmschen Widerstand, das Nah- und Fernfeld der Sendequelle, die Feldwellenimpedanz im Nah- und Fernfeld und die Leistungsdichte. Schließlich werden in Abschnitt (3.3.3.4) das Thema Antenne und die damit zusammenhängenden Begriffe, die für das RF-Energy-Harversting eine wichtige Rolle spielen, wie folgt dargestellt: Strahlungsleistungsdichte, Richtcharakteristik, Richtfunktion und Richtfaktor, Gewinn und wirksame Fläche, Funkübertragungsstrecke, Streckendämpfung, Impedanz, S-Parameter, L-Schaltung und Resonanzüberhöhung.

3.3.3.1 Quasistationäre Felder

Die zeitlichen Änderungen quasistationärer Felder sind gerade so langsam, dass sie noch als statisches Feld betrachtet werden können. Die Ladungsbewegungen folgen den Feldänderungen ohne zeitliche Verzögerung. Die Orts- und Zeitabhängigkeit wird als entkoppelt angenommen. Daher werden diese Felder mit den Methoden für statische Felder berechnet. Mit zunehmender zeitlicher Änderung der Felder werden die zeitlichen Ableitungen der Feldgrößen, z. B. $\vec{E}$, $\vec{B}$ (s. Tab. (3.6), Gl. (3.6), Gl. (3.13) und Gl. (3.21)) wie im folgt in Gleichung (3.74)

$$\nabla \times \vec{E} = 0; \qquad \frac{\partial \vec{D}}{\partial t} = \varepsilon \cdot \frac{\partial \vec{E}}{\partial t}; \qquad \nabla \times \vec{E} = -\frac{\partial \vec{B}}{\partial t}; \tag{3.74}$$

berücksichtigt. In dem Fall, wenn Gleichung (3.6) gilt, d. h. $\nabla \times \vec{E}=0$ ist, werden die quasistationären Felder weiterhin als statische Felder betrachtet (s. Abb. (3.9d–e)). Gilt jedoch Gleichung (3.21), d. h. $\nabla \times \vec{E} = -\partial\vec{B}/\partial t$, dann werden die Lösungsverfahren für statische Felder nicht mehr zur Feldberechnung verwendet (s. Tab. (3.6) und Abb. (3.9b–c)). In diesem Fall sind sie zwar noch an die Quellen gebunden, aber eine freie Ausbreitung im Raum als Welle ist nicht mehr möglich [354].

- **Magnetisches Skalarpotential, magnetische Spannung und magnetisches Vektorpotential**

Das magnetische Skalarpotential φ_m und die magnetische Spannung V_m in Ampère (A) werden durch die Anwendung des Durchflutungsgesetzes der Maxwell-Gleichungen (3.15) und (3.16) (s. Tab. (3.6)) wie in Gleichung (3.75)

$$\begin{aligned} \varphi_m &= \oint \vec{H} \cdot d\vec{s}, \qquad f\ddot{u}r \quad \nabla \times \vec{H} = 0 \\ V_m &= \oint \vec{H} \cdot d\vec{s}, \qquad f\ddot{u}r \quad \nabla \times \vec{H} = \vec{J} + \frac{\partial \vec{D}}{\partial t} \end{aligned} \tag{3.75}$$

berechnet. Hierbei gilt die Einschränkung, dass das magnetische Skalarpotential φ_m nur im stromlosen Bereich auftreten kann. Daraus ergibt sich der Zusammenhang zwischen der magnetischen Feldstärke $\vec{H}$ und dem magnetischen Skalarpotential φ_m nach Gleichung (3.76)

$$\vec{H} = -\nabla \varphi_m. \tag{3.76}$$

Aufgrund der uneingeschränkten Gültigkeit der Maxwell-Gleichung (3.18) (s. Tab. (3.6)) wird das magnetische Vektorpotential $\vec{A}$ mit den Eigenschaften wie in Gleichung (3.77)

$$\nabla \cdot \vec{B} = 0; \qquad \nabla \cdot \nabla \times \vec{A} = 0 \tag{3.77}$$

eingeführt. Daraus ergibt sich der Zusammenhang zwischen der magnetischen Flussdichte $\vec{B}$ und dem magnetischen Vektorpotential $\vec{A}$ in Vs/m wie in Gleichung (3.78)

$$\vec{B} = \nabla \times \vec{A}. \tag{3.78}$$

Durch die Anwendung der *Coulomb-Eichung/Integralgleichung*, der *Possionsgleichung* und der *Greenschen Freiraumfunktion* ergibt sich die allgemeine Beschreibung des Vektorpotentials $\vec{A}$ für eine beliebige Stromverteilung im Freiraum wie in Gleichung (3.79)

$$\vec{A}(\vec{r}) = \frac{\mu}{4\pi} \cdot \iiint \frac{\vec{J}(\vec{r}')}{|\vec{r} - \vec{r}'|} \, dV' \tag{3.79}$$

beschreiben [352]. Dabei ist $\vec{r}'$ Referenzvektor für einen beleibiegen Quellpunkt und V' das Volumen, in dem die elektrische Stromdichte $\vec{J}$ befindet.

- **Biot-Savartsches Gesetz und magnetische Energie**

  - **Biot-Savartsches Gesetz**

Durch Einsetzen der Gleichung (3.79) in Gleichung (3.78) ergibt sich das *Gesetzt von Biot-Savart*, mit dem sich die magnetische Flussdichte $\vec{B}$ aus der elektrischen Stromdichte $\vec{J}$ berechnen lässt, wie in Gleichung (3.80) gezeigt:

$$\vec{B} = \nabla \times \vec{A} = \frac{\mu}{4\pi} \cdot \iiint \nabla \times \left(\frac{\vec{J}(\vec{r}')}{|\vec{r} - \vec{r}'|} \right) dV'. \tag{3.80}$$

Nach den Regeln für die Anwendung des Nabla-Operators ∇ auf skalare- und/oder vektorielle Felder ergibt sich Gleichung (3.80) wie in Gleichung (3.81) [352]

$$\vec{B} = \frac{\mu}{4\pi} \cdot \iiint \frac{\vec{J}(\vec{r}') \times \vec{e}_{r_d}}{{r_d}^2} \, dV.' \tag{3.81}$$

Dabei ist $\vec{r}_d. = |\vec{r} - \vec{r}'|$ der Differenzvektor und $\vec{e}_{r_d}$ der Einheitsvektor des Differenzvektors $\vec{r}_d$. Damit führt das Biot-Savartsche Gesetz zur Quellenfreiheit des magnetischen Feldes und ermöglicht die Berechnung des magnetischen Feldes beliebiger Linienströme [354].

Bei Anwendung des Biot-Savart-Gesetztes auf stromdurchflossenen dünnen Drähten werden die dreidimensionalen Integrationen in den Gleichungen (3.79) und (3.81) aufgrund der Lokalisierbarkeit der Stromdichte $\vec{J}$ wie in Gleichung (3.82) zu eindimensional Integralen wie in den Gleichungen (3.83) und (3.84)

$$\vec{J}\,dV = \vec{J} \cdot A \cdot ds = I \cdot d\vec{s} \tag{3.82}$$

$$\vec{A} = \frac{\mu \cdot I}{4\pi} \cdot \int \frac{d\vec{s}}{r_d} \tag{3.83}$$

$$\vec{B} = \frac{\mu \cdot I}{4\pi} \cdot \int \frac{d\vec{s} \times \vec{e}_{r_d}}{{r_d}^2} \tag{3.84}$$

reduziert. Hierbei ist A der Querschnitt, ds die infinitesimale Länge des dünnen Drahtes. Die magnetische Flussdichte $\vec{B}$ eines Linienstromes ergibt sich nach Gleichung (3.84) wie in Gleichung (3.85)

$$\vec{B} = \frac{\mu \cdot I}{4\pi \cdot r}\,\vec{e}_B \tag{3.85}$$

dargestellt. Dabei ist r der radiale Abstand des Berechnungspunktes zur Linienstromquelle und $\vec{e}_B$ der Einheitsvektor der magnetischen Flussdichte $\vec{B}$. Für einen unendlich langen Linienstrom wird die magnetische Flussdichte $\vec{B}$ wie in Gleichung (3.86)

$$\vec{B} = \frac{\mu \cdot I}{2\pi \cdot r}\,\vec{e}_B \tag{3.86}$$

berechnet [354].

Der Wert des magnetischen Vektorpotentials mit dem r Entfernung zu den unendlich langen Linienstrom aus einem Referenzabstand r_0 ergibt sich wie in Gleichung (3.86a) [352]

$$\vec{A}(r) = -\frac{\mu}{2\pi} \cdot ln\left(\frac{r}{r_0}\right). \tag{3.86a}$$

Die magnetische Flussdichte $\vec{B}$ mehrerer unendlich langer Linienströme ergibt sich wie in Gleichung (3.86b)

$$\vec{B} = \frac{\mu}{2\pi} \cdot \sum_{i=1}^{n} \frac{I_i}{r_i} \cdot \left(-sin\beta_i \cdot \vec{e}_x \pm cos\beta_i \cdot \vec{e}_y\right). \tag{3.86b}$$

Die magnetische Flussdichte $\vec{B}$, die aus in z-Koordinatenrichtung verlaufenden parallelen Linienstrom-Anordnung berechnet wird, wird gemäß Gleichung (3.86) durch Summation der einzelnen x- und y-Koordinatenkomponenten unter der Berücksichtigung der Polarwinkel β_i, die den Winkel zwischen den einzelnen Linienströmen und dem Berechnungspunkt beschrieben, erhalten [352].

- **Magnetische Energie**

Die im magnetischen Feld gespeicherte Energie W_m, wird wie beim elektrischen Feld (s. Gl (3.21a–3.21c) und Gl. (3.40–3.41)) durch die Integration der im magnetischen Feld gespeicherten Energievolumendichte w_m (in Ws/m^3) über das gegebene Volumen V nach Gleichung (3.87)

$$W_m = \iiint w_m \, dv = \frac{1}{2} \cdot \iiint \vec{H} \cdot \vec{B} \, dV \tag{3.87}$$

berechnet. Durch Einsetzen der Gleichung (3.78) in Gleichung (3.87) und nach den Anwendungsregeln des Nabla-Operators ∇ auf die Skalar- und/oder Vektorfelder ergibt sich Gleichung (3.87) wie in Gleichung (3.88) [352]

$$\begin{aligned} W_m &= \frac{1}{2} \cdot \iiint \nabla \cdot (\vec{A} \times \vec{H}) \, dV + \frac{1}{2} \cdot \iiint \vec{A} \cdot (\nabla \times \vec{H}) \, dV \\ W_m &= \frac{1}{2} \cdot \iint (\vec{A} \times \vec{H}) \, d\vec{O} + \frac{1}{2} \cdot \iiint \vec{A} \cdot \vec{J} \, dV. \end{aligned} \tag{3.88}$$

Aufgrund der unterschiedlichen Abnahmefaktoren der Felder im gesamten Raum, d. h. die magnetische Feldstärke $\vec{H}$ ist proportional zu $\sim 1/r^2$ und das Vektorpotential $\vec{A}$ ist proportional zu $\sim 1/r$, wird der erste Term mit dem Oberflächeintegral vernachlässigt und der zweite Term mit dem Volumenintegral für die Berechnung der magnetostatischen Feldenergie wie in Gleichung (3.89)

$$W_m = \iiint \vec{A} \cdot \vec{J} \, dV \tag{3.89}$$

angesetzt. Mit dieser Beschreibung werden nur die Bereiche betrachtet, in denen die Stromdichte $\vec{J}$ ungleich Null ist, was einen Vorteil gegenüber der Gleichung (3.87) darstellt.

3.3.3.2 Induktivität

Die *Induktivität* L in einem Stromkreis dient dazu, um das Verhältnis zwischen dem magnetischen Fluss Φ_m und der Stromstärke I zu beschreiben. Die Induktivität eines Stromkreises auf sich selbst wird als *Eigeninduktivität* und die Induktivität auf benachbarte Stromkreise wird als *Gegeninduktivität* genannt. Die Eigeninduktivität umfasst die *äußere Induktivität* und die *innere Induktivität*.

Durch Einsetzen von Gleichung (3.82) in Gleichung (3.89) wird die magnetischen Feldenergie W_m wie in Gleichung (3.90)

$$W_m \approx \frac{I}{2} \oint \vec{A} \cdot d\vec{s} \tag{3.90}$$

beschrieben. Mit Hilfe des *Stokesschen Integralsatzes* wird die Gleichung (3.89) wie in Gleichung (3.91)

$$\oint \vec{A} \cdot d\vec{s} = \iint \nabla \times \vec{A} \cdot d\vec{F} = \iint \vec{B} \cdot d\vec{F} = \Phi_m \tag{3.91}$$

umgewandelt, um den magnetischen Fluss Φ_m, der die vom Stromkreis umschlossene Fläche durchfließt, zu berechnen [352]. Hierbei ist $\vec{F}$ die Fläche, die den Stromkreis umschließt. Dadurch ergibt sich die Induktivität L durch die Anwendung der Gleichungen (3.90) und (3.91) wie in Gleichung (3.92)

$$L = \frac{\Phi_m}{I} = \frac{1}{I} \cdot \oint \vec{A} \cdot d\vec{s} = \frac{1}{I} \cdot \iint \vec{B} \cdot d\vec{F}. \tag{3.92}$$

Dadurch wird die magnetische Feldenergie W_m durch die Stromstärke I und die Induktivität L wie in Gleichung (3.93)

$$W_m = \frac{1}{2} \cdot I^2 \cdot L \tag{3.93}$$

dargestellt. Hierbei beschreibt die Induktivität L die äußere Induktivität des Stromkreises. Durch die Umformulierung der Gleichung (3.93) und Einsetzen der Gleichung (3.87) für die magnetische Feldenergie W_m ergibt sich die Beschreibung der Induktivität L nach der magnetischen Felder $\vec{H}$ und $\vec{B}$ wie in Gleichung (3.94)

$$L = 2 \cdot \frac{W_m}{I^2} = \frac{1}{I^2} \cdot \iiint \vec{H} \cdot \vec{B}\, dV. \tag{3.94}$$

Durch die Umformung der Gleichung (3.83) gemäß Dünndrahtnäherung, mit der der Volumenstrom im Draht als Linienstrom angenommen wird, wie in Gleichung (3.94)

$$\vec{A} = \frac{\mu \cdot I}{4\pi} \cdot \oint \frac{d\vec{s}'}{r_d} \tag{3.95}$$

und Einsetzen der Gleichung (3.95) in Gleichung (3.94) wird eine andere Beschreibung der äußeren Induktivität eines Stromkreises nach *Neumannsche Formel* wie in Gleichung (3.96)

$$L = \frac{\mu}{4\pi} \oint \oint \frac{d\vec{s}\, d\vec{s}'}{r_d} \tag{3.96}$$

erhalten [352].

Die innere Induktivität eines Stromkreises L_i wird durch Einsetzen der inneren magnetischen Feldenergie $W_{m,i}$ des Stromkreises, d. h. durch die Integralen der magnetischen Felder im inneren Volumen V_i, wie in Gleichung (3.97)

$$L_i = 2 \cdot \frac{W_{m,i}}{I^2} = \frac{1}{I^2} \cdot \iiint \vec{H} \cdot \vec{B}\, dV_i \tag{3.97}$$

berechnet. Die Gesamtinduktivität des Stromkreises L_g ist die Summe aus der inneren Induktivität L_i und der äußeren Induktivität L, die wie in Gleichung (3.98)

$$L_g = L + L_i = \frac{2}{I^2} \cdot \left(W_m + W_{m,i}\right) = \frac{1}{I^2} \cdot \left(\iiint \vec{H} \cdot \vec{B}\, dV + \iiint \vec{H} \cdot \vec{B}\, dV_i\right) \tag{3.98}$$

berechnet wird. In vielen Anwendungsfällen wird die innere Induktivität L_i wegen ihrer geringen Werte vernachlässigt. Daher wird die Gesamtinduktivität des Stromkreises L_g wie in Gleichung (3.99) beschrieben:

$$L_g \approx L = 2 \cdot \frac{W_m}{I^2} = \frac{1}{I^2} \cdot \iiint \vec{H} \cdot \vec{B}\, dV. \tag{3.99}$$

- **Gegeninduktivität zwischen Stromkreisen**

Um den Einfluss des induktiven Verhaltens von Mehrleitersystemen zur Energieversorgung von Bahnen bei der Energieernte mittels magnetischer Induktion zu beschreiben, wird nachfolgend die Induktivität des Mehrleitersystems dargestellt. Anschließend wird die Induktivität einer Drahtspule (Solenoid), die im Folgenden als Berechnungs- und Messanordnung angenommen wird, beschrieben.

In diesem Fall wird die Induktivität einer Anordnung eines Stromkreises (s. Abb. (3.13)) auf mehrere Stromkreise erweitert. Dieses erweiterte Mehrleitersystem (s. Abb. (3.14a)) besteht aus n Stromkreisen, d. h. $\{i\} \in \mathbb{N}_1 := \{1, 2, 3, \ldots, n\}$, die jeweils die Fläche F_i einschließen und vom Strom I_i durchflossen werden.

Die gesamte magnetische Energie W_m außerhalb stromführender Drahtleiter wird durch die Anwendung der Gleichung (3.90) wie in Gleichung (3.100)

$$W_m = \frac{1}{2} \cdot \sum_{i=0}^{n} I_i \oint \vec{A} \cdot d\vec{s} \tag{3.100}$$

beschrieben. Dabei ist $\vec{A}$ ·ist die Summe der jede einzelnen Vektorpotentiale $\vec{A}_k$, die durch den Stromkreis I_k verursacht werden. Hierbei gilt es für $\{k\} \in \mathbb{N}_1 := \{1, 2, 3, \ldots, n\}$. Damit ergibt sich das Vektorpotential der gesamten Stromkreisanordnung $\vec{A}$ durch die Anwendung der Gleichung (3.95), wie in Gleichung (3.100)

$$\vec{A} = \sum_{k=1}^{n} \vec{A}_k = \frac{\mu}{4\pi} \cdot \sum_{k=1}^{n} I_k \cdot \oint \frac{d\vec{s}'}{r_d} \tag{3.101}$$

dargestellt. Durch Einsetzen der Gleichung (3.101) in Gleichung (3.100) wird die *Induktionskoeffizienten* L_{ik} wie in Gleichung (3.102)

$$L_{ik} = \frac{1}{I_k} \cdot \oint \vec{A}_k \cdot d\vec{s} = \frac{\mu}{4\pi} \oint \oint \frac{d\vec{s}\, d\vec{s}'}{r_d} \tag{3.102}$$

berechnet. Hierbei wird im Fall "$i = k$" die Eigeninduktivität des Einzelstromkreises und im Fall "$i \neq k$" die Gegeninduktivität zwischen den Stromkreisen i und k beschrieben. Der Fall „$L_{ik} = L_{ki}$" wird als *Reziprozität* genannt.

Damit wird die Gleichung (3.100) für die Feldenergie der gesamten Anordnung gemäß der Gleichung (3.102) wie in Gleichung (3.103)

$$W_m = \frac{1}{2} \cdot \sum_{i=0}^{n} I_i \cdot I_k \cdot L_{ik} \Rightarrow L_{ik} = \frac{\partial^2 W_m}{\partial I_i \partial I_k} \tag{3.103}$$

berechnet. Diese Gleichung stellt eine Relation zwischen den *Induktionskoeffizienten* L_i und der gesamten magnetischen Energie W_m der Stromkreisanordnung her. Damit ist es möglich, die *Induktionskoeffizienten* L_{ik} aus der gesamten magnetischen Energie W_m, wie durch die folgenden Gleichungsreihen (3.105–3.107) dargestellt, in Matrixform zu berechnen, wenn in Gleichung (3.100) die Gleichung (3.101) wie in Gleichung (3.104)

$$W_m = \frac{1}{2} \cdot \sum_{i=0}^{n} I_i \oint \vec{A} \cdot d\vec{s} = W_m = \frac{1}{2} \cdot \sum_{i=1}^{n} I_i \sum_{k=1}^{n} \oint \vec{A}_k \cdot d\vec{s} \tag{3.104}$$

eingesetzt wird und nach der Gleichung (3.92) der magnetische Flusskoeffizient $\Phi_{m_{ik}}$, der durch die Stromstärke im Stromkreis k im Stromkreis i hervorgerufene magnetische Fluss definiert ist, wie in Gleichung (3.105)

$$\Phi_{m_{ik}} = \oint \vec{A}_k \cdot d\vec{s} \tag{3.105}$$

eingesetzt und nach Gleichung (3.92) die Induktionskoeffizienten L_{ik} nach den magnetischen Flusskoeffizienten $\Phi_{m_{ik}}$ und der Stromstärke I_k im Stromkries k wie in Gleichung (3.106)

$$L_{ik} = \frac{\Phi_{m_{ik}}}{I_k} \tag{3.106}$$

eingesetzt. Dadurch ergibt sich der gesamte magnetische Fluss Φ_{m_i} durch den i-ten Stromkreis als Summe aller Teilflüsse wie in Gleichung (3.107) zeigt

$$\Phi_{m_i} = \sum_{k=1}^{n} \Phi_{m_{ik}} = \sum_{k=1}^{n} I_k \cdot L_{ik}. \tag{3.107}$$

Durch die Beschreibung der gesamten Induktionskoeffizienten als Induktivitätsmatrix $\boldsymbol{L}$ wie in Gleichung (3.108)

$$\boldsymbol{L} = \begin{bmatrix} L_{11} & \cdots & L_{1n} \\ \vdots & \ddots & \vdots \\ L_{n1} & \cdots & L_{nn} \end{bmatrix} \tag{3.108}$$

werden der gesamten magnetischen Fluss Φ_m durch die genannte Stromkreisanordnung $\boldsymbol{I}$ in Matrixform als $\boldsymbol{\Phi_m}$ in Matrixform wie in Gleichung (3.109)

$$\boldsymbol{\Phi_m} = \boldsymbol{L} \cdot \boldsymbol{I} \tag{3.109}$$

beschrieben [352]. Hierbei ist die Induktivitätsmatrix $\boldsymbol{L}$ aufgrund der Reziprozität, d. h. $L_{ik} = L_{ki}$, symmetrisch. Dabei werden die Matrizen $\boldsymbol{\Phi_m}$ und $\boldsymbol{I}$ als (n × 1)-Spaltenmatrix betrachtet.

- **Innere und äußere Induktivität einer zylindrischen Drahtspule**

Zur Berechnung der inneren Induktivität L_i eines Drahtes mit dem Radius r_o und der Länge l wird angenommen, dass während des Stromflusses im Inneren des Drahtes ein homogenes Magnetfeld mit der Bedingung nach Gleichung (3.110)

$$\vec{H} = \frac{\vec{J}}{2} \cdot r, \quad für \quad 0 \leq r \leq r_o \tag{3.110}$$

herrscht [358]. Dabei ist $\vec{J}$ die konstante Stromdichte im Draht. Daraus ergibt sich der Gesamtstrom durch den Draht t $I = \vec{J} \cdot \pi \cdot {r_o}^2$. Nach Gleichung (3.87) zur Berechnung der magnetischen Energie W_m wird die innere Energie W_{m_i} mit dem Volumenelement $dv = l \cdot 2 \cdot \pi \cdot r\, dr$ für $0 \leq r \leq r_o$ wie in Gleichung (3.111)

$$\begin{aligned} W_{m_i} &= \iiint w_m\, dv = \frac{1}{2} \cdot \iiint \vec{H} \cdot \vec{B}\, dv = \frac{1}{2} \cdot \iiint \vec{H} \cdot \mu \cdot \vec{H}\, dv = \frac{\mu}{2} \cdot \iiint \vec{H}^2\, dv \\ &= \frac{\mu}{2} \cdot \iiint \left(\frac{\vec{J}}{2} \cdot r\right)^2 dv = \frac{\mu \cdot \vec{J}^2}{8} \cdot l \cdot 2 \cdot \pi \cdot \int_{r=0}^{r_o} r \cdot r^2\, dv \\ &= \frac{\mu \cdot \vec{J}^2}{4} \cdot l \cdot \pi \cdot \frac{{r_o}^4}{4} = \frac{\mu \cdot l \cdot I^2}{16\pi} \end{aligned} \tag{3.111}$$

berechnet. Dabei wird die Permeabilitätskonstante der $\mu = \mu_0 \cdot \mu_r$ von Metalldrähten wie Aluminium, Kupfer wegen seiner kleineren relativen Permeabilitätskonstante $\mu_r \approx 1$ der Wert der magnetischen Permeabilität des Vakuums $\mu \approx \mu_0$ angenommen. Nach Gleichung (3.93) ergibt sich die innere Induktivität L_i wie in Gleichung (3.112)

$$W_{m_i} = \frac{1}{2} \cdot I^2 \cdot L_i \Rightarrow$$
$$L_i = \frac{2 \cdot W_{m_i}}{I^2} = \frac{\mu_0 \cdot l}{8\pi}. \tag{3.112}$$

Die längenbezogene innere Induktivität L'_i ergibt sich nach Gleichung (3.113) wie folgt

$$L'_i = \frac{L_i}{l} = \frac{\mu_0}{8\pi}. \tag{3.113}$$

Für den Fall, dass aus dem obigen Draht mit der längenbezogenen inneren Induktivität L'_i nach Gleichung (3.113) eine zylindrische Spule mit dem Radius d und der Anzahl der Drahtwindungen pro Länge entlang der Spule $n' = \Delta n / \Delta l$ konstruiert wird, so ergibt sich die längenbezogene innere Induktivität L'_{s_i} der Spule mit der dafür verwendeten Drahtlänge $l_d = n' \cdot 2\pi \cdot d$ gemäß Gleichung (3.114) wie folgt

$$L'_{s_i} = \frac{\mu}{8\pi} \cdot n' \cdot 2\pi \cdot d = \frac{n' \cdot \mu_0 \cdot d}{4}. \tag{3.114}$$

Für die äußere Induktivität der Zylinderspule wird der Fall diskutiert, dass ein Draht dünn, dicht und gleichmäßig auf ein Kernmaterial mit dem Radius d und der Permeabilität μ gewickelt ist. Gleichzeitig wird vorausgesetzt, dass zwischen der Länge l und dem Radius d das Verhältnis $l \gg d$ besteht und dass während des Stromflusses im Inneren der Spule ein homogenes Magnetfeld mit der Bedingung nach Gleichung (3.115)

$$\vec{H} = \vec{J}_O = n' \cdot I \tag{3.115}$$

herrscht [352]. Dabei ist $\vec{J}_O$ die Oberflächenstromdichte der Spule. Nach Gleichung (3.92) ergibt sich die längenbezogene äußere Induktivität L' wie in Gleichung (3.116)

$$L'_{s_a} = \frac{n'}{I} \cdot \iint \vec{B} \cdot d\vec{F} = \frac{n'}{I} \cdot \mu \cdot n' \cdot I \cdot \pi \cdot d^2 = \mu \cdot n'^2 \cdot \pi \cdot d^2. \tag{3.116}$$

Die gesamte längenbezogene Induktivität der Spule L'_{s_g} ist die Summe der längenbezogenen inneren und äußeren Induktivität, wie in Gleichung (3.117)

$$\begin{aligned} L'_{s_g} &= L'_{s_i} + L'_{s_a} = \frac{n' \cdot \mu_0 \cdot d}{4} + \mu_0 \cdot \mu_r \cdot n'^2 \cdot \pi \cdot d^2 \\ &= n' \cdot \mu_0 \cdot d \cdot \left(\frac{1}{4} + n' \cdot \mu_r \cdot \pi \cdot d\right) \cong L'_{s_a} \end{aligned} \tag{3.117}$$

beschrieben. Hierbei kann die innere Induktivität einer Spule aufgrund des Verhältnisses $n' \cdot d \gg 1$ auch bei einer kernlosen Spule, d. h. $\mu_r \approx 1$, vernachlässigt werden. So kann die Gesamtinduktivität einer Spule mit endlicher Länge $l \gg d$ und mit der Windungszahl $n = n' \cdot l$ näherungsweise wie in Gleichung (3.118)

$$L_{s_g} \cong L'_{s_a} \cdot l = \mu \cdot \left(\frac{n}{l}\right)^2 \cdot \pi \cdot d^2 \cdot l = n^2 \cdot \mu \cdot \pi \cdot \frac{d^2}{l} \tag{3.118}$$

berechnet werden [352, 358].

- **Induktionsgesetz**

Nach dem Induktionsgesetz gemäß den Maxwell-Gleichungen (3.5) und (3.20) (s. Tab. (3.6)) treibt das induzierte elektrische Wirbelfeld $\vec{E}$ in einer Leiterschleife des elektrisch leitenden Drahtes, der sich im elektromagnetischen Feldfluss befindet, einen Stromfluss an. Der magnetische Fluss Φ_m ergibt sich aus der Wirkung der magnetischen Flussdichte $\vec{B}$ auf die gesamte betrachtete Fläche nach Gleichung (3.17) (s. Tab. (3.6)):

$$U_i = \oint \vec{E} \cdot d\vec{s}\,; \quad U = -\frac{d}{dt}\iint \vec{B} \cdot d\vec{O}\,; \quad \Phi_m = \iint \vec{B} \cdot d\vec{O}\,.$$

Zur Beschreibung des Induktionsgesetzes wird in den Maxwell-Gleichungen (s. Tab. (3.6)) angenommen, dass der magnetische Fluss Φ_m entweder auf eine Fläche innerhalb einer Drahtschleife oder auf eine Oberfläche $\vec{O}$, z. B. eine Zylinderoberfläche, oder auf eine Fläche $\vec{F}$, z. B. eine dünne Blechfläche, wirkt. Im Folgenden wird jedoch angenommen, dass der magnetische Fluss Φ_m auf eine Fläche $\vec{F}$ wirkt.

Damit soll die Wirkung des magnetischen Flusses Φ_m durch die Fälle mit zweidimensionaler Fläche und auch mit der Fläche innerhalb einer Drahtschleife einheitlicher beschrieben werden. Es wird angenommen, dass alle drei zur Berechnung des magnetischen Flusses Φ_m benötigten Komponenten, nämlich die magnetische Flussdichte $\vec{B}$, die Fläche $\vec{F}$ und der Winkel β zwischen $\vec{B}$ und dem Flächennormalvektor von $\vec{F}$, zur Berechnung der induzierten Spannung U_{ind} zeitlich veränderlich sind.

Gleichzeitig wird davon ausgegangen, dass bei zeitlicher Änderung einer Komponente die beiden anderen Komponenten konstant bleiben, d. h. sich im Laufe der Zeit nicht verändern. Durch Anwendung der Produkt- und Kettenregeln (s. Gl. (A.3.31–A.3.33)) ist es möglich, die drei Arten der Induktion, nämlich durch Änderung der magnetischen Flussdichte, durch Änderung der Fläche und durch Änderung des Winkels, wie in Gleichung (3.119–3.119e) gezeigt, darzustellen:

Durch das Einsetzen der Gleichung (3.17) in Gleichung (3.20) (s. Tab. (3.6)) ergibt sich die induzierte Spannung $U_i(t)$ wie in den Gleichungen (3.119–3.119e):

$$U_i(t) = -\frac{d\Phi_m(t)}{dt} \tag{3.119}$$

$$= -\frac{d}{dt}\left(\vec{B}(t) \cdot \vec{F}(t) \cdot cos(\beta)\right) = -\frac{d}{dt}\left(\left(\vec{B}(t) \cdot \vec{F}(t)\right) \cdot cos(\beta)\right) \tag{3.119a}$$

$$= -\left(\frac{d}{dt}\left(\left(\vec{B}(t) \cdot \vec{F}(t)\right) \cdot cos(\beta)\right) + \left(\vec{B}(t) \cdot \vec{F}(t)\right) \cdot \frac{d}{dt}cos(\beta)\right) \overset{Produktregel}{\Rightarrow} \tag{3.119b}$$

$$= -\left(\left(\frac{d\vec{B}(t)}{dt} \cdot F + B \cdot \frac{d\vec{F}(t)}{dt}\right) \cdot cos(\beta) + B \cdot F \cdot \frac{d}{dt}cos(\beta)\right) \overset{Produktregel}{\Rightarrow} \tag{3.119c}$$

$$= -\left(\frac{d\vec{B}(t)}{dt} \cdot F \cdot cos(\beta) + \frac{d\vec{F}(t)}{dt} \cdot B \cdot cos(\beta) + B \cdot F \cdot \left(-sin(\beta t) \cdot \frac{d\beta}{dt}\right)\right) \overset{Kettenregel}{\Rightarrow} \tag{3.119d}$$

$$= -\frac{d\vec{B}(t)}{dt} \cdot F \cdot cos(\beta) - \frac{d\vec{F}(t)}{dt} \cdot B \cdot cos(\beta) + B \cdot F \cdot \frac{d\beta}{dt} \cdot sin(\beta). \quad (3.119e)$$

Der erste Term der Gleichung (3.119e) beschreibt die *Transformatorinduktion*, die durch die zeitliche Änderung der magnetischen Felddichte $\vec{B}$ das elektrische Feld $\vec{E}$ induziert, das einen Stromfluss, z. B. in einer dünnen Leiterschleife, antreibt. Der induzierte Strom erzeugt eine magnetische Flussdichte, die zu dem ursprünglichen Feld entgegengerichtet ist. Im Gegensatz dazu werden Ströme, die in massiven Leitern induziert werden, als Wirbelströme bezeichnet [354].

Der zweite Term bzw. dritte Term der obigen Gleichung (3.119e) beschreibt die *Induktion durch zeitliche Flächenänderung* bzw. *Bewegungsinduktion*. Dabei wird das elektrische Feld $\vec{E}$ entweder durch die Veränderung der Schleife, z. B. durch Vergrößerung oder Verkleinerung der Fläche innerhalb der Schleife oder durch die Bewegung der Schleife bei konstanter magnetischer Flussdichte $\vec{B}$ induziert. Wenn die Normalkomponente der Fläche $\vec{F}$ als $\vec{n} \times d\vec{F} = ds \cdot da \cdot \vec{e}_s$ definiert ist und die zeitliche Änderung der Kante a als $da = v \cdot \Delta t$ mit der Geschwindigkeit v und der Zeitdifferenz Δt, so wird die Bewegung der Fläche $\vec{F}$ wie in Gleichung (3.119f)

$$\vec{n} \times d\vec{F} = ds \cdot da \cdot \vec{e}_s = d\vec{s} \cdot da \overset{da = v\cdot\Delta t}{\Rightarrow}$$
$$\frac{d\vec{F}(t)}{dt} = \frac{d\vec{s}(t)}{dt} \cdot \frac{d(v \cdot \Delta t)}{dt} = \frac{d\vec{s}(t)}{dt} \cdot v \quad (3.119f)$$

beschrieben. Hiebei ist v Bewegungsgeschwindigkeit der Fläche $\vec{F}$ und $d\vec{s}$ das vektorielle Wegelement.

Der vierte Term der Gleichung (3.119e) beschreibt eine weitere Art der Bewegungsinduktion, die durch die Rotation einer Fläche um die Symmetrieachse mit konstanter Winkelgeschwindigkeit ω in einer homogenen statischen magnetischen Flussdichte $\vec{B}$ hervorgerufen wird. Der Rotationswinkel wird dabei als $\beta = \omega t$ eingesetzt. Der Wert der Winkelgeschwindigkeit beträgt $\omega = 2\pi \cdot f$.

Durch Einsetzen der Gleichung (3.119f) und des Rotationswinkels $\beta = \omega t$ in Gleichung (3.119e) werden die vier Arten von Induktionsspannung $U_i(t)$ gemäß Gleichung (3.119g)

$$U_i(t) = -\frac{d\vec{B}(t)}{dt} \cdot F \cdot cos(\beta) - \frac{d\vec{F}(t)}{dt} \cdot B \cdot cos(\beta) - \frac{d\vec{s}(t)}{dt} \cdot v \cdot B \cdot cos(\omega t) + B \cdot F \cdot \omega \cdot sin(\omega t) \quad (3.119g)$$

berechnet.

Die Erhöhung der Induktionsspannung $U_i(t)$ erfolgt durch die Reihenschaltung mehrerer Leiterschleifen. Dabei wird eine Drahtspule mit n-Windungen, wie in Gleichung (3.120) beschrieben,

$$U_i(t) = -n \cdot \frac{d\Phi_m(t)}{dt} \quad (3.120)$$

angewendet.

Nach dem Anschluss der induzierten Leiterschleifen an einem Verbraucher zur Aufnahme elektrischer Leistung entsteht durch den geschlossenen Stromkreis ein resultierender

Induktionsstrom $I(t)$, der in der Schleife eine sekundäre magnetische Flussdichte $\vec{B}_s$ verursacht, die nach der *Lenzschen Regel* der primären magnetischen Flussdichte $\vec{B}_p$ entgegenwirkt [352, 354]. Aufgrund der sehr kleinen Beträge der sekundären magnetischen Flussdichte im Vergleich zur primären magnetischen Flussdichte wird die sekundäre magnetische Flussdichte nicht berücksichtigt.

Durch Einsetzen von Gleichung (3.92) in Gleichung (3.120) ergibt sich der Zusammenhang zwischen der Induktivität L (oder Eigen-/Selbstinduktivität) in Henry (H oder Vs/A) und der induzierten Spannung U wie in Gleichung (3.121)

$$U_i(t) = -\frac{d\Phi_m(t)}{dt} \overset{\Phi_m(t)=L\cdot I(t)}{\Rightarrow} U_i(t) = -\frac{d\big(L \cdot I(t)\big)}{dt} = -L \cdot \frac{dI(t)}{dt}. \tag{3.121}$$

Die Induktivität einer Drahtspule mit n-Windungen nach der Gleichung (3.120) wird durch Gleichung (3.122)

$$U_i(t) = -n \cdot \frac{d\Phi_m(t)}{dt} = -n \cdot \frac{d(L \cdot I(t))}{dt} = -n \cdot L \cdot \frac{dI(t)}{dt} = -L_g \cdot \frac{dI(t)}{dt} \tag{3.122}$$

bestimmt. Dabei ist L_g die Induktivität der Drahtspule mit n-Windungen, d. h. die Summe der Induktivitäten L der in Reihen geschaltet Einzelspulen.

3.3.3.3 Elektromagnetische Wellen

Bei den zeitlich veränderlichen Feldern, den elektromagnetischen Wellen, sind die elektrischen und magnetischen Felder symmetrisch miteinander gekoppelt. Wie in Abbildung (3.10) dargestellt, breiten sie sich frei im Raum aus und werden durch die Maxwell-Gleichungen (3.8), (3.16), (3.18) und (3.21) (s. Tab. (3.6)) wie folgt

$$\nabla \cdot \vec{D} = \rho_v; \quad \nabla \times \vec{H} = \vec{J} + \frac{\partial \vec{D}}{\partial t}; \quad \nabla \cdot \vec{B} = 0; \quad \nabla \times \vec{E} = -\frac{\partial \vec{B}}{\partial t}; \tag{3.123}$$

in Gleichung (3.123) beschrieben. Dabei wird vorausgesetzt, dass die folgenden Materialzusammenhänge mit den Gleichungen (3.9), (3.13), (3.14) und (3.19) (s. Tab. (3.6)) wie folgt in Gleichung (3.124)

$$\vec{D} = \varepsilon \cdot \vec{E}; \quad \frac{\partial \vec{D}}{\partial t} = \varepsilon \cdot \frac{\partial \vec{E}}{\partial t}; \quad \vec{J} = \kappa \cdot \vec{E}; \quad \vec{B} = \mu \cdot \vec{H}; \tag{3.124}$$

gelten. Hierbei wird angenommen, dass die Materialien linear, örtlich stückweise konstant und zeitunabhängig sind [354].

- **Zeitharmonischer Felder**

Im Folgenden werden die zeitlich veränderlichen Felder mit Hilfe des *komplexen Zeigers* (oder *Phasors)* im Frequenzbereich beschrieben. Dabei wird die Zeitabhängigkeit durch die Annahme von zeitharmonischen Signalen, bei denen alle Feldgrößen mit der Kreisfrequenz $\omega = 2 \cdot \pi \cdot f$ schwingen, vernachlässigt.

Damit ist es möglich, die zeitliche Ableitung bzw. Integration mit Hilfe einfacher arithmetischer Operationen durchzuführen. Hierbei sind die Feldgrößen proportional zu $e^{j\omega t}$ und rotieren in der komplexen Ebene mit ωt [10, 352, 354]. Die Transformation einer zeitharmonischen magnetischen Flussdichte $\vec{B}(\vec{r},t)$ in die komplexe Ebene, d. h. in den Frequenzbereich, wird als $\underline{\vec{B}}(\vec{r},t)$ wie in Gleichung (3.125)

$$\vec{B}(\vec{r},t) = \hat{\vec{B}}(\vec{r}) \cdot cos(\omega t + \varphi(\vec{r})) \rightarrow \underline{\vec{B}}(\vec{r},t) = \hat{\vec{B}}(\vec{r}) \cdot e^{j(\omega t + \varphi(\vec{r}))} \tag{3.125}$$

dargestellt. Hierbei ist $\hat{\vec{B}}(\vec{r})$ ·der Scheitel-/Spitzenwert, d. h. der größte Betrag der Augenblickswerte/Momentanwerte des zeitlich veränderlichen Feldes, und $\varphi(\vec{r})$ die Phase der Feldgröße. Beide Parameter sind gleichzeitig ortsabhängig.

Unter der Annahme, dass $\hat{\vec{B}}(\vec{r})e^{j\varphi(\vec{r})} := \underline{\vec{B}}(\vec{r})$ ist, dann ist die zeitabhängige, komplexe magnetische Flussdichte $\underline{\vec{B}}(\vec{r},t)$ wie in Gleichung (3.126)

$$\underline{\vec{B}}(\vec{r},t) = \underline{\vec{B}}(\vec{r}) \cdot e^{j\omega t} \tag{3.126}$$

angegeben. Die Rücktransformation aus der komplexen Ebene erfolgt durch Realteilbildung, dargestellt durch den Kennbuchstaben $\Re$, wie in Gleichung (3.127)

$$\vec{B}(\vec{r},t) = \Re\{\underline{\vec{B}}(\vec{r},t)\} = \hat{\vec{B}}(\vec{r}) \cdot \Re\{e^{j(\omega t + \varphi(\vec{r}))}\} = \hat{\vec{B}}(\vec{r}) \cdot cos(\omega t + \varphi(\vec{r})). \tag{3.127}$$

Die komplexe Schreibweise der in den Gleichungen (3.123) und (3.124) dargestellten Maxwell-Gleichungen wird wie in den Gleichungen (3.128) und (3.129)

$$\nabla \cdot \underline{\vec{D}} = \underline{\rho_v}; \qquad \nabla \times \underline{\vec{H}} = \underline{\vec{J}} + j\omega\underline{\vec{D}}; \qquad \nabla \cdot \underline{\vec{B}} = 0; \qquad \nabla \times \underline{\vec{E}} = -j\omega\underline{\vec{B}}; \tag{3.128}$$

$$\underline{\vec{D}} = \varepsilon \cdot \underline{\vec{E}}; \qquad j\omega\underline{\vec{D}} = \varepsilon \cdot j\omega\underline{\vec{E}}; \qquad \underline{\vec{J}} = \kappa \cdot \underline{\vec{E}}; \qquad \underline{\vec{B}} = \mu \cdot \underline{\vec{H}}; \tag{3.129}$$

beschreiben. Damit wird der Pyntingscher Satz aus der Gleichung (3.21a) in den *komplexen Poynting-Satz* wie in Gleichung (3.130)

$$\nabla \cdot \underline{\vec{S}} = -\frac{1}{2} \cdot \underline{\vec{E}} \cdot \underline{\vec{J}}^* + j2\omega\left(\frac{1}{4} \cdot \underline{\vec{E}} \cdot \underline{\vec{D}}^* - \frac{1}{4} \cdot \underline{\vec{H}}^* \cdot \underline{\vec{B}}\right) \tag{3.130}$$

überführt. Hierbei bezeichnet das Sternzeichen „*" den konjugiert komplexen Wert und der Faktor „1/2" die Verwendung der zeitlichen Mittelwerte der komplexen Feldgrößen im Gegensatz zur Verwendung der Momentanwerte beim zeitabhängigen Poynting-Satz [352]. Dabei werden die komplexen Feldgrößen aus dem Mittelwert des Produkts der Momentanwerte von $\vec{E}$ und $\vec{H}$ wie in Gleichung (3.131)

$$\overline{\vec{E}(t) \times \vec{H}(t)} = \frac{1}{2} \cdot \Re\{\underline{\vec{E}} \times \underline{\vec{H}}^*\} \tag{3.131}$$

berechnet. Dabei ergibt sich der komplexe Poynting-Vektor $\underline{\vec{S}}$ wie in Gleichung (3.132)

$$\underline{\vec{S}} = \Re\{\underline{\vec{S}}\} + j\,\Im\{\underline{\vec{S}}\}. \tag{3.132}$$

Hierbei beschreibt der erste Gleichungsterm die mittlere Wirkleistungsflussdichte, dargestellt durch den Kennbuchstaben $\Re$ als Realteil der Gleichung. Der zweite Gleichungsterm beschreibt die mittlere Blindleistungsflussdichte, dargestellt durch den Kennbuchstaben $\Im$ als Imaginärteil der Gleichung. Durch Anwendung des Gaußschen Integralsatzes auf Gleichung (3.130) ergeben sich die mittlere Verlustleistungsdichte $\overline{P}_j(t)$ bzw. $\overline{P}_j$, die mittlere elektrische Feldenergiedichte $\overline{w}_e(t)$ bzw. $\overline{w}_e$ und die mittlere magnetische Feldenergiedichte $\overline{w}_m(t)$ bzw. $\overline{w}_m$, wie in den Gleichung (3.133) und (3.133a–3.133c) beschrieben:

$$\oiint \underline{\vec{S}} \cdot d\vec{O} = -\frac{1}{2} \cdot \iiint \underline{\vec{E}} \cdot \underline{\vec{J}}^*\, dV + j2\omega \cdot \iiint \left(\frac{1}{4} \cdot \underline{\vec{E}} \cdot \underline{\vec{D}}^* - \frac{1}{4} \cdot \underline{\vec{H}}^* \cdot \underline{\vec{B}}\right) dV \tag{3.133}$$

$$= \underbrace{-\iiint \overline{P}_j \, dV}_{\Re\{\oiint \underline{\vec{S}}\cdot d\vec{O}\}=\oiint \Re\{\underline{\vec{S}}\}\cdot d\vec{O}} + \underbrace{j2\omega \cdot \iiint (\overline{w}_e - \overline{w}_m) \, dV}_{\Im\{\oiint \underline{\vec{S}}\cdot d\vec{O}\}=\oiint \Im\{\underline{\vec{S}}\}\cdot d\vec{O}}$$

$$\overline{P}_j(t) = \overline{\vec{E}(t) \times \vec{J}(t)} = \frac{1}{2} \cdot \left(\underline{\vec{E}} \cdot \underline{\vec{J}}^*\right) = \frac{\kappa}{2} \cdot \left|\underline{\vec{E}}\right|^2 = \overline{P}_j \tag{3.133a}$$

$$\overline{w}_e(t) = \overline{\vec{E}(t) \times \vec{D}(t)} = \frac{1}{4} \cdot \left(\underline{\vec{E}} \cdot \underline{\vec{D}}^*\right) = \frac{\varepsilon}{4} \cdot \left|\underline{\vec{E}}\right|^2 = \overline{w}_e \tag{3.133b}$$

$$\overline{w}_m(t) = \overline{\vec{H}(t) \times \vec{B}(t)} = \frac{1}{4} \cdot \left(\underline{\vec{H}}^* \cdot \underline{\vec{B}}\right) = \overline{w}_m. \tag{3.133c}$$

Dabei sind $\overline{P}_j$, $\overline{w}_e$ und $\overline{w}_m$ komplexe Materialgleichungen in linearen Medien. Durch Einsetzen der Terme aus der Gleichung (3.133a–3.133c) in Gleichung (3.133) ergibt sich eine andere Darstellung des Poynting-Satzes, die nur durch die räumlichen Integrale der magnetischen Felder $\underline{\vec{E}}$ und $\underline{\vec{H}}$ beschrieben wird, wobei die elektrische Leitfähigkeit κ, die Dielektrizitätskonstante (Permittivität) des Mediums ε und magnetische Permeabilitätskonstante μ wie in Gleichung (3.134)

$$\oiint \underline{\vec{S}} \cdot d\vec{O} = -\frac{\kappa}{2} \cdot \iiint \left|\underline{\vec{E}}\right|^2 dV + \frac{j\omega}{2} \cdot \iiint \left(\varepsilon \cdot \left|\underline{\vec{E}}\right|^2 - \mu \cdot \left|\underline{\vec{H}}\right|^2\right) dV. \tag{3.134}$$

eingesetzt werden. Dabei wird das Oberflächenelement $d\vec{O}$ mit Radius r in Kugelkoordinaten wie in Gleichung (3.135)

$$d\vec{O} = \vec{e}_r \cdot r^2 \cdot sin\psi \, d\psi \, d\varphi \tag{3.135}$$

berechnet. (s. Abb. (A.3.5c) und Tab. (A.3.3)) [358, 359]. Dabei werden die langsam veränderlichen elektromagnetischen Felder, d. h. die quasistationären Felder, im Bezug auf die magnetische Induktion und die schnell veränderlichen Felder, d. h. die elektromagnetischen Wellen, im Bezug auf die elektromagnetischen Fernspeisung dargestellt.

- **Umformung der inhomogenen Feldwellengleichung in die komplexe Wellengleichung**

Eine inhomogene Feldgröße $\underline{\vec{f}}(\vec{r},t)$ wird nach Gleichung (3.136)

$$\frac{\partial^2 \underline{\vec{f}}(\vec{r},t)}{\partial t^2} = -\omega^2 \cdot \underline{\vec{f}}(\vec{r}) \tag{3.136}$$

als $\underline{\vec{f}}(\vec{r},t) = \underline{\vec{f}}(\vec{r}) \cdot e^{j\omega t}$ in komplexer Form geschrieben (s. Gl. (3.126)). In einem homogenen, linearen und isotropen Medium, d. h. die Dielektrizitätskonstante (Permittivität) des Mediums ε und die magnetische Permeabilitätskonstante μ sind konstant, wird durch die Anwendung der Rotation auf die Gleichungen (3.16) und (3.21) (s. Tab. (3.6), auch Gl. (3.123)) die inhomogene partielle Differentialgleichung zweiter Ordnung für die magnetische Feldstärke $\vec{H}$ wie in Gleichung (3.137) und das elektrische Feld wie in Gleichung (3.138) (s. Gl. (A.3.34–A.3.35)) erhalten:

$$\nabla \times \left(\nabla \times \vec{H}\right) = \nabla \times \left(\vec{J} + \frac{\partial \vec{D}}{\partial t}\right) \Rightarrow \Delta \vec{H} - \mu \cdot \frac{\partial^2 \vec{H}}{\partial t^2} = -\nabla \times \vec{J} \tag{3.137}$$

$$\nabla \times (\nabla \times \vec{E}) = \nabla \times \left(-\frac{\partial \vec{B}}{\partial t}\right) \Rightarrow \Delta \vec{E} - \mu \cdot \varepsilon \cdot \frac{\partial^2 \vec{E}}{\partial t^2} = \frac{1}{\varepsilon} \cdot \nabla \rho_v + \mu \cdot \frac{\partial \vec{J}}{\partial t} \tag{3.138}$$

Entsprechend Gleichung (3.136) werden die beiden Gleichungen (3.137) und (3.138) als komplexe Wellengleichungen in *inhomogene Helmholz-Gleichungen* wie in den Gleichungen (3.139) und (3.140)

$$\Delta \underline{\vec{H}} + k^2 \cdot \underline{\vec{H}} = -\nabla \times \underline{\vec{J}} \tag{3.139}$$

$$\Delta \underline{\vec{E}} + k^2 \cdot \underline{\vec{E}} = \frac{1}{\varepsilon} \cdot \nabla \rho_v + j\omega\mu \underline{\vec{J}} \tag{3.140}$$

überführt. Dabei bezeichnet k die *Wellenzahl* gemäß Gleichung (3.141)

$$k = \omega\sqrt{\mu \cdot \varepsilon} = \frac{\omega}{c} = \frac{2\pi}{\lambda}. \tag{3.141}$$

Hierbei steht c für die Ausbreitungsgeschwindigkeit des Mediums und λ für die Wellenlänge des elektromagnetischen Feldes. Im Vakuum beträgt die Ausbreitungsgeschwindigkeit der Wellen $c_0 = 1/\sqrt{\mu_0 \cdot \varepsilon_0} = 299.792.458 \frac{\mathrm{m}}{\mathrm{s}}$.

- **Skin-Effekt (Stromverdrängung) und ohmscher Widerstand**

Als Skin-Effekt werden Wirbelströme bezeichnet, die in leitfähigem Material durch zeitharmonische elektromagnetische Felder induziert werden und sich in einer Schicht an der Oberfläche des Materials konzentrieren. Die Dicke dieser Schicht wird als Eindringtiefe bezeichnet, die mit steigender Frequenz f und steigender Leitfähigkeit κ abnimmt [354].

Nach den Helmholz-Gleichungen (3.139) und (3.140) und unter der Annahme, dass die relative Permeabilitätskonstante von Metallen wie Aluminium/Kupfer klein ist, d. h. $\mu_r \approx 1$, ergibt sich die magnetische Permeabilität der Metalle als Permeabilität des Vakuums, d. h. $\mu \approx \mu_0$. Die komplexe Dielektrizitätskonstante/Permittivität der Metalle wird wie in Gleichung (3.142)

$$\underline{\varepsilon} = \varepsilon + \frac{\kappa}{j\omega} \tag{3.142}$$

angenommen. Durch Einsetzen von Gleichung (3.142) in Gleichung (3.141) wird die komplexe Wellenzahl k in der Näherung nach Gleichung (3.143)

$$k = \omega\sqrt{\mu \cdot \underline{\varepsilon}} = \sqrt{\omega^2 \cdot \mu \cdot \left(\varepsilon + \frac{\kappa}{j\omega}\right)} \Rightarrow k = \sqrt{\omega \cdot \mu \cdot \kappa}\frac{1-j}{\sqrt{2}} \tag{3.143}$$

beschrieben [355]. Für den Fall, dass die Wellenzahl k in reelle und komplexe Anteile zerlegt wird, d. h. $k = \beta - j\alpha$, ergeben sich die Werte von β, α und der Eindringtiefe δ wie in Gleichung (3.144)

$$\beta = \alpha = \sqrt{\frac{\omega \cdot \mu \cdot \kappa}{2}} \Rightarrow \qquad \delta = \frac{1}{\alpha} = \sqrt{\frac{2}{\omega \cdot \mu \cdot \kappa}} \tag{3.144}$$

dargestellt.

Der elektrische Widerstand eines längshomogenen zylindrischen Leiters l mit dem Radius r nimmt bei Wechselstrom mit höherer Frequenz einen anderen Wert an als bei Gleichstrom.

Dieser Unterschied wird durch den Skin-Effekt verursacht, wie aus den Gleichungen (3.144b–3.144d) ersichtlich ist.

Der Zusammenhang zwischen dem Widerstand R_{DC} des Leiters bei Gleichstrom, der elektrischen Stromdichte $\vec{J}$, der effektiven Fläche A_{eff} des Leiters und dem effektiven Widerstand $R_{AC_{eff}}$ des Leiters bei Wechselstrom ist in den folgenden Gleichungen (3.144b–3.144d) dargestellt [360]:

$$R_{DC} = \frac{l}{\kappa \cdot A} \tag{3.144a}$$

$$\vec{J} = \kappa \cdot \vec{E} \Rightarrow |\vec{J}(z)| = J_0 e^{-z/\delta} \tag{3.144b}$$

$$A_{eff} = 2\pi \cdot r \cdot \delta \tag{3.144c}$$

$$R_{AC_{eff}} = \frac{l}{\kappa \cdot A_{eff}} = \frac{l}{\kappa \cdot 2\pi \cdot r \cdot \delta}. \tag{3.144d}$$

Hierbei beschreibet Gleichung (3.144d) den Fall, dass der Widerstand $R_{AC_{eff}}$ während des Stromflusses sehr nahe an der Oberfläche des Leiters mit Hilfe des Umfangs des Leiters und der Skintiefe näherungsweise berechnet wird.

- **Nah- und Fernfeld der abstrahlenden Quelle**

Durch die Bestimmung der Raumzonen einer abstrahlenden Quelle, wie beispielsweise einer Antenne, können Vorhersagen über die charakterlichen Eigenschaften bzw. die Einwirkung des elektromagnetischen Feldes getroffen werden. Dabei wird grundsätzlich zwischen zwei Raumzonen unterschieden: das *Nahfeld* und das *Fernfeld*. Die Raumzonen werden nach der Bedingung in Gleichung (3.145) festgelegt:

$$Raumzone \stackrel{\text{def}}{=} \begin{cases} Nahfeld, & für \quad k \cdot r \ll 1 \\ Fernfeld, & für \quad k \cdot r \gg 1. \end{cases} \tag{3.145}$$

Hierbei ist $k = 2\pi/\lambda$ die Wellenzahl nach Gleichung (3.141) und r der Abstand aus der Strahlungsquelle. Nach dem Poyntigschen Satz (s Gl. (3.21), Tab. (3.6)) dominiert im Nahfeld die Blindleistung, während im Fernfeld die Wirkleistung dominiert (s. Gl. (3.133–3.134)).

In der alternativen Definition von Gleichung (3.145) wird zusätzlich der Antennendurchmesser R_A wie in Gleichung (3.146)

$$Raumzone \stackrel{\text{def}}{=} \begin{cases} Nahfeld, & k \cdot r \ll 1 \\ Fernfeld, & \begin{cases} \frac{1}{k} < r < \frac{{R_A}^2}{k\pi} \\ k \cdot r > \frac{{R_A}^2}{\pi} \end{cases} \end{cases} \tag{3.146}$$

berücksichtigt [361]. Obwohl das Nahfeld in beiden Gleichungen gleich definiert ist, wird in Gleichung (3.146) das Fernfeld in zwei Raumzonen aufgeteilt. Damit kann die Abstrahlungsform im Fernfeld mit der zweiten Bedingung $k \cdot r > {R_A}^2/\pi$ in Gleichung (3.146) unabhängig vom Abstand r angenommen werden, wenn die Bedingung $R_A < \lambda$ gilt. Die Antenne wird dann als Punktstrahler betrachtet, der die elektromagnetischen Wellen kugelförmig abstrahlt [10].

- **Feldwellenimpedanz im Nah- und Fernfeld und die Leistungsdichte**

Das Dualitätsprinzip zwischen dem elektrischen und dem magnetischen Dipol, wie in Gleichung (3.147) veranschaulicht,

$$\begin{aligned} \underline{\vec{E}} &\rightarrow \underline{\vec{H}} \cdot Z \\ \underline{\vec{H}} &\rightarrow \underline{\vec{E}} \cdot Z \end{aligned} \tag{3.147}$$

gilt auch für die Frequenz- bzw. Ortsabhängigkeit der Feldwellenimpedanz $\underline{Z}_F$ unter Berücksichtigung des Einflusses des Faktors $(k \cdot r)$ im Nah- und Fernfeld nach Gleichung (3.148) für einen elektrischen Dipol

$$|\underline{Z}_F| = \left|\frac{\underline{\vec{E}}_\vartheta}{\underline{\vec{H}}_\varphi}\right| = \begin{cases} \dfrac{Z}{k \cdot r}, & k \cdot r \ll 1 \\ Z, & k \cdot r \gg 1 \end{cases} \tag{3.148}$$

und nach Gleichung (3.149) für einen magnetischen Dipol:

$$|\underline{Z}_F| = \left|\frac{\underline{\vec{E}}_\varphi}{\underline{\vec{H}}_\vartheta}\right| = \begin{cases} Z \cdot k \cdot r, & k \cdot r \ll 1 \\ Z, & k \cdot r \gg 1. \end{cases} \tag{3.149}$$

Hierbei nimmt die Feldwellenimpedanz $\underline{Z}_F$ im Nahfeld für beide Fälle den gleichen Wert an, nämlich den freien Raumwiderstand Z_0 der ebenen Welle wie in Gleichung (3.150)

$$|\underline{Z}_F| = Z = Z_0 \Longrightarrow Z_{F0} = \sqrt{\mu_0/\varepsilon_0} = \mu_0 \cdot c_0 \cong 120\pi\,\Omega \cong 377\,\Omega \tag{3.150}$$

beschrieben [352]. Dabei ist Z bzw. Z_{F0} die Feldwellenimpedanz im Raum bzw. im freien Raum.

Die Leistungsdichte $\vec{S}$ einer von einer Antenne im Fernfeld empfangenen Welle wird nach Gleichung (3.150) für die ebene Welle im freien Raum nach den Gleichungen (3.131–3.132) als Wirkleistung in Richtung der Wellenausbreitung mit dem *Wellenvektor* $\vec{w} = w \cdot \vec{e}_w$ für eine das elektrische Feldstärke $\underline{\vec{E}}$ nach Gleichung (3.151)

$$\underline{\vec{E}}(\vec{r}) = \underline{\vec{E}} \cdot e^{-j\vec{w}\cdot\vec{r}} \tag{3.151}$$

und für die magnetische Feldstärke $\underline{\vec{H}}$ nach Gleichung (3.152)

$$\underline{\vec{H}}(\vec{r}) = \frac{1}{Z} \cdot \vec{e}_w \times \underline{\vec{E}}(\vec{r}) \tag{3.152}$$

wie in Gleichung (3.153)

$$\begin{aligned} &\underline{\vec{S}} = \frac{1}{2} \cdot \Re\{\underline{\vec{E}} \times \underline{\vec{H}}^*\} = \frac{1}{2} \cdot \Re\left\{\underline{\vec{E}} \cdot e^{-j\vec{w}\cdot\vec{r}} \times \left(\frac{1}{Z} \cdot \vec{e}_w \times \underline{\vec{E}}^* \cdot e^{+j\vec{w}\cdot\vec{r}}\right)\right\} \Rightarrow \\ &\vec{S} = \frac{1}{2} \cdot \frac{|\vec{E}|^2}{Z} \cdot \vec{e}_w \overset{Z=Z_0}{\Longrightarrow} \vec{S} = \frac{1}{2} \cdot \frac{|\vec{E}|^2}{Z_{F0}} \cdot \vec{e}_w = \frac{|\vec{H} \cdot Z_{F0}|^2}{Z_{F0}} \cdot \vec{e}_w = \frac{1}{2} \cdot |\vec{H}|^2 \cdot Z_{F0} \cdot \vec{e}_w \end{aligned} \tag{3.153}$$

berechnet [352].

3.3.3.4 Antenne, Antennenkenngrößen und Impedanztransformation zur Erhöhung der Antennenleistung für RF-Energy-Harvesting

Ein RF-Energy-Harvesting-System besteht im Wesentlichen aus den fünf Komponenten: Empfangsantenne, Impedanztransformation-Einheit, Gleichrichter, DC/DC-Wandler und Energiespeicher. Abbildung (3.15) zeigt die Beziehung zwischen den genannten Komponenten und die Reihenfolge ihrer Anordnung. Im Folgenden wird ein Überblick über diese Komponenten und ihre Rolle bei der effizienten Fernspeisung mit geringer Eingangsleistung des RF-Energy-Harvesting-Systems gegeben. Dabei wird zunächst kurz auf die Antennen und ihre Kenngrößen, d. h. Strahlungsleistungsdichte, Richtcharakteristik, Gewinn und Wirkfläche, Funkübertragungsstrecke, Streckendämpfung, Impedanz, S-Parameter, L-Schaltung, Resonanzüberhöhung, eingegangen.

- **Antennen**

Antennen ermöglichen durch die Erzeugung und den Empfang elektromagnetischer Wellen die bidirektionale Umwandlung zwischen leitungsgebundenen Signalen und elektromagnetischen Wellen im freien Raum, d. h. sie ermöglichen das gleichzeitige Senden und Empfangen von Signalen. Im Sende- und Empfangsfall wird vorausgesetzt, dass die Strahlungseigenschaften und die Impedanz der Antenne gleich sind. Diese Eigenschaft der Antenne wird als Reziprozität bezeichnet [368].

Je nach Anwendung kommen verschiedene Antennentypen zum Einsatz, z. B. Linearantennen: Halbwellendipol, Viertelwellendipol (Monopolantenne), Ganzwellendipol; Flächenantennen: Aperturstrahler (Öffnungstrahler), Reflektorantennen; Gruppenantennen: Phased Array Antenne, Monopulsantenne; Magnetantennen: Rahmenantennen.

Die folgenden grundlegenden Antenneneigenschaften, die in der Regel in den Koordinaten der Kugel beschrieben werden (s. Gl. (3.135) und Abb. (A.3.5c)), ermöglichen eine Bewertung über die Antenne: die *Strahlungsleistungsdichte* $\vec{S}$, die *Richtcharakteristik* $C(\psi,\varphi)$, die *Richtfunktion* $D(\psi,\varphi)$, der *Richtfaktor* D, der *Gewinn* G und die *Wirkfläche* A_W [10]. Der isotrope Kugelstrahler, der als theoretische Antenne die eingespeiste Leistung gleichmäßig in alle Raumrichtungen abstrahlt, spielt als Bezugsantenne für die Bestimmung von Fernfeldgrößen eine wichtige Rolle [10, 360].

- **Antennenkenngrößen**
  - **Strahlungsleistungsdichte**

Zur Berechnung der Strahlungsleistungsdichte $\vec{S}_i$ des isotropen Kugelstrahlers im Abstand r werden die zugeführte Leistung $P_{i_{zu}}$ und die Kugeloberfläche $O = 4\pi r^2$ nach Gleichung (3.153) wie in Gleichung (3.154)

$$\vec{S}_i(\vec{r}) = \frac{P_{i_{zu}}}{4\pi \cdot r^2}\vec{e}_r = \frac{1}{2}\cdot\frac{\left|\underline{\vec{E}}\right|^2}{Z_{F0}}\vec{e}_r = \frac{1}{2}\cdot\left|\underline{\vec{H}}\right|^2\cdot Z_{F0}\,\vec{e}_r \tag{3.154}$$

eigesetzt. Im Gegensatz zum isotropen Kugelstrahler werden bei der Berechnung der Strahlungsleistungsdichte der allgemeinen Antenne im Fernfeld neben dem Abstand r zur

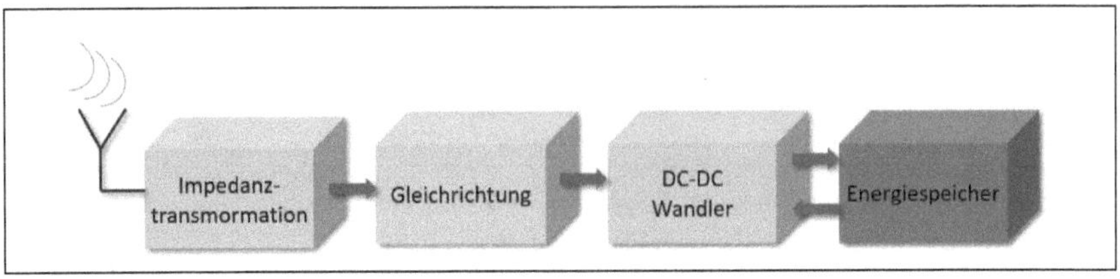

Abb. 3.15 Schematische Darstellung eines RF-Energy-Harvesting-Systems, bestehend aus insgesamt fünf Komponenten: Empfangsantenne, Impedanztransformation, Gleichrichter, DC/DC-Wandler und Energiespeicher.

Strahlungsquelle auch die Winkel ψ und φ, die die Richtwirkung der Antenne beschreiben, berücksichtigt, d. h. $\vec{S}(\vec{r},\psi,\varphi)$ (s. Gl. (3.134–3.135) und Gl. (3.151–3.153)).

- **Richtcharakteristik**

Die Richtcharakteristik $C(\psi,\varphi)$, wie sie in Gleichung (3.155) beschrieben ist, bedeutet, dass die Antenne ihre Strahlungsleistung nicht in alle Raumrichtungen abstrahlen kann, sondern nur in bestimmte Raumrichtungen, die durch den Elevationswinkel ψ und den Azimutwinkel φ festgelegt sind:

$$C(\psi,\varphi) = \left.\frac{\vec{E}(\vec{r},\psi,\varphi)}{\vec{E}_i(\vec{r})}\right|_{r\to\infty} = \left.\frac{\vec{H}(\vec{r},\psi,\varphi)}{\vec{H}_i(\vec{r})}\right|_{r\to\infty}. \tag{3.155}$$

Hierbei wird die die Richtcharakteristik $C(\psi,\varphi)$ auf die elektromagnetische Feldstärke eines isotropen Kugelstrahlers, d. h. auf die elektrische Feldstärke $\vec{E}_i(\vec{r})$ bzw. auf die magnetische Feldstärke $\vec{H}_i(\vec{r})$, bezogen.

- **Richtfunktion und Richtfaktor**

Aus den Gleichungen (3.154) und (3.155) ergibt sich die leistungsbezogene Richtfunktion $D(\psi,\varphi)$ nach Gleichung (3.156)

$$D(\psi,\varphi) = \left.\frac{\vec{S}(\vec{r},\psi,\varphi)}{\vec{S}_i(\vec{r})}\right|_{r\to\infty} = C^2(\psi,\varphi). \tag{3.156}$$

So ergibt sich die Richtfaktor D, berechnet aus dem Maximum der Richtfunktion $D(\psi,\varphi)$, nach Gleichung (3.157) wie folgt

$$D = max\,\{D(\psi,\varphi)\}. \tag{3.157}$$

Der Richtfaktor D einer Antenne wird also verwendet, um zu bestimmen, wie viel stärker eine Antenne im Vergleich zu einem isotropen Kugelstrahler in der Hauptstrahlrichtung abstrahlt bzw. empfängt.

- **Gewinn und Wirkfläche**

Der Antennengewinn G ergibt sich aus dem Verhältnis des Antennenwirkungsgrades η_A zum Antennenrichtfaktor D nach Gleichung (3.157a)

$$G = \eta_A \cdot D. \tag{3.157a}$$

Dabei ist $\eta_A = P_{ab}/P_{zu}$, d. h. es beschreibt das Verhältnis der abgestrahlten Leistung P_b zur Eingangsleistung P_{zu} einer Antenne. Die Wirkungsgrade technischer Antennen liegen zwischen 0,6 und 0,95. Für eine ideale verlustfreie Antenne, d. h. $\eta_A = 1$, ist der Antennenwirkungsgrad G gleich dem Richtfaktor D. In diesem Fall wird die äquivalente isotrope Strahlungsleistung (Equivalent Isotropic Radiated Power) P_{EIRP} als theoretische Eingangsleistung eines isotropen Kugelstrahlers zur Beschreibung einer technischen Antenne in Hauptstrahlrichtung bei gleicher Leistungsdichte und gleichem Abstand nach folgender Gleichung (3.158) verwendet:

$$P_{EIRP} = G \cdot P_{i_{zu}}. \tag{3.158}$$

Die Wirkfläche A_W wird gemäß der Gleichung (3.154) als Fläche senkrecht zur Wellenausbreitungsrichtung angenommen und durch die Wellenlänge und den Antennengewinn nach Gleichung (3.159)

$$A_W = \frac{\lambda^2}{4} \cdot G \tag{3.159}$$

beschrieben.

- **Funkübertragungsstrecke**

Die Funkübertragung zwischen zwei Antennen im Abstand r, von denen die eine als Sendeantenne mit dem Gewinn G_S, der Antennenwirkfläche A_{W_S} und der Leistung P_S und die andere als Empfangsantenne mit dem Gewinn G_E, der Antennenwirkfläche A_{W_E} und der Leistung P_E dient, wird grundsätzlich durch die folgenden Gleichungen (3.160–3.164) beschreiben.

Die von der Sendeantenne abgestrahlte Leistungsflussdichte $\vec{S}(\vec{r},\psi,\varphi)$ wird nach den Gleichungen (3.154) und (3.158) wie in Gleichung (3.160)

$$\vec{S}(\vec{r},\psi,\varphi) = \frac{P_S \cdot G_S}{4\pi \cdot r^2} = \frac{P_{EIRP}}{4\pi \cdot r^2} \tag{3.160}$$

dargestellt. Daraus ergibt sich die Empfangsleistung der Empfangsantenne durch die Anwendung der Gleichungen (3.159) und (3.150) wie in Gleichung (3.161)

$$P_E = \vec{S}(\vec{r},\psi,\varphi) \cdot A_{W_E} = \frac{P_S \cdot G_S}{4\pi \cdot r^2} \cdot \frac{\lambda^2}{4} \cdot G_E = \left(\frac{\lambda}{4\pi \cdot r}\right)^2 \cdot P_S \cdot G_S \cdot G_E \tag{3.161}$$

berechnet. Eine Alternative zur Berechnung der Empfangsleistung P_E wird mit dem Antennenwirkungsgrad η_A und der der Antenne zugeführten/verfügbaren Leistung P_{zu} der Antenne wie in Gleichung (3.162)

$$P_E = \eta_A \cdot P_{zu} \tag{3.162}$$

dargestellt. Das Verhältnis der Empfangsleistung zur Sendeleistung, die so genannte Übertragungsfunktion, wird wie in Gleichung (3.163)

$$\frac{P_E}{P_S} = \left(\frac{\lambda}{4\pi \cdot r}\right)^2 \cdot G_S \cdot G_E \tag{3.163}$$

beschrieben.

Zur Berechnung der Übertragungsentfernung/Reichweite r mit Hilfe des Übertragungsfaktors wie in Gleichung (3.164) wie folgt

$$r = \sqrt{\frac{P_S}{P_{zu}}} \cdot \frac{\lambda}{4\pi.} \tag{3.164}$$

Dabei wird angenommen, dass die Antennen verlustfrei sind, d. h. $P_E = P_{zu}$, dass der Gewinn und der Antennenwirkungsgrad beider Antennen gleich eins sind, d. h. $G_S = G_E = \eta_A = 1$. In diesem Fall werden die Antennen als isotrope Kugelstrahler betrachtet. Nach dieser Gleichung ist die Reichweite r proportional zur Wellenlänge λ, d. h. antiproportional zur Frequenz f, wenn die Sende- und Empfangsleistungen als gleich groß angenommen werden.

- **Streckendämpfung**

Die ideale Streckendämpfung α eines drahtlosen Übertragungssystems ergibt sich, wenn die Gleichung (3.163) wie in den Gleichungen (3.165–3.165a) eingesetzt wird:

$$\alpha\,(dB) = 10\,log\frac{P_E}{P_S} \tag{3.165}$$

$$\alpha\,(dB) = 10\,log\frac{1}{\left(\frac{\lambda}{4\pi\cdot r}\right)^2\cdot G_S\cdot G_E} = 20\,log\frac{4\pi\cdot r}{\lambda} - G_S - G_E$$

$$= 20\,log\frac{4\pi\cdot r\cdot f}{c_0} - G_S - G_E \tag{3.165a}$$

$$= \underbrace{32{,}4 + 20\log\frac{r}{km} + 20\log\frac{f}{MHz}}_{\alpha_0\ Grunddämpfung} - G_S - G_E. \tag{3.165b}$$

Dabei beschreiben die ersten drei Terme der Gleichung (3.165b) die Grunddämpfung α_0 des Übertragungssystems, die mit zunehmender Entfernung und Frequenz mit jeweils 20 dB pro Dekade zunimmt. Im realen Fall werden die Einflüsse der Witterung, bodennaher Absorptionen und lokaler Einbrüche infolge Mehrwegeausbreitungen berücksichtigt [362].

- **Impedanztransformation zur Erhöhung der Antennenleistung**

  - **Impedanz**

Die Impedanz oder der Wellenwiderstand $\underline{Z}$ in der Hochfrequenztechnik wird nach den Gleichungen (3.147–3.149) wie in Gleichung (3.166)

$$\underline{Z} = \frac{\underline{U}(t)}{\underline{I}(t)} = \Re\{\underline{Z}\} + j\,\Im\{\underline{Z}\} = R + jX \tag{3.166}$$

berechnet. Hierbei beschreibt der Realteil den ohmschen Widerstand R und der Imaginärteil die Reaktanz X.

Für ein Koaxialkabel mit Innendurchmesser r_1, Außendurchmesser r_2 und Dielektrizitätskonstante (Permittivität) $\varepsilon = \varepsilon_0 \cdot \varepsilon_r$ bzw. magnetischer Permeabilitätskonstante $\mu = \mu_0$ des Mediums zwischen Innen- und Außenleiter ergibt sich die komplexe Impedanz $\underline{Z_L}$ nach Gleichung (3.167) wie folgt [10, 363]:

$$\underline{Z_L} = \sqrt{\frac{R' + j\omega L'}{G' + j\omega C'}} \cong \sqrt{\frac{j\omega L'}{j\omega C'}} = \sqrt{\frac{L'}{C'}} = \sqrt{\frac{\mu_0}{\varepsilon_0}} \cdot \frac{1}{2\pi\cdot\sqrt{\varepsilon_r}} \cdot ln\left(\frac{r_2}{r_1}\right) = \frac{60\,\Omega\cdot ln\left(\frac{r_2}{r_1}\right)}{\sqrt{\varepsilon_r}}. \tag{3.167}$$

Dabei werden die längenbezogenen Komponenten R', G' L' und C' des Koaxialkabels (s. Gl. (3.70–3.72) und Gl. (3.113–3.114)) in Gleichung (3.167) eingesetzt. Für eine ideale Leitung und für die steigende Frequenzen wird der längenbezogene Widerstand $R' \ll j\omega L'$ bzw. der längenbezogene Leitwert $G' \ll j\omega C$ vernachlässigt. Für die Werte $r_2/r_1 = 3{,}6$ und $\varepsilon_r = 2{,}28$ nimmt die Impedanz des am häufigsten für die Antennen verwendeten Koaxialkabels den Wert $\underline{Z}_L \cong 50\,\Omega$ an.

- **S-Parameter**

Die S-Parameter werden verwendet, um das Verhalten des Übertragungssystems/-netzes zu beschreiben, wobei es schwierig ist, den Leistungsverlust durch Reflexion am Fußpunkt der Antenne oder an der Antenne selbst zu bestimmen, der durch nicht angepasste Komponenten des Übertragungssystems verursacht wird. Die S-Parameter ermöglichen daher eine frequenzabhängige Beschreibung des Systemverhaltens.

Die mit der (koaxialen) Leitung verbundene Seite der Antenne, die als *Eintor* bezeichnet und durch die ***S**-Matrix* beschrieben wird, enthält nur einen Koeffizient S_{11} als *Reflexionskoeffizient*. Durch den Reflexionskoeffizient S_{11} wird eine Beziehung zwischen dem normierten Wellenamplitudenvektor $\underline{\vec{a}}(z)$, der von der Leitung in die Antenne einläuft, und dem normierten Wellenamplitudenvektor, der von der Antenne in die Leitung zurückläuft, wie in Gleichung (3.168)

$$\underline{\vec{b}}(z) = \boldsymbol{S} \cdot \underline{\vec{a}}(z) \tag{3.168}$$

dargestellt [10]. Die beiden Vektoren, d. h. $\underline{\vec{b}}$ und $\underline{\vec{a}}$ werden ebenfalls als skalare Größen betrachtet. Der Wert des Reflexionsfaktors $\underline{S}_{11}$ ergibt sich an der Leitungsverbindung am Ort $z = L$ für die beiden skalaren Größen mit den Amplituden der auf dem Koaxialkabel in das Übertragungssystem einlaufenden Wellen $\underline{U}_h(z)$ bzw. aus dem Übertragungssystem auslaufenden Wellen $\underline{U}_r(z)$ wie in Gleichung (3.169)

$$\underline{S}_{11} = \frac{\underline{b}(z = L)}{\underline{a}(z = L)} = \frac{\dfrac{\underline{U}_r(z = L)}{\sqrt{\underline{Z}_L}}}{\dfrac{\underline{U}_h(z = L)}{\sqrt{\underline{Z}_L}}} = \frac{\underline{U}_r(z = L)}{\underline{U}_h(z = L)}. \tag{3.169}$$

Die logarithmische Darstellung des Reflexionskoeffizientes r_{dB}, der den Betrag der am Fußpunkt der Antenne reflektierten Leistung in Abhängigkeit von der Frequenz angibt, ist in Gleichung (3.170)

$$r_{dB} = 20\log\left|\underline{S}_{11}\right|\ dB \tag{3.170}$$

angegeben [10].

- **L-Schaltung**

Die Impedanzanpassung dient einerseits dazu, die maximal mögliche Sendeleistung an die Antenne zu übertragen, indem die Wirkleistungsübertragung von der Quelle zur Last erhöht wird, und andererseits, die Leistungsverluste durch Reflexion am Antennenfuß oder an der Antenne selbst zu verringern. Die L-Schaltungen dienen dazu, die Transformation der Impedanz, die einen imaginären Anteil hat, durch zwei ideal komplexe Bauelemente, nämlich eine Spule L und einen Kondensator C, zu realisieren (s. Abb. (3.15)).

Durch die Anordnung der frequenzabhängigen Reaktanz X_s, die in Reihe mit der Fußpunktimpedanz der Antenne $Z_i = R_i + jX$ liegt, und der Reaktanz X_P, die parallel zur Fußpunktimpedanz der Antenne Z_i und zur Lastimpedanz $Z_L = R_L + jX_L$ liegt, welche die Eingangsimpedanz der aus einer Diodenanordnung bestehenden Gleichrichterschaltung ist, wird somit eine Impedanztransformation wie in Gleichung (3.171)

$$X = \begin{cases} \omega L, & X > 0 \\ -\frac{1}{\omega C}, & X < 0 \end{cases} \tag{3.171}$$

beschreiben. Dies ermöglicht es, die Wirkleistung der Antenne zu maximieren, indem die Impedanz des Z_i entweder nach oben oder nach unten angepasst wird. Für diese Transformation wird das *Smith-Diagramm* verwendet [364].

- **Resonanzüberhöhung**

Eine L-Schaltung wird als Resonator bezeichnet, wenn die Lastimpedanz Z_L wesentlich größer ist als die Fußpunktimpedanz der Antenne Z_i, d. h. $Z_L \gg Z_i$. Eine Resonanzüberhöhung wird durch die Überhöhung der Reaktanzen X_s und X_p mit dem komplexen Teil der Impedanz realisiert, um den Fußpunktwiderstand der Antenne R_i zu maximieren, damit die am Fußpunkt der Antenne abgreifbare Spannung bei gleichem eingestrahltem elektromagnetischem Feld erhöht wird. Auf diese Weise wird eine Maximierung der Reichweite der Fernspeisung ermöglicht [10]. Der *Gütefaktor Q* (auch *Q-Faktor, Güte)* liefert Informationen über den Energietransport, die Energiespeicherung zwischen den Reaktanzen und die Breite der Resonanzkurve [365]. Der Güterfaktor des Serienzweiges Q_S bzw. des Parallelzweiges Q_p (s. Abb. (3.16)) werden wie folgt in Gleichung (3.172)

$$Q_s = \frac{X_s}{R_i}; \qquad Q_P = \frac{R_L}{X_p} \tag{3.172}$$

beschrieben. Die gesamte belastete Güte Q_g der L-Schaltung wird nach Gleichung (3.173)

$$\frac{1}{Q_g} = \frac{1}{Q_s} + \frac{1}{Q_p} \Rightarrow Q_g = \frac{Q_s \cdot Q_p}{Q_s + Q_p} \tag{3.173}$$

berechnet [366]. Für eine ideale Anpassung der Impedanzen mit L-Schaltung wird angenommen, dass der Güterfaktor des Serienzweiges Q_S gleich dem Güterfaktor des Parallelzweiges Q_p ist. Damit ergeben sich die beiden Gütefaktoren aus dem bekannten Realteil der Antennenfußpunktimpedanz R_i und dem bekannten Realteil der Lastimpedanz R_L wie in Gleichung (3.174) dargestellt:

$$Q_s = Q_p = \sqrt{\frac{R_L}{R_i} - 1}. \tag{3.174}$$

Durch Einsetzen der Gleichung (3.174) in Gleichung (3.173) ergibt sich der Gesamtgütefaktor Q_g, wie in Gleichung (3.176) zeigt:

$$Q_g = \frac{1}{2} \cdot \sqrt{\frac{R_L}{R_i} - 1}. \tag{3.176}$$

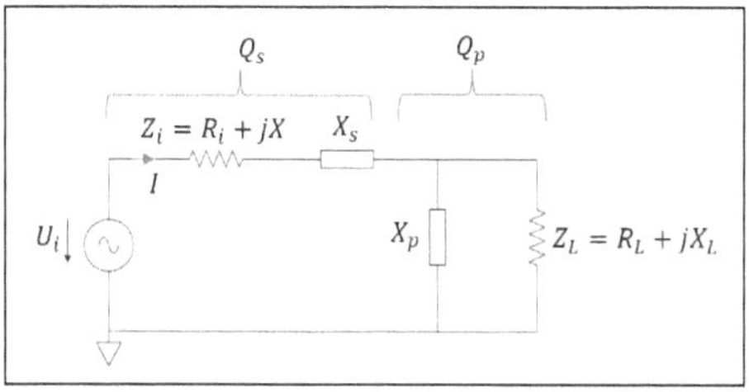

Abb. 3.16 Ersatzschaltbild einer L-Schaltung als Hochfrequenz-Anpassungsschaltung. Hierbei bezeichnet U_i die am Fußpunkt der Antenne abgreifbare Spannung, Z_i die Fußpunktimpedanz der Antenne, X_s die frequenzabhängige Serienreaktanz, X_p die frequenzabhängige Parallelreaktanz, Z_L die Lastimpedanz, Q_S die des Serienzweigs und Q_p die Güterfaktor des Parallelzweigs. Bearbeitet nach [365].

3.3.4 Hardwarekomponenten

Dieser Teil der Arbeit dient als Erweiterung der Hardware, basierend auf der Hardware in Abschnitt (2.4), für die Messungen und die entsprechenden Arten von Energy-Harvesting-Anwendungen (siehe Abschnitt (3.5)). Im Folgenden werden Gleichrichter und DC/DC-Wandler mit Unterpunkten wie Dioden bzw. Schottky-Dioden, Gleichrichterschaltungen und DC/DC-Wandler thematisiert.

3.3.4.1 Gleichrichter und DC/DC-Wandler

Die von einer Antenne empfangenen HF-Signale werden über die Antennenimpedanz, die über eine L-Schaltung an die Eingangsimpedanz der Gleichrichterschaltung angepasst ist, zum Gleichrichter geführt und dort in Gleichspannungssignale umgewandelt, um den Verbrauchern oder Energiespeichermedien eine Gleichspannung zur Verfügung zu stellen.

Die genannten Gleichrichterschaltungen und Gleichspannungswandler, d. h. DC/DC-Wandler, werden durch Kombinationen/Topologien von Dioden, Kondensatoren und/oder Spulen realisiert. Die Gleichrichterschaltungen ermöglichen gleichzeitig eine Vervielfachung der Eingangsspannung am Ausgang der Schaltung.

DC/DC-Wandler dienen dazu, die am Eingang einer Schaltung anliegende Gleichspannung in eine invertierte, niedrige oder hohe Gleichspannung umzuwandeln. In dieser Arbeit liegt der Schwerpunkt auf der Umwandlung einer niedrigen Eingangsspannung in eine hohe Ausgangsspannung.

- **Dioden bzw. Schottky-Diode**

Ein Halbleiterbauelement mit zwei Anschlüssen, d. h. einer Anode (A) und einer Kathode (K), wird als Diode bezeichnet, wenn es aus einem pn-Übergang besteht, der meist aus Silizium, aber auch aus Germanium besteht, und als Schottky-Diode, wenn es aus einem *Metall-n-Übergang* besteht. Die Diode bzw. Schottky-Diode hat drei Betriebsbereiche: den *Durchlassbereich*, den *Sperrbereich* und den *Durchbruchsbereich*. Dioden werden grundsätzlich nach den aktiven Arbeitsbereichen in drei Gruppen eingeteilt. Dioden, die periodisch abwechselnd im Durchlass- und Sperrbereich betrieben werden, um Wechselspannungen gleichzurichten, werden auch als *Gleichrichterdioden* bezeichnet. Dioden, die im Durchlassbereich betrieben werden, werden als *Z-Dioden* bezeichnet und dienen dazu, die Spannung zu stabilisieren. Dioden, die im Sperrbereich betrieben werden, werden zur Frequenzabstimmung von Schwingkreisen verwendet. Sie werden als *Kapazitätsdioden* bezeichnet [362].

Ein wesentlicher Unterschied zwischen einer Diode und einer Schottky-Diode, wie in Abbildung (3.17) dargestellt, besteht darin, dass bei einer Diode ab einer Spannung $U_D = U_{AK} \approx 0{,}4\,V$, d. h. positiv vom p-Anschluss (Anode) zum n-Anschluss (Kathode), ein nennenswerter Strom im Durchlassbereich fließt, während bei einer Schottky-Diode ab einer Spannung $U_D = U_{AK} \approx 0{,}2\,V$ ein nahezu gleicher Strom im Durchlassbereich fließt [362, 367]. In diesem Abschnitt des Durchlassbereiches wird die Spannung als Flussspannung U_F genannt und liegt für Germanium- und Schottky-Dioden $U_{F_{Ge}} \approx U_{F_{Schottky}} \approx 0{,}3 \ldots 0{,}4$ und für Silizium-pn-Dioden bei $U_{F_{Ge}} \approx 0{,}3 \ldots 0{,}4$ [362]. In diesem besteht ein exponentieller Zusammenhang zwischen I_D und U_D, wie in Gleichung (3.177)

$$I_D = I_S\left(e^{\frac{U_D}{n \cdot U_T}} - 1\right) \tag{3.177}$$

angegeben. Hierbei beschreibt I_S den *Sättigungssperrstrom*, dessen Werte zwischen $10^{-12}\,A$ und $10^{-6}\,A$ liegen, n die bauteilabhängigen Emissionskoeffizienten, deren Werte zwischen 1 und 2 liegen, $U_T = k_B \cdot T/q \approx 26\,mV$ die Temperaturspannung bei Raumtemperatur. Dabei ist $k_B = 1{,}38 \cdot 10^{-23}\,J/V$ die Boltzmann-Konstante, T die absolute Temperatur in Kelvin (K) und $q = 1{,}602176634 \cdot 10^{-19}\,C$ die Elementarladung (s. Gl. (3.1)). Die in Abbildung (3.17) dargestellte *Durchbruchspannung* U_{BR}, bei der die Diode durchbricht und auch ein Strom fließt, hängt von der Art der Dioden ab. Mit Ausnahme der Z-Diode arbeitet kein anderer Diodentyp in diesem Bereich. Die Spannung U_{BR} liegt bei den Gleichrichterdioden zwischen 50 V und 1000 V bei Germanium- und Schottky-Dioden zwischen 10 V und 200 V.

Wegen ihres hohen U_D-Wertes für den Betrieb im Durchlassbereich und ihrer Sperrkapazitäten gelten pn-Dioden für Anwendungen in Hochfrequenzschaltungen als ungeeignet. Daher werden insbesondere für Gleichrichter eher Schottky-Dioden eingesetzt [10].

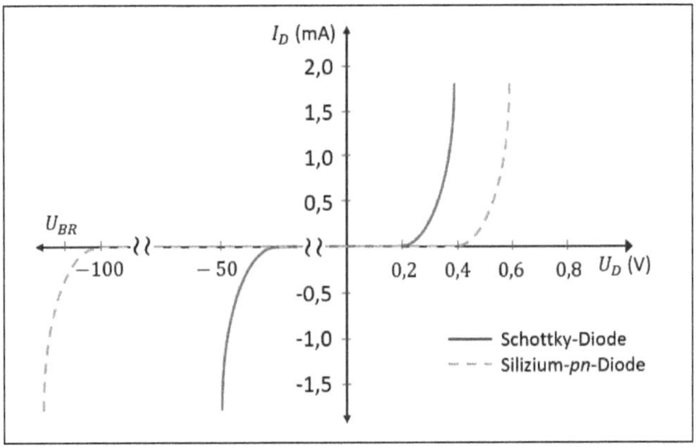

Abb. 3.17 Vergleich der Strom-/Spannungskennlinie zwischen einer *Schottky-Diode* und einer *Silizium-pn-Diode*, bearbeitet nach [362].

- **Gleichrichterschaltungen**

Gleichrichter wandeln eine Wechselspannung in eine Gleichspannung um. Damit kann eine Gleichspannung für die Stromversorgung erzeugt werden. Die Gleichrichterschaltungen, die aus verschiedenen Topologien von Dioden und Kondensatoren bestehen, bewirken nicht nur die Gleichrichtung, sondern vervielfachen die Eingangsspannung am Ausgang der Schaltung. Die am häufigsten verwendeten Gleichrichterschaltungen, nämlich Einweggleichrichter (s. Abb. (3.18a)), Doppelweggleichrichter in Brückengleichrichter (s. Abb. (3.18b)), Delon-Schaltung (s. Abb. (3.18c)), Villard-Schaltung (s. Abb. (3.18d)) und Kaskadenschaltung (s. Abb. (3.18e)), werden im Folgenden kurz beschrieben [10, 362, 366].

Der Einweggleichrichter, der als die einfachste Schaltungsvariante unter den Gleichrichtern gilt, lässt die Diode bei positiver Eingangsspannung im Durchlass-/Flussbereich arbeiten, während sich der Kondensator auflädt, und die Diode bei negativer Eingangsspannung sperrt, während sich der Kondensator über den Lastwiderstand entlädt. Der Nachteil dieser Gleichrichter ist, dass sie nur eine Halbwelle durchlassen, d. h. einen geringeren Wirkungsgrad haben, und dass sie eine sehr wellige Ausgangsspannung haben. Der Brückengleichrichter mit einer Topologie aus vier Dioden und einem Kondensator ermöglicht den Betrieb von jeweils zwei Dioden bei positiver bzw. negativer Eingangsspannung im Durchlass-/Flussbereich. Dadurch wird im Vergleich zu Einweggleichrichtern ein höherer Wirkungsgrad, eine Verdoppelung und eine geringere Welligkeit der Ausgangsspannung erreicht. Der Nachteil dieser Gleichrichter ist der höhere Leckstrom.

Die Delon-Schaltung zur Verdoppelung der Ausgangsspannung mit einer Topologie aus zwei Dioden und zwei Kondensatoren bzw. zur Vervierfachung der Ausgangsspannung mit einer Topologie aus vier Dioden und vier Kondensatoren ermöglicht im Vergleich zum Brückengleichrichter einen noch höheren Wirkungsgrad durch Verwendung von zwei statt vier Dioden und eine Vervierfachung der Ausgangsspannung bei gleicher Anzahl von Dioden. Der Nachteil dieser Schaltung ist jedoch der Verlust des möglichen Bezugs der Gleichspannung auf die Masse der Wechselspannung [10].

Die Villard-Schaltung, eine einstufige Kaskadenschaltung, dient ebenfalls zur Verdoppelung der Ausgangsspannung mit einer eigenen Topologie aus zwei Dioden und zwei Kondensato-

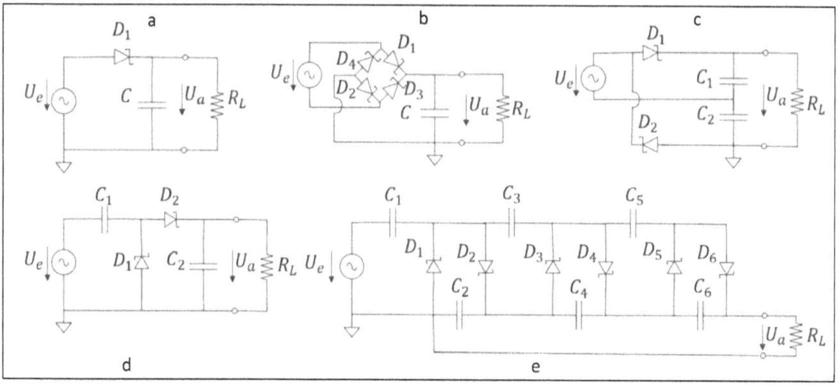

Abb. 3.18 Die am häufigsten verwendeten Gleichrichterschaltungen mit den Schottky-Dioden: **(a)** nämlich Einweggleichrichter, **(b)** Doppelweggleichrichter im Brückengleichrichter, **(c)** Delon-Schaltung, **(d)** Einstufen-Villard-Schaltung und **(e)** Kaskadenschaltung mit drei Stufen Villard-Schaltungen.

ren wie die Delon-Schaltung. Ihr Nachteil gegenüber der Delon-Schaltung ist der höhere Innenwiderstand.

Die Kaskadenschaltung besteht aus mehreren Villard-Schaltungen, die theoretisch beliebig viele Stufen enthalten können, in der Praxis werden aber wegen des höheren Innenwiderstands bis zu acht Stufen verwendet [367], d. h. im Idealfall kann durch die Verdoppelung der Ausgangsspannung pro Stufe die Eingangsspannung 16-fach erhöht werden.

- **DC/DC-Wandler**

Ein DC/DC-Wandler, der die am Eingang einer Schaltung anliegende Gleichspannung in eine invertierte Gleichspannung umwandelt, wird als invertierender Wandler bezeichnet; ein Wandler, der die höhere Eingangsgleichspannung in eine niedrigere Ausgangsgleichspannung umwandelt, als Abwärtswandler, und ein Wandler, der die niedrigere Eingangsgleichspannung in eine höhere Ausgangsgleichspannung umwandelt, wird als Aufwärtswandler bezeichnet. In dieser Arbeit liegt der Schwerpunkt auf dem Aufwärtswandler.

Im Fall ohne Änderung der Schalterstellung von S und $\bar{S}$, wie in Abbildung (3.19a), d. h. S ist offen und $\bar{S}$ ist geschlossen, ergibt sich die Eingangsgleichspannung am Ausgang der Schaltung als Ausgangsgleichspannung, d. h. $U_a = U_e$. Die Zustandsänderung der Schalter S von offen nach geschlossen bewirkt die Speicherung von magnetischer Energie in der Spule, die auch als Speicherdrossel bezeichnet wird. Nach einer erneuten Zustandsäderung der Schalter S von geschlossen nach offen, wird die in der Spule gespeicherte Energie am Ausgang der Schaltung als zusätzliche Spannung ΔU zur vorherigen Ausgangsspannung wie in Gleichung (3.178)

$$U_a = U_e + \Delta U \Rightarrow U_a > U_e \tag{3.178}$$

ausgegeben (s. Abb. (3.19#b1)). Dadurch wird die Ausgangsspannung größer als die Eingangsspannung der Schalter.

Die Beziehungen für die Dimensionierung der in Abbildung (3.19) dargestellten Schaltung ergeben sich aus der Analyse des Stromverlaufs der Spule (s. Abb. (3.19#b2)) während des Ein- und Ausschaltens der Schalter S, d. h. innerhalb einer Periode T des Spannungsverlaufs U_S, wie sie in den Gleichungen (3.179), (3.180) und (3.181)

$$U_a = \frac{T}{t_{aus}} \cdot U_e \overset{p=t_{ein}/T}{\Rightarrow} U_a = \frac{1}{1-p} \cdot U_e, \qquad f\ddot{u}r\ I_a > I_{a_{min}} \tag{3.179}$$

$$L = p \cdot \frac{T}{2I_{a_{min}}} \cdot U_e\,; \qquad C = p \cdot \frac{I_a \cdot T}{\Delta U_a} \tag{3.180}$$

angegeben sind [353]. Hierbei ist t_{ein} bzw. t_{aus} die Zeit für den geschlossenen bzw. den geöffneten Zustand des Schaters S, p das Tastverhältnis, T die Periode, die die gesamten Ein- und Ausschaltzeit des Schalters S entspricht, I_e der Eingangsstrom, I_L der durch die Spule fließende Strom und I_a der Laststrom am Ausgang der Schaltung. Der in Gleichung (3.179) beschriebene Zusammenhang zwischen der Eingangs- und Ausgangsspannung gilt nur, wenn der Spulenstrom $I_L > 0$ ist. Gleichzeitig wird durch die Verkürzung der Einschaltdauer des Schalters S die Unterschreitung des minimalen Ausgangsstromes $I_{a_{min}}$ geregelt.

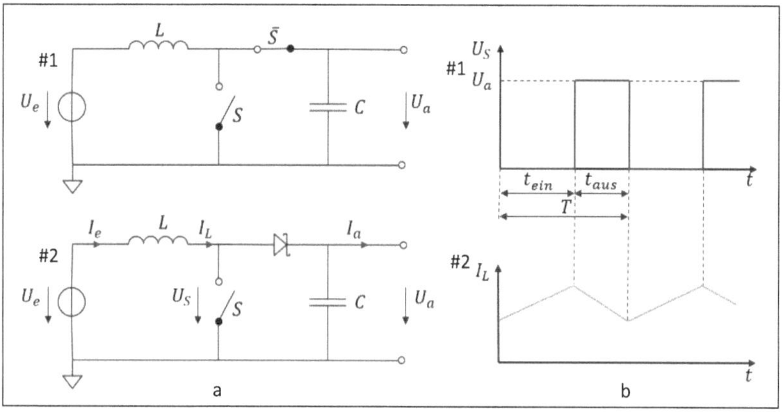

Abb. 3.19 **(a)** Grundschaltungen für Aufwärts-DC/DC-Wandler. **(#a1)** prinzipielle Schaltung, **(#a2)** einfache Schaltung zur Realisierung, **(b)** Spannungs- und Stromverlauf im Aufwärts-Wandler. **(#b1)** Spannungsverlauf U_S des Schalters S, **(#b2)** Stromverlauf I_L der Spule. Bearbeitet nach [353].

3.3.4.2 Gesamtwirkungsgrad von angewendeten elektromagnetischen Energy Harvesting-Systeme

Der Gesamtwirkungsgrad von elektromagnetischen Energy-Harvesting-Systemen ist aufgrund des physikalischen Grundprinzips des jeweiligen Energy-Harvesters und der eingesetzten Hardwarekomponenten sehr unterschiedlich. Der Gesamtwirkungsgrad wird aus den Wirkungsgraden der einzelnen Hardwareeinheiten bestimmt. Im Folgenden wird der Gesamtwirkungsgrad der entworfenen elektromagnetischen Energy-Harvesting-Systeme, d. h. des elektrisch/kapazitiv gekoppelten, des magnetisch/induktiv gekoppelten und des Fernspeisung/RF-Energy-Harvesters, dargestellt.

- **Elektrische/kapazitive Kopplung**

Das kapazitive Verhalten von Mehrleitersystemen und auch von Zweileiteranordnung im Schienenverkehr ist in Abschnitt (3.3.2.3) dargestellt. Im Falle eines Mehrleitersystems wird die Potentialberechnung $\boldsymbol{\varphi}$ des Mehrleitersystems durch die Gleichung (3.55), die gesamten Leiterladungen $\boldsymbol{Q}$ durch die Gleichung (3.57), die Energie W_e im Mehrleitersystem durch die Gleichung (3.60) und die Spannung U_{ij} zwischen den Leitern mit den Index i und j durch die Gleichung (3.63) dargestellt. Im Falle einer Zweileiteranordnung ist das Potential φ_1 der ersten Leitung durch die Gleichung (3.64), das Potential φ_2 der zweiten Leitung durch die Gleichung (3.66), das Potential φ_{12} zwischen beiden Leitungen durch die Gleichung (3.68), die längenbezogene Teilkapazität $\boldsymbol{C}'$ durch die Gleichung (3.71), die Betriebskapazität C'_B durch die Gleichung (3.72) und die Überkopplung der Wechselspannungen U_1 und U_2 der zwei Hochspannungsleitungen als kapazitiver Spannungsteiler durch Gleichung (3.73) dargestellt. Abbildung (3.20) stellt schematisch die Anwendung des oben genannten kapazitiven Verhaltens einer Leiteranordnung zur Energieernte durch das Einsetzten eines Plattenkondensators (s. Gl. (3.44–3.48)) zusammen mit EH-Komponenten, wie Gleichrichter, DC/DC-Wandler, Energiemanagementsystem und Speicher, im Bahnbereich. Dadurch wird durch die Einstellung der Parameter – wie der Abstand d zwischen den Platten, Fläche A der Platten und der Dielektrizitätszahl (Permittivität) ε des Mediums zwischen den Platten – des Kondensators einer maximum effiziente Ernte/Erzeugung kapazitiver Spannung erzielt. Als Maß für die Effizienz wird der Gesamtwirkungsgrad $\eta_{g_{KK}}$, der durch den Verlustpfad der EH-Einheit wie in Gleichung (3.181)

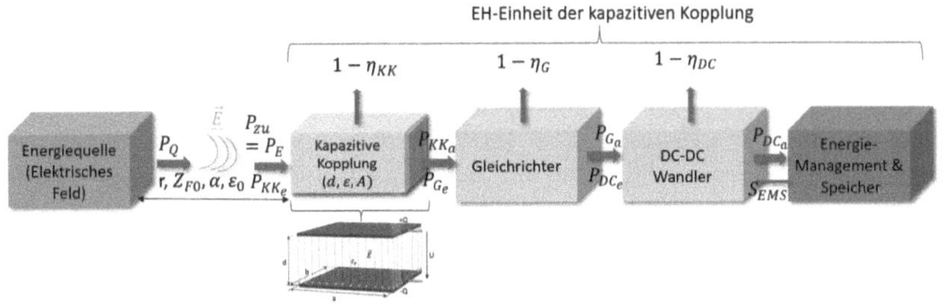

Abb. 3.20 Schematische Darstellung des Verlustpfades einer kapazitiven Kopplung-EH-Einheit. Dabei bezeichnet $\vec{E}$ die elektrische Feldstärke, P die Eingangs- und Ausgangsleistung und η den Wirkungsgrad der dargestellten Komponenten, S die Steuerung von Energiemanagement, r die Übertragungsentfernung, α die Streckendämpfung, Z_{F0} die Feldwellenimpedanz im freien Raum, ε_0. die elektrische Feldkonstante des Vakuums, d den Abstand zwischen den Platten, A die Fläche der Platten, und ε die Dielektrizitätszahl (Permittivität) des Mediums zwischen den Platten (s. Abb. (3.13)).

$$\eta_{g_{KK}} = \frac{P_{DC_a}}{P_E} = \frac{P_{DC_a}}{P_{KK_e}} \tag{3.181}$$

berechnet, angewendet. Hierbei ist die Eingangsleistung P_E der EH-Einheit aufgrund des Abstands zwischen der Leiteranordnung und dem angewandten Kondensator kleiner als die Leistung P_Q der Energiequelle. Die Leistung P_E ergibt sich aus den Wirkungsgraden der angewendeten Komponenten, d. h. η_{KK} der kapazitiven Kopplung, η_G des Gleichrichters und η_{DC} des DC/DC-Wandlers, mit Verlust am Ausgang des DC/DC-Wandlers als P_{DC_a}wie in Gleichung (3.182) erhalten:

$$P_{DC_a} = P_E \cdot \eta_{KK} \cdot \eta_G \cdot \eta_{DC}. \tag{3.182}$$

Durch Einsetzen der Gleichung (3.182) in Gleichung (3.181) ergibt sich der Gesamtwirkungsgrad $\eta_{g_{KK}}$ der kapazitiven Kopplung-EH-Einheit, wie die Gleichung (3.183) zeigt:

$$\eta_{g_{KK}} = \eta_{KK} \cdot \eta_G \cdot \eta_{DC}. \tag{3.183}$$

- **Magnetische/induktive Kopplung**

Die magnetische Flussdichte $\vec{B}$, die durch die in einem Leiter durchflossene elektrische Stromdichte $\vec{J}$ verursacht wird, ergibt sich aus der Anwendung des Biot-Savartschen Gesetzes in Abschnitt (3.3.3.1) mit den Gleichungen (3.80–3.81), (3.84–3.86) und (3.86b). Hierbei ist die magnetische Flussdichte $\vec{B}$ eines Linienstromes mit Gleichung (3.85), eines unendlich langen Linienstromes mit Gleichung (3.86) und mehrerer unendlich langer Linienströme mit Gleichung (3.86b) dargestellt. Gleichzeitig ist die im Magnetfeld gespeicherte Energie durch die Gleichungen (3.87–3.89) gegeben.

Die Induktivität, die in einem Stromkreis das Verhältnis des magnetischen Flusses Φ_m zur Stromstärke I beschreibt, ist dann durch die Gleichungen (3.92), (3.94), (3.96–3.99) in Abschnitt (3.3.3.2) gegeben. Dabei ist die innere Induktivität eines Stromkreises L_i durch die Gleichung (3.97) und die Gesamtinduktivität des Stromkreises L_g durch die Gleichungen (3.98–3.99) beschrieben. Die Gegeninduktivität zwischen Stromkreisen ist durch die Beschreibung der gesamten Induktionskoeffizienten L_{ik} als Induktivitätsmatrix $\boldsymbol{L}$ mit Gleichung (3.108) in Abschnitt (3.3.3.2) gegeben. Die Berechnung der inneren und äußeren Induktivität einer Drahtspule in Zylinderform ist ebenfalls gegeben. Hierbei ist die innere Induktivität L_i bzw. die längenbezogene innere Induktivität L'_i eines Drahtes durch die Gleichung (3.112) bzw. (3.113) berechnet. Damit ist die längenbezogene innere Induktivität L'_{s_i} bzw. die längenbezogene äußere Induktivität L'_{s_a} der Spule mit Gleichung (3.114) bzw. (3.116) berechnet. Die längenbezogene Gesamtinduktivität L'_{s_g} bzw. die Gesamtinduktivität L_{s_g} einer Spule mit endlicher Länge l ergibt sich aus der Gleichung (3.117) bzw. (3.118).

Die gemäß den Maxwell-Gleichungen (3.5) und (3.20) (s. Tab. (3.6)) induzierte Spannung $U_i(t)$ wird in Abschnitt (3.3.3.2) behandelt. Die drei Arten der Induktion, nämlich durch Änderung der magnetischen Flussdichte, d. h. Transformatorinduktion, durch Flächenänderung, d. h. Bewegungsinduktion, und durch Winkeländerung, d. h. Bewegungsinduktion durch Rotation, sind in den Gleichungen (3.119–3.119e) dargestellt. Damit ist die Induktionsspannung $U_i(t)$ einer Drahtspule mit n Windungen durch Gleichung (3.120) und die Beziehung zwischen der Induktionsspannung $U_i(t)$ und der Gesamtinduktivität der Drahtspule L_g durch Gleichungen (3.121) und (3.122) dargestellt.

Abbildung (3.21) zeigt schematisch die Anwendung der obigen Transformatorinduktion, die auch als magnetische/induktive Kopplung genannt wird, zur Energieernte durch Einsetzten einer Spule aus n Windungen mit der Länge l und einem zylindrischen Ferritkern mit der magnetischen Permeabilitätskonstante μ, dem Durchmesser R, der Stirnfläche A. Durch die genannten physikalischen Eigenschaften – wie κ, α, μ_0 und μ – und die Größen – wie r, n, l, R und A– der eingesetzten Komponenten – wie Spule und Ferritkern – wird eine möglichst effiziente Ernte/Erzeugung angestrebt. Als Maßstab für die Effizienz wird der Gesamtwirkungsgrad $\eta_{g_{IK}}$, der durch den Verlustpfad der EH-Einheit wie in Gleichung (3.184)

$$\eta_{g_{IK}} = \frac{P_{DC_a}}{P_E} = \frac{P_{DC_a}}{P_{IK_e}} \tag{3.184}$$

berechnet wird, angewendet. In diesem Fall ist die Eingangsleistung P_E der EH-Einheit ist kleiner als die Leistung P_Q aus der Energiequelle, insbesondre aufgrund des Abstands zwischen der Leiterordnung und der angewandten Spulen-Einheit.

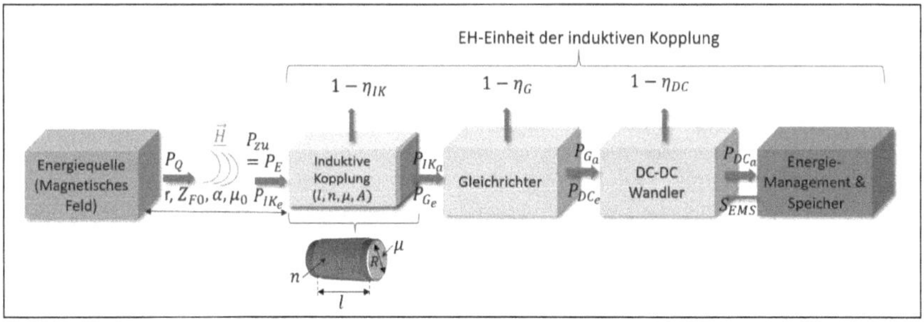

Abb. 3.21 Schematische Darstellung des Verlustpfades einer induktiven Kopplung-EH-Einheit. Dabei bezeichnet $\vec{H}$ die magnetische Feldstärke, P die Eingangs- und Ausgangsleistung und η den Wirkungsgrad der dargestellten Komponenten, S die Steuerung von Energiemanagement, r die Übertragungsentfernung, α die Streckendämpfung, Z_{F0} die Feldwellenimpedanz im freien Raum und ε_0. die elektrische Feldkonstante des Vakuums, n die Windungszahl bzw. l die Länge der Spule, μ die magnetischen Permeabilitätskonstante, R den Durchmesser und A die Stirnfläche des eingesetzten zylindrischen Ferritkerns.

Die P_E wird durch die Wirkungsgrade der angewendeten Komponenten, d. h. η_{iK} der induktiven Kopplung, η_G des Gleichrichters und η_{DC} des DC/DC-Wandlers, mit Verlust am Ausgang des DC/DC-Wandlers als P_{DC_a}wie in Gleichung (3.185)

$$P_{DC_a} = P_E \cdot \eta_{IK} \cdot \eta_G \cdot \eta_{DC} \tag{3.185}$$

erhalten. Durch Einsetzen der Gleichung (3.185) in Gleichung (3.184) ergibt sich der Gesamtwirkungsgrad $\eta_{g_{IK}}$ der induktiven Kopplung-EH-Einheit, wie Gleichung (3.186) zeigt:

$$\eta_{g_{IK}} = \eta_{IK} \cdot \eta_G \cdot \eta_{DC}. \tag{3.186}$$

- **Fernspeisung-/RF-Energy-Harvesting**

Die von einer Antenne empfangenen HF-Signale werden über die Antennenimpedanz, die über eine L-Schaltung (s. Gl. (3.171)) an die Eingangsimpedanz der Gleichrichterschaltung angepasst ist, zum Gleichrichter geführt und dort in Gleichspannungssignale umgewandelt, um den Verbrauchern oder Energiespeichermedien eine Gleichspannung zur Verfügung zu stellen.

Der Gesamtwirkungsgrad η_g des in Abbildung (3.22) dargestellten Verlustpfades eines RF-Energy-Harvesting-Systems wird aus dem Zusammenhang zwischen der Empfangsleistung P_E der Empfangsantenne (s. Gl. (3.161–3.162)) und der Ausgangsleistung des DC/DC-Wandlers P_{DC} nach Gleichung (3.187)

$$\eta_g = \frac{P_{DC}}{P_E} = \frac{P_{DC}}{\vec{S}_E(\vec{r}, \psi, \varphi) \cdot A_{W_P}} \tag{3.187}$$

berechnet [10]. Hierbei bezeichnet $\vec{S}_E(\vec{r}, \psi, \varphi)$ die an der Antenne erreichte Leistungsdichte nach der Kanaldämpfung (s. Gl. (3.165)) und A_{W_P} die physikalisch wirksame Fläche der Antenne. Die Ausgangsleistung des DC/DC-Wandlers P_{DC} wird mit Hilfe des Antennenwirkungsgrades η_A, des Impedanztransformationswirkungsgrades (Anpassung) η_I, des Gleichrichtungswirkungsgrades η_G, des DC/DC-Wandlerwirkungsgrades η_{DC} und der effektiven Wirkfläche der Antenne A_{W_E} wie in Gleichung (3.188)

$$P_{DC} = \vec{S}_E(\vec{r}, \psi, \varphi) \cdot A_{W_E} \cdot \eta_A \cdot \eta_I \cdot \eta_G \cdot \eta_{DC} \tag{3.188}$$

berechnet. Durch Einsetzen von Gleichung (3.188) in Gleichung (3.187) wird der Gesamtwirkungsgrad η_g wie in Gleichung (3.189) erhalten:

$$\eta_g = \eta_A \cdot \eta_I \cdot \eta_G \cdot \eta_{DC} \cdot \frac{A_{W_E}}{A_{W_P}}. \tag{3.189}$$

Wie Gleichung (3.189) zeigt, erfolgt die Einstellung des Gesamtwirkungsgrades η_g insbesondere bei kleinen Antennen, die als magnetischer Dipol betrachtet werden und deren Größe um den Faktor 10 kleiner ist als ihre Wellenlänge [46], also $D_A > \lambda/10$, durch die mittels Impedanztransformation angepasste effektive Antennenwirkfläche A_{W_E} und die physikalisch wirksame Antennenfläche A_{W_P}. Daraus ergibt sich das Verhältnis der genannten Antenneflächen [10, 366] nach Gleichung (3.190)

$$\frac{A_{W_E}}{A_{W_P}} = \frac{\eta_A \cdot D \cdot \lambda^2}{4\pi^2 \cdot {r_A}^2}. \tag{3.190}$$

Dabei ist D der Richtfaktor (s. Gl. (3.157)) und r_A der Radius der Antenne.

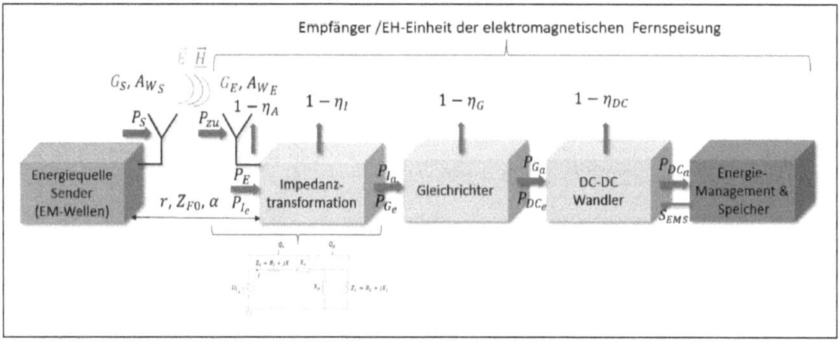

Abb. 3.22 Schematische Darstellung des Verlustpfades eines RF-Energy-Harvesting-Systems vom Sender bis zum Energiemanagement und -speicher des Empfängers mit grundlegenden Systemkenngrößen. Dabei bezeichnet $\vec{H}$ die magnetische Feldstärke, $\vec{E}$ die elektrische Feldstärke, G den Gewinn und A_W die Antennenwirkfläche, P die Eingangs- und Ausgangsleistung und η den Wirkungsgrad der dargestellten Komponenten, r die Übertragungsentfernung, α die Streckendämpfung, Z_{F0} die Feldwellenimpedanz im freien Raum zwischen der Sende- und Empfangsantenne.

3.4 Simulation

In diesem Kapitel werden die Berechnungen entsprechend den Rahmenbedingungen (s. Abschn. (3.1.1) und (3.1.2)) für ein- und zweigleisige Bahnstrecken und eingleisige Bahntunnel dargestellt. Für die Berechnungen wird die Simulationssoftware WinField/ETC 400® [Win25][7] eingesetzt, die die elektrische und magnetische Feldverteilung für Hochspannungsleitungen, Umspannwerke und andere Energieanlagen nach dem Biot-Savartschen Gesetz berechnet (s. Abschn. (3.3.3.1) und Gl. (3.80–3.85)).

Bei den Simulationsannahmen wird berücksichtigt, wie die Fahrwege nach EN 50122-1/EN 50119 [170] aufgebaut sind (s. Abb. (3.5–3.6) und Tab. (3.2)). Dabei werden sie jeweils für eine Art oder Kombination der Rückstromführung nach den Vorgaben von EN 50163/IEC 60850 [166, 168] – wie z. B. Fahrschienen, Rückleitungsstromschienen, Rückleitungskabel, Rückleitungsseile (s. Abb. (3.4)) – mit den festgelegten möglichen Spannungs- und Stromstärken nach EN50163 (s. Tab. (3.1)) durchgeführt.

Der theoretische Hintergrund der Simulationsergebnisse ist für das elektrische Feld $\vec{E}$ in Abschnitt (3.3.2.3) „Teilkapazitäten in Mehrleitersystem und einer Parallelleitung zur Erde" mit den Gleichungen (3.55–3.73) und für die magnetische Flussdichte $\vec{B}$ in Abschnitt (3.3.3.1) „Biot-Savartsches Gesetz und magnetische Energie", in Abschnitt (3.3.3.2) „Induktivität" und „Gegeninduktivität zwischen Stromkreisen" mit den Gleichungen (3.80–3.109) gegeben.

Faktoren, die die Stärke der elektromagnetischen Felder auf Bahnstrecken beeinflussen, sind neben dem Traktionsstrom/Fahrstrom, der von den Unterwerken über die Hinleitung, d. h. die Speise- und Fahrleitungen, zum elektrischen Triebfahrzeug gelangt und über die Rückleitung, d. h. die mit der Erde verbundenen passiven Leiter – z. B. Rückleiter, Erdungsanlagen, Schienen – als Rückstrom zu den Unterwerken zurückfließt, auch zeitliche Faktoren, wie z. B. die Beschleunigungs – und Bremsintervalle des Triebfahrzeugs.

Für die folgenden zwei Simulationen wird angenommen, dass die Bahnstrecken eine Wechselspannung mit einer Frequenz von $16\frac{2}{3} \cong 17\ Hz$ und $15\ kV$ sowie eine Stromstärke von $1\ kA$ an der Oberleitung/Fahrleitung haben. In gleicher Weise wird für die erste und zweite Simulation, die sowohl für eingleisige als auch für zweigleisige Strecken gelten, angenommen, dass der Rückstrom über die Fahrschienen jeweils $475\ A$ beträgt und in derselben Richtung zu den Unterwerken zurückfließt, während der restliche Rückstrom von $50\ A$ über das Erdreich abfließt.

Anschließend werden diese Simulationsergebnisse grafisch mit einer weiteren zweigleisigen Bahnstrecke verglichen, die wie die ersten beiden Simulationen mit gleicher Spannung und gleichem Strom befahren wird, aber einen anderen Wert für den Rückstrom über die jeweiligen Schienen von $425\ A$ hat und der restliche Rückstrom von $150\ A$ über das Erdreich abfließt.

In diesem Fall erfolgt die Berechnung der elektrischen Feldstärken $\vec{E}$ und der magnetischen Flussdichte $\vec{B}$ durch Superposition, nämlich durch lineare Summation der Felder über das gesamte im betrachteten Feldraum vorhandene Leitersystem, auf einen Punkt. Die Simulationsberechnungen werden mit den Effektivwerten (engl., Root Mean Square (RMS) der oben genannten elektrischen Wechselspannungen- und Ströme ohne Phasenverschiebung zwischen diesen durchgeführt.

---

[7] *Sie wurde von der Firma Forschungsgesellschaft für Energie und Umwelttechnologie (FGEU) mbH [FGE25] in Berlin gemäß DIN EN 50413 VDE 0848-1 [DIN25-1], DIN EN 62232 VDE 0848-232 [DIN25-2], 26. BImSchV [BIm25] entwickelt und wird derzeit in Zusammenarbeit mit der Firma Narda Safety Test Solutions GmbH [Nar25] betrieben.*

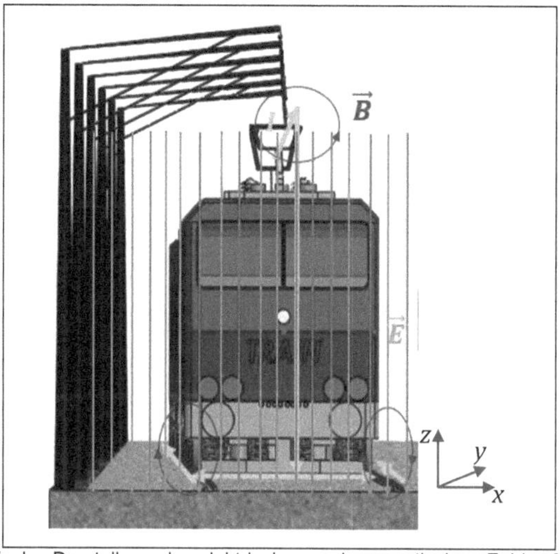

Abb. 3.23 Schematische Darstellung der elektrischen und magnetischen Felder für eine eingleisige Bahnstrecke. Dabei stellt die blaue Feile die elektrische Feldstärke $\vec{E}$ mit Richtung und die Kreisform mit roter Feile die magnetische Flussdichte $\vec{B}$ mit Richtung dar. Die Schienen beeinflussen die magnetische Flussdichte $\vec{B}$ mit gleicher Stärke, aber in unterschiedlicher Richtung.

3.4.1 Eingleisige Bahnstrecke

Die schematische Darstellung der elektrischen und magnetischen Felder bei eingleisigen Bahnstrecken ist in Abbildung (3.23) gezeigt. Hierbei stellten die blauen Feile die elektrische Feldstärke $\vec{E}$ mit Richtung und die Kreisform mit roten Feilen die magnetische Flussdichte $\vec{B}$ mit Richtung dar, die nach der Rechte-Hand-Regel aus der Richtung der in der Fahrleitung bzw. in den Schienen fließenden Stromstärke bestimmt wird. Daraus ergibt sich, dass die beiden Schienen eine magnetische Flussdichte $\vec{B}$ gleicher Stärke, aber unterschiedlicher Richtung aufweisen. Die Simulationsergebnisse für die oben genannte eingleisige Bahnstrecke sind in Abbildung (3.24) gezeigt. Sie stellt die Intensität der elektrischen Feldstärke $\vec{E}$ in (a) und der magnetischen Flussdichte $\vec{B}$ in (b) mit der Farbskala und den entsprechenden Rechenwerten in z- und x-Koordinaten als 2-D dar. Dabei nimmt die elektrische Feldstärke $\vec{E}$ in ca. 0,5 m Abstand von der Fahrleitung den höchsten Wert von $3{,}3\ kV/m$ an, während sie im Bereich von ca. 2 m Durchmesser Abstand von der Fahrleitung bis auf den Wert $1{,}1\ kV/m$ stetig abnimmt und im Bereich zwischen den Kreisen mit den Durchmessern 2 und 4 m Abstand von der Fahrleitung mit dem Wert $0{,}5\ kV/m$ konstant bleibt. Im Bereich vom Boden bis zu einer Höhe von ca. 3,5 m ($+z$-Richtung) und 3 m von der Gleismitte ($\pm x$-Richtung) hat sie den konstanten Wert $0{,}5\ kV/m$.

Die magnetische Flussdichte $\vec{B}$ zeigt einen ähnlichen Verlauf, jedoch mit anderen Werten, in der Nähe der Fahrleitung im Bereich von ca. 2 m Durchmesser. Sie nimmt den höchsten Wert von $371\ \mu T$ in einem Abstand von ca. 0,5 m von der Fahrleitung an, während sie im Bereich von ca. 2 m Durchmesser Entfernung von der Fahrleitung stetig bis auf den Wert $124\ \mu T$ abnimmt. Im Bereich zwischen den Kreisen mit einem Durchmesser von ca. 2 und 4 m Abstand von der Fahrleitung bleibt sie konstant bei $62\ \mu T$ konstant. Aufgrund der Richtungsunterschiede der magnetischen Flussdichten an Fahrleitung und Schiene nimmt die Intensität der

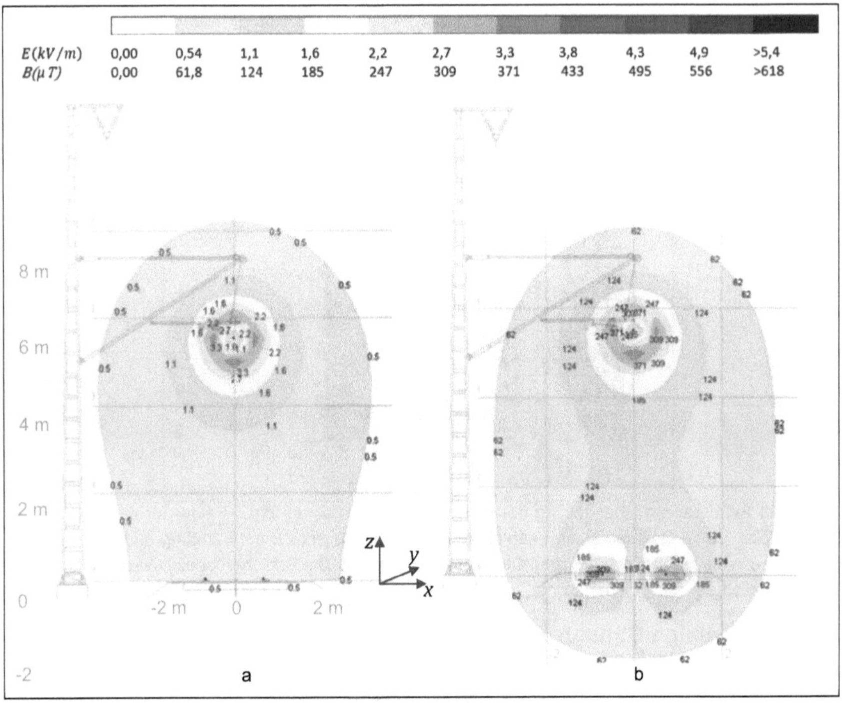

Abb. 3.24 Schematische Darstellung der Simulationsergebnisse für die eingleisige Bahnstrecke mit der Farbskala und den entsprechenden Rechenwerten in z- und x-Koordinaten: Intensitätsdarstellung der elektrischen Feldstärke $\vec{E}$ in **(a)** und der magnetischen Flussdichte $\vec{B}$ in **(b)**.

magnetischen Flussdichte $\vec{B}$ im halben Abstand zwischen diesen, d. h. für ca. $z = 2{,}25$ m und $x = 0$ m, bis auf den Wert $124\,\mu T$ ab. Diese gegenseitige Auslöschung der magnetischen Flussdichte bewirkt, dass deren Intensität von der jeweiligen Schienenmitte zur Gleismitte stetig abnimmt, so dass im Bereich für ca. $z = \pm 0{,}25$ m und und $x = \pm 0{,}15$ m bis zum Wert $0\,\mu T$ erreicht werden kann.

Die Simulationen zeigen einen Unterschied zum Verhalten der elektrischen Feldstärken $\vec{E}$ und der magnetischen Flussdichte $\vec{B}$ an eingleisigen Bahnstrecken. Die magnetische Flussdichte $\vec{B}$ erreicht eine Tiefe von ca. 2 m von der Erdoberfläche, obwohl die elektrische Feldstärke $\vec{E}$ am Gleisboden mit dem Wert Null aufhört, da die Schienen als Bezugsleiter mit dem Bezugspotential $\varphi_0 = 0$ angenommen werden (s. Abschn. (3.3.2.3) „Teilkapazitäten in Mehrleitersystem" und Abb. (3.15)).

3.4.2 Zweigleisige Bahnstrecke

Die schematische Darstellung der elektrischen und magnetischen Felder für zweigleisige Bahnstrecken ist in Abbildung (3.25) gezeigt. Die Beschreibung der elektrischen Feldstärke $\vec{E}$

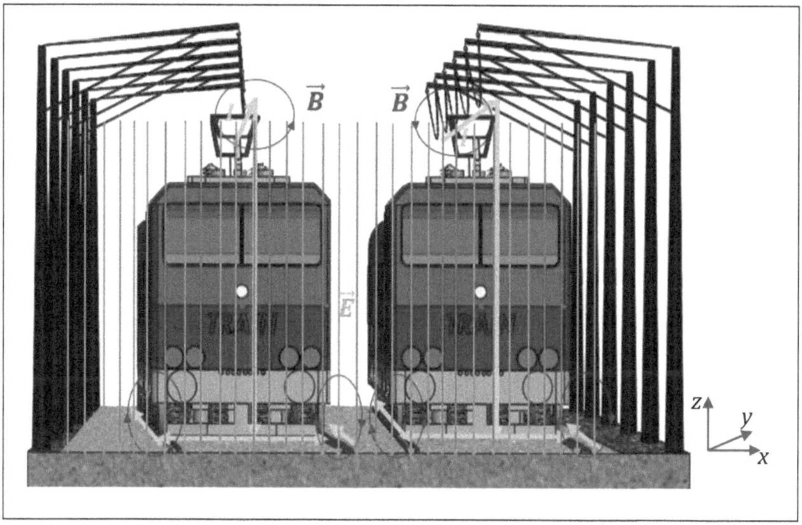

Abb. 3.25 Schematische Darstellung der elektrischen und magnetischen Felder für eine zweigleisige Bahnstrecke. Dabei stellen die blauen Pfeile die elektrische Feldstärke $\vec{E}$ mit Richtung und die Kreisform mit roten Feilen die magnetische Flussdichte $\vec{B}$ mit Richtung dar. Die beiden Fahrleitungen beeinflussen eine magnetische Flussdichte $\vec{B}$ mit gleicher Stärke aber aus unterschiedlichen Richtungen. Dieses physikalische Ergebnis gilt auch für die beiden Schienen der beiden Gleise.

und der magnetischen Flussdichte $\vec{B}$ entspricht der Darstellung der eingleisigen Bahnstrecke in Abbildung (3.23). Die Richtung der magnetischen Flussdichte $\vec{B}$ wird – wie bei der eingleisigen Bahnstrecke – nach der Rechte-Hand-Regel aus der Richtung der in der Fahrleitung bzw. in den Schienen fließenden Stromstärke bestimmt. Daraus ergibt sich, dass die beiden Fahrleitungen eine magnetische Flussdichte $\vec{B}$ mit gleicher Stärke, aber aus unterschiedlichen Richtungen beeinflussen. Dieses physikalische Ergebnis gilt auch für die beiden Schienen der beiden Gleise.

Abbildung (3.26) zeigt die Simulationsergebnisse für die oben genannte zweigleisige Bahnstrecke. Dabei ist in (a) die Intensität der elektrischen Feldstärke $\vec{E}$ und in (b) die Intensität der magnetischen Flussdichte $\vec{B}$ der befahrenen zweigleisigen Bahnstrecke mit der Farbskala und den entsprechenden Werten mit Zahlen in z- und x-Koordinaten dargestellt.

Hierbei nimmt die elektrische Feldstärke $\vec{E}$ in einem Abstand von ca. 0,5 m von den beiden Fahrleitungen den höchsten Wert von $3{,}3\ kV/m$ an, während sie im Außenbereich der beiden Fahrleitungen – ab ca. 2 m Durchmesser Abstand von der Fahrleitung – kontinuierlich auf den Wert $0{,}9\ kV/m$ und im gleichen Bereich zwischen den Kreisen mit den Durchmessern von ca. 2 und 6 m Abstand von der Fahrleitung vom Wert $0{,}9\ kV/m$ auf den Wert $0{,}5\ kV/m$ abnimmt. Im Gegensatz dazu zeigt die elektrische Feldstärke $\vec{E}$ im Innenbereich zwischen den Fahrleitungen einige Unterschiede. Hier nimmt einerseits die elektrische Feldstärke $\vec{E}$ in einem Abstand von ca. 1,5 m von den Fahrleitungen auf den Wert $0{,}9\ kV/m$ ab und bleibt in einem weiteren kurzen Abstand von ca. 0,5 m auf dem Wert $0{,}5\ kV/m$, woran sich eine „feldfreie Zone", d. h. $0 < \vec{E} < 0{,}47\ kV/m$, ergibt, deren Zentrum in einer Höhe von ca. 6 m über der Mitte der beiden Gleise liegt und einen Durchmesser von ca. 1 m hat. Andererseits erreicht die

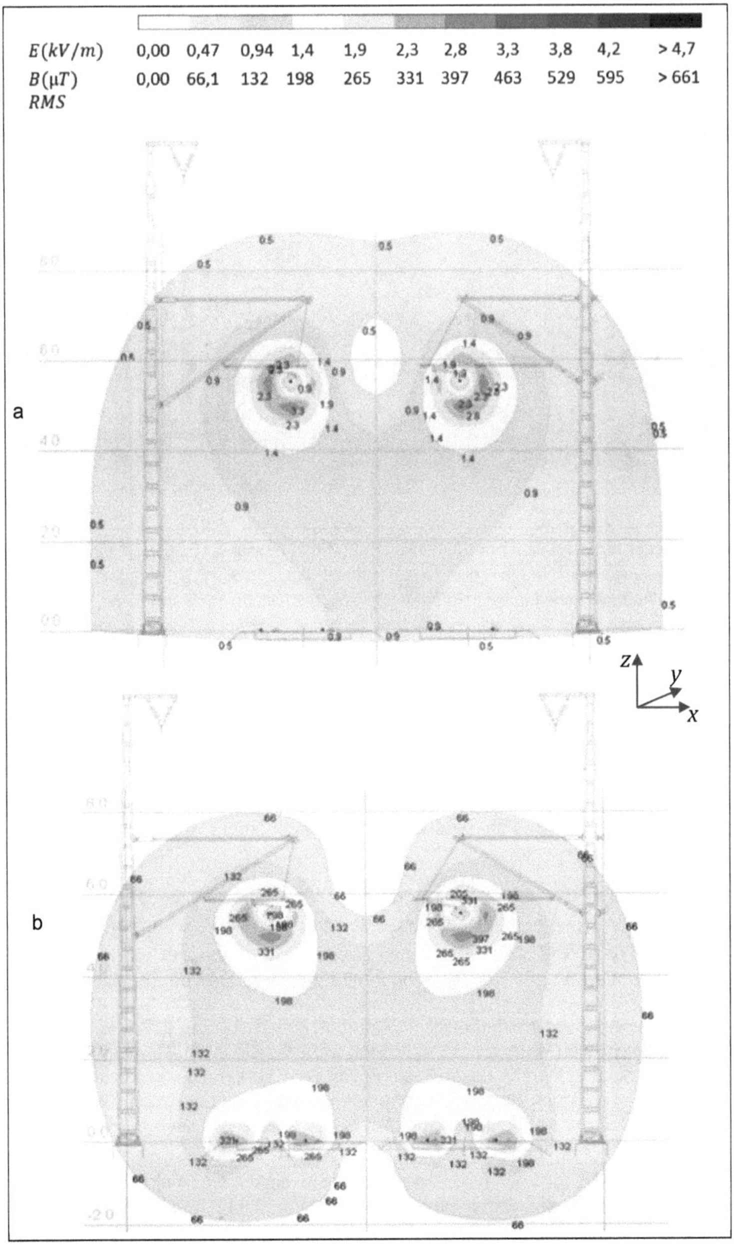

Abb. 3.26 Darstellung der Simulationsergebnisse der befahrenen zweigleisigen Bahnstrecke: **(a)** die Intensität der elektrischen Feldstärke $\vec{E}$, **(b)** die Intensität der magnetischen Flussdichte $\vec{B}$ mit der Farbskala und den entsprechenden Werten mit Zahlen in z- und x-Koordinaten.

elektrische Feldstärke $\vec{E}$ den Wert $0{,}9\ kV/m$ mit abnehmender Fläche bis zum Bodenbereich zwischen den beiden Gleisen und den Wert $0{,}5\ kV/m$ bis zu einem Abstand von ca. $x = \pm 6\ m$ von der Mitte der beiden Gleise (s. Abb. (3.6)), was also einen deutlich größeren Bereich als bei der eingleisigen Bahnstrecke ist.

Die magnetische Flussdichte $\vec{B}$ zeigt bei der befahrenen zweigleisigen Bahnstrecke in der Nähe der Oberleitung ebenfalls – wie bei der eingleisigen Strecke – einen ähnlichen Verlauf wie die elektrische Feldstärke $\vec{E}$, jedoch mit anderen Werten. Sie nimmt den höchsten Wert von $397\ \mu T$ in einem Abstand von ca. 0,5 m Entfernung von der Fahrleitung an, während sie im äußeren Bereich der beiden Fahrleitungen – ab einem Abstand von ca. 2 m Durchmesser von der Fahrleitung – kontinuierlich auf den Wert $132\ \mu T$ und im gleichen Bereich zwischen den Kreisen mit den Durchmessern von ca. 2 und 6 m Abstand von der Fahrleitung vom Wert $132\ \mu T$ auf den Wert $66\ \mu T$ abfällt. Im Gegensatz dazu sinkt sie im Innenbereich zwischen den Fahrleitungen in einem Abstand von ca. 1,5 m von der Fahrleitung auf den Wert $132\ \mu T$ ab und verbleibt in einem weiteren kurzen Abstand von ca. 0,5 m auf dem Wert $66\ \mu T$, woraus sich eine „feldfreie Zone" mit $0 \leq \vec{B} \leq 66\ \mu T$ ergibt, deren Mittelpunkt in einer Höhe von ca. 7 m über der Mitte der beiden Gleise, also bei ca. $z = 7\ m$ und $x = 0\ m$, liegt und einen Durchmesser von ca. 2 m hat. Diese „feldfreie Zone" entsteht – wie bei der eingleisigen Bahnstrecke zwischen den Schienen – durch die Richtungsunterschiede der magnetischen Flussdichten an den beiden Fahrleitungen, die zu einer gegenseitigen Auslöschung der Magnetfelder führen.

Eine ähnliche „feldfreie Zone" – wie zwischen den beiden Fahrleitungen – ergibt sich auch zwischen den beiden Gleisen mit einem Durchmesser von ca. 1 m in einer Tiefe von ca. 1 m von der Mitte des Bereichs zwischen den beiden Gleisen, d. h. ca. $z = -1\ m$ und $x = 0\ m$. Im Bereich zwischen den Schienen der jeweiligen Gleise nimmt die magnetische Flussdichte $\vec{B}$ vom Wert $331\ \mu T$ auf den Wert $66\ \mu T$ ab, jedoch entsteht in diesem Fall keine „feldfreie Zone" wie bei eingleisigen Strecken.

Außerhalb der oben genannten Bereiche treten zwei Bereiche auf, die der Form eines „Schmetterlings" ähneln. Daher kann hier der Bereich mit den Werten $132\ \mu T$ (mit Grenzkoordinaten (x, z): $(-4 \leq x \leq 4), (-0{,}5 \leq z \leq 7)$) als „kleiner Schmetterling" und $66\ \mu T$ (mit Grenzkoordinaten (x, z): $(-6 \leq x \leq 6), (-2 \leq z \leq 8)$) als „großer Schmetterling" bezeichnet werden.

3.4.3 Vergleich der Simulationsergebnisse von ein- und zweigleisigen Bahnstrecken

Die grafische Darstellung der Feldgrößen der beiden oben genannten Simulationsergebnisse (s. Abb. (3.24) und (Abb. (3.26)) im Vergleich zu einer weiteren zweigleisigen Strecke mit einem Rückstrom von $425\ A$ statt $475\ A$ ist in Abbildung (3.27) auf der x-Koordinatenachse in Höhe der Fahrleitung, d. h. $z = 5{,}5\ m$, dargestellt. Dabei sind die Feldstärken der eingleisigen bzw. zweigleisigen Strecke mit dem Rückstrom von $475\ A$ in (a) bzw. (b) und der zweigleisigen Strecke mit dem Rückstrom von $425\ A$ in (c) gezeigt. Der Verlauf der elektrischen Feldstärke $\vec{E}$ verhält sich bei allen drei Simulationen in (#a1, #b1 und #c1) wie eine Gaußkurve, die bei $x=0\ m$ – in der Mitte des jeweiligen Gleises – ihr Maximum erreicht und bei $x=\pm 10\ m$ auf etwa ein Viertel ihres Maximums abfällt. Demgegenüber unterscheidet sich der Verlauf der magnetischen Flussdichte $\vec{B}$ bei eingleisigen Strecken (#a2) von dem bei zweigleisigen Strecken (#b2 und #c2) durch die gegenseitige Auslöschung der Magnetfelder im Innenbereich der Fahrleitung und der Fahrschienen bei zweigleisigen Strecken. Daher erhält der Feldverlauf bei $x=0\ m$ ein lokales Minimum wie in (#b2) und (#c2).

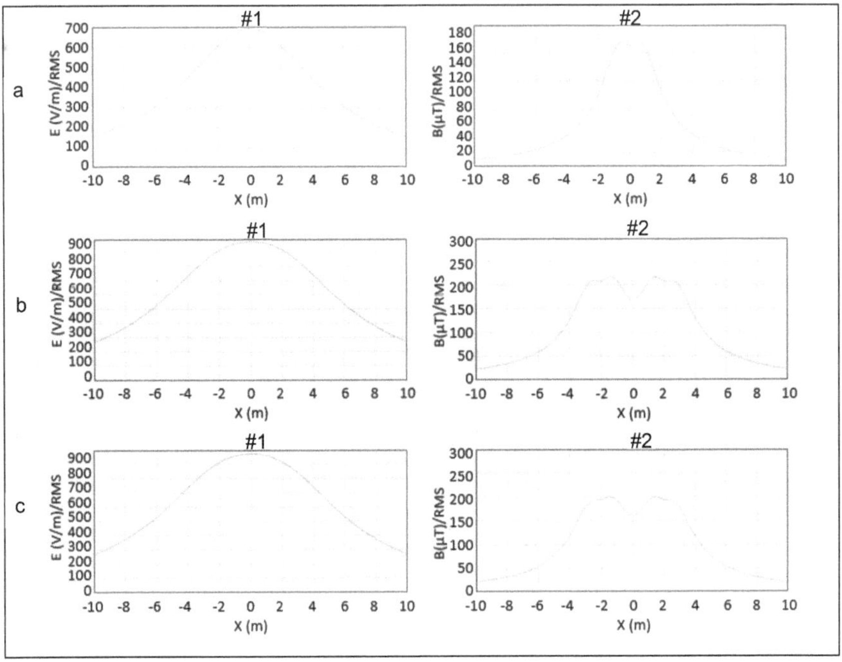

Abb. 3.27 Grafische Darstellung der beiden obigen Simulationsergebnisse (s. Abb. (3.24) und (Abb. (3.26)) im Vergleich mit einem Rückstrom von $425\,A$ statt $475\,A$ in Höhe der Fahrleitung, d. h. $z = 5{,}5\,m$. Dabei sind die Feldstärken der eingleisigen Bahnstrecke mit dem Rückstrom von $475\,A$ in **(a)**, der zweigleisigen Strecke mit dem Rückstrom von $475\,A$ in **(b)** und der zweigleisigen Strecke mit dem Rückstrom von $425\,A$ in **(c)** dargestellt.

3.4.4 Eingleisiger Bahntunnel in Tübbingbauweise

Aufgrund der Einsatzvorhaben, dass die energieautarken Funksensorknoten ohne zusätzliche Baumaßnahmen in die konischen Zentrieraussparungen der Tübbingbauweise eingebracht werden sollen (s. Abb. (3.1)), spielt die Visualisierung und Berechnung der elektrischen Feldstärken $\vec{E}$ und der magnetischen Flussdichte $\vec{B}$ an der Tunnelinnenwand eine wichtige Rolle, um die verfügbare Energiemenge für die Funksensorknoten abzuschätzen. Aus diesem Grund ist hier eine eingleisige Strecke im Tunnel dargestellt, die unter den gleichen Randbedingungen betrieben wird wie die eingleisige Strecke in Abschnitt (3.4.1).

Als Simulationsergebnisse zeigt Abbildung (3.28) die Verteilung der elektrischen Feldstärken $\vec{E}$ in (a) und der magnetischen Flussdichte $\vec{B}$ in (b) in einem Bahntunnel in Tübbingbauweise (s. Abb. (3.5b) und (3.6a)) mit der Farbskala und den entsprechenden Berechnungswerten in z- und x-Koordinaten. Zusätzlich ist – im Gegensatz zur Abbildung (3.24) – die Energiedichteverteilung des jeweiligen Feldes in Abhängigkeit von der elektromagnetischen Feldstärke nach den Gleichungen (3.41) und (3.87) auf der Farbskala dargestellt. Dabei ist w_e die Energiedichte der elektrischen Feldstärke $\vec{E}$ und w_m die Energiedichte der magnetischen Flussdichte $\vec{B}$ in Ws/m^3 (bzw. J/m^3). Gleichzeitig ist der Tunnelinnenraum in Form einer Kompassrose mit Gradskala eingezeichnet. Dies ermöglicht eine genaue Lokalisierung der Tunnelinnenfläche.

Abbidung (3.28) deutet darauf hin, dass der Abstand der Fahrleitung und der Schienen von der betrachteten Fläche der Tunnelinnenwand ein entscheidender Einflussfaktor ist. In Abbildung (3.28a) nimmt die elektrische Feldstärke $\vec{E}$ mit einem Abstand von ca. 0,5 m von der Fahrleitung den höchsten Wert von $3{,}3\ kV/m$ an, während sie im Bereich von ca. 2 m Durchmesserabstand von der Fahrleitung bis auf den Wert von $1{,}1\ kV/m$ stetig abnimmt und im Bereich zwischen den Kreisen mit den Durchmessern 2 und 4 m Abstand von der Fahrleitung mit dem Wert von $0{,}5\ kV/m$ konstant bleibt. Dabei entspricht der Wert von $1{,}1\ kV/m$ dem höchsten Wert der elektrischen Feldstärke $\vec{E}$, die mit der Energiedichte w_e Wert von $5{,}36\ \mu J/m^3$ im Bereich zwischen $355° - 5°$ die Oberfläche der Innenwand erreicht. Im Bereich zwischen $315° - 45°$ und auf der Tunnelbodenoberfläche im Bereich zwischen $220° - 140°$ nimmt sie auf den Wert von $0{,}5\ kV/m$ mit einer Energiedichte w_e Wert von $1{,}29\ \mu J/m^3$ ab. Im übrigen Bereich der Innenwand, d. h. im Bereich zwischen $315° - 220°$ und $45° - 140°$, nimmt die elektrische Feldstärke $\vec{E}$ weiter auf ihren niedrigsten Wert von $0\ kV/m$ ab.

In Abbildung (3.28b) zeigt die magnetische Flussdichte $\vec{B}$ in der Nähe der Fahrleitung im Bereich mit einem Abstand von ca. 2 m Durchmesser einen ähnlichen Verlauf wie die elektrische Feldstärke $\vec{E}$. Sie nimmt den höchsten Wert von $371\ \mu T$ mit der Energiedichte w_m Wert von $54{,}77\ mJ/m^3$ in ca. 0,5 m Abstand von der Fahrleitung an, während sie im Bereich mit einem Abstand ca. 2 m Durchmesser Entfernung von der Fahrleitung stetig bis auf den Wert $124\ \mu T$ mit der Energiedichte w_m Wert von $6{,}12\ mJ/m^3$abnimmt. Dabei ist dieser Wert für die magnetische Flussdichte $\vec{B}$ der höchste Wert, der im Bereich zwischen $357° - 3°$ die Oberfläche der Tunnelinnenwand erreicht. Gleichzeitig nimmt ihr Wert im Bereich zwischen $320° - 40°$ auf von $62\ \mu T$ mit der Energiedichte w_m Wert von $1{,}52\ mJ/m^3$ ab. Auf der Tunnelbodenoberfläche hingegen nimmt sie aufgrund der Richtungsunterschiede der magnetischen Flussdichten der Schienen unterschiedliche Werte an. Während sie in der Gleismitte im Bereich zwischen 179,5°–189,5°, d. h. ca. $z = \pm 0{,}25$ m und $x = \pm 0{,}15$ m, den Wert von $0\ T$ annimmt, steigt ihr Wert mit der beidseitigen Entfernung von der Gleismitte bis zur jeweiligen Schienenmitte an und nimmt von dort weiter ab. Ihren höchsten Wert von $309\ \mu T$ mit einer Energiedichte w_e Wert von $37{,}99\ \mu J/m^3$erreicht sie hier im Bereich eines Kreises mit einem Durchmesser von 0,3 m von der jeweiligen Schiene. Dann nimmt sie den Wert von $247\ \mu T$ mit einer Energiedichte w_e Wert von $24{,}27\ \mu J/m^3$ im Bereich zwischen den Kreisen mit 0,3 und 0,4 m Durchmesser an. Die Flussdichte $\vec{B}$ nimmte ferner, den Wert von $185\ \mu T$ mit einer Energiedichte w_e Wert von $13{,}62\ \mu J/m^3$ im Bereich zwischen den Kreisen mit 0,4 und 0,5 m Durchmesser und den Wert von $124\ \mu T$ mit einer Energiedichte w_e Wert von $6{,}12\ \mu J/m^3$ im Bereich zwischen den Kreisen mit 0,5 und 0,55 m Durchmesser im Schieneninnenbereich an. Gleichzeitig erreicht sie den gleichen Wert mit 0,5 und 0,8 m Durchmesser im Schienenaußenbereich und den Wert von $62\ \mu T$ mit einer Energiedichte w_e Wert von $1{,}52\ \mu J/m^3$ im Bereich zwischen den Kreisen mit 0,8 und 2 m Durchmesser. Im übrigen Bereich der Innenwand, d. h. im Bereich zwischen $320° - 230°$ und $40° - 130°$, nimmt die elektrische Feldstärke $\vec{B}$ weiter bis auf ihren niedrigsten Wert von $0\ kV/m$ ab.

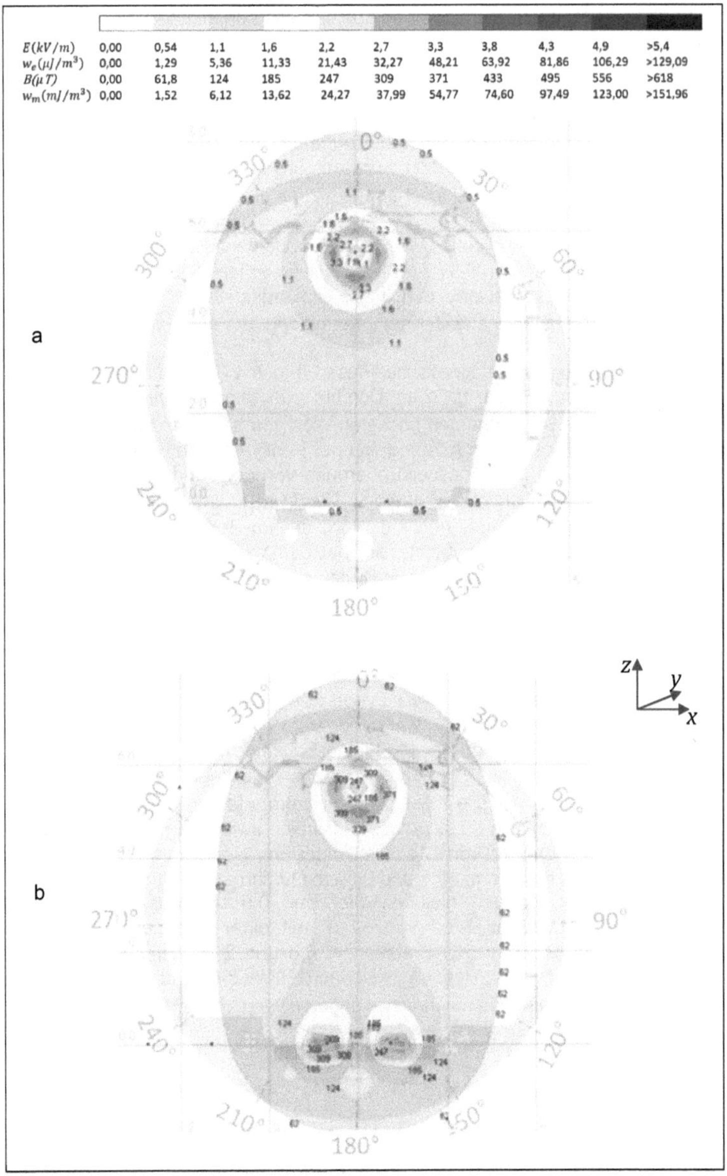

Abb. 3.28 Schematische Darstellung der Simulationsergebnisse der befahrenen eingleisigen Strecke in einem Bahntunnel in Tübbingbauweise mit der Farbskala, den entsprechenden Rechenwerten in z- und x-Koordinaten und der Gradskalierung des Tunnelinnenraums nach der Kompassrose: Intensitätsdarstellung der elektrischen Feldstärke $\vec{E}$ **(a)** und der magnetischen Flussdichte $\vec{B}$ **(b)**.

3.5 Aufbau der Hardware und Messeinrichtung

In diesem Abschnitt erfolgt eine erstmalige Darstellung des Hardware- und Messaufbaus einer möglichen hybriden Energieversorgungslösung für energieautarke Funksensorknoten im Straßen- und Bahntunnelumfeld aus der Kombination von kapazitiver Kopplung (s. Abb. (3.1)), magnetischer Kopplung (Induktivität) (s. Abb. (3.2)), und elektromagnetischer Fernspeisung (RF) (s. Abb. (3.3)) und TEG-EH[8].

3.5.1 Hardware

Die Hardware für die oben genannten Energy Harvesting-Arten besteht im Wesentlichen aus dem Gehäuse und der Leiterplatte mit den elektronischen Komponenten und den Sensoren. Die Leiterplatte mit den entsprechenden Sensoren ist in einem Gehäuse, das für die Platzierung des Funksensorknotens in den konischen Zentrieraussparungen der Tübbinge entworfen ist, untergebracht (s. Abb. (3.29)). Im Folgenden werden das Gehäuse und die für die Messungen verwendeten Leiterplatten kurz vorgestellt.

3.5.1.1 Gehäuse

Abbildung (3.29) zeigt die Skizze eines Funksensors mit konischem Gehäuse für den Einsatz in den konischen Zentrieraussparungen der Tübbinge von Bahntunneln in Tübbingbauweise (s. Abb. (3.1)) mit einem Durchmesser von 110 cm an der breitesten und 73 mm an der schmalsten Seite und einer Länge von 125 mm mit der Spitze in der Wand.

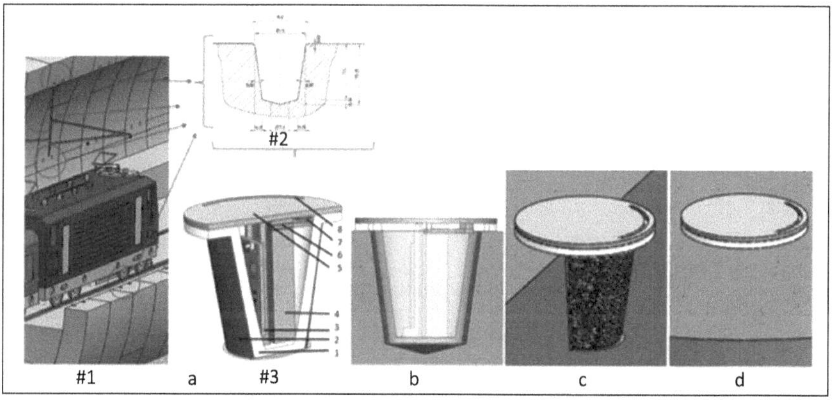

Abb. 3.29 Einsatz der Funksensorknoten in Verkehrstunneln in Tübbingbauweise. **(#a1, #a2)** Funksensorknoten mit dem konischen Gehäuse für den Einsatz in den konischen Zentrieraussparungen der Tübbinge von Bahntunneln in Tübbingbauweise (s. Abb. (3.1)), **(#a3)** Schnittdarstellung des Funksensorknotens: 1- konisches Gehäuse, 2- konischer Spulenkörper, 3- Leiterplatte mit Elektronikkomponenten, 4- Metallkern zur Wärmebrücke zwischen Thermogenerator und Tunnelwand, 5- Metalldecke, 6- Thermogenerator, 7- Ultraschallsensor (US-Sensor), 8- Schlitzantenne. Die verschiedenen Querschnitte des Funksensorknotens sind in (b), (c) und (d) wie folgt dargestellt: in **(b)** die Darstellung des Gehäuses des Funksensorknotens mit der konischen Form für die Zentrieraussparungen, in **(c)** die Darstellung der Spulenwindungen des gesamten Gehäuses für die induktive Kopplung-EH, in **(d)** die Ansicht des Funksensorknotens nach dem Einbau in die Tunnelwand.

[8] *Hier wird die TEG-EH nur als ein Teil der möglichen hybriden EH erwähnt, obwohl in einer anderen Arbeit des Autors auf die detaillierten Anwendungsmöglichkeiten der TEG-EH eingegangen wird (s. auch [13]).*

Abbildung (3.29) zeigt Einsatz der Funksensorknoten in Verkehrstunneln in Tübbingbauweise (s. Abb. (3.1)) mit der entworfenen Leiterplatte und elektronische Komponenten für die Hybrid-EH-Anwendung. Hierbei wird ein Funksensorknoten mit dem konischen Gehäuse für den Einsatz in den konischen Zentrierausspanungen der Tübbinge von Bahntunneln in Tübbingbauweise in (#a1) und (#a2) schematisch dargestellt. Die Schnittdarstellung der Funksensorknoteneinheiten mit Nummerierung ist in (#a3) wie folgt beschrieben: 1- konisches Gehäuse, 2- konischer Spulenkörper, 3- Leiterplatte mit Elektronikkomponenten, 4- Metallkern zur Wärmebrücke zwischen Thermogenerator und Tunnelwand, 5- Metalldecke, 6- Thermogenerator, 7- Ultraschallsensor (US-Sensor), 8- Schlitzantenne. Die verschiedenen Querschnitte des Funksensorknotens sind in (b), (c) und (d) wie folgt dargestellt: in (b) die Darstellung des Gehäuses des Funksensorknotens mit der konischen Form für die Zentrieraussparungen, in (c) die Darstellung der Spulenwindungen des gesamten Gehäuses für die induktive Kopplung-EH, in (d) die Ansicht des Funksensorknotens nach dem Einbau in die Tunnelwand.

3.5.1.2 Leiterplatte mit elektronischen Komponenten

In Kapitel (2) sind zwei Prinzipskizzen des Funksensorknotens als Plattform dargestellt, eine mit dem EH-Wandler in Abbildung (2.1) und eine ohne EH-Wandler mit den verwendeten elektronischen Komponenten – wie 8051 CPU-Mikrocontroller mit 16 MHz zur RF-Transceiver (STM 300 mit 868,3 MHz mit Antenne (RF-Frontend)), MSP-430F2417-Mikrocontroller zur Sensordatenerfassung, Energiemanagement, Energiespeicher (wiederaufladbare Lithiumzelle VL2330), Sensoren (z. B. Piezo- oder Ultraschallsensor (Vallen-VS 150-M) und Aktoren – in Abbildung (2.24).

Die folgende Abbildung (3.30) zeigt neben den oben genannten Komponenten auch die Komponenten der verwendeten Arten von EH-Energiewandlern. Dabei wird die schematische Skizze des Funksensorknotens als Plattform mit den EH-Energiewandlern (a) und zwei Testplattformen als bestückte Leiterplatten mit den Abmessungen (LxB) von 80 mm x 50 mm (b–c) dargestellt. Die Abbildung (3.30a) stellt eine detaillierte Übersicht im Vergleich zu Abbildung (1.2) mit den oben genannten verwendeten Komponenten und deren Kommunikationsrichtungen dar.

Abbildung (3.30b) zeigt zusätzlich zu Abbildung (2.25) (s. Kap (2)) eine Antenne, eine Schaltung zur Spannungsgleichrichtung für RF-EH, d. h. AC/DC-Spannungswandler, Energiemanagement und Eingangspins zum Anschluss anderer EH-Quellen für das Energiemanagement oder zu Messzwecken. Der erwähnte AC/DC-Spannungswandler ist aus einer Kaskadenschaltung von sechs Doppeldioden in Villard-Spannungsverdopplungsanordnung realisiert (s. Abschn. (3.3.4.1) und Abb. (3.18d–e)). Durch die Verdoppelung der Ausgangsspannung pro Stufe ist es auf diese Weise möglich, die Eingangsspannung um den Faktor zwölf zu erhöhen. Durch das Energiemanagement werden die verschiedenen Spannungsquellen durch die Dioden mit geringem Rückwärtsstrom voneinander entkoppelt und im Energiespeicher zusammengeführt.

Die Abbildung (3.30c) unterscheidet sich von der Abbildung (3.30b) durch die Bestückung mit einem DC/DC-Spannungswandler, der die sehr niedrigen Ausgangsspannungen des EH-Wandlers auf die Betriebsspannung anhebt, vom Typ LTC®3109 der Firma Linear Technology (LTC) [LTC25]. Dieser bipolare DC/DC-Spannungswandler basiert auf dem Prinzip des Meißner-Oszillators und transformiert die Eingangsspannungen ab ±30 mV auf die vier einstellbare höhere Ausgangsspannungen von 2,35 V, 3,3 V, 4,1 V und 5 V. Durch zwei kompakte Aufwärtstransformatoren, wiederaufladbare Kondensatoren und ein eigenes EH-Power-Management ermöglicht der genannte DC/DC-Spannungswandler eine unterbrechungsfreie Stromversorgung – je nach Kapazität des Energiespeichermediums – für den Betrieb der angeschlossenen Aktoren mit der bipolaren Eingangsspannung.

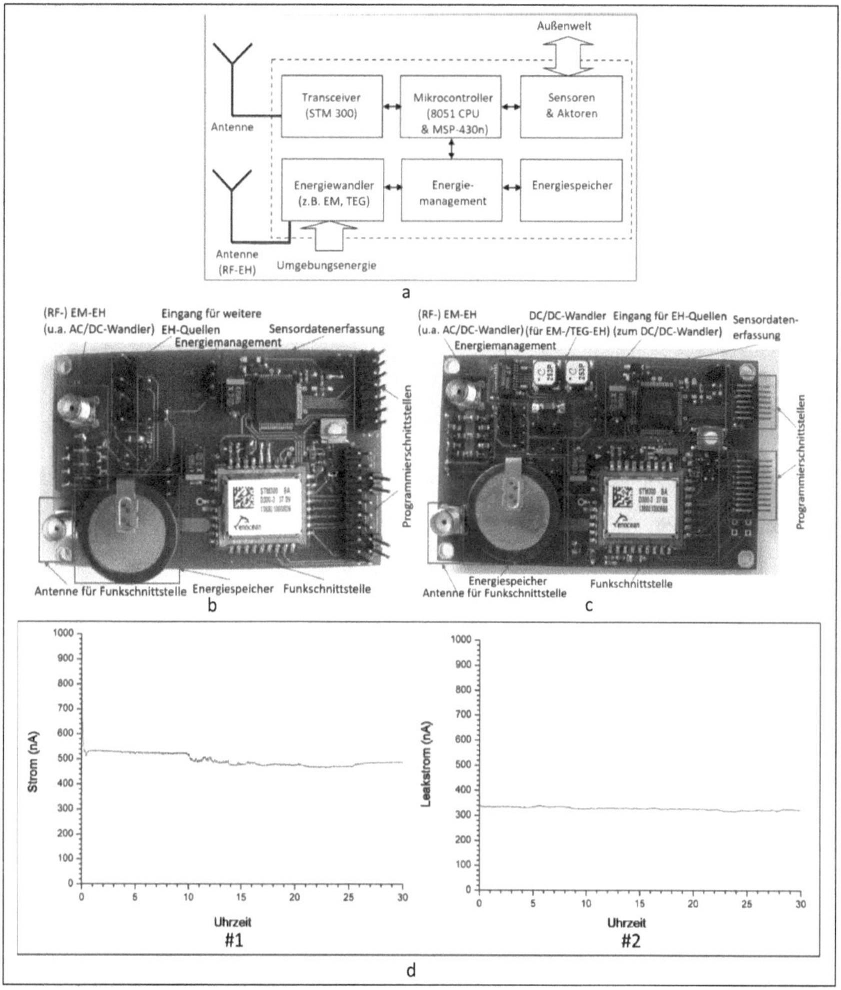

Abb. 3.30 Schematische Darstellung des Funksensorknotens als eine Plattform mit den angewendeten Komponenten mit dem Energiewandler: **(a)** die schematische Skizze des Funksensorknotens als Plattform mit den EH-Energiewandlern, **(b)** EM-EH-Testplattform als bestückte Leiterplatte ohne DC/DC-Spannungswandler, **(c)** EM-/TEG-EH-Testplattform als bestückte Leiterplatte mit DC/DC-Spannungswandler. Beide Leiterplatten haben die Abmessungen (LxB) von 80 mm x 50 mm. **(#1d)** Stromverbrauch der Testplattform in (c) im Sleep-Modus. In diesem Modus beträgt der mittlere Stromverbrauch ca. 500 nA bei einer Versorgungsspannung von 3,3 V. **(#2d)** Der Leckstrom des Energiespeichers von ca. 330 nA bei einer Ladespannung von 3,3 V für die beide Testplattformen in (b) und (c). Dieser Leckstromwert addiert sich zum Stromverbrauch der Testplattform.

Die Leistungsaufnahme des Funksensorknotens wurde für den Standardbetriebszustand gemessen, welcher mehr als 99% der Betriebszeit belegt und am meisten zum Energieverbrauch beiträgt. Zum einen befinden sich die Prozessoren im tiefsten Schlafmodus (Schlafmodus 4), zum anderen entstehen Verluste durch Leckströme von elektronischen Komponenten und

Energiespeichern. Daher wurde die Messung in zwei Schritten durchgeführt: Zuerst wurde die Leistungsaufnahme der elektronischen Komponenten und anschließend die Selbstentladung des Energiespeichers gemessen. Abbildung (3.30#1d) zeigt den benötigenden Stromverbrauch der gesamten elektronischen Komponenten der EM-/TEG-EH-Testplattform in (c) bei einer Versorgungsspannung von 3,3 V im Schlafmodus (Sleep Modus). In diesem Fall wird ein mittlerer Strom von ca. 500 nA benötigt. Hinzu tritt der Selbstentladestrom der Lithium-Vanadium-Knopfzelle von ca. 330 nA, der zum Gesamtstromverbrauch addiert wird, wie in Abbildung (3.30#2d) dargestellt.

3.5.2 Messaufbau

Im Folgenden werden die Messumgebungen und der Messaufbau für die drahtlose Energieübertragung in Laborumgebung, für die kapazitive und magnetische/induktive Kopplung in Freifeldumgebung auf einer eingleisigen Bahnstrecke und für die elektromagnetische Fernspeisung mit zwei verschiedenen Trägersignalen in zwei unterschiedlichen Straßenverkehrstunnelumgebungen beschreiben.

3.5.2.1 In Laborumgebung: Elektromagnetische Fernspeisung (RF)

Abbildung (3.31) zeigt eine schematische Darstellung des Messaufbaus, der eine Teileinheit des in Abbildung (3.22) dargestellten (RF-) EM-EH-Systems beschreibt. Der ist auf den beiden oben dargestellten Leiterplatten als „(RF-) EM-EH (u. a. AC/DC-Wandler“ bezeichnet (s. Abb. (3.30)). In Abbildung (3.31)) ist diese Teileinheit des EM-EH-Systems als Blockschaltbild dargestellt. Hierbei dient eine gerichtete Sendeantenne mit einer Frequenz von $865{,}7\ MHz$, einem Gewinn G_S von $9\ dBi$ und einer Sendeleistung P_S von $63\ mW$ als Energiequelle. Über eine $\lambda/4$ Stabantenne als Empfangsantenne wird die drahtlose Energie zum „RF-AC/DC-Wandler“ übertragen. Dabei durch eine Impedanzanpassung mit Hilfe einer L-Schaltung (s. Gl. (3.171)) und die Verringerung der Leistungsverluste durch Reflexion am Antennenfuß wird eine maximale mögliche Sendeleistung an der Antenne ermöglicht. Dadurch wird die typische Impedanz der Antenne von $50\ \Omega$ bei der entsprechenden Frequenz an die komplexe Impedanz des Gleichrichters angepasst (s. Abb. (3.18d)). Die Ausgangsspannung des Gleichrichters U_{G_a} über dem Abstand zwischen der Sende- und Empfangsantenne ist bei einem Laststrom von $30\ \mu A$ aufgezeichnet.

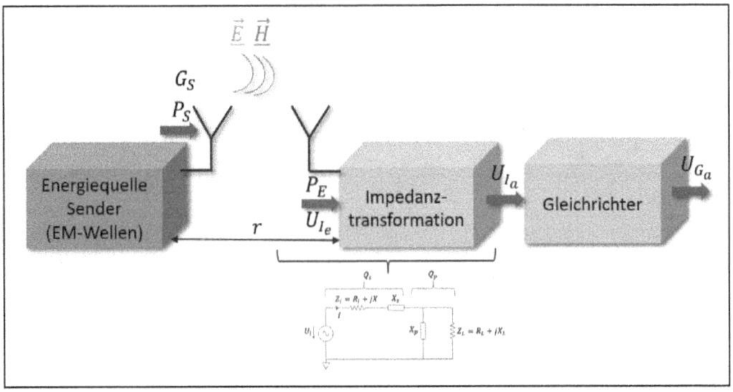

Abb. 3.31 Schematische Darstellung des Messaufbaus zur Erfassung der Ausgangsspannung des Gleichrichters U_{G_a} als (RF-) EM-AC/DC-Wandler. Hierbei wird über eine gerichtete Sendeantenne mit einer Frequenz von $865{,}7\ MHz$, einem Gewinn G_S von $9\ dBi$ und einer Sendeleistung P_S von $63\ mW$ mittels einer Empfangsantenne vom Typ einer $\lambda/4$ Stabantenne die drahtlose Energie zum „RF-AC/DC-Wandler“ übertragen. Durch eine frequenzabhängige Impedanzanpassung wird eine maximal mögliche Sendeleistung an der Antenne erreicht und die Leistungsverluste durch Reflexion am Antennenfuß reduziert.

3.5.2.2 In Freifeldumgebung: Kapazitive und induktive Kopplung

Die Messkoordinaten der kapazitiven und magnetischen/induktiven Kopplungen sowie die Abmessungen der für die Messungen entwickelten Messkomponenten, d. h. des Plattenkondensators (s. Abb. (3.13)) und der zylindrischen Drahtspule, sind in Abbildung (3.32) dargestellt.

Dabei ist der Messpunkt in einem Abstand von 1 m von der Gleismitte und in einer Höhe von 0,3 m über dem Boden in Abbildung (3.32a), die Skizze zur 3D-Darstellung eines Plattenkondensators mit den Abmessungen (LxBxH) (0,11 m x 0,11 m x 0,10 m) in Abbildung (3.32#b1) und eine zylindrische Drahtspule mit einem Durchmesser (d) von 0,11 m und einer Länge (l) von 0,10 m in Abbildung (3.32#b2) dargestellt.

Für den Einsatz in konischen Zentrieraussparungen (s. Abb. (3.1) und (3.29)) ist zusätzlich ein konisches Gehäuse für den Funksensorknoten mit Hybrid-EH (s. Abb. (3.29#a3) und (3.32#b3)) konstruiert. Dieses Gehäuse hat eine Abmessung mit den Spulenabmessungen von 0,10 m an der breitesten Seite und 0,07 m an der schmalsten Seite. Gleichzeitig enthält es einen Ferritkern aus dem Transformatorblech mit den Abmessungen (LxBxH) 0,10 m x 0,035 m x 0,035 m (s. Abb. (3.29#a3) und (3.3#b3)). Abbildung (3.3#b2) zeigt die 3D-Darstellung der zylindrischen Drahtspule des fertigen zylindrischen Gehäuses aus den Abbildungen (3.32#b4–b5#) mit 25000 Windungen (n).

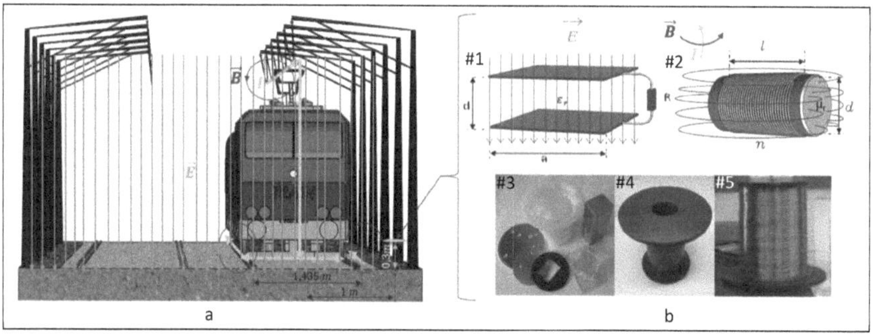

Abb. 3.32 Schematische Darstellung der Messkoordinaten der kapazitiven und magnetischen Kopplung sowie der Abmessungen der für die Messungen entwickelten Messkomponenten als Plattenkondensator und zylindrische Drahtspule. **(a)** Der Messpunkt befindet sich in einem Abstand von 1 m von der Gleismitte und in einer Höhe von 0,3 m über dem Boden. **(b)** Zeigt die 3D-Darstellung eines Plattenkondensators in **(#b1)**, die 3D-Darstellung einer zylindrischen Drahtspule in **(#b2)**, das gefertigte konische Gehäuse des Funksensorknotens für den Einsatz in konischen Zentrieraussparungen für die Hybrid-EH-Anwendung in **(#b3)**, das gefertigte zylindrische Gehäuse für die in (#b2 und #b5) skizzierte Spule in **(#b4)** und die für die Messung bereitgestellte Spule aus (#b2) mit 25000 Windungen in **(#b5)**.

3.5.2.3 In Tunnelumgebung: Elektromagnetische Fernspeisung (RF)

Die unterschiedlichen Realisierungsmöglichkeiten von Tunnelfunkanlagen zur Überwachung und Kommunikation im Alltags- und Notfallbetrieb sind in Abschn. (3.1.3) dargestellt (s. Abb. (3.7–3.8)). Im Folgenden wird daher schwerpunktmäßig auf den Messaufbau eingegangen.

Abbildung (3.33) zeigt den Messaufbau zur Ermittlung der elektromagnetischen Strahlung, der sich auf die Messungen in zwei Straßenverkehrstunneln[9], dem Dögginger Tunnel an der Bundesstraße B31 und dem Hugenwaldtunnel an der Bundesstraße B294 in Freiburg, bezieht.

Hierbei ist eine mögliche Platzierung der Funksensorknoten mit der Leckleitung in Straßentunneln als 3D-Skizze in (a), Bilder aus dem Döggingen-Tunnel zur Visualisierung der entlang der Tunneldecke verlaufenden Leckleitung in (b), der Verteilerschrank, weitere Messgeräte und der Messvorgang in (c) dargestellt. Dabei werden die Dämpfungen der EM-Wellen, die als Trägersignale mit den Frequenzen von 434 MHz und 868 MHz mittels des Signalgenerators vom Typ „R&S®SMA100B“ der Firma Rohde & Schwarz (R&S) [R&S25-1] in das Leckkabel in beiden Tunneln eingespeist werden, mit einer mobilen Antenne vom Typ „R&S®MNT100 RF Interference Locator“ der Firma R&S [R&S25-2] detektiert. Damit ist es möglich, die EM-Wellen zu analysieren und zu lokalisieren.

Wie in Abbildung (3.34) dargestellt, wird in den kürzeren Ostzweig des Hugenwaldtunnels (s. Abb. (3.33)) mit den oben genannten Hochfrequenz (HF)-Geräten ein Trägersignal mit der Frequenz von 865,7 MHz eingespeist und die Feldstärke entlang der Tunnelwand in 1,5 m Höhe über dem Boden gemessen. Der 1100 m lange Tunnel besteht aus insgesamt 107 Segmenten. Der Ostzweig befindet sich zwischen dem 65. und 107. Segmenten. Die Leckleitung, aufgeteilt in West- und Ostzweig, verläuft von der Tunnelbetriebskaverne entlang der Decke bis zum jeweiligen Tunnelportal und von dort unterirdisch zurück zur Betriebskaverne. Die Messung erfolgte in beiden Fahrtrichtungen, d. h. einmal entlang der Wand in Richtung Betriebskaverne/ -Portal und zurück und anschließend entlang der Wand auf der anderen Straßenseite.

[9] *Aufgrund fehlender Genehmigungen der Deutschen Bahn (DB) war es nicht möglich, die genannten Messungen auch in Bahntunneln durchzuführen.*

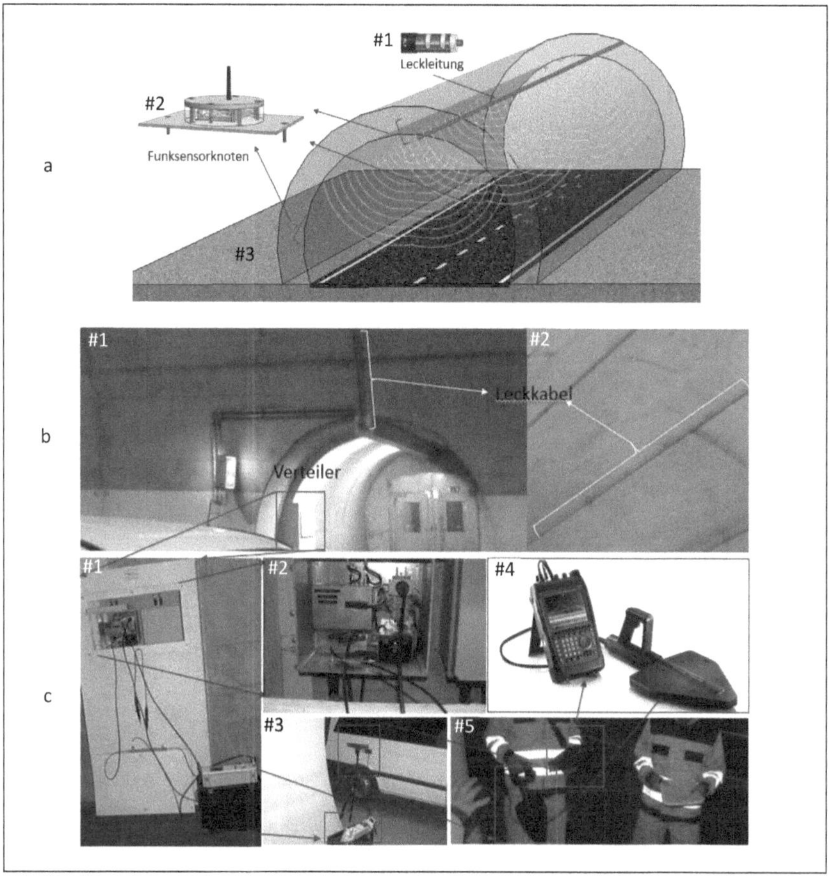

Abb. 3.33 Skizze der 3D-Darstellung der Funksensorknoten und der Leckleitung, Bilder der entlang der Decke des Tunnels Döggingen verlaufenden Leckleitung, des Verteilerschranks, der Messgeräte und des Messvorgangs. **(a)** Mögliche Platzierung der Funksensorknoten mit der Leckleitung 3D-Skizze: **(#a1)** Leckleitung [RFS25], **(#a2)** Funksensorknoten (s. Kap. (2), Abb. (2.8) und Abb. (2.16)), **(#a3)** EM-Wellenausbreitung in Straßentunneln; **(b)** Bilder der Decke des Tunnels Döggingen mit der Leckleitung, **(#b1)** Querstollen mit dem Verteilerschrank, **(#b2)** die Leckleitung, die aus dem Verteilerschrank im Querstollen heraustritt und entlang der Tunneldecke verläuft; **(c)** Bilder des Verteilerschranks, der weiteren Messgeräte und des Messvorgangs, **(#c1)** Verteiler mit angeschlossenem Signalgenerator „R&S® SMA100B", **(#c1–#c3)** Signalgenerator mit mobiler Antenne **(#c4)** die für den Messvorgang verwendete mobile Antenne „R&S® MNT100 RF Interference Locator ", **(#c5)** Messvorgang mit zwei Personen entlang des Tunnels zur Detektion der EM-Wellen, die mit dem Signalgenerator in den Verteilerschrank eingespeist, mit der Antenne gemessen und aufgezeichnet werden.

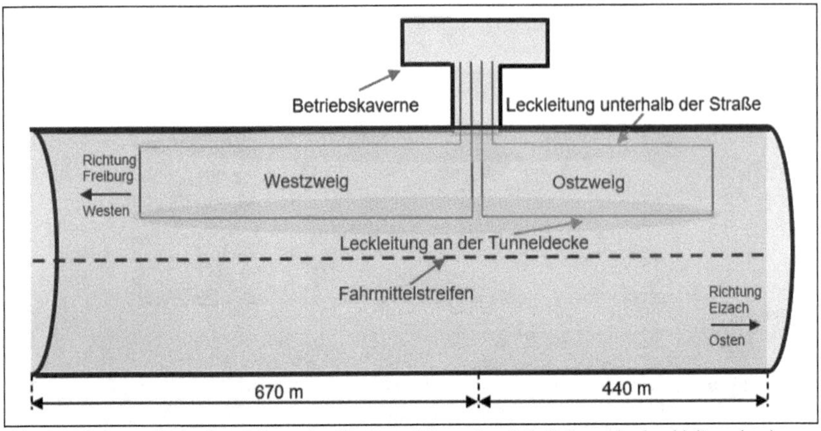

Abb. 3.34 Schematische Darstellung des Hugenwaldtunnels mit Aufteilung der Leckleitung in einen Westzweig und einen Ostzweig.

4 Anwendungen

Das Kapitel (4) beginnt zunächst mit einer kurzen Übersicht in Abschnitt (4.1) über die Anwendungen für Kapitel (2) und Kapitel (3). Anschließend wird in Abschnitt (4.2) bzw. Abschnitt (4.3) eine detaillierte Darstellung der Anwendungen für das Kapitel (2) bzw. für das Kapitel (3) gegeben. Auf diese Weise können Kapitel (2) zusammen mit Abschnitt (4.2) und Kapitel (3) zusammen mit Abschnitt (4.3) unter der Annahme, dass der Hardwareentwurf aus Abschnitt (3.5) auf der Hardware aus Abschnitt (2.4) basiert, unabhängig voneinander betrachtet bzw. bewertet werden.

4.1 Einführung

Der Abschnitt (4.2) umfasst zunächst einen Stoßrohrtest zur Sensorkalibrierung und Systemabstimmung (s. Abschn. (4.2.1)), um die Sensorsignale in Abhängigkeit von der Stoßfestigkeit zu erfassen. Dann den Funktions- und Belastungstest der Funksensorknoten (s. Abschn. (4.2.2)) durch Triggerung in Laborumgebung und Explosionstests an zwei unterschiedlichen Betonblöcken mit zwei bzw. fünf Funksensorknoten. Anschließend den Einsatz der Funksensorknoten (s. Abschn. (4.2.3)) zunächst bei der Sprengung einer stillgelegten Fabrikhalle als Großversuch, bei dem 20 Funksensorknoten an den Wänden und der Decke des Erdgeschosses des Versuchsgeländes angebracht sind. Sodann die weitere Anwendung der Funksensorknoten in der Straßentunnelumgebung mit GSM-Modem zur Langzeitbeobachtung der Funksensorknoten im Verkehrsfluss und schließlich die Anwendung der aus dem Großversuch geborgenen Funksensorknoten beim Bau des Querschlags zwischen den Rettungsstollen im Straßentunnel Hugenwald-Waldkirch bei Freiburg im Breisgau, um die Erfassung der Sensorsignale in Abhängigkeit von Sprengart, Sprengtopologie und Sprengmenge zu untersuchen. Dabei wird die Lageüberwachung der Infrastrukturen während der oben genannten Ereignisse mit dem entwickelten GUI-Tool „LiveSDM“ ausgewertet und visualisiert.

In Abschnitt (4.3) folgt zunächst die Darstellung der Messergebnisse eines Plattenkondensators zur kapazitiven Ankopplung an die eingleisige Bahnstrecke (s. Abschn. (4.3.1)), folgend die drei Messergebnisse, zwei davon mit zylindrischer Drahtspule und eine mit konischer Spule, zur magnetischen Kopplung während der Fahrt von Regional- und InterCity-Zügen am gleichen Messort wie bei der Messung mit dem Plattenkondensator in Abschnitt (4.3.1) und schließlich die Messergebnisse zur elektromagnetischen Fernspeisung (RF) (s. Abschnitt (4.3.3)), die die Messungen in der Laborumgebung und in zwei verschiedenen Straßentunnelumgebungen mit unterschiedlichen Trägersignalen, nämlich 434 MHz und 868 MHz, darstellen.

M. Erd, *Energieautarke eingebettete Funksensorknoten zur Zustandsüberwachung von zivilen Infrastrukturen im Katastrophenfall*, https://doi.org/10.1007/978-3-658-51811-0_4

4.2 Anwendungen zu Kapitel 2

4.2.1 Sensorkalibrierung und Systemeinstellung

Bevor die drahtlosen Sensorknoten in ihrer endgültigen realen Umgebung platziert werden können, müssen die Sensoren innerhalb des Rahmens auf ähnliche Baustoffe kalibriert werden, wie sie in der tatsächlichen Infrastruktur verwendet werden. Die Abbildung (4.1) hebt diese Kalibrierungstests anhand von Betonblöcken hervor, die mit Standardbauteilen vergleichbar sind, die in den meisten Konstruktionen verwendet werden. Bei diesen Tests, die am Stoßrohr durchgeführt wurden, wurden die Sensorsignale in Abhängigkeit von der Stoßfestigkeit aufgezeichnet. Die aufgezeichneten Daten werden verwendet, um den Grad der Schädigung an der Infrastruktur als Funktion der Schockfestigkeit zu bewerten [16].

Das Stoßrohr ist in Abbildung (4.1#a1) dargestellt. Ein Breitband-Ultraschallsensor VS150-M [Val25] mit einer Spitzenempfindlichkeit bei 150 kHz und einer maximalen Empfindlichkeit bei 450 kHz wurde verwendet, um die durch die Explosion erzeugte Stoßwellenstärke

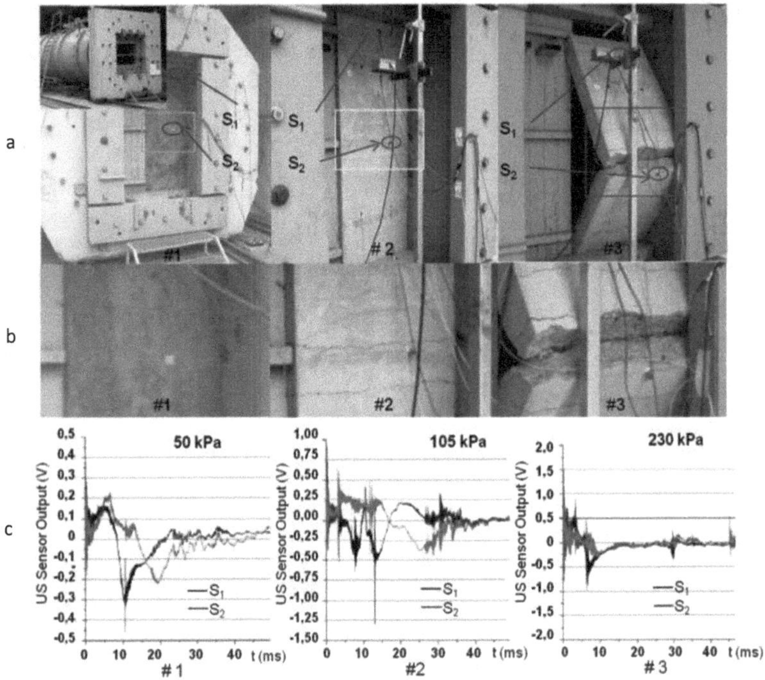

Abb. 4.1 Das Bild oben links von **(#a1)** zeigt ein Stoßrohr mit einem Durchmesser von 2,4 m, das zur Erzeugung der Explosion zur Überwachung der Beanspruchung eines Betonblocks mit dem Ultraschallsensor (VS150-M) verwendet wird. Für solche Belastungstests wurden drei verschiedene Explosionswerte (50, 105 und 230 kPa) verwendet. Die Zahlen **(#a1–#a3)**, **(#b1–#b3)**, **(#c1–#c3)** zeigen die Reaktion von Betonblock und die Ausgangssignale als Volt (V) der Ultraschallsensoren S_1 und S_2 unter diesen drei unterschiedlichen Explosionslasten [16].

aufzuzeichnen. Die Sensoren wurden für drei verschiedene Stoßstärken kalibriert: 50 kPa, 105 kPa und 230 kPa. Ein Fehlerkriterium basierte auf dem übertragenen mechanischen Impuls durch Zeitintegration der Stoßamplitude. Die Implementierung des Fehleralgorithmus erfolgte durch Überprüfung, ob die Signalspannung V_s einen Schwellenwert Spannungsstufe $V_{th,1}$ für eine vordefinierte Anzahl von Signalspannungsproben nach dem Ereignisauslöser überschreitet. $V_{th,1}$ markiert das Auftreten von Rissen (bei Stoßfestigkeiten zwischen 50 kPa und 105 kPa) und $V_{th,2}$ entspricht dem Auftreten eines kritischen Ausfalls mit vollständigem Verlust der Tragfähigkeit der Wand (bei Stoßstärken von mehr als 105 kPa). Daher

- $V_s \leq V_{th,1}$: keine Beschädigung der Wand,
- $V_{th,1} < V_s < V_{th,2}$: Risse in der Wand, aber immer noch Erhaltung der Tragfähigkeit,
- $V_s > V_{th,3}$: kritische Beschädigung, Wand verliert Tragfähigkeit

für $V_{th,1} < V_{th,2} < V_{th,3}$.

In den Abbildungen (4.1a) und (4.1b) werden die Ergebnisse einschließlich einiger Signalkurven dargestellt (s. Abb. (4.1c)). Auf der Grundlage der Kalibriertests wurde festgestellt, dass die ersten 5 ms nach dem Explosionsereignisauslöser für die Signalanalyse besonders wichtig sind, während die in späteren Stadien erfassten Signale nicht zum Abrufen aussagekräftiger Informationen aus den Signalen verwendet werden konnten.

Für die Zeiteinstellung des Systems war die Korrelation zwischen der Explosion, dem Auftreten des Schadens an der Infrastruktur und den Ausgangswerten der Sensoren wichtig.

4.2.2 Funktions- und Stresstest der Funksensorknoten

4.2.2.1 Triggertest in Laborumgebung

Die entworfene Kommunikationsstrategie wurde zunächst mit 18 Funksensorknoten, einem Router und einem Endpoint-Router, welcher die empfangenen Daten zur Auswertung zur Verfügung stellt, in einer Laborumgebung – wie in den Abbildungen (4.2) und (4.3) dargestellt-getestet. Hierzu wurde das Aufweckereignis mithilfe einer Spannungsquelle und einer gemeinsamen Trigger-Leitung simuliert. Diese wurde an den jeweiligen Sensoreingang angeschlossen und übertrug einen mithilfe eines Schalters angelegten Spannungspuls. Somit konnten alle Funksensorknoten aufgeweckt und die Daten laut der vorgegebenen Sendereihenfolge zum Endpoint-Router übermittelt werden.

Die Funktionalität der Funksensorknoten und die Topologie des Funksensorknotennetzwerks wurden in einer Halle getestet. Hierzu wurden 18 Funksensorknoten mit einem Abstand von 5 m zwischen einander in der Halle an den Wänden verteilt (s. Abb. (4.4a–e)). Die Sensoreingänge der Funksensorknoten wurden alle mit einer Leitung verbunden, um einem gleichzeitigen Trigger zu ermöglichen. Durch Anlegen einer Spannung von 3,3 V an die Leitung wurde ein Sensortriggersignal simuliert und somit alle Funksensorknoten aufgeweckt. Diese übermittelten nacheinander von der niedrigsten Nummer (Base_ID) startend jeweils ein Emergency-Paket zum Endrouter.

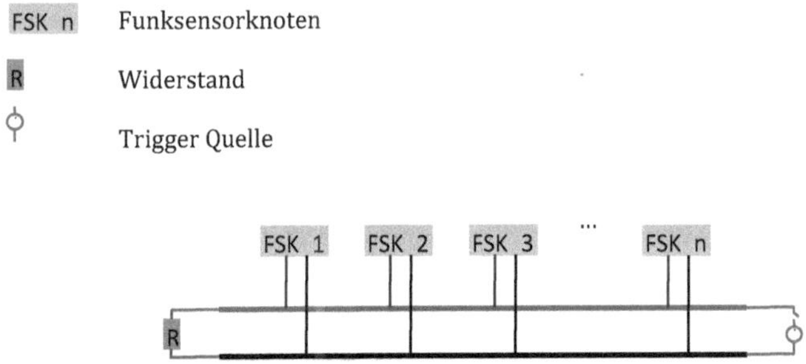

Abb. 4.2 Prinzip zur Auslösung eines Ereignisses in einer Laborumgebung.

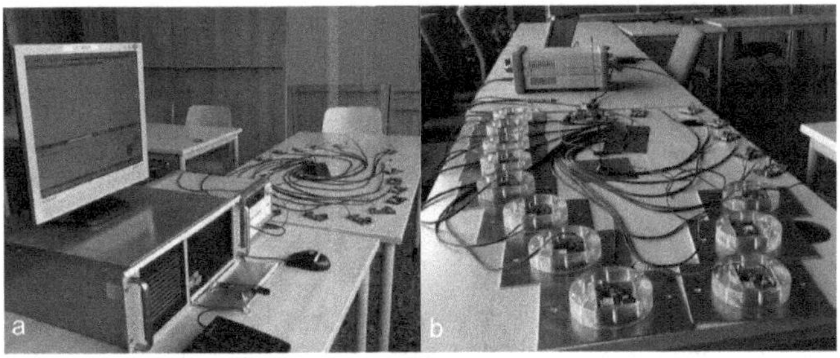

Abb. 4.3 Der Laboraufbau zum Test der Zusammenarbeit des Funksensorknotennetzwerks (a) mit einer Brandmeldeanlage: **(a)** Brandmeldeanlage mit Funksensorknoten ohne Gehäuse, **(b)** die Funksensorknoten im Gehäuse –für die detaillierte Darstellung des Gehäuses (Abb. (A.2.12))– mit einem Triggertest (s. Abb. (4.2)).

Abb. 4.4 Funktionstest der Funksensorknoten und der Topologie des Funksensorknotennetzes in einer Halle. **(a)** Die Halle, **(b–d)** Funksensorknoten und Funksensorknotennetzwerk, **(e)** End-Router mit einem Laptop für die Visualisierung der empfangenen Daten.

Zur Visualisierung der empfangenen Daten wurde ein LabView-Programm entwickelt, welches die Daten vom Endrouter über die UART-Schnittstelle erhält und in die grafische Oberfläche einbindet (s. Abschn. (2.5.3)).

4.2.2.2 Explosionstest in Freifeldumgebung

Hier werden zwei Feldtests vorgestellt [15]. Beim ersten Test wurden zwei Funksensorknoten mit einem Analogsensor in einem Betonblock (186x62x10cm) fest eingesetzt (s. Abb. (4.5–4.7)). Beim zweiten Test wurden 5 Funksensorknoten mit einem analogen Sensor in zwei Betonblöcke (je 186x62x10 cm, s. Abb. (4.7)) fest eingesetzt (s. Abb. (2.12)) für die schematische Darstellung der in Abbildung (4.7) dargestellten Betonblöcke mit Funksensorknoten). Der Grund für die Anwendung des analogen Sensors bei den beiden Versuchen ist, die Messergebnisse nach einer Explosion zwischen Funk- und Analogsensoren zu vergleichen. Das Ziel dieser beiden Versuche ist, dass die Funksensorknoten durch das im Kap. (2) vorgeschlagene „Lokales Zeitschlitverfahren (LZV)“ und weiteren Funktionstests bei Explosionslasten unterzogen werden.

- **Test der der in einem Betonblock fest eingesetzten zwei Funksensorknoten während einer Explosion**

Hier wird mit der Abbildung (4.5) eine schematische Darstellung des in den Abbildungen (4.7a–e) dargestellten Betonblocks mit Funksensorknoten (s. Abb. (4.6)) gezeigt. Wie in Abbildung (4.7a) zu sehen, wurde der Endrouter über eine serielle Schnittstelle (UART) mit einem Laptop und zusätzlich einer Stabantenne zum Endrouter angeschlossen, damit eine sichere Datenübertragung ermöglicht wird.

Die Berechnung der Zeitvarianten, die die Ankunftszeit t_a der Explosionswellen, die Wartezeit t_{w_i} und die Sendeanfangszeit t_{st_i} für das Ereignis in Abbildung (4.7) wurden in Tabelle (4.1) dargestellt.

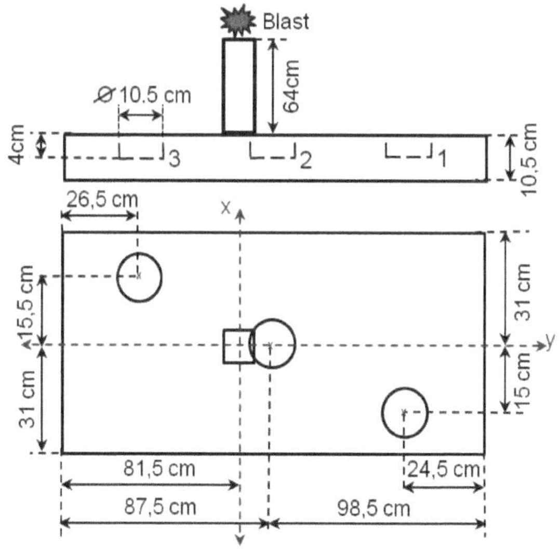

Abb. 4.5 Eine schematische Darstellung des in den Abbildungen (4.7a–f) gezeigten Betonblocks mit Funksensorknoten. Hier wurden den markierten Stellen mit der Nummern 1 und 2 zwei Funksensorknoten und in der markierten Stelle mit der Nummer 3 ein Analogsensor eingesetzt.

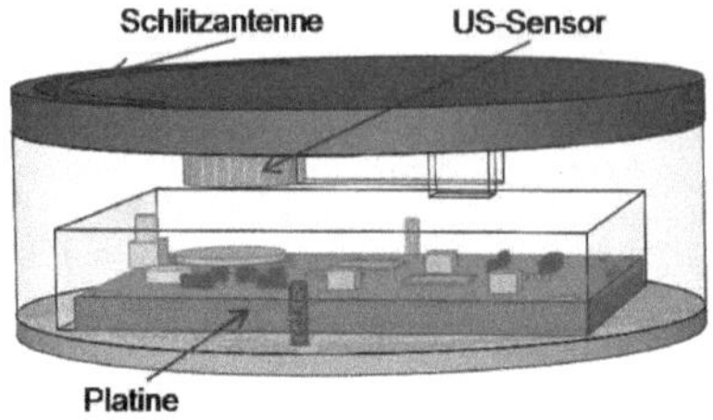

Abb. 4.6 Die schematische Darstellung des Funksensorknotens, der in einem Betonblock (186x62x10cm) für die Sprengung fest eingesetzt (s. Abb. (4.5)).

Für die Detonation wurde ein 400 g Plastiksprengstoff von einem 64 cm Abstand aus dem Betonblock angewendet (s. Abb. (4.7d)). Während dieser Tests konnte aus dem Funksensorknoten nur Alive-Signale (in jede 100 Sekunden) erhalten werden. Der Grund dafür war, dass der Abstand zwischen der Decke des Gehäuses, den Funksensorknoten und dem Ultraschall-Sensor zu groß war. Nachdem dieser Abstand mit einer akustisch leitenden Knetmasse gefüllt wurde, konnte beim zweiten Test die Detonation erfolgreich aufgenommen werden. Die nach den Detonationen entstandenen Schäden konnten registriert werden (s. Abb. (4.7e)). Die Fotoaufnahmen der Detonation wurden in einem 10 m von dem Sprengstoff entfernten Bunker gemacht (s. Abb. (4.7a–c)).

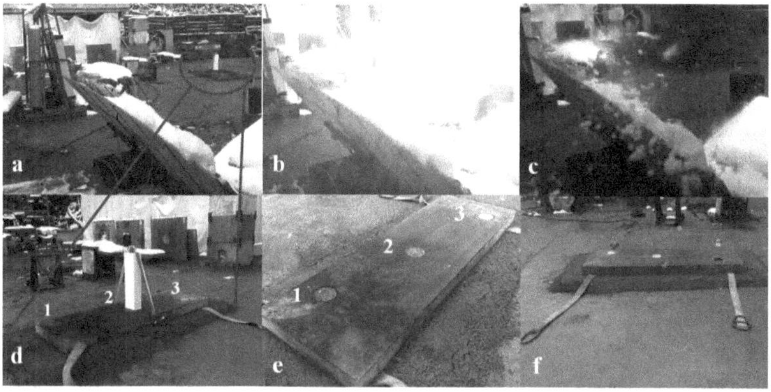

Abb. 4.7 Detonationstest der zwei Funksensorknoten mit Plastiksprengstoff: **(a)** Detonationsplattform mit Datenaufnahmeeinheiten (Endrouter, Laptop, Antenne) hinter einem schneebedeckten Metallhindernis, **(b–c)** Sprengung, **(d)** der markierte Betonblock mit dem Sprengstoff vor die Sprengung, **(e)** der Zustand des Betonblockes und der Funksensorknoten nach der Sprengung, **(f)** der Betonblock mit den zwei Funksensorknoten ohne Analogsensor [15].

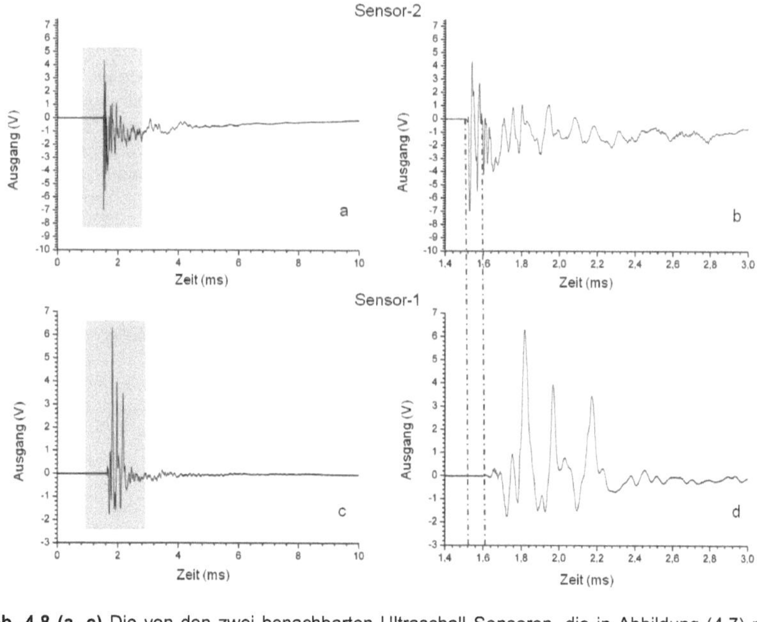

Abb. 4.8 (a, c) Die von den zwei benachbarten Ultraschall Sensoren, die in Abbildung (4.7) mit der Funksensornummer 1 und 2 (hier Sensor-1 und Sensor-2) bezeichnet worden sind, erhaltenen Detonationskurven. **(b)** Und **(d)** sind die gezoomten Darstellungen von (a) und (c). Auf den gezoomten Bereich zwischen 1,1 und 3 ms werden die Trigger-Zeiten (mit ca. 0,1ms Abstand) der US-Sensoren durch die Stoßwellen nach der durchgeführten Detonation gesehen. Die Platzierung Betonblock der Sensoren wurde in Abbildung (4.7) dargestellt [15].

Tab. 4.1 Die Berechnung der Ankunftszeit t_{a_i} der Explosionswellen, die Wartezeit t_{w_i} und die Sendeanfangszeit t_{st_i} der Funksensorknoten, die in Abbildungen (4.5) und (4.5) dargestellt wurden sind.

FSK Nummer i	*x (m)*	*y (m)*	*z (m)*	*Abstand d_i (m)*	*Ankunftszeit t_{a_i} (ms)*	*Wartezeit t_{w_i} (ms)*	*Sendeanfang t_{st_i} (ms)*
1	0,150	0,800	0,640	1,035	1,611	0	1,611
2	0	0,060	0,640	0,649	1,513	2,885	4,398

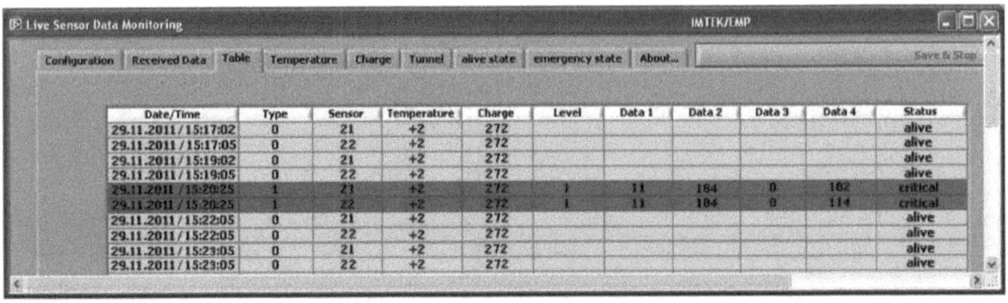

Abb. 4.9 Lageüberwachung des Ereignisses aus der Abbildung (4.7) mit der GUI-Tools „LiveSDM". Die Funksensorknoten mit der Nummer 21 wurde in Abbildung (4.7) als die Nummer 1 und die Funksensorknoten mit der Nummer 22 als die Nummer 2 bezeichnet. Hierbei ist die Reihenfolge der Funksensorknoten nach ihren Nummern und die farbige Darstellung der empfangenen Daten, d. h. „kritisch" mit rot und normale Meldung „Lebenszeichen-alive" grün, zu sehen.

In Abbildung (4.8) werden die Ausgangssignale der in Abbildung (4.7) gezeigten Ultraschallsensoren mit den Nummern 1 und 2 (Sensor-1, Sensor-2) dargestellt. Aufgrund der größeren Entfernung zum Detonationszentrum wird der Sensor-1 ca. 0,1 ms später als Sensor-2 getriggert (s. Abb. (4.8b)). In dieser 0,1 ms erreicht der Sensor-2 seine Maximalwerte (zwischen -7 V und +4,5 V) und fängt an abzuschwingen (0,5 V Aufgangswert während des Endes von 0,1 ms). In Abbildung (4.9) wurde die Lageüberwachung des Ereignisses aus der Abbildung (4.7) mit dem GUI-Tool „LiveSDM" dargestellt (s. Abschn. (2.5.3)).

- **Test der in zwei Betonblöcke fest eingesetzten fünf Funksensorknoten während einer Explosion**

Wie die erste Detonation wurde die Sprengung wieder mit 400 g Plastiksprengstoff durchgeführt (s. Abb. (4.10b)). Eine schematische Darstellung der in Abbildung (4.10a–c) gezeigten zwei Betonblöcke mit der Markierung der Stellen der 5 Funksensorknoten und einen analogen Sensor (mit Nummer 6) wurde in Kapitel (2) mit der Abbildung (2.12) dargestellt. Die Explosionsdaten wurden aus einem ca. 50 m entfernten Gebäude aufgenommen (s. Abb. (4.10b–c)). Bei dieser Aufnahme wurde der Endrouter zum OPC-Server (s. Abschn. (2.5)) angeschlossen, um die Schnittstelle zwischen Endrouter und OPC-Server zu testen (s. Abb. (4.10d)). Nach der Detonation hat der Endrouter die Daten von 4 der 5 Funksensorknoten empfangen. Aufgrund seiner Nähe zu der Ladung wurde der am nächsten platzierte Funksensorknoten (Nummer 2) von der Stoßwelle beschädigt, bevor dieser Funksensorknoten die Ereignisdaten weiterleiteten konnte. Die Berechnung der Zeitvariablen des Ereignisses in der Abbildung (4.10) wurde in Tabelle (4.2) dargestellt. Die Lageüberwachung des Ereignisses aus der Abbildung (4.10) konnte auch wie in Abbildung (4.9) mit dem GUI-Tool „LiveSDM" (s. Abschn. (2.5.3)) dargestellt werden. Ohne die oben dargestellte Netzwerkstopologie und Synchronisationsverfahren (s. Abschn. (2.2.2.2)) ist es nicht möglich, alle durch eine Detonation verursachten Daten der Funksensorknoten ohne Datenkollisionen zu erhalten.

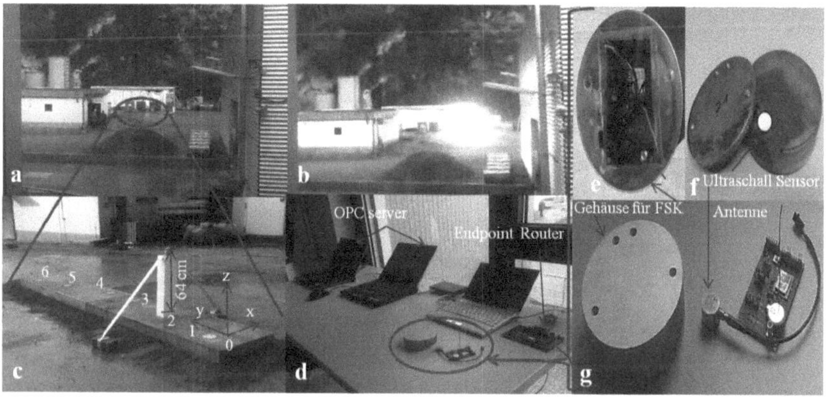

Abb. 4.10 Detonationstest mit Plastiksprengstoff an fünf Funksensorknoten, einem Analogsensor und Beschreibung der Messeinrichtung und der verwendeten Funksensorkomponenten **(a–g)**. Die Funksensorknoten und der Analogsensor (s. (c) mit Nr. 6) wurden in zwei Betonplatten eingesetzt. Die Explosion der in 64 cm Höhe platzierten Sprengladung aus 400 g Plastiksprengstoff triggerte 4 (s. (c) mit Nrn.1, 2, 3, 4)) von 5 Funksensorknoten. Die Ereignisdaten wurden wie Abbildung (4.9) mit der GUI-Tools „LiveSDM zur Lageüberwachung gesendet [15].

Tab. 4.2 Die Berechnung der Ankunftszeit t_{a_i} der Explosionswellen, die Wartezeit t_{w_i} und die Sendeanfangszeit t_{st_i} der Funksensorknoten, die in Abbildungen (4.10a–c) dargestellt wurden. Hier ist zu sehen, dass der Analogsensor mit der Nummer 6 die Ereignisdaten ohne Wartezeit sendet, nach dem die Stoßwellen ihn erreicht haben, d. h. ca. *3,790 ms*, mittels eines Kabels.

FSK Nummer i	*x (m)*	*y (m)*	*z (m)*	*Abstand d_i (m)*	*Ankunftszeit t_{a_i} (ms)*	*Wartezeit t_{w_i} (ms)*	*Sendeanfang t_{st_i} (ms)*
1	0,150	0,800	0,640	1,035	0,696	0	0,696
2	0	0,060	0,640	0,643	0,304	2,885	3,398
3	0,155	0,550	0,640	0,857	0,568	5,770	6,338
4	0,155	1,080	0,640	1,264	1,162	8,655	9,817
5	0	1,680	0,640	1,797	2,178	11,540	13,718
6	0,150	2,430	0,640	2,517	3,790	0	3,790

4.2.3 Anwendungen der Funksensorknoten

4.2.3.1 Anwendung der Funksensorknoten während des Großversuches

Das Großversuch wurde aufgrund von mangelnden zum Abriss freigegebenen Verkehrstunnel in einem Teil einer stillgelegten Fabrikhalle durchgeführt. Innerhalb dieser Fabrik wurde eine Halle (BxLxH, 13x48x4 m, s. Abb. (4.11a–b) mit rot markiertem Bereich) für einen Explosionstest verwendet. Die 20 Funksensorknoten wurden auf die Wände und die Decke des Erdgeschosses der Testfläche platziert. Die Explosion wurde auf beiden Etagen der Testfläche durchgeführt. Die Menge Sprengstoff und Platzierung der Explosion im Inneren des Testgebäudes waren unbekannt. Durch das gezielte Zerstören eines Gebäudeteils soll das Funksensorknotennetzwerk auf Funktionalität in einem Realfall geprüft werden. Eine ausführliche Darstellung der Topologie, Synchronisation und des Routings wurde durch eine Explosionsszenerie in Kapitel (2) gegeben.

Nach der Zündung der Sprengladungen wurde von der Brandmeldeanlage ein Alarm ausgelöst. Die Funksensorknotendaten wurden ausgewertet und die Belastungsart graphisch ange-

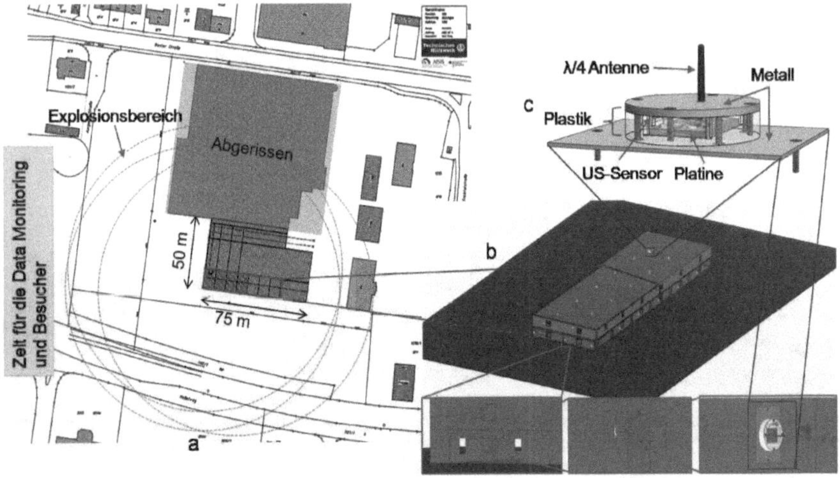

Abb. 4.11 Schematische Darstellung des Testgebäudes und dessen Umgebung mit Beschreibung des Einsatzes der Funksensorknoten und der Messeinrichtungen. Der blau markierte Teil **(a)** der zur Sprengung freigegebene Textilfabrik in Bad-Säckingen wurde bereits vor der Sprengung abgerissen. Der rot umrandete Bereich **(a–b)** wurde mit Sprengstoff versehen und mit den Funksensorknoten ausgestattet **(b–c)**. Der rot schraffierte Bereich der Halle wird gesprengt, der restliche Bereich unversehrt gelassen. In dieser Halle wurde das Funksensorknotennetzwerk aufgebaut: (b–c) (s. Abb. (2.18)): **(a)** skizze der Testumgebung mit dem Testobjekt, **(b)** zeichnung der Halle mit der Anordnung der Funksensorknoten an Wänden und Decke, **(c)** zeichnung der Funksensorknoten mit dem spezial für den Test angefertigten Gehäuse [16].

zeigt. Dabei wurden die Stellen mit kritisch erfasster Belastung rot, die unkritischen gelb und die unbelasteten grün markiert. In Abbildung (4.12) wurden die von der Brandmeldeanlage angezeigten Daten schematisch dargestellt. In Bezug auf den tatsächlichen Zustand des Gebäudes wurde eine wahrheitsgetreue Übereinstimmung erreicht.

Nach der Explosion im Testobjekt lieferten die Funksensorknoten, je nachdem wo sie sich befanden, verschiedene Informationen. Die 13 rot markierten Funksensorknoten mit der Nummern 2, 3, 4, 5, 11, 12, 13, 14, 17, 18, 19, 21 erfassten eine überkritische Belastung. Das Gebäude war an diesen Stellen sehr stark beschädigt. Der lila markierte Funksensorknoten mit der Nummer 22 wurde bei der Detonation zerstört und übermittelte deshalb keine Daten. Das Wandstück an dieser Stelle wurde von der Stoßwelle komplett herausgeschleudert. Die obere Ecke wurde durch den Aufzugschacht von der Stoßwelle abgeschottet. Deswegen wurde der Funksensorknoten mit der Nummer 1 nicht getriggert. Der hintere Teil der Halle war wie erwartet unversehrt. Die Funksensorknoten der Nummern 7, 8, 9, 15, 17 registrierten keine Belastung. In diesem Bereich sendete nur der Funksensorknoten mit der Nummer 6 mit der Farbe gelb eine unkritische Belastungsinformation. Im Anschluss sendete dieser wie auch die anderen das „Lebenszeichen". Die Funksensorknoten der Nummern 7, 8, 9, 15, 17waren im Sleep Modus und sendeten in jeden 100 s „Lebenszeichen" (Alive-Zustand) (s. Abb. (4.13)).

Die Funksensorknoten 4 und 5, die an der Wand montiert wurden, sendeten während des Ereignisses zuerst eine „kritische" Beschädigungsmeldung. Danach sendeten sie weiter eine „unkritische" Beschädigungsmeldung. Das zweite ausgelöste Ereignis wurde durch den Stoß des einstürzenden Gebäudeteils verursacht (s. Abb. (4.13)).

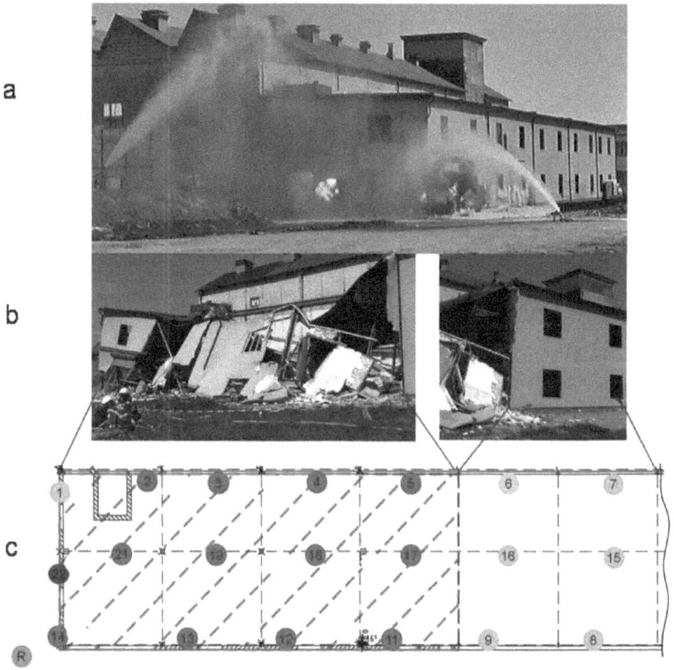

Abb. 4.12 Schematische Darstellung der Belastungsart der Funksensorknoten nach der Detonation im Großversuch. Die rot markierten Funksensorknoten erfassten im rot schraffierten Hallenbereich eine überkritische Belastung der Infrastruktur. Der lila markierte Funksensorknoten wurde durch die Detonation zerstört. Der gelb markierte Funksensorknoten erfassten eine unkritische Belastung der Infrastruktur. Die übrigen Funksensorknoten sendeten lediglich „Lebenszeichen", für den Alive-Zustand: **(a)** die Testobjekte während der Explosion, **(b)** das Testobjekt nach der Explosion, **(c)** die Zustandsdaten des Testobjekts mit der Bewertung „kritisch-rot", „unkritisch-gelb", „Lebenszeichen" [16].

Nach der Sprengung konnten von den Funksensorknoten mit den Nummern 2,3,4,5,13,12 aufgrund der Beschädigung ihrer Antenne im Datenbewertungszentrum (s. Abb. (4.11a)) keine Daten mehr erhalten werden. Von den anderen Funksensorknoten mit den Nummern 1, 6, 7, 9, 14, 15, 16, 17, 18, 19, 21, 22 wurden in jeder 100 s „Lebenszeichen" erhalten. In der näheren Umgebung des gesprengten Gebäudes, ca. 50 m entfernt, konnten auch von den Funksensorknoten mit der Nummern 2, 3, 4, 5, 13, 12 „Lebenszeichen" erhalten werden, weil diese Entfernung in ihrer Sendereichweite ohne Antenne war.

Die Datenübertragungszeit aller 20 Funksensorknoten dauerte unter einer Sekunde (s. Kap. (2), Abschn. (2.2.3.4)). Der Einsturz des Testobjektes nach der Explosion erfolgte nach ca. 4 Sekunden.

Insgesamt wurden 13 Funksensorknoten (1, 2, 3, 4, 5, 6, 7, 9, 12, 14, 15, 16, 22) unter dem Schutt des gesprengten Gebäudes geborgen (s. Abb. (4.14) und (A.2.12–A.2.16)). Diese Funksensorknoten wurden unter dem Langzeittest untersucht. Außer der Beschädigung der Antenne bei einigen Funksensorknoten waren alle Komponenten der Funksensorknoten funktionstüchtig, obwohl einige Funksensorknoten durch die starken Detonationswellen und den Absturz des Gebäudes kräftige Stöße erlebt hatten. Einige dieser Funksensorknoten

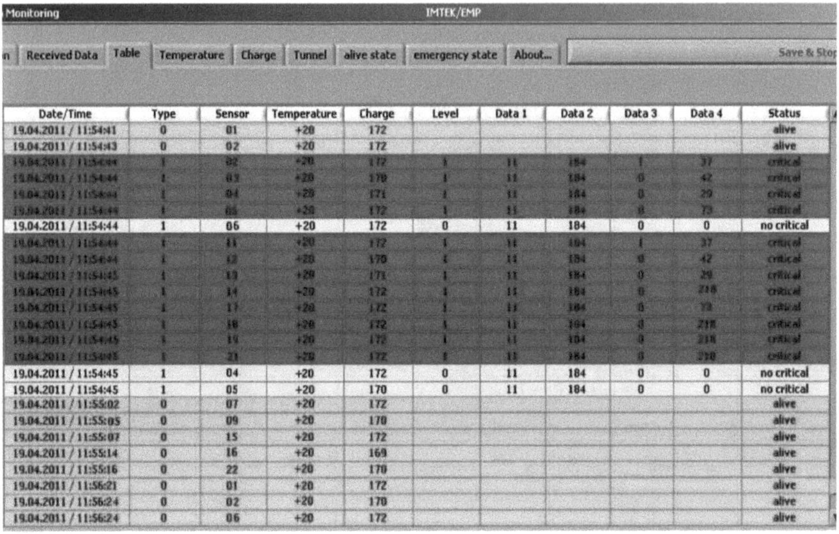

Date/Time	Type	Sensor	Temperature	Charge	Level	Data 1	Data 2	Data 3	Data 4	Status
19.04.2011 / 11:54:41	0	01	+20	172						alive
19.04.2011 / 11:54:43	0	02	+20	172						alive
19.04.2011 / 11:54:44	1	02	+20	172	1	11	184	1	37	critical
19.04.2011 / 11:54:44	1	03	+20	170	1	11	184	0	42	critical
19.04.2011 / 11:54:44	1	04	+20	171	1	11	184	0	29	critical
19.04.2011 / 11:54:44	1	05	+20	172	1	11	184	0	73	critical
19.04.2011 / 11:54:44	1	06	+20	172	0	11	184	0	0	no critical
19.04.2011 / 11:54:44	1	11	+20	172	1	11	184	1	37	critical
19.04.2011 / 11:54:44	1	12	+20	170	1	11	184	0	42	critical
19.04.2011 / 11:54:45	1	13	+20	171	1	11	184	0	29	critical
19.04.2011 / 11:54:45	1	14	+20	172	1	11	184	0	218	critical
19.04.2011 / 11:54:45	1	17	+20	172	1	11	184	0	73	critical
19.04.2011 / 11:54:45	1	18	+20	172	1	11	184	0	218	critical
19.04.2011 / 11:54:45	1	19	+20	172	1	11	184	0	218	critical
19.04.2011 / 11:54:45	1	21	+20	172	1	11	184	0	218	critical
19.04.2011 / 11:54:45	1	04	+20	172	0	11	184	0	0	no critical
19.04.2011 / 11:54:45	1	05	+20	170	0	11	184	0	0	no critical
19.04.2011 / 11:55:02	0	07	+20	172						alive
19.04.2011 / 11:55:05	0	09	+20	170						alive
19.04.2011 / 11:55:07	0	15	+20	172						alive
19.04.2011 / 11:55:14	0	16	+20	169						alive
19.04.2011 / 11:55:16	0	22	+20	170						alive
19.04.2011 / 11:56:21	0	01	+20	172						alive
19.04.2011 / 11:56:24	0	02	+20	170						alive
19.04.2011 / 11:56:24	0	06	+20	172						alive

Abb. 4.13 Data Monitoring des Ereignisses des Großversuches mit dem GUI-Tools „LiveSDM". Wie in Abbildung (4.12) wird „kritische" Belastungen mit rot, „nicht kritische" Belastungen gelb, normale periodische Meldungen „Lebenszeichen-alive" grün dargestellt. Die Reihenfolge der Ereignisse kann deutlich verfolgt werden [16].

Abb. 4.14 Bild der 13 Funksensorknoten, die nach der Explosion geborgen wurden. Außer der beschädigten Antenne der Funksensorknoten mit der Nummern 3, 4, 12, 14 waren die elektronischen Komponenten aller drahtlosen Sensorknoten funktionstüchtig. Trotz der beschädigten Antennen konnten die Funksensorknoten in einer Reichweite bis zu 50 m Daten senden. Hier ist ein Stück Originalwand mit dem eingeschraubten Funksensorknoten mit der Nummer 12 zu sehen. Die farbliche Darstellung der Funksensorknotennummern gibt einen Überblick, welche Art von Meldungen während und nach der Explosion, d. h. „kiritisch" rot, „unkritisch" gelb, „Lebenszeichen-alive" mit grün, gesendet wurden (s. Abb. (4.12–4.13)) [16].

wurden im folgenden Abschnitt für die weiteren Sprengungsmessungen im Hugenwald-Verkehrstunnel in Waldkirch bei Freiburg im Breisgau eingesetzt.

4.2.3.2 Anwendung der Funksensorknoten in der Tunnelumgebung

- **Messungen des Einflusses des Verkehrsflusses auf die Datenübertragung**

Im Hugenwaldtunnel (Waldkirch) wurde die entworfene Topologie, die Routingverfahren und die Stabilität der Software getestet. Für diesen Zweck wurden Funksensorknoten und Router in spritzwassergeschützte Metallgehäuse eingesetzt und an der Tunnelwand angebracht (s. Abb. (4.15)).

Wie in Abbildung (4.16) zu sehen ist, wurden 5 Funksensorknoten und 4 Router im 1,1 km langen Hugenwaldtunnel angebracht. Nach der Aktivierung des Systems sendeten die Funksensorknoten periodisch alle 30 s ihre Daten (eigene Nummer und Temperaturwert) unidirektional weiter und anschließend gingen sie zum Sleep-Modus. Die Daten wurden von Routern weitergeleitet und konnten auf beiden Tunneleingängen vom End-Point-Router empfangen und auf dem Laptopbildschirm visualisiert werden. Das gesamte System wurde eine Woche lang beobachtet.

Aufgrund des hohen Energiebedarfs der Router, die sich ständig im Empfangsmodus befinden, wurden sie von einem Akku versorgt (s. Abb. (4.16d)).

Anhand der Messungen konnte eine Reichweite des Funksensorknotens/Routers unter den Tunnelbedingungen von 300 m ermittelt werden. Die Datenübertragung der Funksensorknoten über Router, die Effizienz der unidirektionalen Kommunikation (zwischen den Funksensorknoten und den Routern) konnten beobachtet werden.

Abb. 4.15 An der Tunnelwand montierter Funksensorknoten im Metallgehäuse.

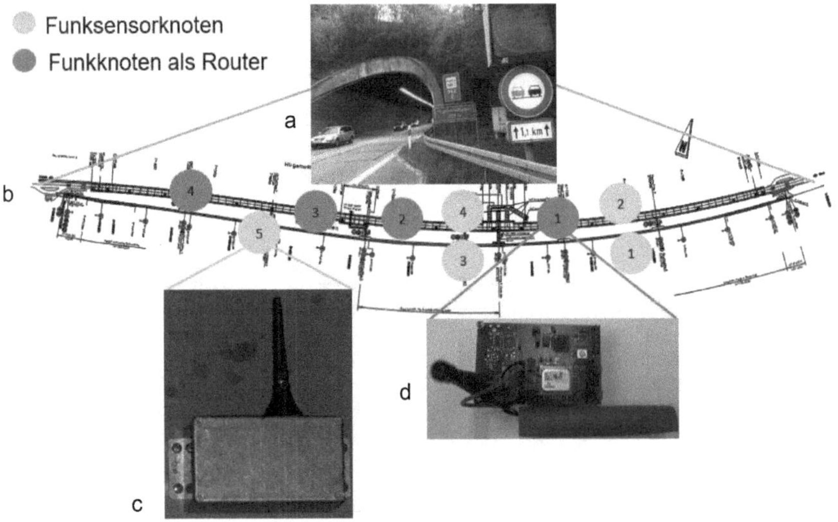

Abb. 4.16 Einsatz der Funksensorknoten und Router im Hugenwaldtunnel: **(a)** Tunneleingang, **(b)** die Platzierung der Funksensorknoten und Router auf dem 1,1 km langen Tunnelplan, **(c)** Funksensorknoten **(d)** Router mit einem Akku.

- **Langzeitbeobachtung der Funksensorknoten mittels einem GSM-Modem**

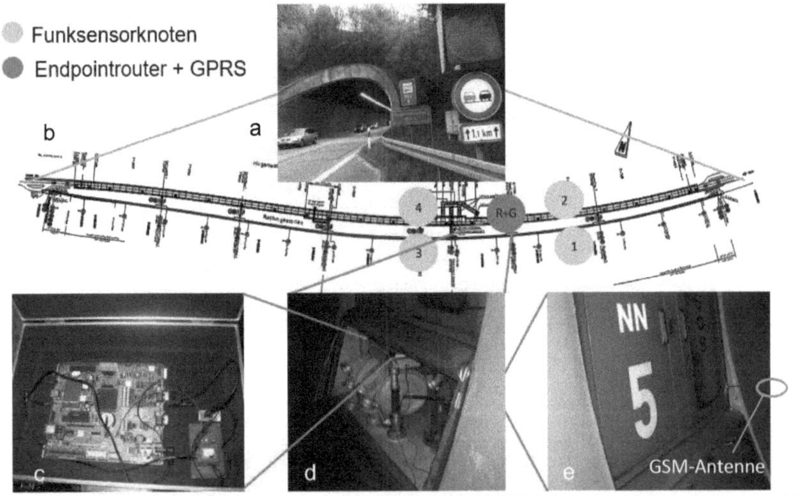

Abb. 4.17 Vier Funksensorknoten und ein Endrouter mit GSM-Modem im Hugenwaldtunnel: **(a)** Tunneleingang, **(b)** die Platzierung der Funksensorknoten und Router auf dem Tunnelplan, **(c)** GSM-Modem mit End-Router (Endpointrouter) in einem Koffer, **(d)** die Platzierung des GSM-Modem und End-Router in einer Notnische des Tunnels, **(e)** die abgeschlossene Notnische, in der sich GSM-Moden und End-Router mit der GSM-Antenne befinden.

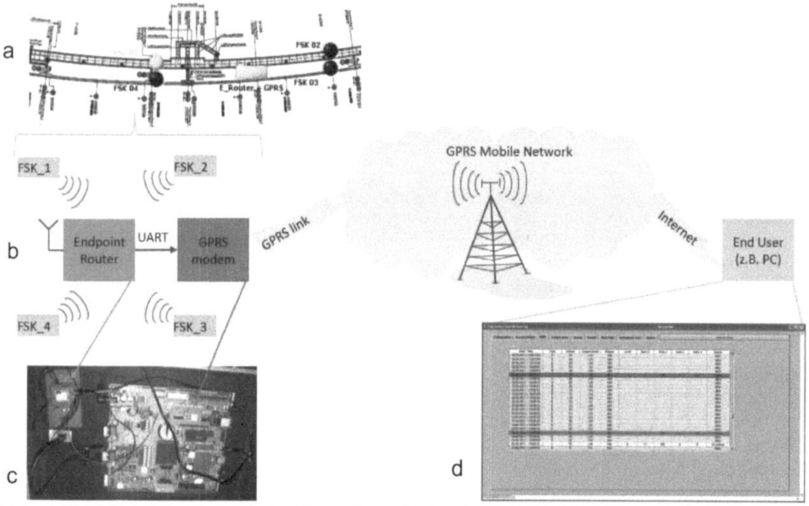

Abb. 4.18 Bilder und schematische Darstellung der lokalen und mobilen/globalen Überwachung des Hugenwaldtunnels. Die vom End-Router empfangenen Daten werden vom GSM-Modem an eine IP-Adresse gesendet: **(a)** die Platzierung der Funksensorknoten, Router und GSM-Modem mit End-Router auf dem Tunnelplan, **(b)** die schematische Darstellung der drahtlosen Kommunikation zwischen den Funksensorknoten, dem End-Router und dem GSM-Modem, **(c)** GSM-Modem mit End-Router, **(d)** die empfangenen Data Monitoring mithilfe LiveSDM.

Um eine Langzeitbeobachtung der Funksensorknoten durchführen zu können, wurde ein GSM-Modem eingesetzt, welches mit dem Endrouter über die serielle UART-Schnittstelle verbunden ist (s. Abb. (4.17)). Das GSM-Modem übermittelt die vom End-Router empfangenen Daten über das Handy-Netz an eine bestimmte IP-Adresse im Internet. Somit wird kein Präsenz vor Ort benötigt und die Daten können auf einem Bürorechner visualisiert werden (s. Abb. (4.18)). Das System wurde drei Monate lang mithilfe des Live-SDM beobachtet (s. Kap. (2)). Durch die oben genannte Anwendung der Funksensorknoten konnte gezeigt werden, dass ein Einsatz von Funksensorknoten in einer Tunnelumgebung möglich ist.

- **Der Einsatz der geborgenen Funksensorknoten bei der Sprengung zum Bau des Querschlages zwischen dem Rettungsstollen im Hugenwald-Verkehrstunnel-Waldkirch**

Die Sprengung zum Bauen eines Querschlages zwischen dem Rettungsstollen und dem Verkehrstunnel im Hugenwaldtunnel-Waldkirch ermöglicht, dass die in dieser Arbeit entworfene Hard- und Software nach dem Großversuch erneut (s. Abb. (4.11–4.14)) zum unter der anderen Bedingungen zur Validierung der Funksensorknoten zum Einsatz gebracht werden.

Aufgrund der unterschiedlichen Rahmenbedingungen des neuen Einsatzgebiets wurden die Funksensorknoten, die für die Detonation eines Gebäudes entworfen waren und die Detonationsschallwellen (-stoßwellen) aus der Luft detektiert haben, umgebaut (s. Abb. (4.19)). Somit konnten die Erschütterungsmessungen während der Sprengung zum Bauen des Querschlages aus der Wand des Verkehrstunnel empfangen werden (s. Abb. (4.20)). Dafür wurden die 4 Funksensorknoten, die nach der Explosion des Großversuches (s. Abb. (4.11–4.12)) mit dem Nummern (Base_ID) 1, 2, 5, 6) geborgen wurden, eingesetzt. Bei dem Umbau der

Abb. 4.19 Umbau der aus dem Großversuch geborgenen Funksensorknoten (s. Abb. (4.14) und (A.2.12–A.2.15)) für die Anwendung der Erschütterungsmessungen an der Wand des Verkehrstunnels Hugenwaldtunnel-Waldkirch. Die Erschütterungen wurden durch die Sprengungen zum Bauen eines Querschlages zwischen dem Rettungsstollen und dem Verkehrstunnel verursacht. Bei dem Umbau der Funksensorknoten wurde die Stelle der Antenne auf die gegenüberliegende Seite gewechselt, damit der US-Sensor, der unter der Decke des Funksensorknoten ist, die Erschütterungen direkt aus der Wand des Tunnels n detektieren kann.

Funksensorknoten wurde die Antenne zudem an der gegenüberliegenden Seite montiert. Die Aufnahme der Erschütterungen durch den US-Sensor, der unter der Decke des Funksensorknoten montiert ist, wurde so ermöglicht. Zusätzlich wurde zwischen der Funksensorknotendecke und der Tunnelwand eine akustisch leitende Knetmasse angebracht, um die Verbindung zwischen der Decke und der Wand herzustellen. Festgeschraubt wurden sie mit zwei Schrauben an der Wand. Mit der veränderten Installation wurde eine effektive Schwingungsaufnahmen gewährleistet.

Die Platzierung der genannten Funksensorknoten wurde in den Abbildungen (4.20b–d) im folgende dargestellt: die geborgenen Funksensorknoten mit der Nummer 1 als FSK_1, 2 als FSK_2, 5 als FSK_3 und 6 als FSK_4 bezeichnet. Neben den Funksensorknoten wurden auch 5 Piezosensoren [K-S25], die als PS_1, PS_2, PS_3, PS_4, und PS_5 (K-Shear® Beschleunigungssensor 870B100M1) beschriftet wurden, an dem gezielten Eingang des Querschlags des Rettungsstollens platziert, um eine detaillierte Information über die Sprengung zu erhalten (s. Abb. (4.20b–d)).

Die Datenübertragung der Funksensorknoten (s. Abb. (4.18c)) bis zum Endpoint-Router, der für die Visualisierung der empfangenen Daten über eine serielle UART-Schnittstelle mit einem Rechner verbunden ist, wurde in Kap. (2) detailliert dargestellt (s. Abb. (2.32)). Die Daten der Piezosensoren wurden lokal im Tunnel (s. Abb. (4.20a)) an einem Rechner gespeichert.

Die Bohrung des 20 m langen Querschlags durch die Sprengung (s. Abb. (4.20g–i)) wurde mit der Anzahl der möglichen Messungen, der Länge der Stollen, der Abschläge, der Anzahl der Bohrungen, in der der Sprengstoff platziert wird, der Menge des Sprengstoffes in den Abbildungen (4.20g–i) gegeben. Bei den ersten zwei Sprengungen konnten keine Messungen gemacht werden, weil sie vor den betrieblichen Erlaubnissen auf dem Messegelände stattgefunden hat. Aufgrund der Sicherheitsmaßnahmen konnten von den vorbereiteten 10 Messungen nur 8 Messungen durchgeführt werden (s. Abb. (4.20 i) und Tabelle (4.3)).

In Tabelle (4.3) wurde eine Übersicht der erlaubten 8 Messungen zur Erschütterungsdaten durch die Sprengung des Querschlags dargestellt (s. Abb. (A.2.16)). Die detaillierten Ausgabedaten der Funksensorknoten wurden in Abbildung (A.2.17) und dafür die entsprechenden Piezosensorausgänge in Abbildung (4.21) gezeigt.

Ausgangswerte der Piezosensoren wurden in Abbildung (4.21a) mit ca. 0,03 V Mittelwert während der 2. Messung, (b) mit ca. 0,15 V Mittelwert während der 3. Messung, (c) mit ca. 0,2 V Mittelwert während der 4. Messung, (d) mit ca. 0,3 V Mittelwert während der 5. Messung, (e) mit ca. 0,5 V Mittelwert während der 6. Messung und (f) mit ca. 0,9 V Mittelwert während der 8. Messung erfasst. Während der 7. Messung konnte keine der Piezosensoren eingeschaltet werden.

Mit dem Einsatz der geborgenen Funksensorknoten bei der Sprengung zum Bauen des Querschlages zwischen dem Rettungsstollen konnte die Systemgrenze und Zuverlässigkeit der Anwendung wie im Folgenden festgestellt werden:

- Nur ein Funksensorknoten konnte erst ab der Entfernung von 8 m von der Sprengung kritisch getriggert werden. Und dies obwohl bis auf die Entfernung zur Sprengung alle anderen Faktoren, wie die Abschlagslängen, die Anzahl der Bohrungen und die eingesetzte Sprengstoffmenge den vorherigen drei Messungen entsprachen.

- Drei Funksensorknoten konnten erst ab der Entfernung von 6 m von der Sprengung 9-mal kritisch (und 20-mal unkritisch) getriggert werden. Auch bei dieser Messung waren bis auf die Entfernung der Sprengung alle Faktoren wie bei den vorherigen vier Messungen gleich.

- Alle Funksensorkonen konnten erst ab der Entfernung von 5 m von der Sprengung zusammen 50-mal kritisch und 16-mal unkritisch getriggert werden. Der Unterschied zwischen dieser Messung und den vorherigen Messungen war, dass bei dieser sechsten Messung die Abschlagslänge 50% und die Sprengstoffmenge ca. 66% reduziert wurden.

- Alle Funksensorknoten konnten ab der Entfernung von 3,2 m von der Sprengung insgesamt 51-mal kritisch und 13-mal unkritisch getriggert werden. Der Unterschied zwischen dieser Messung und den vorherigen Messungen war, dass bei dieser siebten Messung im Vergleich zu den ersten fünf Messungen die Abschlagslänge 60%, die Sprengstoffmenge ca. 77% und mit der sechsten Messung die Abschlagslänge 20%, die Sprengstoffmenge ca. 33% reduziert wurden.

- Alle Funksensorknoten konnten ab der Entfernung von 1,6 m von der Sprengung insgesamt 21-mal kritisch und 6-mal unkritisch getriggert werden. Der Unterschied zwischen dieser Messung und den vorherigen Messungen war, dass bei dieser achten Messung im Vergleich zu den ersten fünf Messungen die Abschlagslänge 60%, die Sprengstoffmenge ca. 77% und mit der sechsten Messung die Abschlagslänge 20%, die Sprengstoffmenge ca. 33% reduziert wurden. Der Unterschied zwischen dieser Messung und der vorherigen siebten Messung war nur die Entfernung zur Sprengung.

Mit der Anwendung der Piezosensoren konnten die Einflüsse der Sprengstoffmenge und die Entfernung der Sprengung an der Intensität der Erschütterungen, wie bei dem Einsatz der Funksensorknoten, erfasst werden. Dadurch konnten die Ergebnisse der Funksensorknoten validiert (nachgewiesen) werden.

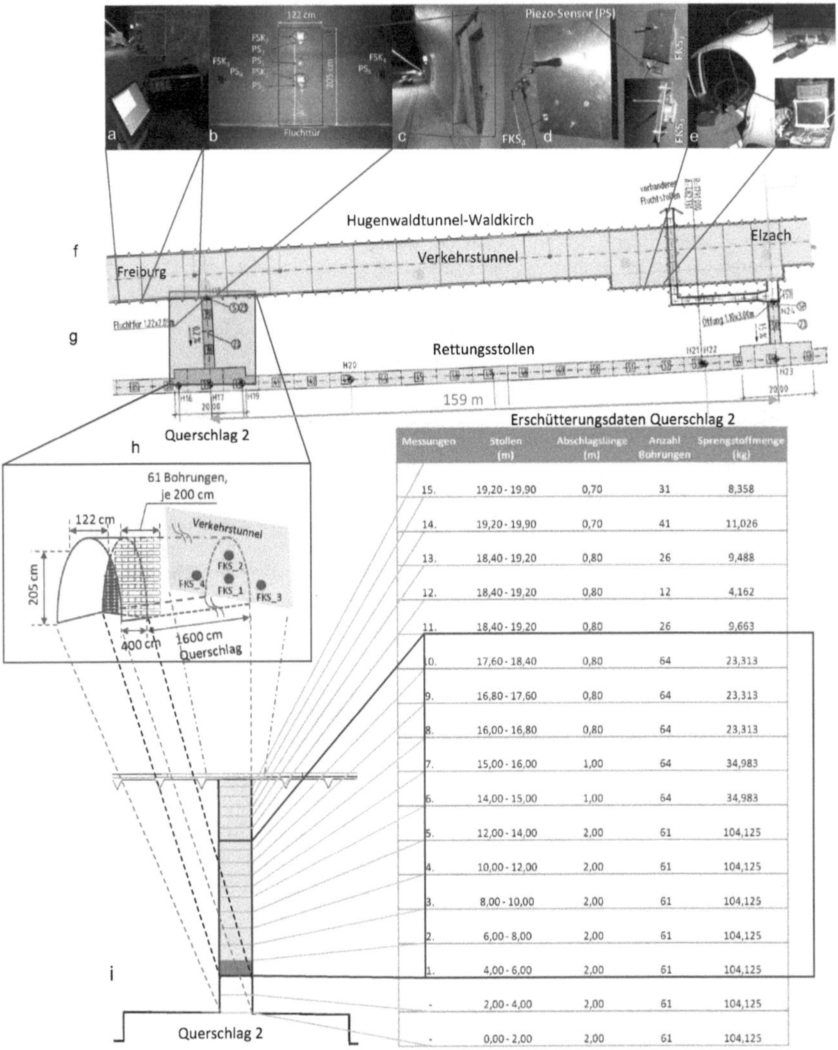

Messungen	Stollen (m)	Abschlagslänge (m)	Anzahl Bohrungen	Sprengstoffmenge (kg)
15.	19,20 - 19,90	0,70	31	8,358
14.	19,20 - 19,90	0,70	41	11,026
13.	18,40 - 19,20	0,80	26	9,488
12.	18,40 - 19,20	0,80	12	4,162
11.	18,40 - 19,20	0,80	26	9,663
10.	17,60 - 18,40	0,80	64	23,313
9.	16,80 - 17,60	0,80	64	23,313
8.	16,00 - 16,80	0,80	64	23,313
7.	15,00 - 16,00	1,00	64	34,983
6.	14,00 - 15,00	1,00	64	34,983
5.	12,00 - 14,00	2,00	61	104,125
4.	10,00 - 12,00	2,00	61	104,125
3.	8,00 - 10,00	2,00	61	104,125
2.	6,00 - 8,00	2,00	61	104,125
1.	4,00 - 6,00	2,00	61	104,125
-	2,00 - 4,00	2,00	61	104,125
-	0,00 - 2,00	2,00	61	104,125

Abb. 4.20 Messeinrichtung der Erschütterungsdaten eines Querschlags des Rettungsstollens des Verkehrstunnels Hugenwaldtunnel-Waldkirch (s. Abb. (A.2.16)): **(a)** Empfangsstation der Sensordaten, **(b–c)** Platzierung der 4 Funksensorknoten (FSK_1, FSK_2, FSK_3 und FSK_4) und 5 Piezosensoren (PS_1, PS_2, PS_3, PS_4, und PS_5) an dem gezielten Eingang des Querschlags des Rettungsstollens, **(d)** nähe Sicht des Falles (a), **(e)** Mobile Messtation im Tunnel mit End-Router und Visualisierungsdesktop **(f)** Skizze des Verkehrstunnels Hugenwald-Waldkirch, **(g)** der Querschlag 2 mit Rettugsstollen, **(h)** die detaillierte Darstellung des Querschlags aus der Sicht des Rettungstollens mit der geplanten Bohrungsanzahl, **(i)** Aufteilung des Querschlags als Stollen mit den Erschütterungsdaten(Länge der Stollen, Abschlagslänge, Anzahl der Bohrungen und Sprengstoffmenge).

Tab. 4.3 Reaktion der Funksensorknoten bei den erlaubten acht Messungen der Erschütterungsdaten eines Querschlags des Rettungsstollens des Verkehrstunnels Hugenwaldtunnel-Waldkirch (s. Abb. (4.19–4.20) und (A.2.16)). Die detaillierten Ausgaben Dateien der Funksensorknoten wurden in Abbildung (A.2.17) dargestellt.

Messung_Nr.	**Datum**	**Uhrzeit**	**Stollen-länge** (m)	**Abschlags-länge** (m)	**Anzahl der Bohrungen**	**Spreng-stoffmenge** (kg)	**FSK1**(Nr. 1), **FKS2**(Nr. 2), **FKS3**(Nr. 5) und **FKS4**(Nr. 6)
1.	01.03.2012	08:04	4,00–6,00	2,00	61	104,125	kein Funksensorknoten getriggert
2.	01.03.2012	11:39	6,00–8,00	2,00	61	104,125	kein Funksensorknoten getriggert
3.	02.03.2012	08:22	8,00–10,00	2,00	61	104,125	kein Funksensorknoten getriggert
4.	02.03.2012	11:40	10,00–12,00	2,00	61	104,125	Nr. 2; insgesamt 4 uk mal gesendet
5.	02.03.2012	16:23	12,00–14,00	2,00	61	104,125	Nr. 1, 2 und 6; insgesamt 29 (9 k, 20 uk) mal getriggert
6.	03.03.2012	07:10	14,00–15,00	1,00	64	34,983	Nr. 1, 2, 5 und 6; insgesamt 66 (50 k, 16 uk) mal getriggert
–	03.03.2012	10:22	15,00–16,00	1,00	64	34,983	kein Zugang zum Messbereich
7.	03.03.2012	12:35	16,00–16,80	0,80	64	23,313	Nr. 1, 2, 5 und 6; insgesamt 64 (51 k, 13 uk) mal getriggert
–	03.03.2012	13:53	16,80–17,60	0,80	64	23,313	kein Zugang zum Messbereich
8.	03.03.2012	14:17	17,60–18,40	0,80	64	23,313	Nr. 1, 2, 5 und 6; insgesamt 27 (21 k, 6 uk) mal getriggert

k kritisch, *uk* unkritisch

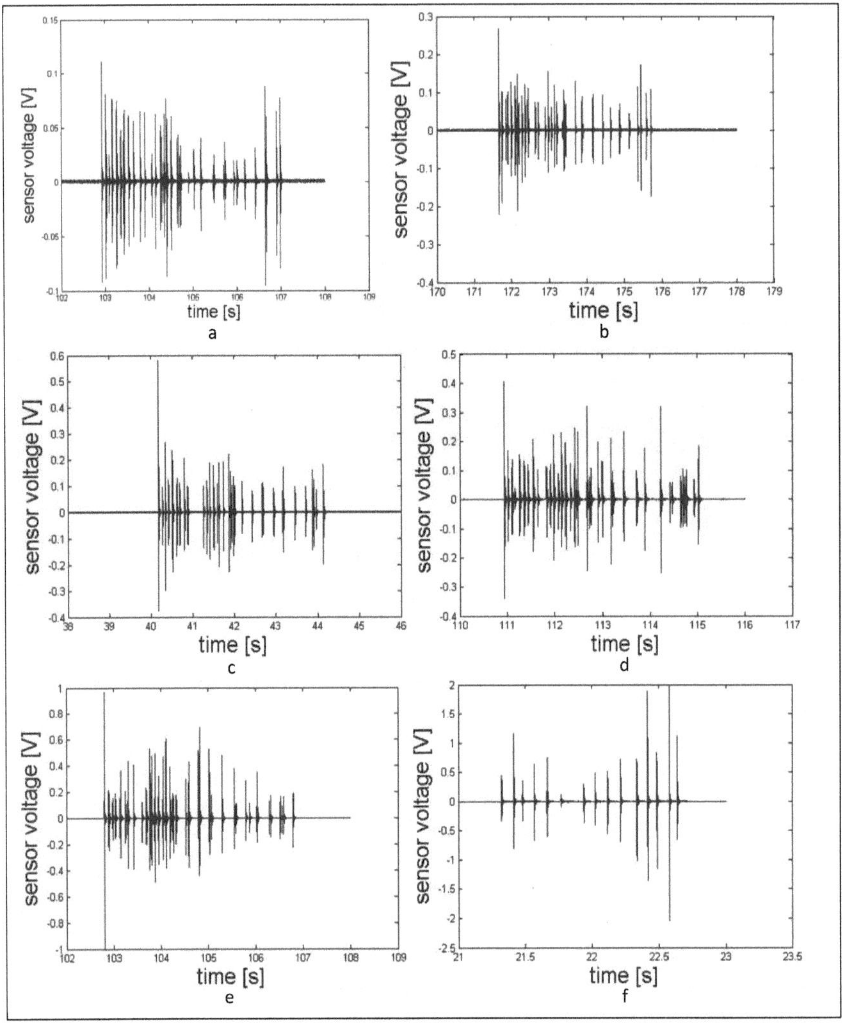

Abb. 4.21 Piezosensorausgänge während der in Tabelle (4.3) gezeigten Messungen. Ausgangswerte des Piezosensors (a) wurde während der 2. Messung, **(b)** während der 3. Messung, **(c)** während der 4. Messung, **(d)** während der 5. Messung, **(e)** während der 6. Messung erhalten und **(f)** während der 8. Messung erhalten. Während der 7. Messung konnte der Piezosensor nicht eingeschaltet werden.

4.3 Anwendungen zum Kapitel 3: EM-Energy-Harvesting

4.3.1 Kapazitive Kopplung

Die Messergebnisse eines Plattenkondensators mit den Abmessungen (LxBxH) (0,11 m x 0,11 m x 0,10 m) (s. Abb. (3.32#b1)) an der Messstelle, die sich in 1 m Abstand von der Gleismitte und in 0,3 m Höhe über dem Boden der eingleisigen Bahnstrecke (s. Abb. (3.32a)) befindet, sind in Abbildung (4.22) dargestellt.

Hierbei ist der zeitliche Verlauf der an der Messstelle aufgenommenen momentanen elektrischen Leistung durch die Ladung der oben genannten Plattenkondensatoren mit einem Widerstandswert von $1\ M\Omega$ dargestellt. Dabei beträgt der arithmetische Mittelwert der elektrischen Leistung für die gesamte Messzeit von $40\ s$ ca. $180\ nW$.

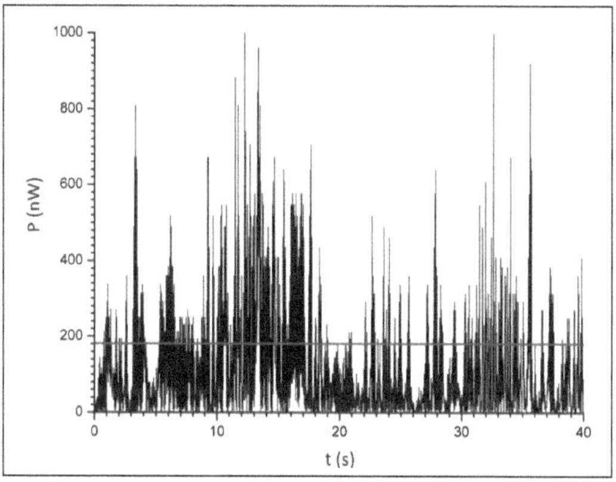

Abb. 4.22 Zeitlicher Verlauf der momentanen elektrischen Leistung, die an der Messstelle durch die Belastung der oben genannten Plattenkondensatoren mit $1\ M\Omega$ aufgenommen ist. Der arithmetische Mittelwert der elektrischen Leistung über die gesamte Messzeit von $40s$ beträgt ca. $180\ nW$.

4.3.2 Induktive Kopplung

Im Folgenden sind die drei Messergebnisse für die induktive Kopplung dargestellt, wie sie in Abschnitt (3.5.2.2) mit Abbildung (3.32) für die dafür entwickelte Hardware und Messbedingungen beschrieben sind. Dargestellt sind die ersten beiden Messungen mit zylindrischer Drahtspule (s. Abb. (3.32#b2), (3.32#b4) und (3.32#b5)), d. h. zunächst die Messung während der Fahrt eines Regionalzuges mit ca. 2000 kW Motorleistung und anschließend die Messung während der Fahrt eines InterCity-Zuges mit ca. 6000 kW Motorleistung, und die dritte Messung mit konischer Spule, wie die erste Messung während der Fahrt eines Regionalzuges. Alle Messungen erfolgen in einem Abstand von 1 m zur Gleismitte und in einer Höhe von 0,3 m über dem Boden der eingleisigen Bahnstrecke (s. Abb. (3.32a)). Die ersten Messergebnisse der zylindrischen Drahtspule sind in Abbildung (4.23a) dargestellt. Dabei ist die momentane elektrische Leistung, die aufgrund der magnetischen Kopplung in einer Spule mit Kern und 25000 Windungen verursacht wird, dargestellt. Hier beträgt der arithmetische Mittelwert der elektrischen Leistung für die gesamte Messzeit von 40 s ca. 200 µW.

Das zweite Messergebnis der zylindrischen Drahtspule während der Fahrt eines InterCity-Zuges mit ca. 6000 kW Motorleistung ist in Abbildung (4.23b) dargestellt. Dabei beträgt der arithmetische Mittelwert der elektrischen Leistung über die gesamte Messzeit von $40\ s$ ca. $1\ mW$.

Das dritte Messergebnis, das mit einem konischen Spulenkörper mit 15000 Windungen für den Einsatz in konischen Zentrieraussparungen (s. Abb. (3.1) und (3.29)) geplant ist, zeigt Abbildung (4.23c). Der arithmetische Mittelwert der elektrischen Leistung beträgt hier $30\,\mu W$.

Durch den Vergleich der Ergebnisse der ersten und zweiten Messung wird deutlich, dass Züge mit hoher Motorleistung entlang einer Strecke unter gleichen Bedingungen mehr elektrische Leistung durch magnetische Kopplung in einer Spule mit Kern und Windungen verursachen als Züge mit niedriger Motorleistung. In diesem Fall erzeugt die Fahrt eines InterCity-Zuges mit einer Motorleistung von ca. 6000 kW an der Messstelle einen fünfmal höheren arithmetischen Mittelwert der elektrischen Leistung als die Fahrt eines Regional-Zuges mit einer Motorleistung von ca. 2000 kW.

Der Vergleich der ersten und dritten Messung zeigt den Einfluss der Spulengeometrie, der verwendeten Kerngröße und der Windungszahl auf die Messergebnisse. Obwohl die beiden Messungen am gleichen Messpunkt und während der Fahrt des gleichen Zugtyps auf der Bahnstrecke durchgeführt wurden, liefert die konische Drahtspule mit Kern und 15000 Windungen etwa siebenmal weniger Leistung als die zylindrische Drahtspule mit Kern und 25000 Windungen. Der Grund dafür ist, dass die konische Spule einen kleineren Durchmesser, Kern und weniger Windungen als die zylindrische Spule hat.

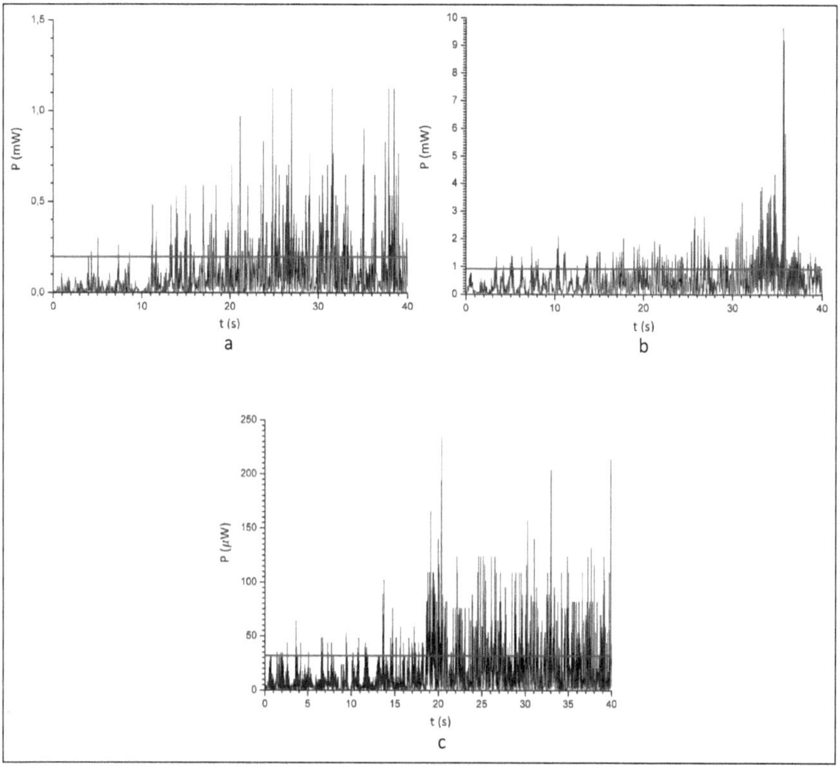

Abb. 4.23 Zeitlicher Verlauf der momentanen elektrischen Leistung aufgrund der magnetischen Kopplung in zwei verschiedenen Spulen während der Fahrt von zwei unterschiedlichen Zügen auf derselben eingleisigen Bahnstrecke: **(a)** das Messergebnis der zylindrischen Spule mit Kern und 25000 Windungen, aufgenommen während der Fahrt eines Regional-Zuges mit ca. 2000 kW Motorleistung. Dabei beträgt der arithmetische Mittelwert der elektrischen Leistung über die gesamte Messzeit von ca. $40\,s$ Messzeit $200\,\mu W$. **(b)** Das Messergebnis der gleichen zylindrischen Spule mit Kern und 25000 Windungen während der Fahrt eines InterCtiy-Zuges mit ca. 6000 kW Motorleistung. Dabei beträgt der arithmetische Mittelwert der Leistung über die gesamte Messzeit von ca. $40\,s$ ca. $1\,mW$. **(c)** Das Messergebnis der konischen Spule mit Kern und 15000 Windungen, dargestellt während der Fahrt eines Regional-Zuges mit ca. 2000 kW Motorleistung. Dabei beträgt der arithmetische Mittelwert der elektrischen Leistung über die gesamte Messzeit von ca. $40\,s$ ca. $30\,\mu W$.

4.3.3 Elektromagnetische Fernspeisung (RF)

4.3.3.1 In Laborumgebung

Abbildung (4.24) zeigt das Messergebnis des in Abbildung (3.31) dargestellten Messaufbaus für die Gleichrichterausgangsspannung U_{G_a} in Abhängigkeit vom Abstand zwischen Sende- und Empfangsantenne. Bei einem Abstand von $1\,m$ zwischen den beiden Antennen wird ein Wert von U_{G_a} von $3{,}4\,V$ und bei einem Abstand von $6\,m$ ein Wert von $0{,}8\,V$ gemessen.

Mit zunehmendem Abstand der Empfangsantenne von der Sendeantenne vergrößert sich nach den Gleichungen (3.165–3.165b) die Streckendämpfung *α (dB),* was zu einer Verrin-

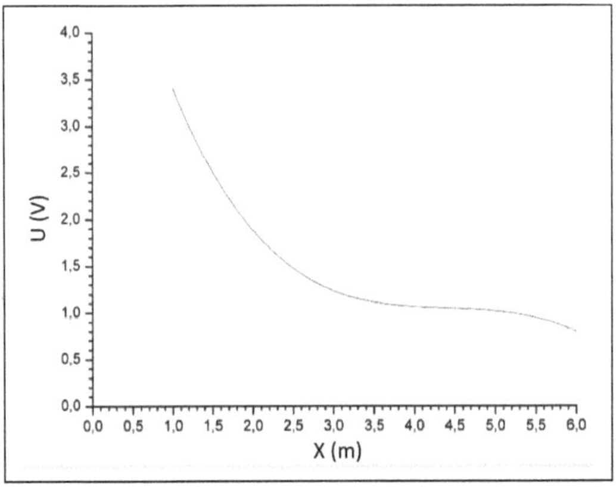

Abb. 4.24 Schematische Darstellung des Messergebnisses der Ausgangsspannung der Gleichrichter (s. Abb. (3.18d)) U_{G_a} des (RF-) EM-AC/DC-Wandlers (s. Abb. (3.22)). Hierbei wird über eine gerichtete Sendeantenne mit einer Frequenz von $865{,}7\ MHz$, einem Gewinn G_S von 9 dBi und einer Sendeleistung P_S von $63\ mW$ mittels einer Empfangsantenne vom Typ einer $\lambda/4$ Stabantenne die Energie drahtlos zum „RF-AC/DC-Wandler" übertragen. Durch eine frequenzabhängige Impedanzanpassung wird die maximal mögliche Sendeleistung an der Antenne erreicht und die Leistungsverluste durch Reflexion am Antennenfuß reduziert.

gerung der Empfangsleistung P_E und damit auch zu einer Verringerung U_{G_a} führt. Wird jedoch die Gleichrichterausgangsspannung U_{G_a} als Eingangsspannung eines Gleichspannungswandlers verwendet, der nach Gleichung (3.178) mit einer relativ niedrigeren Eingangsgleichspannung U_e als U_{G_a} starten kann, so wird es möglich, einen Funksensorknoten mit einem noch kleineren Wert von U_{G_a}, d. h. mit einem noch größeren Abstand zwischen den Antennen, mit geernteter Energie zu versorgen.

Die Abbildung (3.30c) ermöglicht durch die Bestückung mit einem bipolaren DC/DC-Spannungswandler vom Typ LTC®3109 der Firma LTC [LTC25] die Anhebung sehr niedriger Ausgangsspannungen des EH-Wandlers – in diesem Fall ab ±30 mV – auf die Betriebsspannung, die auf die vier einstellbaren höheren Ausgangsspannungen von 2,35 V, 3,3 V, 4,1 V und 5 V eingestellt ist. Damit können die entworfenen Funksensorknoten (s. Abb. (3.30)) bis zu einer Entfernung von 10 m von der Sendeantenne der EM-Strahlungsquelle betrieben werden.

4.3.3.2 In Tunnelumgebung

Die Messungen der in Straßenverkehrstunneln abgestrahlten elektromagnetischen Wellen, die von Tunnelfunkanlagen zu Überwachungs- und Kommunikationszwecken im Alltags- und Notfallbetrieb ausgesendet werden, werden hier in zwei unterschiedlichen Tunnelumgebungen mit der in Abschnitt (3.5.2.3) beschriebenen Messeinrichtung dargestellt.

In den beiden Straßentunneln Döggen- und Hugenwaldtunnel wird die Funkaussendung – wie z. B. UKW-Rundfunk zwischen $87{,}6 - 107{,}9\ MHz$ – über die an der Tunneldecke verlegte Leckleitung – wie in Abbildung (3.7b) beschrieben – aus dem Tunnelbetriebsgebäude bzw. der Betriebskaverne mit einer Leistung von $1{,}26\ \mu W$ ermöglicht. Die Messungen dieser entlang der Tunnelwand – in 1,5 m Höhe über der Fahrbahn – abgesendeten Funksignale ergeben eine maximal detektierte Leistung von $0{,}2\,nW$, was für den Betrieb der derzeit entworfenen Funksensorknoten mit Energy Harvester nicht ausreichend ist.

Um diesen Fall entgegenzukommen, kann die vom EM-Harvester empfangene Signalleistung auch durch eine Erhöhung der Sendesignalleistung, die in einem lizenzfreien Frequenzband bis zu $2\,W$ möglich ist, verstärkt werden. Aus diesem Grund werden die Messungen der Dämpfung $\alpha\,(dB)$ der Signalleistung nach Gleichung (3.165) mit zwei unterschiedlichen Trägersignalen mit Frequenzen von $434\,MHz$ und $868\,MHz$ aus dem Ultrahochfrequenzband (UHF) (engl., Ultra High Frequency) in den beiden oben genannten Straßentunneln (s. Abb. (4.25)) und anschließend mit einem dritten Trägersignal von $865{,}7\,MHz$ im Hugenwaldtunnel (s. Abb. (4.26)) durchgeführt.

In den Abbildungen (4.25a) und (4.25b) sind die beiden unterschiedlichen Dämpfungsverläufe $\alpha\,(dB)$ der Trägersignale mit $434\,MHz$ bzw. $868\,MHz$ entlang der Tunnelwand in 1,5 m Höhe über dem Boden bis zu einer Entfernung von ca. 700 m vom Sender skizziert. Dabei ist die punktförmige Kurve mit schwarzer Farbe für reale Messungen im Tunnel, die lineare Kurve mit roter Farbe für die Dämpfungsapproximation im Fernfeld und die exponentielle Kurve mit grüner Farbe für die theoretische Freiraumdämpfung dargestellt.

Abbildung (4.26) zeigt die Dämpfung des in die Leckleitung eingespeisten Trägersignals mit der Frequenz $865{,}7\,MHz$ entlang der Tunnelwand in 1,5 m Höhe über dem Boden. Hierbei verläuft die Leckleitung – aufgeteilt in West- und Ostzweig – von der Tunnelbetriebskaverne entlang der Decke bis zum jeweiligen Tunnelportal und von dort unterirdisch zurück zur Betriebskaverne (s. Abb. (3.31b) und (3.34)). Die Messung erfolgte in beiden Fahrtrichtungen, einmal entlang der Wand in Richtung Betriebskaverne bzw. Portal – Richtung Freiburg – und zurück und anschließend entlang der Wand auf der anderen Straßenseite in Richtung Elzach. Dabei stellt die rot eingefärbte Kurve die Dämpfung auf der Fahrspur in Richtung Freiburg und die schwarz eingefärbte Kurve die Dämpfung auf der Fahrspur in Richtung Elzach dar. Hier beträgt der arithmetische Mittelwert der Dämpfung $84\,dB$.

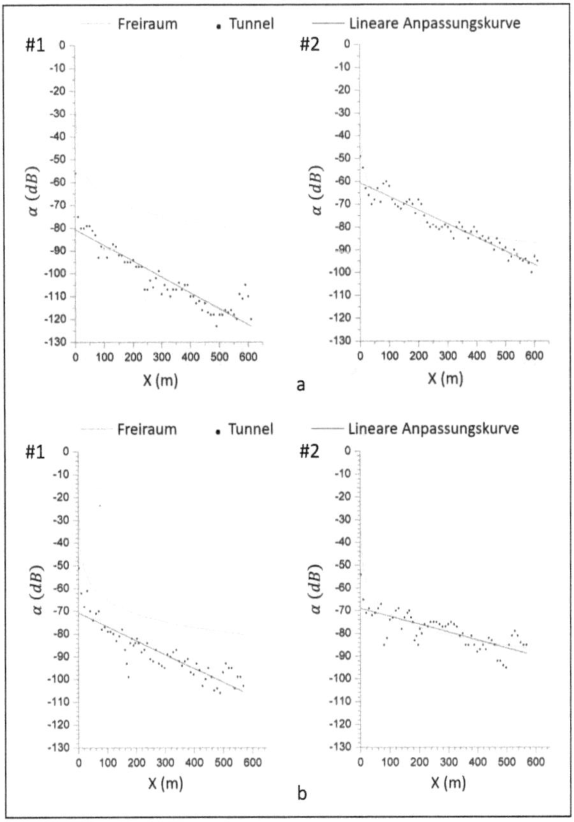

Abb. 4.25 Zeigt die Dämpfung der Funkwellen im Dögginger Tunnel in **(a)** und im Hugenwaltunnel in **(b)** mit den Trägersignalen 434 MHz und 868 MHz. Dabei ist die punktförmige Kurve mit schwarzer Farbe für reale Messungen im Tunnel, die lineare Kurve mit roter Farbe für die Dämpfungsapproximation im Fernfeld und die exponentielle Kurve mit grüner Farbe für die theoretische Freiraumdämpfung dargestellt. Hierbei sind in **(#a1)** und **(#b1)** die Mess- und Berechnungsergebnisse bei 434 MHz und in **(#a2)** und **(#b2)** bei 868 MHz abgebildet.

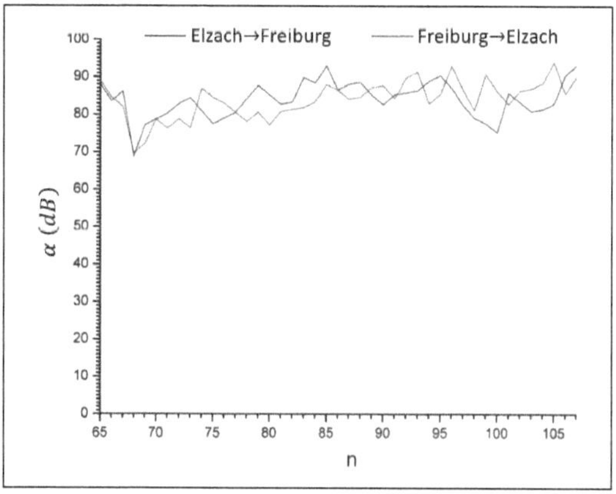

Abb. 4.26 Dämpfung des in die Leckleitung eingespeisten Trägersignals mit der Frequenz von 865,7 MHz entlang der Tunnelwand in 1,5 m Höhe über dem Boden (s. Abb. (3.33b) und (3.34)). Dabei stellt die rot farbige Kurve die Dämpfung auf der Fahrspur in Richtung Freiburg und die schwarz farbige Kurve die Dämpfung auf der Fahrspur in Richtung Elzach. Hier beträgt der arithmetische Mittelwert der Dämpfung $84\ dB$.

5 Fazit und Ausblick

5.1 Fazit

Topologien: Durch die Modellierung der Fundamentalgruppe der Homotopie mit Hilfe eines definierten Einheitsintervalls in der algebraischen Topologie konnte eine mehrdeutige Kreisform in eine eindeutige Spiralform überführt werden (Abschn. (2.2.1)). Damit konnte belegt werden, dass die Überführung von Mehrdeutigkeit in Eindeutigkeit durch die Festlegung der Installationskoordinaten der Funksensorknoten gemäß der untersuchten Topologie in einem Verkehrstunnel in Tübbingbauweise möglich ist. Dadurch wird verhindert, dass Funksensorknoten nach einem Ereignis gleichzeitig getriggert werden. Damit ist eine kollisionsfreie Datenübertragung von jedem Funksensorknoten nach der Triggerung möglich, wenn auch die Zeit für die Datenübertragung berücksichtigt werden soll. In einem topologischen Raum, der nicht der Tübbingbauweise entspricht, wird durch ein neues Synchronisationsverfahren die Eindeutigkeit der Triggerung der Funksensorknoten während eines Ereignisses und die kollisionsfreie Datenübertragung ermöglicht.

Synchronisation: Für den Fall, dass die Installation der Funksensorknoten aufgrund infrastruktureller Gegebenheiten, wie z. B. Gebäudeinfrastrukturen, nicht gemäß der oben beschriebenen Topologie, d. h. spiralförmig, erfolgen kann, wurde ein Zeitschlitzverfahren, das als Lokales Zeitschlitzverfahren (LZV) bezeichnet ist, vorgestellt, um trotz gleichzeitiger Triggerung der Funksensorknoten nach einem (oder mehreren) Ereignis(en) eine Eindeutigkeit der Datenübertragung, d. h. eine kollisionsfreie Datenübertragung, zu gewährleisten (Abschn. (2.2.2)).

Routing: Um ein energieeffizientes Kommunikationsprotokoll für die beabsichtigten energieautarken drahtlosen Funksensorknotennetzwerke zu ermöglichen, wurde beim Entwurf der Routingverfahren besonders auf eine optimale Energienutzung und eine kollisionsfreie Datenübertragung geachtet. Nachdem zunächst die bidirektionale Kommunikation zwischen den Routern, zwischen den Funksensorknoten und den Routern und anschließend die unidirektionale Kommunikation zwischen den Funksensorknoten und den Routern vorgestellt wurde, erschien hier die unidirektionale Kommunikation zwischen den Funksensorknoten und den Routern aufgrund der geringen Energieerträge des Energy Harvesters und der sehr hohen Geschwindigkeit des Ereignisprozesses als geeignet, während die Router untereinander aufgrund der externen Energieversorgungsmöglichkeit bidirektional kommunizieren.

Hardware zur Funksensorknoten ohne EH-Komponenten: Der Funksensorknoten ohne Energiewandler, der für die Anwendungen in Kapitel (2) entwickelt wurde, besteht aus folgenden elektronischen Komponenten: RF-Transceiver STM300 (868,3 MHz), RF-Frontend, Mikrocontroller 8051 CPU (16 MHz) und Power-Management-Einheit für das Energiemanagement, Mikrocontroller MSP430n (MSP430F2417) zur Verarbeitung der Sensordaten während der Detonation und Weiterleitung an STM300, Ultraschallsensor zur Detektion der eintreffenden Druckwellen und Lithiumbatterie (50 mAh, 3 V) zur Energieversorgung.

Lageüberwachung: Aufgrund der Aufteilung der gerätetechnischen Systemarchitektur des entworfenen Lageüberwachungssystems in mobile und lokale Komponenten sowie der Aufteilung des gesamten Lageüberwachungssystems in Erfassung, Kommunikation, Verarbeitung und Visualisierung in Abschnitt (2.5) wurde in Abschnitt (4.2) eine flexible Anwendungsmöglichkeit des Systems für verschiedene Testfälle nachgewiesen. Nach der Kalibrierung des in den Funksensorknoten eingebauten Breitband-Ultraschallsensors vom Typ VS150-M, der eine Spitzenempfindlichkeit bei 150 kHz und eine maximale Empfindlichkeit bei 450 kHz aufweist, mit den durch ein Stoßrohr erzeugten Explosions- und Erschütterungsereignissen und der Überwachung der Beanspruchung eines Betonblocks nach verschiedenen Explosionsstärken in Abschnitt (4.2.1) wurden anwendungsspezifische Gehäuse entwickelt.

M. Erd, *Energieautarke eingebettete Funksensorknoten zur Zustandsüberwachung von zivilen Infrastrukturen im Katastrophenfall*, https://doi.org/10.1007/978-3-658-51811-0_5

Anschließend wurden die Funksensorknoten in Abschnitt (4.2.2) in der Laborumgebung für den Triggertest, in der Freifeldumgebung mit den verschiedenen Betonblöcken für den Synchronisationstest und in Abschnitt (4.2.3) in einem Teil einer stillgelegten Fabrikhalle als Großversuch für den Gesamtsystemtest eingesetzt. Für den Großversuch wurden 20 drahtlose Sensorknoten an den Wänden und der Decke des Erdgeschosses der Testfläche platziert. Die Sprengung wurde auf beiden Etagen des Testgeländes durchgeführt. Die Sprengstoffmenge und der Ort der Sprengung innerhalb des Testgebäudes waren nicht bekannt. Durch die gezielte Zerstörung eines Gebäudeteils konnte die Funktionsfähigkeit des Funksensornetzwerks unter realen Bedingungen getestet werden. Nach Zündung der Sprengladungen konnte ein Alarm durch die Brandmeldeanlage ausgelöst werden. Die Daten der Funksensorknoten konnten ausgewertet und die Art der Belastung grafisch dargestellt werden (s. Abb. (4.12)). Damit konnte eine realitätsgetreue Übereinstimmung mit dem tatsächlichen Zustand des Gebäudes erreicht werden. Eine detaillierte Darstellung der Topologie, der Synchronisation und des Routings des Großversuchs wurde bereits in Kapitel (2) (Abschnitt (2.3.1)) in Form einer Explosionsszenerie gegeben. Die Echtzeitbeobachtung und -auswertung der Daten der Funksensorknoten nach einem Ereignis wurde durch den Einsatz der grafischen Benutzeroberfläche „LiveSDM“ ermöglicht (s. Abb. (4.13)). Insgesamt konnten 13 der 20 eingesetzten Funksensorknoten unter den Trümmern des gesprengten Gebäudes geborgen werden (s. Abb. (4.14) und (A.2.12–A.2.16)). In einem Langzeittest konnte festgestellt werden, dass die meisten dieser Funksensorknoten außer der Beschädigung der Antenne keine weiteren Defekte aufwiesen, obwohl einige von ihnen durch die starken Detonationswellen und den Einsturz des Gebäudes starke Erschütterungen erlitten hatten. Folglich konnten einige dieser Funksensorknoten nach entsprechenden Veränderungen des Gehäuses in der neuen Testumgebung weiterverwendet werden.

Anschließend wurden die Anwendungen der Funksensorknoten im Umfeld von Straßentunneln – im Hugenwaldtunnel, in Waldkirch bei Freiburg im Breisgau – zunächst zur Langzeitbeobachtung der Datenübertragung im Verkehrsfluss mit GSM-Modem und anschließend zur Erfassung der Sensorsignale in Abhängigkeit von Sprengart, Sprengtopologie und Sprengmenge beim Bau eines Querschlages zwischen den Rettungsstollen dargestellt. Dabei konnte nach einer dreimonatigen Beobachtung des Funksensorknotennetzes festgestellt werden, dass eine ortsunabhängige Überwachung eines verlustfreien Datenflusses durch den Einsatz der entwickelten Soft- und Hardwarekomponenten möglich ist. Ein Einfluss des Verkehrs auf die Datenübertragung konnte nicht festgestellt werden. Durch den Einsatz der aus dem Großversuch geborgenen Funksensorknoten mit der Kombination der fünf Piezosensoren vom Typ (K-Shear®) Beschleunigungssensor 870B100M1 [K-S25] beim Bau des Querschlags zwischen den Rettungsstollen konnten die Einflüsse der Sprengstoffmenge und der Entfernung der Sprengung auf die Intensität der Erschütterungen erfasst und die Ergebnisse validiert werden.

Einsatzmöglichkeiten der Funksensorknoten in Verkehrstunneln: Nach einem Überblick über die Einsatzmöglichkeiten der Funksensorknoten in Verkehrstunneln ohne zusätzliche bauliche Maßnahmen in Abhängigkeit von den baulichen Besonderheiten der Infrastruktur konnte in Abschnitt (3.1) festgestellt werden, dass die konische Zentrieraussparung der Tübbinge für die Platzierung der Funksensorknoten geeignet ist. Für den Tunnel ohne Zentrieraussparung können die Funksensorknoten mit einer entsprechenden Konstruktion des Funksensorknotengehäuses ohne große zusätzliche bauliche Maßnahmen eingesetzt werden.

Stand der Technik von WPT: Nach einem Rückblick auf die drahtlose Energieübertragung (WTP) vom 19. Jahrhundert bis heute in Abschnitt (3.2) konnte festgestellt werden, dass einige Entwicklungen aus dieser Zeit, also dem 19. Jahrhundert, dem Stand der Technik von Anfang 2000 entsprechen, was wiederum von großen Teilen der Fachwelt nicht betont wird. Um dieses Defizit auszugleichen, wurden einige neue Korrekturen in diesem Bereich auf der Grundlage neuerer Publikationen und eigener Recherchen in Originalquellen angegeben.

Simulation: Die elektrische und magnetische Feldverteilung in der gesamten Umgebung der Bahnstrecke und des Tunnels konnte mit der Simulationssoftware WinField/ETC 400® entsprechend den Rahmenbedingungen (s. Abschn. (3.1.1) und (3.1.2)) für ein- und zweigleisige Bahnstrecken und eingleisige Bahntunnel dargestellt werden. Dies ermöglichte einen Vergleich der Anwendung der verschiedenen Arten des EM-Energie-Harvestings und eine Entscheidung über die effektivsten Installationskoordinaten der Funksensorknoten in den genannten Umgebungen.

Hardware zur Hybrid-EH: Die Weiterentwicklung der Funksensorknoten für Hybrid-Energy-Harvesting-Anwendungen wurde auf Grundlage der Abschnitte (2.3) und (2.4) in Abschnitt (3.5) berichtet. Dabei konnte ein Gehäuse für den Einsatz in konischen Zentrieraussparungen von Verkehrstunneln in Tübbingbauweise und eine Leiterplatine entwickelt werden. Die Leiterplatine aus dem Abschnitt (2.4) wurde mit folgenden elektronischen Komponenten ergänzt: Antenne, Spannungsgleichrichterschaltung für RF-EH, d. h. AC/DC-Spannungswandler, bipolarer DC/DC-Spannungswandler vom Typ LTC®3109 der Firma LTC – um die sehr niedrigen Ausgangsspannungen des EH-Wandlers auf die Betriebsspannung anzuheben – und Eingangspins zum Anschluss verschiedener EH-Quellen für das Energiemanagement oder für Messzwecke. Dabei konnte ein erforderlicher Stromverbrauch der gesamten elektronischen Komponenten der EM-/TEG-EH-Testplattform von ca. $500\ nA$ bei einer Versorgungsspannung von 3,3 V im Bereitschaftsbetrieb (Sleep-Mode) (s. Abb. (3.30#1d)) und ein Selbstentladestrom (Leckstrom) der wiederaufladbaren Lithium-Vanadium-Knopfzelle von ca. $320\ nA$ (s. Abb. (3.30#2d)), addiert zum Gesamtstromverbrauch, gemessen werden. Daraus ergibt sich eine kombinierte Leistungsaufnahme von $2{,}739\ \mu W$, die von den Energy Harvestern für die gesamten elektronischen Komponenten des entworfenen Funksensorknotens im Bereitschaftsmodus kompensiert werden muss.

Messaufbau und -ergebnisse zur kapazitiven, induktiven Kopplungen in Freifeldumgebung: Die in Abschnitt (3.5.2.2) beschriebene Messung zur kapazitiven Kopplung und die drei verschiedenen Messungen zur induktiven Kopplung mit der entwickelten Hardware (s. Abb. (3.32)) und den Messbedingungen wurden an den gleichen Messpunkten auf der eingleisigen Bahnstrecke durchgeführt.

Die in Abbildung (4.22) dargestellten Messergebnisse eines Plattenkondensators mit den Abmessungen (L x B x H) (0,11 m x 0,11 m x 0,10 m) (s. Abb. (3.32#b1)), der in 1 m Abstand von der Gleismitte und in 0,3 m Höhe über dem Boden der eingleisigen Bahnstrecke angeordnet ist (s. Abb. (3.32a)), ergeben für die gesamte Messzeit von 40 s einen arithmetischen Mittelwert der elektrischen Leistung von ca. $180\ nW$. Dieser Leistungswert entspricht etwa dem Faktor 1/15 der oben genannten Leistungsaufnahme im Bereitschaftsmodus des entwickelten Funksensorknotens mit hybriden EH-Komponenten. Damit wird es deutlich, dass dieser Messwert für den Betrieb der Funksensorknoten selbst im Ruhezustand nicht ausreicht.

Die ersten beiden Messungen zur induktiven Kopplung wurden mit einer zylindrischen Drahtspule mit Kern und 25000 Windungen durchgeführt, einmal während der Fahrt eines InterCity-Zuges mit ca. 6000 kW Motorleistung und einmal bei der Fahrt eines Regionalzuges mit ca. 2000 kW Motorleistung. Dadurch konnten die zwei unterschiedlichen arithmetischen Mittelwerte der elektrischen Leistung, d. h. $200\ \mu W$ während der Fahrt des Regionalzuges und ca. $1\ mW$ während der Fahrt des InterCity-Zuges, für die gesamte Messzeit von $40\ s$ ermittelt werden. Die dritte Messung wurde mit einem konischen Spulkörper mit 15000 Windungen, der für den Einsatz in konischen Zentrierausspanungen (s. Abb. (3.1) und (3.29)) geplant ist, wie die erste Messung der oben genannten induktiven Kopplung während der Fahrt eines Regionalzuges mit 2000 kW Motorleistung durchgeführt. Hierbei konnte ein arithmetischer Mittelwert der elektrischen Leistung, der Wert von $30\ \mu W$, ermittelt werden. In diesem Zusammenhang wird deutlich, dass u. a. die Motorleistung des Zuges, die Spulengeometrie, die Anzahl der Drahtwindungen, die Größe und die Eigenschaften des Kerns Faktoren sind, die die Messergebnisse beeinflussen. Aus diesen drei Messwerten ist ersichtlich, dass die gelieferten Leistungen weit über der Leistungsaufnahme des entworfenen Funksensorknotens im Ruhezustand liegen.

Messaufbau und -ergebnisse zur elektromagnetischen Fernspeisung in Labor- und Straßenverkehrtunnel-Umgebung: Die in Abschnitt (4.3.3) mit den in den Abschnitten (3.5.2.1) und (3.5.2.3) beschriebenen Messaufbauten durchgeführten Messungen zur elektromagnetischen (RF-) Fernspeisung in Labor- und Tunnelumgebung zeigen unterschiedliche Ergebnisse. In der Laborumgebung wurde mit einer gerichteten Sendeantenne bei einer Frequenz von 865,7 MHz, einem Gewinn von $9\ dBi$ und einer Sendeleistung von $63\ mW$ mittels einer Empfangsantenne vom Typ einer $\lambda\ /\ 4$ Stabantenne die drahtlose Energie an den in Abbildung (3.31) beschriebenen „RF-AC/DC-Wandler" übertragen. So konnte am Gleichrichterausgang des Wandlers in Abhängigkeit vom Abstand zwischen Sende- und Empfangsantenne bei einem Abstand der beiden Antennen von 1 m ein Wert von $3{,}4\ V$ und bei einem Abstand von 6 m ein Wert von $0{,}8\ V$ bei einem Laststrom von 30 µA gemessen werden. Diese Werte entsprechen einer Leistung zwischen $102\ \mu W$ und $24\ \mu W$, die weit über der Leistungsaufnahme des entworfenen Funksensorknotens im Ruhezustand liegt.

Bei den in den Abbildungen (3.33) und (3.34) beschriebenen Messungen in zwei Straßentunneln, nämlich dem Döggigen- und dem Hugenwaldtunnel, wird die Funkaussendung – wie z. B. UKW-Rundfunk zwischen 87,6–107,9 MHz – über die an der Tunneldecke verlegte Leckleitung – wie in Abbildung (3.7b) beschrieben – aus dem Tunnelbetriebsgebäude bzw. der Betriebskaverne mit einer Leistung von 1,26 µW ermöglicht. Die Messungen dieser entlang der Tunnelwand – in 1,5 m Höhe über der Fahrbahn – abgestrahlten Funksignale ergeben eine maximal detektierte Leistung von $0{,}2\ nW$, was für den Betrieb entworfenen Funksensorknoten mit Energy Harvester nicht ausreicht.

5.2 Ausblick

Die in dieser Arbeit entworfenen Topologien, die eine kollisionsfreie und energieeffiziente Kommunikation der Funksensorknoten ermöglichen und in verschiedenen realen Fällen getestet wurden, sind durch entsprechende Simulationstools weiter optimierbar/erweiterbar.

Im Bereich des Katastrophenmonitorings und -managements sollte angesichts der rasanten Fortschritte in den letzten Jahrzehnten verstärkt die künstliche Intelligenz zum Einsatz kommen.

Bei der Anwendung von energieautarken Funksensorknoten zur Zustandsüberwachung von Infrastrukturen spielen die Art der EH-Quelle und die Positionierung der Funksensorknoten am Einsatzort eine wesentliche Rolle. Wie in dieser Arbeit gezeigt wurde, ist die Wirksamkeit der in einem Verkehrstunnel eingesetzten EH aufgrund der zur Verfügung gestellten elektromagnetischen Energiedichte in Abhängigkeit von der Installationskoordinate begrenzt. Um einen flächendeckenden Einsatz von EH in einem Tunnel zu ermöglichen, sollte eine hybride Anwendung von EMH mit anderen Arten von EH, wie TEH und PEH, realisiert werden. Eine solche hybride Anwendung ist insbesondere im Katastrophenfall denkbar, wenn die Fahrleitungen in einem Bahntunnel nicht mehr funktionsfähig sind. Gleichzeitig ermöglicht der Einsatz von TEG eine flexible Topologie der Funksensorknoten, da die zur Betreibung der Funksensorknoten erforderliche Spannung durch die ausreichend hohe Energiedichte, d. h. die Temperaturdifferenz zwischen der inneren Tunnelluft und der Tunnelwand, erzeugt werden kann.

Der Einsatz des aufgebauten energieautarken Funksensorknotens in einem Bahntunnel während der verschiedenen Arten der Rückstromführung und zur Validierung der weiteren berechneten Simulationsergebnisse wird einen wichtigen Beitrag in diesem Bereich leisten.

Zusätzliche Designentwicklungen für die Gehäuse der Funksensorknoten, um den EH möglichst nahe an die Fahrleitung oder nahe an die Schienen zu bringen, um noch mehr von der erhöhten Energiedichte zu nutzen, werden die Effizienz der Energieernte enorm steigern und damit weitere Anwendungen ermöglichen.

Anhang: Publikationen und Ergänzende Informationen zu den Kapiteln

A.1 Eigene Veröffentlichungen, Workshops und Reviewertätigkeiten

Journal

[13] A. Moser, M. Erd, M. Kostic, K. Cobry, M. Kroener, L.M. Reindl, P. Woias, Thermoelectric Energy Harvesting from Transient Ambient Temperature Gradients, Journal of Electronic Materials, Springer, Vol. 41, No. 6, 2012

[16] M. Erd, F. Schaefer, M. Kostic, L.M. Reindl, Event monitoring in emergency scenarios using energy efficient wireless sensor nodes for the disaster information management, International Journal of Disaster Rick Reduction, Elsevier, Vol 16, pp. 33–42, 2016.

- Zwei weitere Journals, die sich derzeit in Bearbeitung befinden, werden spätestens vor der Disputation beim IEEE eingereicht. In dem ersten Journal werden die Anwendungsmöglichkeiten von Energy Harvesting, insbesondere von elektromagnetischem Energy Harvesting, im Umfeld von Bahnstrecken und Bahntunneln behandelt. Das zweite Journal befasst sich mit der Anwendung künstlicher Intelligenz zur Zustandsbestimmung von Infrastrukturen im Katastrophenfall.

Konferenz

[15] M. Erd, M. Kostic, A. Stolz, F. Schäfer, C. Brenneis, T. Ostertag, M. Loschonsky, L.M. Reindl, Self-synchronized energy efficient event detection with wirelesssensor networks, in: Proceedings of the 9th International Multi-Conference on Systems, Signals and Devices (SSD) IEEE, (Chemnitz, Germany, Marc 20–23), 2012, pp.1–6.

Workshops

M. Erd, L.M. Reindl, Netzwerktoplogien für aktive Funksensorknoten zur Zustandsüberwachung von Verkehrstunnel, EEEfCOM 2010, IEEE Germany Section, (Ulm, Deutschland, 16.–17. Juni 2010).

Reviewer für Journal

- Elsevier International Journal of Disaster Risk Reduction, 2017
- IEEE Transactions on Human-Machine Systems, 2018
- IEEE Transactions on Systems, Man and Cybernetics: Systems, 2017–2025

M. Erd, *Energieautarke eingebettete Funksensorknoten zur Zustandsüberwachung von zivilen Infrastrukturen im Katastrophenfall*, https://doi.org/10.1007/978-3-658-51811-0

A.2 Ergänzende Informationen zum Kapitel 2 und Kapitel 4.2

A.2.1 Beschreibung der Tab-„Configuration“ der LiveSDM Benutzeroberfläche

Hier wird eine kurze Beschreibung von jedem Tab (insgesamt sind es acht) gegeben:

Mit der ersten Tab-„Configuration“ der LiveSDM Benutzeroberfläche wird die Verbindung zur empfangenen Datenquelle ermöglicht. Hier werden verschiedenen Parameter (Kommunikation Port, Datenübertragungsrate, Datenbits, Stoppbits, Parität, Flusssteuerung) eingestellt, um einen Datenfluss zu ermöglichen (s. Abb. (A.2.1a)).

Der zweite Tab-„Recieved Data“ der LiveSDM zeigt die empfangenen Daten nach der Frame-Format (s. Kap. (3)). Die Interpretation der Daten wird auf einem separaten Spalt gezeigt (s. Abb. (A.2.1b)).

Der dritte Tab-„Table“ gibt eine zeilenweise farbige und detailliertere, tabellarische, visuelle Darstellung der Daten (s. Abb. (A.2.2a)). Die Farbe Grün steht für Lebenszeichen (Alive) der Funksensorknoten. Die Farbe Gelb stellt hier einen Ereigniszustand dar, der keine kritischen Folgen („no critical emergency“) im Bereich der empfangenen Funksensorknoten hinterlassen hat. Mit der Farbe Rot wird ein Ereignis mit eventuellem Schaden („critical emergency“) angezeigt. Die detaillierten Interpretationen der empfangenen Daten (s. Abb. (A.2.1b)) mit Datum und Zeit werden auf diesem Tab noch mal dargestellt.

Mit dem vierten (s. Abb. (A.2.2b)) und fünften (s. Abb. (A.2.3a)) Tab-„Temperture“, „Charge“ werden die empfangenen Temperaturwerte und Ladezustände nach der Zeit grafisch dargestellt. Auf diesen Tabs können bis zu vier verschiedene Funksensorknoten gezeigt werden.

Der sechste Tab- „Tunnel“ (s. Abb. (A.2.3b)) wurde für die Echtzeit-Visualisierung der Datenübertragung mittels GPRSs im Hugenwaldtunnel-Emmendigen entworfen (s. Abb. (A.2.2b)). Mit Hilfe von diesem Tab konnte eine Langzeit-Datenübertragung (3 Monate) der vier Funksensorknoten mittels GPRS-Modems über Internet empfangen und bewertet werden. Hier wurde insbesonders der Einfluss des täglichen Verkehrsrhythmus auf die Datenübertagung untersucht (s. Abb. (4.15–4.18)). Es wurde kein besonderer Einfluss registriert.

Der siebte Tab- „alive state“ ist für die Realisierung der visuellen Darstellung des Datenflusses durch die farbigen (Grün, Gelb, Rot, Grau) Buttons. Jeder Button mit der Nummer entspricht einem Funksensorknoten mit gleicher Nummer. Auf dem Tab wurde ein Raum (s. Abb. (A.2.4)) mit 20 Funksensorknoten ausgestaltet. Hier wird gesehen, dass der Funksensorknoten mit der Nummer 6 gerade ein Lebenszeichen („alive“) gesendet hat.

Der achte Tab- „emergency state“ (s. Abb. (A.2.5–A.2.7)) zeigt die lokale, farbige Darstellung eines Ereigniszustandes. Wie in der Abbildung (A.2.5) gesehen wird, wurden nach einem Ereignis (z. B. einer Explosion) in der Umgebung einiger Funksensorknoten die Zustände „critical emergency“ (Rot) und „no critical emergency“ (Gelb) aufgelöst. Die anderen Funksensorknoten wurden durch das Ereignis nicht getriggert. Deswegen wird in ihrer Umgebung kein eventueller Schaden erwartet.

Diese farbige Darstellung zeigt Einstufung des Ereignisses. Wenn nach dem visuell dargestellten Ereignis die Funksensorknoten weiter senden (einen „Alive“ oder „emergency“-Zustand, dann ändern die Umgebungsfarben der entsprechenden Buttons nicht, sondern nur die Buttonfarbe. Wie in Abbildung (A.2.5b) zu sehen, sendet der Funksensorknoten mit der Nummer sechs nach einem „critical emergency“ Zustand das Lebenszeichen (Grün) weiter, d. h. dieser Funksensorknoten wurde nicht beschädigt In Abbildung (A.2.6a) sendet der Funksensorknoten mit der Nummer 9, der während des Ereignisses nicht getriggert wurde, sein Lebenszeichen periodisch weiter.

Wie in Abbildung (A.2.7a) gesehen wird, ist die Aktualisierung der visuellen Darstellung der Folgen eines Ereignisses auf dem beobachteten Objekt durch den Button „Refresh" möglich. Nach der Entscheidung der Aktualisierung dieser Visualisierung löscht der achte Tab- „emergency state" die Farbe in der Umgebung der Buttons und zeigt den gleichen Datenfluss wie der voriger Tab- „alive state" (bis ein neues Ereignis aufgetreten ist (s. Abb. (A.2.7a–b)).

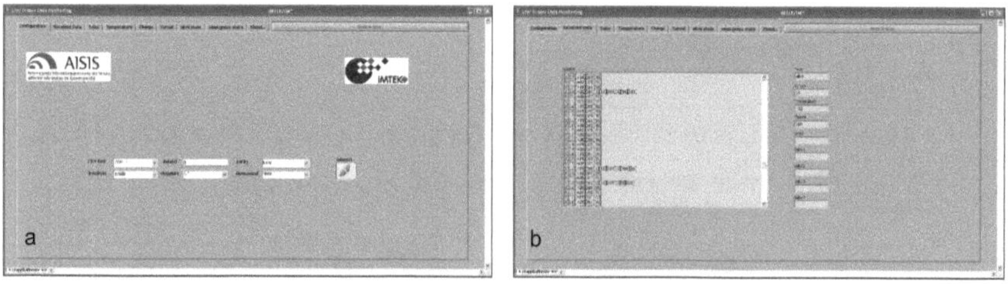

Abb. A.2.1 (a) Der erste Tab der LiveSDM bedient für die Konfiguration, um die Verbindung (seriell und drahtloses) zur empfangenen Datenquelle zu ermöglich. **(b)** Der zweite Tab der LiveSDM zur Darstellung der Daten in der Frame-Format-Struktur.

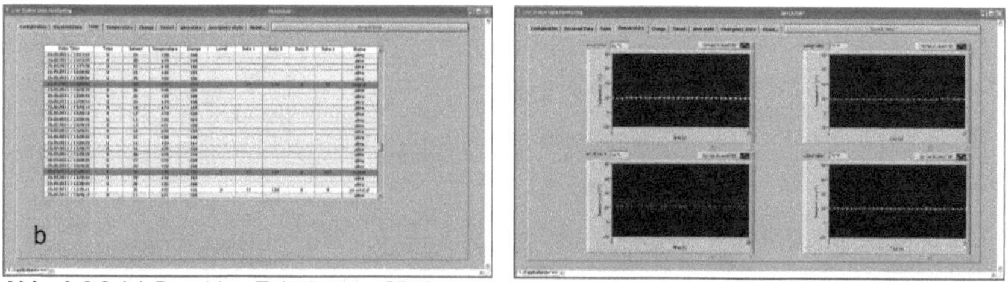

Abb. A.2.2 (a) Der dritte Tab der LiveSDM zur Darstellung einer zeilenweisen farbigen, mehr detaillierten Visualisierung. **(b)** Der vierte Tab der LiveSDM zur grafischen Darstellung des Temperaturwertes.

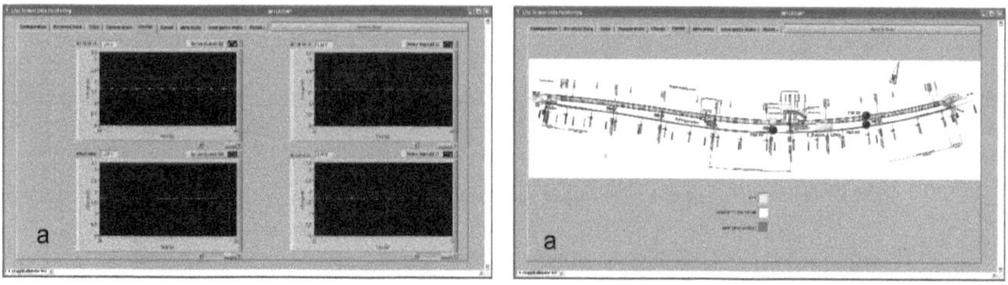

Abb. A.2.3 (a) Der fünfte Tab der LiveSDM zur grafischen Darstellung der Ladezustände. **(b)** Der sechste Tab der LiveSDM zur Echtzeit-Visualisierung der Datenübertragung mittels GPRSs im Hugenwaldtunnel.

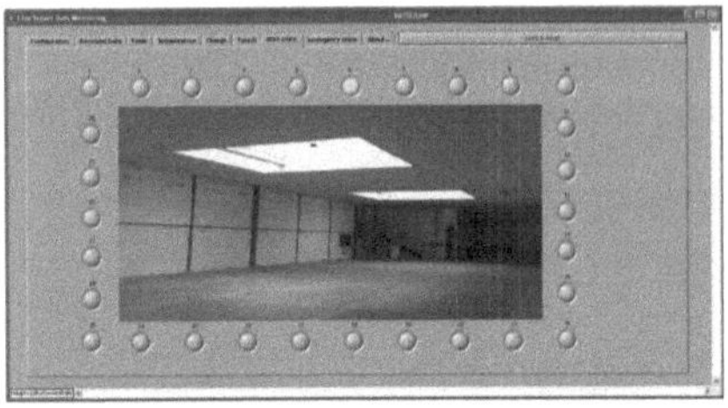

Abb. A.2.4 Der siebte Tab der LiveSDM zur visuellen Darstellung des Datenflusses durch die farbigen Buttons (grün, gelb, rot, grau).

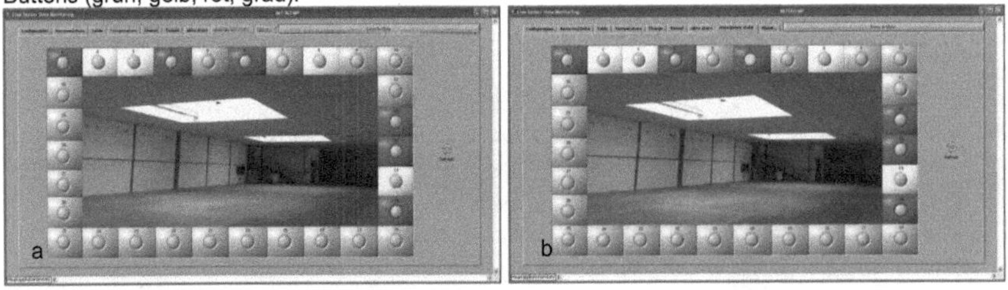

Abb. A.2.5 (a) Der achte Tab der LiveSDM zur langzeitigen Visualisierung des „emergency"-Zustande. **(b)** der achte Tab der LiveSDM zur langzeitigen Visualisierung des „emergency"-Zustandes: Funksensorknote mit Nummer 6 sendet ein Lebenszeichen nach dem „emergency"-Zustand.

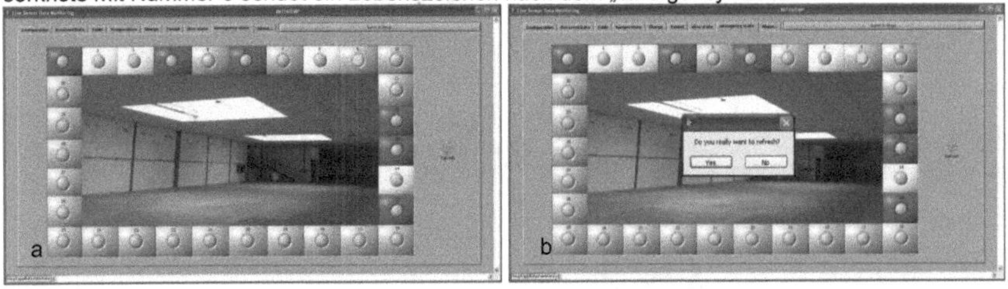

Abb. A.2.6 (a) Der achte Tab der LiveSDM zur langzeitigen Visualisierung des „emergency"-Zustandes: Funksensorknote mit der Nummer 9, der nach einem Ereignis nicht getrigger wurde, sendet ein Lebenszeichen. **(b)** Der achte Tab der LiveSDM zur langzeitigen Visualisierung des „emergency"-Zustandes: Möglichkeit zur Aktualisierung des „emergency"-Zustandes.

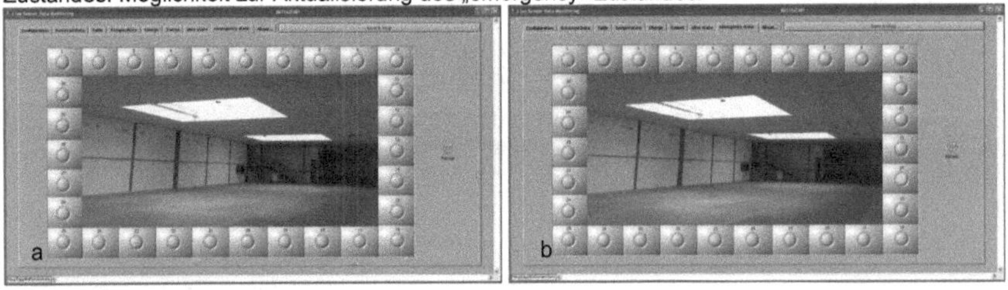

Abb. A.2.7 (a) Der achte Tab der LiveSDM zur langzeitigen Visualisierung des „emergency"-Zustandes: Der gelöschte (aktualisierte) Visualisierung des „emergency"-Zustandes. **(b)** Der achte Tab der LiveSDM zur langzeitigen Visualisierung des „emergency"-Zustandes: Gleiche Visualisierung des Datenflusses wie den siebten Tab-„alivestate". Funksensorknote mit der Nummer 14, der nach einem Ereignis getrigger und seine Farbe gelöscht wurde, sendet ein Lebenszeichen.

A.2.2 Weitere Funktions- und Stresstest der Funksensorknoten

A.2.2.1 In Freifeldumgebung

Die Funktionsfähigkeit der Funksensorknoten bei einer Explosion wurde erstmals bei einer Übungssprengung des THW in Vogtsburg im Kaiserstuhl geprüft. Hierzu wurde die entwickelte Testplattform zusammen mit dem Ultraschallsensor und einer Antenne in ein Alugehäuse integriert. Zwei solcher Funksensorknoten wurden auf dem Boden in einer Entfernung von 1 m von der Explosionsstelle befestigt (s. Abb. (A.2.8)). Es wurden zwei Sprengungen durchgeführt: einmal mit 100 g Eurodyn 2000 Plastiksprengstoff (mit 5 Löchern je 20 g Sprengstoff mit Detonationsgeschwindigkeit zwischen 5000–6200 m/s und mit Explosionswärme ca. 4800 kJ/kg) und einmal mit 160 g PETN-Sprengschnur (mit 20 Löchern je 8 g Sprengstoff mit Detonationsgeschwindigkeit ca. 8500 m/s und Explosionswärme ca. 6000 kJ/kg). In beiden Fällen wurden die Funksensorknoten gettriggert und ein Emergency-Paket über einen Router zum Endrouter weitergeleitet (s. Abb. (A.2.9)). Das Datenmonitoring des Ereignisses aus Abbildung (A.2.8) ist in Abbildung (A.2.10) mit dem GUI-Tools „LiveSDM“ dargestellt.

Abb. A.2.8 Zwei Funksensorknoten in einer Entfernung von 1 m von der Sprengstelle. Die Sprengstelle wurde zur Dämpfung mit Gummimatten und Heu überdeckt. Danach wurde die Sprengung durchgeführt: **(a)** Anordnung der Funksensorknoten an der Sprengstelle, **(b)** der gelb markierte Sprengungsbereich für Sprengstoff Eurodyn 2000, **(c)** der grün markierte Sprengungsbereich für Sprengstoff PETN, **(d)** die Überdeckung der Sprengstelle mit Gummimatten und Heu, **(e)** die Sprengung.

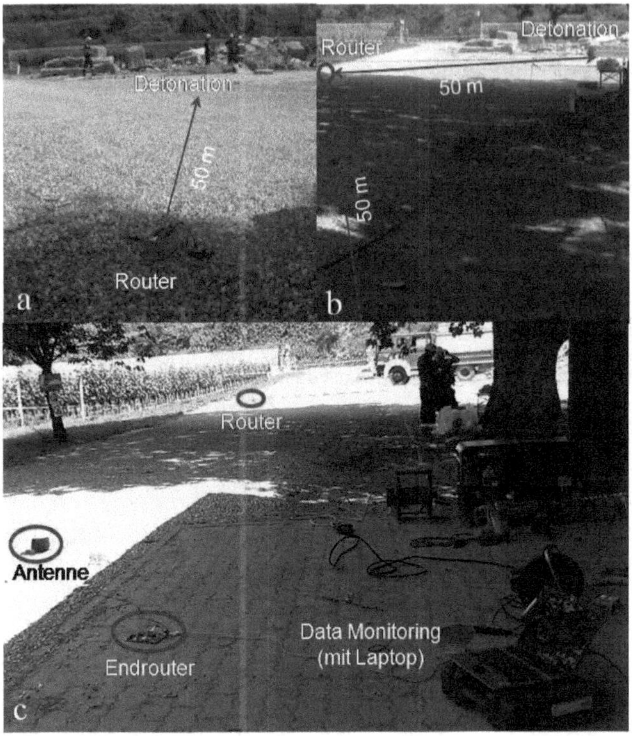

Abb. A.2.9 Zwischen den Funksensorknoten und dem Endrouter wurde ein Router zur Weiterleitung der Datenpakete zwischengeschaltet: **(a)** die Entfernung des Routers zur Detonation, **(b)** die Entfernung des Routers und der Detonation zum Endrouter, **(c)** der Endrouter mit Antenne und Laptop zur Visualisierung der Dateien.

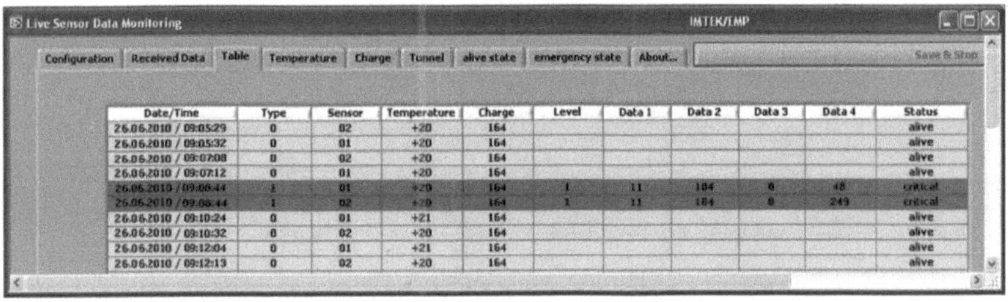

Date/Time	Type	Sensor	Temperature	Charge	Level	Data 1	Data 2	Data 3	Data 4	Status
26.06.2010 / 09:05:29	0	02	+20	164						alive
26.06.2010 / 09:05:32	0	01	+20	164						alive
26.06.2010 / 09:07:08	0	02	+20	164						alive
26.06.2010 / 09:07:12	0	01	+20	164						alive
26.06.2010 / 09:08:44	1	01	+20	164	1	11	104	0	48	critical
26.06.2010 / 09:08:44	1	02	+20	164	1	11	184	0	249	critical
26.06.2010 / 09:10:24	0	01	+21	164						alive
26.06.2010 / 09:10:32	0	02	+20	164						alive
26.06.2010 / 09:12:04	0	01	+21	164						alive
26.06.2010 / 09:12:13	0	02	+20	164						alive

Abb. A.2.10 Data Monitoring des Ereignisses aus der Abbildung (A.2.8) mit der GUI-Tools „LiveSDM". Hier ist die Reihenfolge der Funksensorknoten nach ihren Nummern und die farbige Darstellung der Empfangenen Daten, d. h. „kritisch" mit rot und die normale Meldung „Lebenszeichen-alive" grün, zu sehen.

Die Spuren der Detonationen konnten klar auf den Funksensorknoten festgestellt werden. Die Verbrennung, die wegen der großen Hitze entstand und der Druck waren die Hauptgründe der Spuren. Der Elektronikteil des Funksensorknotens wurde in einem Metallengehäuse, das wasserdicht ist, festgeschraubt. Auf dem Übungsgelände wurden diese Gehäuse auf Betonboden festgeschraubt, damit der Elektronikteil die durch die Detonation entstehende Hitze und den Druck überstehen konnte. Die Piezo- und Ultraschalsensoren waren ca. 20 cm von den Gehäusen entfernt. Sie wurden mit Dübeln am Betonboden mithilfe von Metallscheiben und Steinen festgeschraubt. Obwohl die Funksensorknoten ziemlich nah (60 und 80 cm) an der Detonation waren, waren sie nach der Detonation noch funktionstüchtig (s. Abb. (A.2.11)).

Abb. A.2.11 Die Spuren der Sprengungen: **(a)** der Zustand der Funksensorknoten nach einer Sprengung, **(b)** die gesprengte Stelle, **(c)** der Zustand der Piezo- und US-Sensor nach der Sprengungen.

A.2.2.2 Großversuch

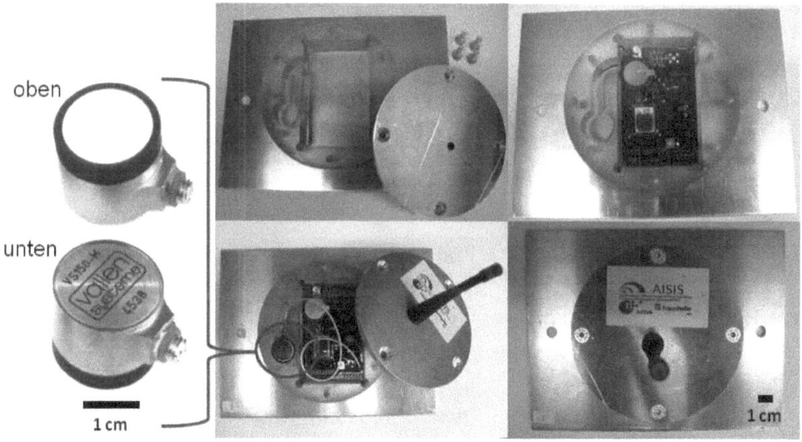

Abb. A.2.12 Die Testplattform wurde zusammen mit dem Ultraschallsensor (Maße DxH, 20,3x14,3 mm) und Antenne (85 mm Länge) in ein für den Großversuch entworfenes Gehäuse (Maße DxH, 30x115 mm) vergossen.

Abb. A.2.13 Anbringung der Funksensorknoten und des Sprengstoffs im Gebäude, Test der Funksensorknoten.

Abb. A.2.14 Sprengung und anschließende Einsatzübung der Rettungskräfte, einige Bilder aus der Badischen Zeitung [Bad25-1].

Abb. A.2.15 Nach der Sprengung geborgene Funksensorknoten. Zentrale Sensordatenauswertung und Brandmeldeanlage.

A.2.2.3 Sprengung zum Bau des Querschlages im Hugenwald-Verkehrstunnel

Abb. A.2.16 Sprengung zum Bauen eines Querschlages zwischen den Rettungsstollen und Verkehrstunnel (Hugenwald) im Stadt Emmendingen, einige Bilder aus der Badischen Zeitung [Bad25-2].

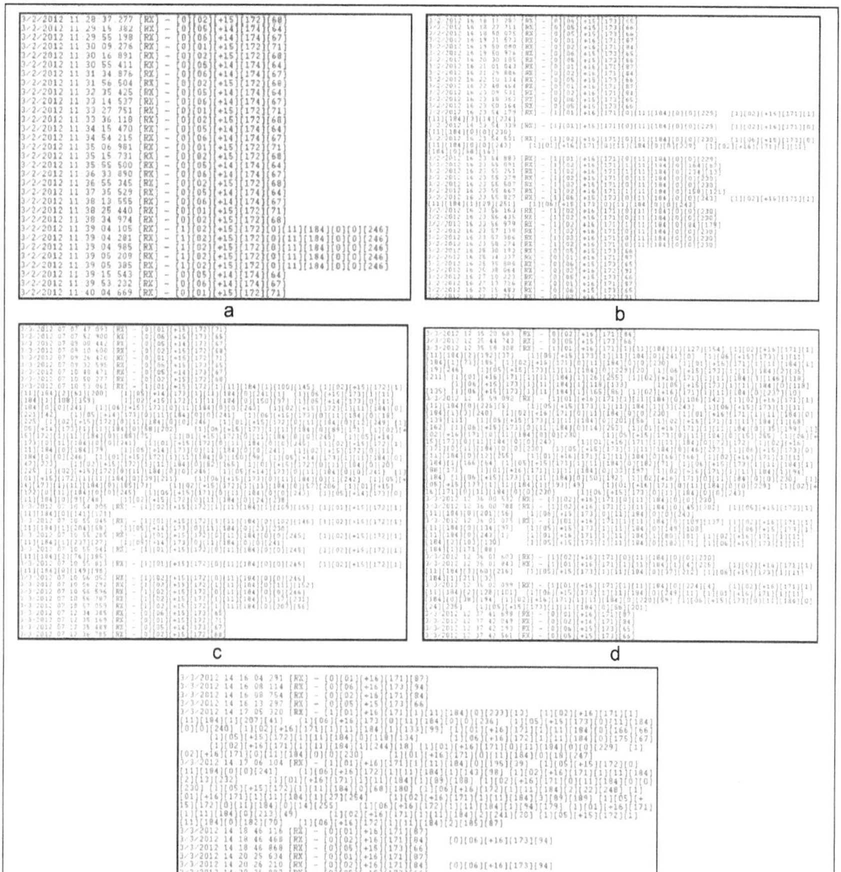

Abb. A.2.17 Frame Format-Nutzdateien (s. Abb. (2.8)) der Funksensorknoten FSK1 (Nr. 1), FKS2 (Nr. 2), FKS3 (Nr. 5) und FKS4 (Nr. 6) (s. Abb.(4.20)) zu den Messungen mit den Nummern (s. Tab. (4.3)) **(a)** 4., **(b)** 5., **(c)** 6., **(d)** 7. und **(e)** 8. Die Weiterleitung der Dateien an den Endpoint-Router und Lagedarstellung sind in Abbildungen (2.31–2.32) beschrieben.

A.3 Ergänzende Informationen zum Kapitel 3 und Kapitel 4.3

A.3.1 Abbildungen und Ergänzung zum Stand der Technik

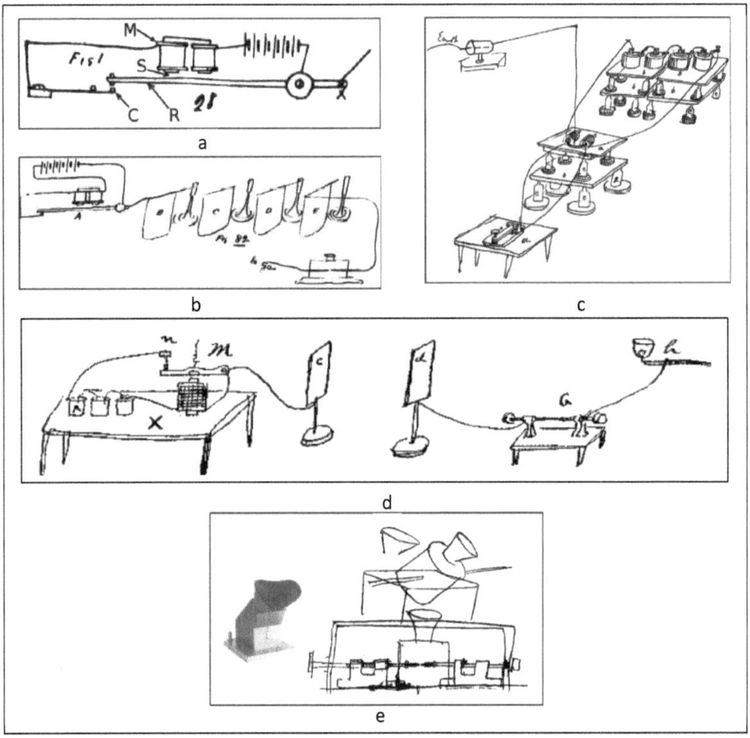

Abb. A.3.1 Skizzen von Edison zum Thema "Ätherkraft" aus seinem Labornotizbuch für den Zeitraum November 1875–Juli 1876. **(a)** Edison's erste Zeichnung mit Notizen[10] zum Thema „Ätherkraft“ vom 22. November 1875 [205] (s. S. 646) und die Beschreibung der Skizze mit den Buchstaben aus [200]. Hier wird bei geschlossenem Stromkreis der Kontakt C durch die Magnetisierung des Eisenstabes R an die Stelle M gezogen, wodurch der Kontakt C geöffnet und der Stromkreis unterbrochen wird. Dadurch erfolgt an der Stelle M eine Entmagnetisierung, die wiederum die Rückkehr des Eisenstabes R zur Stelle C und damit wieder einen geschlossenen Stromkreis verursacht. Dieser Vorgang wiederholt sich, bis die an den Versuchsaufbau angeschlossene Batterie entladen ist. **(b)** Aufbauerweiterung von (a) vom 26. Dezember 1875 (siehe unten die Übersetzung der Notizen[11] für die Erklärung und Ergebnisse des Aufbaues). **(c)** Versuchsaufbau, eingetragen im Laborbuch am 24. Juli 1876, nach der Veröffentlichung Huston-Thomson Duo [213], um deren Angaben zu überprüfen [206] (s. S. 70). **(d)** Nach Edisons Laborbucheintrag[12] vom 14. Januar 1876 gelang ihm die drahtlose Energieübertragung mit Hilfe der Metallplatten c und d, die eine Fläche von einem Quadratfuß (ca. 0,09 m^2) hatten und bis zu 3 Fuß (ca. 91 cm) voneinander entfernt waren [205] (s. S. 732, 733 und für einen ähnlichen Versuchsaufbau [206], S. 259, 260). **(e)** Das "Etheroskop" zur Anschauung von Ätherkraftfunken [205] (s. S. 658). Übernommen aus [200, 205] (a), [205, 206] (b, d), [206, 213] (c) und [205] (e).

[10] *(Forsetung der Fußnote auf der nächsten Seite)*

[11] *(Forsetung der Fußnote auf der nächsten Seite)*

[12] *(Forsetung der Fußnote auf der nächsten Seite)*

[10] *„(Laborbucheintrag) Ätherkraft Eine neue Kraft:*

Beim Experimentieren mit einem Schwingungsmagneten, der aus einer Stange Stubb's Stahls besteht, die an einem Ende befestigt ist und mittels eines Magneten zum Schwingen gebracht wird, bemerkten wir einen Funken, der von den Kernen des Magneten ausging. Dies haben wir schon oft bei Relais, bei Stockdruckern, wenn sich ein wenig Eisenfeilspäne zwischen dem Anker und dem Kern befanden, und noch öfter bei unserem neuen elektrischen Stift bemerkt, und wir sind immer zu dem Schluss gekommen, dass es durch starke Induktion verursacht wurde. Aber als wir es bei diesem Schwingungsgeber bemerkten, schien es so stark zu sein, dass es uns zwangsläufig auffiel, dass es etwas mehr als Induktion sein könnte. Wir fanden nun heraus, dass der Funke auftrat, wenn wir irgendein metallisches Teil des Schwingungsgebers oder des Magneten berührten. Je größer der Eisenkörper war, der mit dem Schwingungsgeber in Berührung kam, desto größer war der Funke.

Wir schlossen nun einen Draht an X, das Ende des Schwingungsgebers, an und stellten fest, dass wir einen Funken erzeugen konnten, wenn wir ein Stück Eisen berührten, und eines der merkwürdigsten Phänomene war, dass, wenn man den Draht um sich selbst drehte und die Spitze des Drahtes einen anderen Teil berührte, ein Funke entstand. Indem wir X an die Gasleitung anschlossen, zogen wir Funken aus den Gasleitungen in jedem Teil des Raumes, indem wir einen Eisendraht über die Messingdüse des Hahns zogen. Das ist einfach wunderbar und ein guter Beweis dafür, dass die Ursache des Funkens eine echte unbekannte Kraft ist. Von T. A. Edison“

[11] *„Laborbucheintrag: Ätherische Kraft*

Ein Experiment, das heute Abend versucht wurde, ergibt ein merkwürdiges Resultat.

A ist ein Schwingungserzeuger, B, C, D, E sind Blätter aus Zinnfolie, die an isolierenden Stützen aufgehängt sind; die Blätter sind ungefähr 12 x 8 (Inch ^{2}) groß, B und C sind 26 Inch voneinander entfernt, C und D sind 48 Inch (voneinander entfernt) und D und E sind 26 Inch (voneinander entfernt). B ist mit dem Schwingungserzeuger verbunden, E mit einem Punkt in der Kiste und der andere Punkt (der Kiste) mit der Erde (verbunden). Wir haben Funken empfangen, obwohl sie durch diesen Abstand isoliert sind.“ Von Edisons Mitarbeiter Charles Batchelor, [205] (s. S.701, 702). Zum ähnlichen Versuchsaufbau siehe auch [206] (S. 259, 260) vom 14. Februar 1877. Die Angaben in Klammern () wurden vom Verfasser dieser Arbeit ergänzt.

[12] *„A ist die Bunsen-Batterie (6 Zellen), M ist ein gewöhnliches Telegraphen-Echolot, dessen hintere Spitze n isoliert ist und dessen Drähte so verbunden sind, dass es seinen eigenen Stromkreis wie der Unterbrecher einer Induktionsspule schließt und unterbricht. Das Ganze steht auf einem isolierten Tisch X mit Hartgummibeinen, die etwa 6 Zoll hoch sind. c und d sind Metallstücke mit einer Fläche von einem Quadratfuß, die an Glasstäben befestigt sind. G sind zwei voneinander isolierte Schrauben mit Bleistiftspitzen an den Enden, so dass sie sich fast berühren. h ist die Gasleitung. Durch vorsichtiges Verstellen der Spitzen können Funken erzeugt werden, wenn c und d bis zu 3 Fuß voneinander entfernt sind.“*

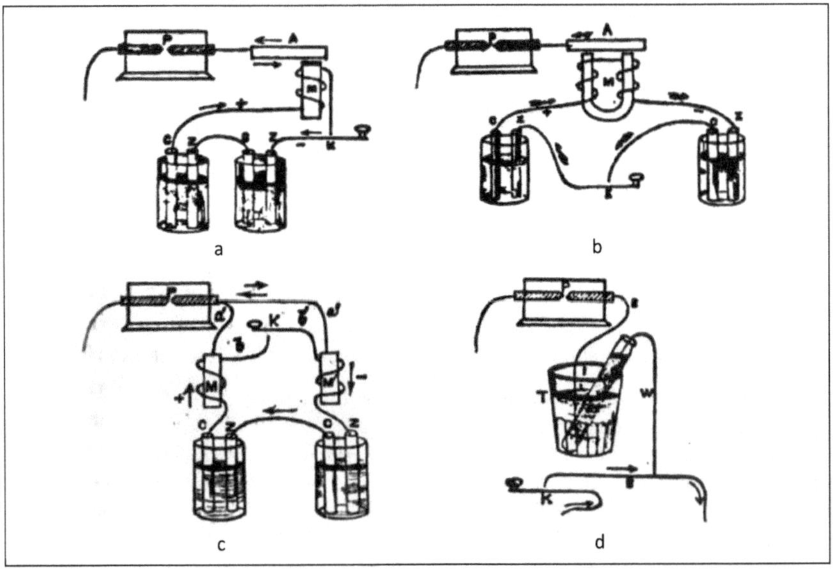

Abb. A.3.2 Skizzen aus der Veröffentlichung vom April 1876 [213] des Duos Thomson-Huston zur Widerlegung der These der „Ätherkraft" von Edison. Hier wird mit den vier Messaufbauten **(a–d)** gezeigt, dass die behauptete „Ätherkraft" nichts anderes als ein „elektrisches Phänomen" sein soll. Diese Veröffentlichung ist die Antwort auf Edinsons Reaktion [205] (s. S. 762 und 763), mit der er deren vorherige Veröffentlichung[13] im Januar 1876 [203] kritisierte und eine weitere Veröffentlichung mit Versuchsskizze verlangte, um deren Aussagen überprüfen zu können. Übernommen aus [213].

[13] *Hintergrundinformationen aus der Sicht von Elihu Thomson zu deren Veröffentlichung „Phenomena of Induction" in der Januar-Ausgabe 1876 des Journal of the Franklin Institute [203] aus [186] (s. S. 286):*

"Ich hatte Houston vorgeschlagen, diese Experimente fortzusetzen und definitiv zu zeigen, dass die so genannte 'ätherische' Kraft, die Edison in den Zeitungen angekündigt hatte, lediglich ein elektrisches Phänomen war. Zu dieser Zeit nahm ich mir vor, den Umfang der Experimente zu erweitern, um tatsächlich ein sehr eindeutiges Ergebnis zu erhalten. Dies wurde 1875 wie folgt durchgeführt. Eine 6 Zoll Funken-Ruhmkorff-Spule wurde mit einer Klemme versehen, die über einen etwa 5 Fuß langen Draht mit einem großen Zinngefäß verbunden war, das auf einem Glasgefäß auf dem Vortragstisch stand. Wenn die Spule in Betrieb war, durften Funken über die Anschlüsse der Spule selbst springen, diese Funken waren etwa 1,5 Zoll bis 2 Zoll lang und hatten den Charakter von Kondensatorfunken. Als die Spule in Betrieb war, erkundete ich das gesamte Gebäude über mehrere Stockwerke hinweg und ging dann auf das Dach des Gebäudes zum Observatorium, wo Professor Snyder für die astronomischen Instrumente zuständig war. Es stellte sich heraus, dass winzige Funken von metallischen Gegenständen erzeugt werden konnten, wo immer sie sich befanden, in den Gehäusen oder im Freien, von den Türknöpfen oder von Apparaten, indem man einfach das Licht abschattete und die winzigen Funken mit einem spitzen Bleistift aufspürte, indem man ihn zum Beispiel an den Türknauf hielt. Ich erkannte klar, dass es sich dabei um eine Manifestation elektrischer Wellen handelte, die sich durch den Raum bewegten, und ich verstand auch, dass sich darauf ohne weiteres ein Kommunikationssystem aufbauen ließe."

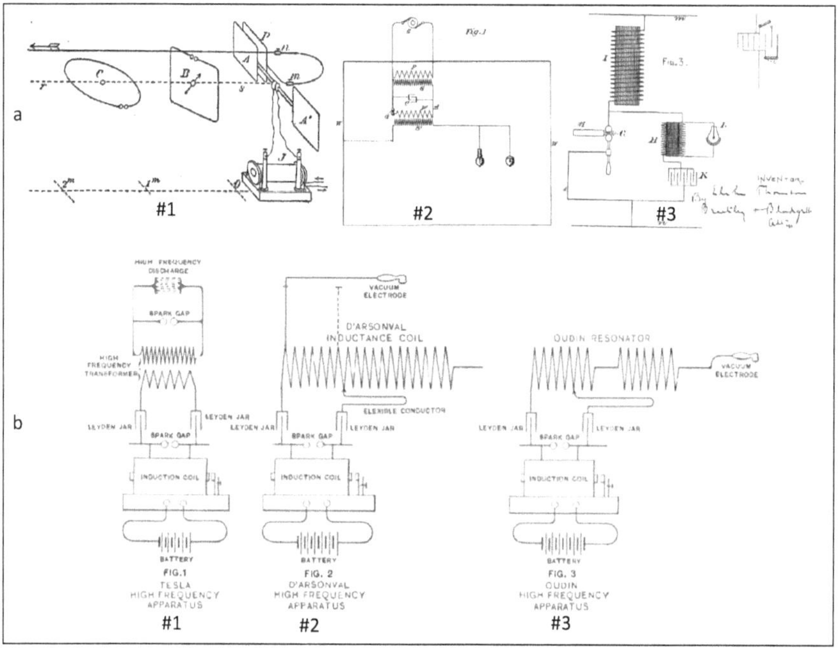

Abb. A.3.3 Anwendung verschiedener Arten von Spule/Resonanztransformator für unterschiedliche Zwecke. **(a)** Hertz's Messanordnung zum Nachweis elektromagnetischer Wellen nach der Maxwellschen Theorie [198] **(#a1)**, Teslas Patente – US Patent No.: US54622A [239] **(#a2)** – und Thomsons Patente – US Patent No.: US500530A [236] **(#a3)** – zur Beleuchtung von Glühlampen durch drahtlose elektrische Energieübertragung. **(b)** Drei verschiedene Spule/Resonanztransformatoren – **(#b1)** Teslas, **(#b2)** D'Arsonvals und **(#b3)** Oudins Spule – für medizinische Anwendungen zur Hochfrequenztherapie [265]. Übernommen aus [198] (#a1), [239] (#a2), [236] (#a3), [265] (b).

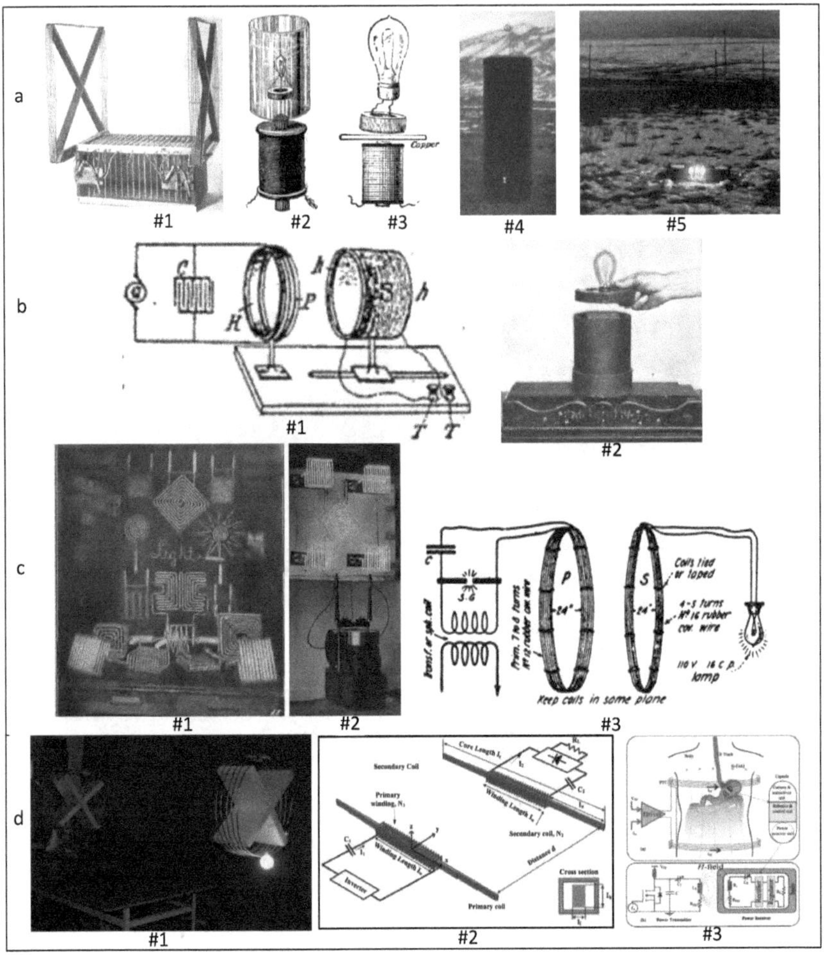

Abb. A.3.4 (a–d) Zeigen einige experimentelle Beispiele für magnetisch resonanzgekoppelte und induktiv gekoppelte drahtlose Energieübertragung von den 1880er Jahren bis in die 2020er Jahre. **(#a1)** Henry A. Rowland's Resonanztransformator im Jahre 1889 [232] (s. S. 41–42) und [237]; Beleuchtung einer Glühbirne im Wasser **(#a2)** im Jahre 1889 [231] und in der Luft **(#a3)** im Jahr 1889 [233] durch Elihu Thomson's Spule nach induktiver Kopplung; **(#a4–#a5)** Beleuchtung von einer und drei Glühbirnen durch Tesla's Spule bzw. Resonanztransformator in seinem Labor in *Colorado Springs* im Jahr 1899 [252], **(#b1)** ein anderer Typ von Teslas Spule/Resonanztransformator für medizinische Anwendungen zur Hochfrequenztherapie – der aber auch zur Beleuchtung einer Glühbirne verwendet werden kann – im Jahr 1898 [248] und **(#b2)** Beleuchtung einer Glühbirne nach induktiver Kopplung im Jahr 1910 [288] (s. S. 228–229). **(#c1–#c2)** Teslas Experimente zur drahtlosen Beleuchtung durch resonante induktive Energieübertragung im Jahr 1919 [257] (s. S. 775). **(#c3)** Teslas experimenteller Nachbau von Harry Winfield Secor zur Beleuchtung einer Glühbirne im Jahr 1921 [264]. **(#d1)** Experiment des MIT-Teams aus dem Jahr 2007 zur resonanten induktiven Energieübertragung [272, 286]. **(#d2)** Induktiv gekoppelte drahtlose Energieübertragung im Jahr 2014 [287] (vgl. s. #a2, #a3, und #b2). **(#d3)** Ein auf Magnetresonanz basierendes drahtloses Energieübertragungssystem für Roboterkapseln zur zukünftigen drahtlosen Kapselendoskopie unter Verwendung einer modifizierten Helmholtz-Spule im Jahr 2017 [294]. Übernommen aus [232, 237] (#a1), [231] (#a2), [233] (#a3), [252] (#a4–#a5), [248] (#b1), [288] (#b2), [257] (#c1–#c2), [264] (#c3), [272, 286] (#d1), [287] (#d2), [295] (#d3).

A.3.2 Grundformeln in Koordinatensystemen

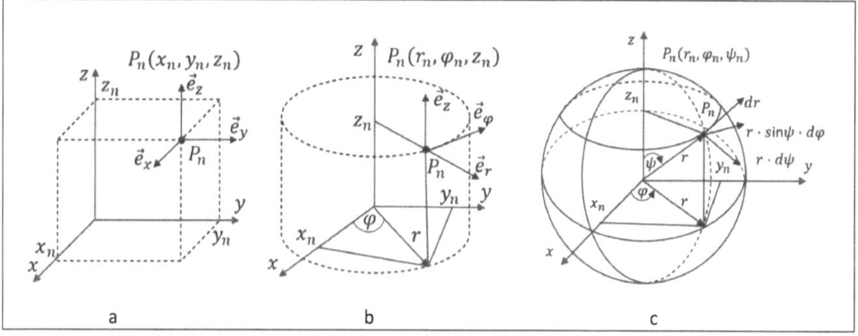

Abb. A.3.5 Grafische Positionierung eines Punktes in die kartesischen, zylindrischen und sphärischen Koordinaten. Hierbei sind **(a)** für kartesische, **(b)** für zylindrische und **(c)** für sphärische Koordinaten. Dabei ist P_n ein beliebiger Punkt im Raum, der je nach dargestelltem Koordinatensystem durch den Radius r, den Azimutwinkel φ und den Zenitwinkel ψ bezeichnet wird.

A.3.2.1 Definitionen der Differentialoperatoren „*grad*" „*div*" und „*rot*" und ihre Beschreibung durch den *Nabla-Operator* (∇)

- **Gradient**

Definition: „*Das Integral einer skalaren Funktion ϕ über die Oberfläche eines Volumenelementes, geteilt durch das Volumen ΔV, ergibt im Grenzübergang $\Delta V \to 0$ den Gradienten von φ*" [354].

Dadurch, dass der Gradient einer skalaren Funktion ϕ wie in Gleichung (A.3.1):

$$grad\,\phi := \nabla\,\phi = \lim_{\Delta V \to 0} \frac{1}{\Delta V} \oint \phi\, d\vec{O} \tag{A.3.1}$$

beschrieben wird. Hierbei ist V für die Volumen und $\vec{O}$ für die Oberfläche. Für eine koordinatenunabhängige Schreibweise des Gradient-Operators wird den Nabla-Operator angewendet.

- **Divergenz**

Definition: „*Das Integral eines Vektorfunktion $\vec{V}$ über die Oberfläche eines Volumenelementes, geteilt durch das Volumen ΔV, ergibt im Grenzübergang $\Delta V \to 0$ den Gradienten von φ*" [354].

Dadurch, dass die Divergenz eines Vektorfunktion $\vec{V}$ wie in Gleichung (A.3.2) beschrieben wird:

$$div\ \vec{V} := \nabla \cdot \vec{V} = \lim_{\Delta V \to 0} \frac{1}{\Delta V} \oint \vec{V}\, d\vec{O} \tag{A.3.2}$$

- **Rotation**

Definition: "*Das Integral der Tangentialkomponenten eines Vektorfeldes* $\vec{V}$ *über die Oberfläche eines Volumenelementes, geteilt durch das Volumen* ΔV*, ergibt im Grenzübergang* $\Delta V \rightarrow 0$ *die Rotation von* $\vec{V}$" [354].

Dadurch wird das Divergenz eines Vektorfunktion $\vec{V}$ wie in Gleichung (A.3.3) beschrieben:

$$rot\ \vec{V} := \nabla \times \vec{V} = \lim_{\Delta V \rightarrow 0} \frac{1}{\Delta V} \oint d\vec{O} \times \vec{V} \qquad \text{(A.3.3)}$$

Die Anwendungen der Differentialoperatoren „*grad*", „*div*" und „*rot*" auf kartesische, Zylinder- und Kugelkoordinaten sind in den Tabellen (Tab. (A.3.1), Tab. (A.3.2) und Tab. (A.3.3)) dargestellt [358].

Tab. A.3.1 Die Anwendungen der Differentialoperatoren „*grad*", „*div*" und „*rot*" auf kartesischen Koordinaten

Kartesischen Koordinaten		
Variablen	x, y, z	
Einheitsvektoren	$\vec{e}_x, \vec{e}_y, \vec{e}_z$	
Rechtssystem	$\vec{e}_x \times \vec{e}_y = \vec{e}_z, \vec{e}_x \times \vec{e}_z = \vec{e}_y, \vec{e}_y \times \vec{e}_z = \vec{e}_x$	(A.3.4)
Zusammenhang mit rechtwinkligen Koordinaten	$r = x \cdot \vec{e}_x + y \cdot \vec{e}_y + z \cdot \vec{e}_z$ $dr = dx \cdot \vec{e}_x + dy \cdot \vec{e}_y + dz \cdot \vec{e}_z$	(A.3.5)
Linienelement	$ds = \sqrt{dx^2 + dy^2 + dz^2}$	(A.3.6)
Volumenelement	$dv = dx \cdot dy \cdot dz$	(A.3.7)
Nabla-Operator	$\nabla := \frac{\partial}{\partial x} \cdot \vec{e}_x + \frac{\partial}{\partial y} \cdot \vec{e}_y + \frac{\partial}{\partial z} \cdot \vec{e}_z$	(A.3.8)
Gradient	$grad\ \phi = \frac{\partial \phi}{\partial x} \cdot \vec{e}_x + \frac{\partial \phi}{\partial y} \cdot \vec{e}_y + \frac{\partial \phi}{\partial z} \cdot \vec{e}_z := \nabla \phi$	(A.3.9)
Divergenz	$div\ \vec{V} = \frac{\partial V_x}{\partial x} + \frac{\partial V_y}{\partial y} + \frac{\partial V_z}{\partial z} := \nabla \cdot \vec{V}$	(A.3.10)
Rotation	$rot\ \vec{V} = \left(\frac{\partial V_z}{\partial y} - \frac{\partial V_y}{\partial z}\right) \cdot \vec{e}_x + \left(\frac{\partial V_x}{\partial z} - \frac{\partial V_z}{\partial x}\right) \cdot \vec{e}_y + \left(\frac{\partial V_y}{\partial x} - \frac{\partial V_x}{\partial y}\right) \cdot \vec{e}_z$	(A.3.11)
Laplace-Operator	$\Delta := \frac{\partial^2}{\partial x^2} + \frac{\partial^2}{\partial y^2} + \frac{\partial^2}{\partial z^2} \Rightarrow \Delta \vec{V} = \nabla^2 \vec{V}$ $\Delta \vec{V} = \Delta V_x \cdot \vec{e}_x + \Delta V_y \cdot \vec{e}_y + \Delta V_z \cdot \vec{e}_z = \left(\frac{\partial^2 V_x}{\partial x^2} + \frac{\partial^2 V_x}{\partial y^2} + \frac{\partial^2 V_x}{\partial z^2}\right) \cdot \vec{e}_x$ $+ \left(\frac{\partial^2 V_y}{\partial x^2} + \frac{\partial^2 V_y}{\partial y^2} + \frac{\partial^2 V_y}{\partial z^2}\right) \cdot \vec{e}_y +$ $+ \left(\frac{\partial^2 V_z}{\partial x^2} + \frac{\partial^2 V_z}{\partial y^2} + \frac{\partial^2 V_z}{\partial z^2}\right) \cdot \vec{e}_z$	(A.3.12)

Tab. A.3.2 Die Anwendungen der Differentialoperatoren „*grad*“, „*div*“ und „*rot*“ auf Zylinderkoordinaten

Zylinderkoordinaten		
Variablen	r, φ, z	
Einheitsvektoren	$\vec{e}_r, \vec{e}_\varphi, \vec{e}_z$	
Rechtssystem	$\vec{e}_r \times \vec{e}_\varphi = \vec{e}_z$	(A.3.13)
Zusammenhang mit rechtwinkligen Koordinaten	$x = r \cdot cos\varphi$, $y = r \cdot sin\varphi$, $z = z$ $r = \sqrt{x^2 + y^2}, \varphi = \arctan(y/x)$ $dr = dydx \cdot cos\varphi + dy \cdot sin\varphi$ $r \cdot d\varphi = dy \cdot cos\varphi - dx \cdot sin\varphi$ $dz = dz$	(A.3.14)
Linienelement	$ds = \sqrt{dr^2 + r^2 \cdot d\varphi^2 + dz^2}$	(A.3.15)
Volumenelement	$dv = r \cdot dr \cdot d\varphi \cdot dz$	(A.3.16)
Nabla-Operator	$\nabla := \frac{\partial}{\partial r} \cdot \vec{e}_r + \frac{1}{r} \cdot \frac{\partial}{\partial \varphi} \cdot \vec{e}_\varphi + \frac{\partial}{\partial z} \cdot \vec{e}_z$	(A.3.17)
Gradient	$grad\ \phi = \frac{\partial \phi}{\partial r} \cdot \vec{e}_r + \frac{\partial \phi}{\partial \varphi} \cdot \vec{e}_\varphi + \frac{\partial \phi}{\partial z} \cdot \vec{e}_z := \nabla\ \phi$	(A.3.18)
Divergenz	$div\ \vec{V} = \frac{1}{r} \cdot \frac{\partial (r \cdot V_r)}{\partial r} + \frac{1}{r} \cdot \frac{\partial V_\varphi}{\partial \varphi} + \frac{\partial V_z}{\partial z} := \nabla \cdot \vec{V}$	(A.3.19)
Rotation	$rot\ \vec{V} = \left(\frac{1}{r} \cdot \frac{\partial V_z}{\partial \varphi} - \frac{\partial V_\omega}{\partial z}\right) \cdot \vec{e}_r + \left(\frac{\partial V_r}{\partial z} - \frac{\partial V_z}{\partial r}\right) \cdot \vec{e}_\varphi + \left(\frac{1}{r} \cdot \frac{\partial (r \cdot V_\varphi)}{\partial r} - \frac{1}{r} \cdot \frac{\partial V_r}{\partial \varphi}\right) \cdot \vec{e}_z$ $:= \nabla \times \vec{V}$	(A.3.20)
Laplace-Operator	$\Delta := \frac{1}{r} \cdot \frac{\partial}{\partial r} (r \cdot \frac{\partial}{\partial r}) + \frac{1}{r^2} \cdot \frac{\partial^2}{\partial \varphi^2} + \frac{\partial^2}{\partial z^2}$ $\Delta \vec{V} = \nabla^2 \vec{V}$ $= \left(\Delta V_r - \frac{2}{r^2} \cdot \frac{\partial V_\varphi}{\partial \varphi} - \frac{V_r}{r^2}\right) \cdot \vec{e}_r + \left(\Delta V_\varphi + \frac{2}{r^2} \cdot \frac{\partial V_r}{\partial \varphi} - \frac{V_\varphi}{r^2}\right) \cdot \vec{e}_\varphi + \Delta V_z \cdot \vec{e}_z$	(A.3.21)

Tab. A.3.3 Die Anwendungen der Differentialoperatoren „*grad*“, „*div*“ und „*rot*“ auf Kugelkoordinaten

Kugelkoordinaten		
Variablen	r, ψ, φ	
Einheitsvektoren	$\vec{e}_r, \vec{e}_\psi, \vec{e}_\varphi$	
Rechtssystem	$\vec{e}_r \times \vec{e}_\psi = \vec{e}_\varphi$	(A.3.22)
Zusammenhang mit rechtwinkligen Koordinaten	$x = r \cdot sin\psi \cdot cos\varphi$, $y = r \cdot sin\psi \cdot sin\varphi$, $z = r \cdot sin\psi$ $r = \sqrt{x^2 + y^2 + z^2}$, $\varphi = \arctan(y/x)$, $\psi = \arctan(\sqrt{x^2 + y^2}/z)$ $dr = dx \cdot sin\psi \cdot cos\varphi + dy \cdot sin\psi \cdot sin\varphi + dz \cdot cos\psi$ $r \cdot sin\psi \cdot d\varphi = dy \cdot cos\varphi - dx \cdot sin\varphi$ $r \cdot d\psi = dx \cdot cos\psi \cdot cos\varphi + dy \cdot cos\psi \cdot sin\varphi - dz \cdot sin\psi$	(A.3.23)
Linienelement	$ds = \sqrt{dr^2 + r^2 \cdot sin^2\psi \cdot d\varphi^2 + r^2 \cdot d\psi^2}$	(A.3.24)
Volumenelement	$dv = r^2 \cdot sin\psi \cdot dr \cdot d\psi \cdot d\varphi$	(A.3.25)
Nabla-Operator	$\nabla := \frac{\partial}{\partial r} \cdot \vec{e}_r + \frac{1}{r} \cdot \frac{\partial}{\partial \psi} \cdot \vec{e}_\psi + \frac{1}{r \cdot sin\psi} \cdot \frac{\partial}{\partial \varphi} \cdot \vec{e}_\varphi$	(A.3.26)
Gradient	$grad\ \phi = \frac{\partial \phi}{\partial r} \cdot \vec{e}_r + \frac{1}{r} \cdot \frac{\partial \phi}{\partial \psi} \cdot \vec{e}_\psi + \frac{1}{r \cdot sin\psi} \cdot \frac{\partial \phi}{\partial \varphi} \cdot \vec{e}_\varphi := \nabla\ \phi$	(A.3.27)
Divergenz	$div\ \vec{V} = \frac{1}{r^2} \cdot \frac{\partial (r^2 \cdot V_r)}{\partial r} + \frac{1}{r \cdot sin\psi} \cdot \frac{\partial (sin\psi \cdot V_\psi)}{\partial \psi} + \frac{1}{r \cdot sin\psi} \cdot \frac{\partial V_\varphi}{\partial \varphi} := \nabla \cdot \vec{V}$	(A.3.28)
Rotation	$rot\ \vec{V} = \frac{1}{r \cdot sin\psi} \cdot \left(\frac{\partial (sin\psi \cdot V_\varphi)}{\partial \psi} - \frac{\partial V_\psi}{\partial \varphi} \right) \cdot \vec{e}_r +$ $\frac{1}{r} \cdot \left(\frac{1}{sin\psi} \cdot \frac{\partial V_r}{\partial \varphi} - \frac{\partial (r \cdot V_\varphi)}{\partial r} \right) \cdot \vec{e}_\psi + \frac{1}{r} \cdot \left(\frac{\partial (r \cdot V_\psi)}{\partial r} - \frac{\partial V_r}{\partial \psi} \right) \cdot \vec{e}_\varphi := \nabla \times \vec{V}$	(A.3.29)
Laplace-Operator	$\Delta := \frac{1}{r^2} \cdot \frac{\partial}{\partial r} \left(r^2 \cdot \frac{\partial}{\partial r} \right) + \frac{1}{r^2 \cdot sin\psi} \cdot \frac{\partial}{\partial \psi} \left(sin\psi \frac{\partial}{\partial \psi} \right) + \frac{1}{r^2 \cdot sin^2\psi} \cdot \frac{\partial^2}{\partial \varphi^2}$ $\Delta \vec{V} = \nabla^2 \vec{V}$ $= \left(\Delta V_r - \frac{2}{r^2} \cdot V_r - \frac{2}{r^2 \cdot sin\psi} \cdot \frac{\partial}{\partial \psi} (sin\psi \cdot V_\psi) - \frac{2}{r^2 \cdot sin\psi} \cdot \frac{\partial V_\varphi}{\partial \varphi} \right) \cdot \vec{e}_r$ $+ \left(\Delta V_\psi - \frac{V_\psi}{r^2 \cdot sin^2\psi} + \frac{2}{r^2} \cdot \frac{\partial V_r}{\partial \psi} - \frac{2 \cdot cot\psi}{r^2 \cdot sin\psi} \cdot \frac{\partial V_\varphi}{\partial \varphi} \right) \cdot \vec{e}_\psi$ $+ \left(\Delta V_\varphi - \frac{V_\varphi}{r^2 \cdot sin^2\psi} + \frac{2}{r^2 \cdot sin\psi} \cdot \frac{\partial V_r}{\partial \varphi} + \frac{2 \cdot cot\psi}{r^2 \cdot sin\psi} \cdot \frac{\partial V_\psi}{\partial \varphi} \right) \cdot \vec{e}_\varphi$	(A.3.30)

A.3.2.2 Die weiteren Ergänzungsgleichungen

(Nach [352])

- *Doppeltes Vektorprodukt*

$$\vec{A} \times (\vec{B} \times \vec{C}) = \vec{B} \cdot (\vec{A} \cdot \vec{C}) - \vec{C} \cdot (\vec{A} \cdot \vec{B}) \tag{A.3.31}$$

- *Zweifache Rotation*

Durch Anwendung der Gleichung (A.3.31) in Gleichung (A.3.32)

$$\begin{aligned} \nabla \times (\nabla \times \vec{A}) &= \nabla(\nabla \cdot \vec{A}) - (\nabla \cdot \nabla) \cdot \vec{A} \\ \nabla \times (\nabla \times \vec{A}) &= \nabla(\nabla \cdot \vec{A}) - \Delta \vec{A} \end{aligned} \tag{A.3.32}$$

- *Anwendung des Δ-Operators auf einen Vektor*
  (s. Gl. (A.3.12))

$$\Delta \vec{A} = \nabla \cdot \nabla \vec{A} = \nabla(\nabla \cdot \vec{A}) - \nabla \times (\nabla \times \vec{A}) \tag{A.3.33}$$

- *Die inhomogene partielle Differentialgleichung zweiter Ordnung für die magnetische Feldstärke $\vec{H}$ und das elektrische Feld $\vec{E}$*

Gemäß den Gleichungen (A.3.31–A.3.33)

$$\nabla \times (\nabla \times \vec{H}) = \nabla \times \left(\vec{J} + \frac{\partial \vec{D}}{\partial t}\right) \Rightarrow \nabla \nabla \cdot \vec{H} - \Delta \vec{H} = \nabla \times \vec{J} + \varepsilon \cdot \nabla \times \frac{\partial \vec{E}}{\partial t} \tag{A.3.34}$$

$$\nabla \nabla \cdot \vec{H} = \frac{1}{\mu} \cdot \nabla \nabla \cdot \vec{B} = 0 \tag{A.3.34a}$$

$$\nabla \times \frac{\partial \vec{E}}{\partial t} = \frac{\partial}{\partial t} \nabla \times \vec{E} = -\frac{\partial^2 \vec{B}}{\partial t^2} = -\mu \cdot \frac{\partial^2 \vec{H}}{\partial t^2} \tag{A.3.34b}$$

$$\Delta \vec{H} - \mu \cdot \frac{\partial^2 \vec{H}}{\partial t^2} = -\nabla \times \vec{J} \Rightarrow \Delta \underline{\vec{H}} + k^2 \cdot \underline{\vec{H}} = -\nabla \times \underline{\vec{J}} \tag{A.3.34c}$$

$$\nabla \times (\nabla \times \vec{E}) = \nabla \times \left(-\frac{\partial \vec{B}}{\partial t}\right) \Rightarrow \nabla \nabla \cdot \vec{E} - \Delta \vec{E} = -\mu \cdot \nabla \times \frac{\partial \vec{B}}{\partial t} \tag{A.3.35}$$

$$\Delta \vec{E} - \mu \cdot \varepsilon \cdot \frac{\partial^2 \vec{E}}{\partial t^2} = \frac{1}{\varepsilon} \cdot \nabla \rho_v + \mu \cdot \frac{\partial \vec{J}}{\partial t} \Rightarrow \Delta \underline{\vec{E}} + k^2 \cdot \underline{\vec{E}} = \frac{1}{\varepsilon} \cdot \nabla \rho_v + j\omega\mu \underline{\vec{J}} \tag{A.3.35a}$$

Literaturverzeichnis

[1] J. P. Lynch and K. J. Loh, „A Summary Review of Wireless Sensors and Sensor Networks for Structural Health Monitoring", SAGE Publications, The Shock and Vibration Digest, Vol. 38, No. 2, pp. 91–128, Mar. 2006, *https://doi.org/10.1177/0583102406061499.*

[2] D. Musiani, K. Lin, T. Simunic Rosing, „ Active Sensing Platform for Wireless Structural Health Monitoring", In ACM Proceedings of the 6th international conference on Information processing in sensor networks (IPSN'07), Apr.25–27, 2007, *https://doi.org/10.1145/1236360.123640.*

[3] S. Kim, S. Pakzad, D. Culler, J. Demmel, G. Fenves, S. Glaser, & M. Turon, „Health Monitoring of Civil Infrastructures Using Wireless Sensor Networks", In ACM Proceedings of the 6th international conference on Information processing in sensor networks (IPSN'07), Apr. 25–27, 2007, *https://doi.org/10.1145/1236360.1236395.*

[4] K. Chintalapudi, T. Fu, J. Paek, N. Kothari, S. Rangwala, J. Caffrey, ... & S. Masri, „Monitoring civil structures with a wireless sensor network", IEEE Internet Computing, 10(2), 26–34, 2006, *https://doi.org/10.1109/MIC.2006.38.*

[5] D.-H. Kim, M. Feng, „Real-Time Structural Health Monitoring Using a Novel Fiber-Optic Accelerometer System", IEEE Sensors Journal, Vol. 7, No. 4, pp. 536–543, Apr. 2007, *https://doi.org/10.1109/JSEN.2007.891988.*

[6] D. Bartonek, M. Vojkuvka, & E. Vavrova, „Information System of Structural Monitoring", International Multidisciplinary Scientific GeoConference: SGEM, Bd. 1, S. 705–712, 2016, *https://www.proquest.com/conference-papers-proceedings/information-system-structural-monitoring/docview/2014384344/se-2.*

[7] I. Masoumi, K. Ahangari, & A. Noorzad, „Integrated fuzzy decision approach for reliability improvement of dam instrumentation and monitoring", Taylor & Francis, Journal of Structural Integrity and Maintenance, Bd. 3, Nr. 2, S. 114–125, 2018, *https://doi.org/10.1080/24705314.2018.1461546.*

[8] M. Müller, „Energieautarke Mikrosysteme am Beispiel von Photovoltaik in Gebäuden", Der Andere Verlag, Osnabrück, Dissertation, ISBN 978-3-86247-065-5, 2010, *[Online: Katalog plus-Universitätsbibliothek Freiburg].*

[9] M. Freunek, „Untersuchung der Thermoelektrik zur Energieversorgung autarker Systeme", Der Andere Verlag, Tönning, Dissertation, ISBN 978-3-86247-059-4, 2010, *[Online: Katalog plus-Universitätsbibliothek Freiburg].*

[10] T. Ungan, „Drahtlose Fernspeisung zur Versorgung energieautarker Mikrosysteme", Der Andere Verlag, Tönning, Dissertation, ISBN 978-3-86247-121-8, 2011, *[Online: Katalog plus-Universitätsbibliothek Freiburg].*

[11] M. Wischke et al., „Vibration Harvesting in TrafficTunnels to Power Wireless Sensor Nodes", IOPscience, Smart Materials and Structures 20, Nr. 8 (1. August 2011): 085014. *https://doi.org/10.1088/0964-1726/20/8/085014.*

[12] M. Wischke, „Vibration energy harvesting in railway tunnels with a wireless sensor node application", Der Andere Verlag,Uevelbüll, Dissertation, ISBN 978-3-86247-327-4, 2012, https://katalog.ub.uni-freiburg.de/link?kid=733776493.

[13] A. Moser, M. Erd, M. Kostic, K. Cobry, M. Kroener, L. M. Reindl und P. Woias, „Thermoelectric Energy Harvesting from Transient Ambient Temperature Gradients", Springer Nature, Journal of Electronic Materials 41, Nr. 6 (1. Juni 2012): 1653–61, *https://doi.org/10.1007/s11664-011-1894-4.*

M. Erd, *Energieautarke eingebettete Funksensorknoten zur Zustandsüberwachung von zivilen Infrastrukturen im Katastrophenfall*, https://doi.org/10.1007/978-3-658-51811-0

[14] A. Moser, „Thermoelectric energy harvesting from small ambient temperature transients", Der Andere Verlag, Uelvesbüll, Dissertation, ISBN 978-3-86247-283-3, 2012, https://katalog.ub.uni-freiburg.de/link?kid=720961211.

[15] M. Erd, M. Kostic, A. Stolz, F. Schaefer, C. Brenneis, T. Ostertag, M. Loschonsky, L. M. Reindl, „Self-synchronized energy efficient event detection with wireless sensor networks" In IEEE 2012 9th International Multi-Conference on Systems, Signals and Devices (SSD), 1–6, *https://doi.org/10.1109/SSD.2012.6198088.*

[16] M. Erd, F. Schaefer, M. Kostic, und L. M. Reindl, „Event monitoring in emergency scenarios using energy efficient wireless sensor nodes for the disaster information management", Elsevier, International Journal of Disaster Risk Reduction, Bd. 16, S. 33–42, Juni 2016, *https://doi.org/10.1016/j.ijdrr.2016.01.001.*

[17] A. Nimo, T. Beckedahl, T. Ostertag, L. Reindl, „Analysis of Passive RF-DC Power Rectification and Harvesting Wireless RF Energy for Micro-watt Sensors", AIMS Energy, vol. 3, no. 2, pp. 184–200, 2015, *https://doi.org/10.3934/energy.2015.2.184.*

[18] T. Volk et al, „RFID Technology for Continuous Monitoring of Physiological Signals in Small Animals", IEEE Trans. Biomed. Eng., vol. 62, no. 2, pp. 618–626, Feb. 2015, *https://doi.org/10.1109/TBME.2014.2361856.*

[19] G. U. Gamm, M. Kostic, M. Sippel, & L. M. Reindl, „Low–power sensor node with addressable wake–up on–demand capability", Inderscience, Int. J. Sens. Netw., Jan. 2012, *https://www.inderscienceonline.com/doi/abs/10.1504/IJSNET.2012.045038.*

[20] J. Kokert, T. Beckedahl, & L. M. Reindl, „Medlay: A Reconfigurable Micro-Power Management to Investigate Self-Powered Systems", MDPI, Sensors, vol. 18, no. 1, Art. no. 1, Jan. 2018, *https://doi.org/10.3390/s18010259.*

[21] J. Oller, I. Demirkol, J. Casademont, J. Paradells, G. U. Gamm, & L. Reindl, „Performance Evaluation and Comparative Analysis of SubCarrier Modulation Wake-up Radio Systems for Energy-Efficient Wireless Sensor Networks" MDPI, Sensors, vol. 14, no. 1, Art. no. 1, Jan. 2014, *https://doi.org/10.3390/s140100022.*

[22] K. Retan, A. Graf, & L. Reindl, „Simulative verification of a novel semi-active broadband energy harvester", Copernicus Publications, J. Sens. Sens. Syst., vol. 3, no. 1, pp. 21–28, Jan. 2014, *https://doi.org/10.5194/jsss-3-21-2014.*

[23] S. H. Moosavi, M. Kroener, M. Frei, F. Frick, S. Kerzenmacher, and P. Woias, „Development of a TEM Compatible Nanowire Characterization Platform With Self-Forming Contacts", IEEE Trans. Semicond. Manuf., vol. 31, no. 1, pp. 22–31, Feb. 2018, *https://doi.org/10.1109/TSM.2018.2793356.*

[24] U. Pelz, J. Jaklin, R. Rostek, F. Thoma, M. Kröner, & P. Woias, „Fabrication Process for Micro Thermoelectric Generators (µTEGs)", J. Electron. Mater., vol. 45, no. 3, pp. 1502–1507, Mar. 2016, *https://doi.org/10.1007/s11664-015-4088-7.*

[25] L. W. Epp et al. „A compact, dual-polarized 8.51 GHz rectenna for high voltage (50 V) actuator applications", IEEE Transactions on Microwave Theory and Techniques, Vol. 48, No. 1, pp. 111–120, Jan. 2000, *https://doi.org/10.1109/22.817479.*

[26] N. Shinohara, H. Matsumoto, „Experimental study of large rectenna array for microwave energy transmission", IEEE Transactions on Microwave Theory and Techniques, Vol. 46, No. 3, pp. 261–267, Mar. 1998, *https://doi.org/10.1109/22.661713.*

[27] E. Falkenstein et al., „Far-Field RF-Powered Variable Duty Cycle Wireless Sensor Platform", IEEE Transactions on Circuits and Systems II, Vol. 58, No. 12, pp. 822–826, Dec. 2011, *https://doi.org/10.1109/TCSII.2011.2173964.*

[28] M. Minhong et al., „RF energy harvesting with multiple antennas in the same space", IEEE Antennas and Propagation Magazine, Vol. 47, No. 5, Oct. 2005, *https://doi.org/10.1109/MAP.2005.1599171.*

[29] K. M. Z. Shams, M. Ali, „Wireless Power Transmission to a Buried Sensor in Concrete", IEEE Sensors Journal, Vol. 7, No. 12, Dec. 2007, *https://doi.org/10.1109/JSEN.2007.908230.*

[30] V. Rajendran et al., „Energy-efficient, collision-free medium access control for wireless sensor networks", ACM Wireless Networks Journal, Vol. 12, No. 1, pp. 63–78, Feb. 2006, *https://doi.org/10.1145/958491.958513.*

[31] X. Wang et al., „Fair energy-efficient resource allocation in wireless sensor networks over fading TDMA channels", IEEE Journal on Selected Areas in Communications, Vol. 28, No. 7, pp. 1063–1072, Sep. 2010, *https://doi.org/10.1109/JSAC.2010.100911.*

[32] Y. Song et al., „Minimum energy scheduling in multi-hop wireless networks with retransmissions", IEEE Transactions on Wireless Communications, Vol. 9, No. 1, pp. 348–355, Jan. 2010, *https://doi.org/10.1109/TWC.2010.01.090638.*

[33] Y.-W. Hong et al., „On the Throughput, Delay, and Energy Efficiency of Distributed Source Coding in Random Access Sensor Networks", IEEE Transactions on Wireless Communications, Vol. 9, No. 6, pp. 1965–1975, June 2010, *https://doi.org/10.1109/TWC.2010.5475341.*

[34] H. Xuyong, L. Pei, „A Discrete Distributed Topology-control Algorithm of Wireless Sensor Network", IEEE Annual International Conference on Mobile and Ubiquitous Systems: Networking & Services, pp. 1–6, July 2006, *https://doi.org/10.1109/MOBIQ.2006.340459.*

[35] Y. Yang et al., „Algorithm and simulation of network setup and topology discovery based on circle-distributed 2-hops WSN", IEEE World Congress on Intelligent Control and Automation 2008 (WCICA), pp. 5428–5431, June 2008, *https://doi.org/10.1109/WCICA.2008.4593814.*

[36] Y. Iino et al., „Dynamic topology optimization for dependable sensor networks", IEEE International Conference on Control Applications 2010 (CCA), pp. 274–279, Sep. 2010, *https://doi.org/10.1109/CCA.2010.5611151.*

[37] N. A. Zafar, H. Afzaal, „Formal model of earthquake disaster mitigation and management system", Springer, Complex Adaptive Systems Modeling, Bd. 5, Nr. 1, S. 1–29, 2017, *https://doi.org/10.1186/s40294-017-0049-8.*

[38] R. Pagliari et al., „A simple and scalable algorithm for alignment in broadcast networks", IEEE Journal on Selected Areas in Communications, Vol. 28, No. 7, pp. 1190–1199, Sep. 2010, *https://doi.org/10.1109/JSAC.2010.100923.*

[39] O. P. Kreidl, A. S. Willsky, „An Efficient Message-Passing Algorithm for Optimizing Decentralized Detection Networks", IEEE Transactions on Automatic Control, Vol. 55, No. 3, pp. 563–578, Mar. 2010, *https://doi.org/10.1109/TAC.2009.2039547.*

[40] G. Valentini et al., „Dynamic multi-objective routing algorithm: a multi-objective routing algorithm for the simple hybrid routing protocol on wireless sensor networks", IET Communications, Vol. 4, No. 14, pp. 1732–1741, Sep. 2010, *https://doi.org/10.1049/iet-com.2009.0805.*

[41] S. Chehrazad, H. S. Aghdasi, N. Shariati, & M. Abolhasan, „Addressing coverage problem in wireless sensor networks based on evolutionary algorithms", IEEE 2017 23rd Asia-Pacific Conference on Communications (APCC), S. 1–5, 2017, *https://doi.org/10.23919/APCC.2017.8304032.*

[42] R. Fedele, M. Merenda, „An IoT System for Social Distancing and Emergency Management in Smart Cities Using Multi-Sensor Data“, MDPI, Algorithms, Bd. 13, Nr. 10, S. 254, 2020, *https://doi.org/10.3390/a13100254.*

[43] H. M. Jawad, R. Nordin, S. K. Gharghan, A. M. Jawad, M. Ismail, & M. J. Abu-AlShaeer, „Power reduction with sleep/wake on redundant data (SWORD) in a wireless sensor network for energy-efficient precision agriculture“, MDPI, Sensors, Bd. 18, Nr. 10, S. 3450, 2018, *https://doi.org/10.3390/s18103450.*

[44] D. Macii et al., „Power consumption reduction in Wireless Sensor Networks through optimal synchronization“, IEEE Instrumentation and Measurement Technology Conference 2009. (I2MTC), pp. 1346–1351, May 2009, *https://doi.org/10.1109/IMTC.2009.5168665.*

[45] B.-K. Kim et al., „Energy-efficient and rapid time synchronization for wireless sensor networks“, IEEE Transactions on Consumer Electronics, Vol. 56, No. 4, pp. 2258–2266, Nov. 2010, *https://doi.org/10.1109/TCE.2010.5681098.*

[46] Q. M. Chaudhari et al., „Energy-Efficient Estimation of Clock Offset for Inactive Nodes in Wireless Sensor Networks“, IEEE Transactions on Information Theory, Vol. 56, No. 1, pp. 582–596, Jan. 2010, *https://doi.org/10.1109/TIT.2009.2034817.*

[47] C. V. Phan et al., „An energy-efficient transmission strategy for wireless sensor networks“, IEEE Transactions on Consumer Electronics, Vol. 56, No. 2, pp. 597–605, May 2010, *https://doi.org/10.1109/TCE.2010.5505976.*

[48] Y. Wu et al., „Energy-Efficient Wake-Up Scheduling for Data Collection and Aggregation“, IEEE Transactions on Parallel and Distributed Systems, Vol. 21, No. 2, pp. 275–287, Feb. 2010, *https://doi.org/10.1109/TPDS.2009.45.*

[49] T. R. Sheltami, E. Shakshuki, „Neighbor-Aware Clusterhead with Different Sleep Scheduling Protocols“, IEEE International Conference on Parallel Processing - Workshops 2008. (ICPP-W), pp. 143–147, Sep. 2008, *https://doi.org/10.1109/ICPP-W.2008.26.*

[50] R. Jurdak et al., „Radio Sleep Mode Optimization in Wireless Sensor Networks“, IEEE Transactions on Mobile Computing, Vol. 9, No. 7, pp. 955–968, July 2010, *https://doi.org/10.1109/TMC.2010.35.*

[51] D. Wang et al., „Energy-Efficient Routing Research for WSN“, IEEE International Conference on Wireless Communications, Networking and Mobile Computing 2007 (WiCom), pp. 2413–2415, Sep. 2007, *https://doi.org/10.1109/WICOM.2007.601.*

[52] J. Qiang et al., „A MAC-Routing Integrated Protocol for Geographic Forwarding in Wireless Sensor Networks“, in IEEE Future Generation Communication and Networking 2007 (FGCN), Vol. 2, pp. 304–290, Dec. 2007, *https://doi.org/10.1109/FGCN.2007.16.*

[53] L. Lin et al., „Energy-aware routing in sensor networks: A large system approach“ Elsevier,Ad Hoc Networks, Vol. 5, No. 6, pp. 818–831, Aug. 2007, *https://doi.org/10.1016/j.adhoc.2007.02.009.*

[54] L. Li, M. Zuo, „A Dynamic Adaptive Routing Protocol for Heterogeneous Wireless Sensor Network“, in IEEE International Conference on Networks Security, Wireless Communications and Trusted Computing 2009 (NSWCTC), Vol. 1, pp. 666–669, Apr. 2009, *https://doi.org/10.1109/NSWCTC.2009.250.*

[55] F. Liu et al., „Joint Routing and Sleep Scheduling for Lifetime Maximization of Wireless Sensor Networks“, IEEE Transactions on Wireless Communications, Vol. 9, No. 7, pp. 2258–2267, July 2010, https://doi.org/10.1109/TWC.2010.07.090629.

[56] C.-Y. Chang et al., „Active Route-Guiding Protocols for Resisting Obstacles in Wireless Sensor Networks“, IEEE Transactions on Vehicular Technology, Vol. 59, No. 9, pp. 4425–4442, Nov. 2010, *https://doi.org/10.1109/TVT.2010.2068065.*

[57] U. N. Okorafor, D. Kundur, „Security-aware routing and localization for a directional mission critical network“, IEEE Journal on Selected Areas in Communications, Vol. 28, No. 5, pp. 664–676, June 2010, *https://doi.org/10.1109/JSAC.2010.100605.*

[58] S. Tarannum et al., „Routing Protocol for Lifetime Maximization of Wireless Sensor Networks“, in IEEE International Conference on Advanced Computing and Communications 2006 (ADCOM), pp. 401–406, Dec. 2006, *https://doi.org/10.1109/ADCOM.2006.4289925.*

[59] J. Kim et al.; „Minimizing Delay and Maximizing Lifetime for Wireless Sensor Networks With Anycast“, IEEE/ACM Transactions on Networking, Vol. 18, No. 2, pp. 515–528, Apr. 2010, https://doi.org/10.1109/TNET.2009.2032294.

[60] S. Kumar et al., „Maximizing the Lifetime of a Barrier of Wireless Sensors“, IEEE Transactions on Mobile Computing, Vol. 9, No. 8, pp. 1161–1172, Aug. 2010, *https://doi.org/10.1109/TMC.2010.78.*

[61] L. Nian-qiang, Li Ping, „A Range-Free Localization Scheme in Wireless Sensor Networks“, IEEE International Symposium on Knowledge Acquisition and Modeling Workshop 2008 (KAM Workshop), pp. 525–528, Dec. 2008, *https://doi.org/10.1109/KAMW.2008.4810540.*

[62] A. Gasparri, F. Pascucci, „An Interlaced Extended Information Filter for Self-Localization in Sensor Networks“, IEEE Transactions on Mobile Computing, Vol. 9, No. 10, pp. 1491–1504, Oct. 2010, *https://doi.org/10.1109/TMC.2010.122.*

[63] Y. Chen et al., „Detecting and Localizing Identity-Based Attacks in Wireless and Sensor Networks“, IEEE Transactions on Vehicular Technology, Vol. 59, No. 5, pp. 2418–2434, June 2010, *https://doi.org/10.1109/TVT.2010.2044904.*

[64] M. I. Aal-Nouman. A new location-based service architecture with efficient transmission method using control channels. PhD Thesis, University of Salford, 2018, *[Online-Openview-ProQuest].*

[65] C. W. Callaghan, „Disaster management, crowdsourced R&D and probabilistic innovation theory: Toward real time disaster response capability“, Elsevier, International journal of disaster risk reduction, Bd. 17, S. 238–250, 2016, *https://doi.org/10.1016/j.ijdrr.2016.05.004.*

[66] D. Dardari et al., „Mathematical Evaluation of Environmental Monitoring Estimation Error through Energy-Efficient Wireless Sensor Networks“, IEEE Transactions on Mobile Computing, Vol. 6, No. 7, pp. 790–802, July 2007, *https://doi.org/10.1109/TMC.2007.1041.*

[67] P. W. Rundel et al. „Environmental sensor networks in ecological research“, Wiley, New Phytologist, Vol. 182, No. 3, pp. 589–607, May 2009, *https://doi.org/10.1111/j.1469-8137.2009.02811.x.*

[68] C. Gomez, J. Paradells, „Wireless home automation networks: A survey of architectures and technologies“. IEEE Communications Magazine, Vol. 48, No. 6, pp. 92–101, Jun 2010, *https://doi.org/10.1109/MCOM.2010.5473869.*

[69] H.-B. Lee et al., „Interactive remote control of legacy home appliances through a virtually wired sensor network“, IEEE Transactions on Consumer Electronics, Vol. 56, No. 4, pp. 2241–2248, Nov. 2010, *https://doi.org/10.1109/TCE.2010.5681096.*

[70] X. Cao et al., „Building-Environment Control With Wireless Sensor and Actuator Networks: Centralized Versus Distributed“, IEEE Transactions on Industrial Electronics, Vol. 57, No. 11, pp. 3596–3605, Nov. 2010, *https://doi.org/10.1109/TIE.2009.2029585.*

[71] D.-M. Han, J. H. Lim, „Smart home energy management system using IEEE 802.15.4 and zigbee“, IEEE Transactions on Consumer Electronics, Vol. 56, No. 3, pp. 1403–1410, Aug. 2010, *https://doi.org/10.1109/TCE.2010.5606276.*

[72] C. M. Gevaert, T. Buunk, M. J. Van Den Homberg, „Auditing geospatial datasets for biases: using global building datasets for disaster risk management“, *IEEE Journal of Selected Topics in Applied Earth Observations and Remote Sensing*, 2024, *https://doi.org/10.1109/JSTARS.2024.3422503.*

[73] I. González, A. J. Calderón, J. Figueiredo, & J. Sousa, „A literature survey on open platform communications (OPC) applied to advanced industrial environments“, MDPI, Electronics, Bd. 8, Nr. 5, S. 510, 2019, *https://doi.org/10.3390/electronics8050510.*

[74] I. Stoianov et al., „PIPENET: A wireless sensor network for pipeline monitoring“, in ACM International Symposium on Information Processing in Sensor Networks 2007 (IPSN), pp. 264–273, Apr. 2007, *https://doi.org/10.1145/1236360.1236396.*

[75] X. Niu et al., „The Design and Evaluation of a Wireless Sensor Network for Mine Safety Monitoring“, IEEE Global Telecommunications Conference 2007 (GLOBECOM), pp. 1291–1295, Nov. 2007, *https://doi.org/10.1109/GLOCOM.2007.248.*

[76] H. Jiang et al., „A Reliable and High-Bandwidth Multihop Wireless Sensor Network for Mine Tunnel Monitoring“, IEEE Sensors Journal, Vol. 9, No. 11, pp. 1511–1517, Nov. 2009, *https://doi.org/10.1109/JSEN.2009.2022878.*

[77] M. Li, Y. Liu, „Underground coal mine monitoring with wireless sensor networks“, ACM Transactions on Sensor Networks, Vol. 5, No. 2, pp. 10:1–10:29, Apr. 2009, *https://doi.org/10.1145/1498915.1498916.*

[78] Z. Sun, I. F. Akyildiz, „Channel modeling and analysis for wireless networks in underground mines and road tunnels“, IEEE Transactions on Communications, Vol. 58, No. 6, pp. 1758–1768, June 2010, *https://doi.org/10.1109/TCOMM.2010.06.080353.*

[79] P. Misra et al., „Safety assurance and rescue communication systems in high-stress environments: A mining case study“ IEEE Communications Magazine, Vol. 48, No. 4, pp. 66–73, Apr. 2010, *https://doi.org/10.1109/MCOM.2010.5439078.*

[80] H. Jiang et al., „Nonuniform clustering routing protocol for tunnel wireless sensor network in underground mine“, in IEEE International Conference on Wireless Communications & Signal Processing 2009 (WCSP), pp. 1–5, Nov. 2009, *https://doi.org/10.1109/WCSP.2009.5371677.*

[81] Z. Wang, H. Li, & R. Tang, „Network analysis of coal mine hazards based on text mining and link prediction“, World Scientific, International Journal of Modern Physics C, Bd. 30, Nr. 07, S. 1940009, 2019, *https://doi.org/10.1142/S0129183119400096.*

[82] A. Hada, R. Tsuchiya, „A metaheuristic algorithm for wireless sensor network design in railway structures“,in IEEE International Conference on Intelligent Sensors, Sensor Networks and Information Processing 2009 (ISSNIP), pp. 231–236, Dec. 2009, *https://doi.org/10.1109/ISSNIP.2009.5416819.*

[83] F. Flammini et al., „Towards Wireless Sensor Networks for railway infrastructure monitoring“, IEEE Electrical Systems for Aircraft, Railway and Ship Propulsion 2010 (ESARS), pp. 1–6, Oct. 2010, *https://doi.org/10.1109/ESARS.2010.5665249.*

[84] F. Stajano et al., „Smart bridges, smart tunnels: Transforming wireless sensor networks from research prototypes into robust engineering infrastructure“, Elsevier, Ad Hoc Networks, Vol. 8, No. 8, pp. 872–888, Nov. 2010, *https://doi.org/10.1016/j.adhoc.2010.04.002.*

[85] G. M. Shafiullah et al., „Survey of Wireless Communications Applications in the Railway Industry“, in IEEE International Conference on Wireless Broadband and Ultra Wideband Communications 2007 (AusWireless 2007), pp. 65, Aug. 2007, *https://doi.org/10.1109/AUSWIRELESS.2007.74.*

[86] T. Fujiwara, T. Watanabe, „An ad hoc networking scheme in hybrid networks for emergency communications“, Elsevier, Ad Hoc Networks, Vol. 3, No. 5, pp. 607–620, Sep. 2005, *https://doi.org/10.1016/j.adhoc.2004.08.007.*

[87] P. Costa et al., „The RUNES Middleware for Networked Embedded Systems and its Application in a Disaster Management Scenario“, Fifth Annual IEEE International Conference on Pervasive Computing and Communications 2007 (PerCom), pp. 69–78, Mar. 2007, *https://doi.org/10.1109/PERCOM.2007.36.*

[88] S. M. George et al., „DistressNet: A wireless ad hoc and sensor network architecture for situation management in disaster response“, IEEE Communications Magazine, Vol. 48, No. 3, pp. 128–136, Mar. 2010, *https://doi.org/10.1109/MCOM.2010.5434384.*

[89] P. Morreale et al., „Real-Time Environmental Monitoring and Notification for Public Safety“, IEEE Multimedia, Vol. 17, No. 2, pp. 4–11, June 2010, *https://doi.org/10.1109/MMUL.2010.37.*

[90] Y. Bai et al., „Emergency communication system by heterogeneous wireless networking“, in IEEE International Conference on Wireless Communications, Networking and Information Security 2010 (WCNIS), pp. 488–492, June 2010, *https://doi.org/10.1109/WCINS.2010.5541719.*

[91] R. Liscano et al., „Mobile wireless RSA overlay network as critical infrastructure for national security“, Proceedings of the 2005 IEEE International Workshop on Measurement Systems for Homeland Security, Contraband Detection and Personal Safety Workshop (IMS), pp. 96– 102, Mar. 2005, *https://doi.org/10.1109/MSHS.2005.1502565.*

[92] S. Öztaş, G. Akkaya, „Analysis of Permanent Housing Built after Disaster: Van (Turkey)“, Tehnički vjesnik, Bd. 26, Nr. 4, S. 935–940, 2019, *https://doi.org/10.17559/TV-20171024152727.*

[93] D. Shrestha, T. Wenan, A. Khadka, & S. R. Jeong, „Digital Tourism Security System for Nepal“, KSII Transactions on Internet and Information Systems (TIIS), Bd. 14, Nr. 11, S. 4331–4354, 2020, *https://doi.org/10.3837/tiis.2020.11.005.*

[94] A. Khan, S. Gupta, & S. K. Gupta, „Multi-hazard disaster studies: Monitoring, detection, recovery, and management, based on emerging technologies and optimal techniques“, Elsevier, International journal of disaster risk reduction, S. 101642, 2020, *https://doi.org/10.1016/j.ijdrr.2020.101642.*

[95] H. Afzaal, N. A. Zafar, „Towards formalism of earthquake detection and disaster reduction using WSANs“, in IEEE 2016 International Conference on Frontiers of Information Technology (FIT), 2016, S. 147–152, *https://doi.org/10.1109/FIT.2016.035.*

[96] A. C. van den Berg, J. Weerheijm, „Blast phenomena in urban tunnel systems“, Elsevier, Journal of Loss Prevention in the Process Industries, Vol. 19, No. 6, pp. 598–603, Nov. 2006, *https://doi.org/10.1016/j.jlp.2006.03.001.*

[97] M. W. Gui, M. C. Chien, „Blast-resistant Analysis for a Tunnel Passing Beneath Taipei Shongsan Airport – a Parametric Study“, Springer Nature, Geotechnical and Geological

Engineering, Vol. 24, pp. 227–248, Apr. 2006, *https://doi.org/10.1007/s10706-004-5723-x.*

[98] M. Ramulu et al., „Damage assessment of basaltic rock mass due to repeated blasting in a railway tunnelling project – A case study“, Elsevier, Tunnelling and Underground Space Technology, Vol. 24, No. 2, pp. 208–221, Mar. 2009, *https://doi.org/10.1016/j.tust.2008.08.002.*

[99] J.-H. Shin et al., „Effect of blast-induced vibration on existing tunnels in soft rocks“, Elsevier, Tunnelling and Underground Space Technology, Vol. 26, No. 1, pp. 51–61, Jan. 2011, *https://doi.org/10.1016/j.tust.2010.05.004.*

[100] Q. M. Li, H. Meng, „Pressure-Impulse Diagram for Blast Loads Based on Dimensional Analysis and Single-Degree-of-Freedom Model“, American Society of Civil Engineers (ASCE) Library, Journal of Engineering Mechanics, Vol. 128, No. 1, pp. 87, Jan. 2002, *https://doi.org/10.1061/(ASCE)0733-9399(2002)128:1(87).*

[101] Z. Chen et al., „Damping Ditch Effect Analysis of Blasting Vibration Based on Wavelet Transform“, in IEEE International Conference on Information Science and Engineering 2009 (ICISE), pp. 524–527, Dec. 2009, *https://doi.org/10.1109/ICISE.2009.442.*

[102] M. Heddebaut, „Leaky Waveguide for Train-to-Wayside Communication-Based Train Control“, IEEE Transactions on Vehicular Technology, Vol. 58, No. 3, pp. 1068–1076, Mar. 2009, *https://doi.org/10.1109/TVT.2008.928635.*

[103] J. Guo, X. Liu, „Research on the Influence of Tunnel Wall on Radiation Field Caused by the Leaky Antenna“, in IEEE 2009 WRI International Conference on Communications and Mobile Computing (CMC), Vol. 1, pp. 9–13, Jan. 2009, *https://doi.org/10.1109/CMC.2009.72.*

[104] M. Lienard, P. Degauque, „Natural wave propagation in mine environments“, IEEE Transactions on Antennas and Propagation, Vol. 48, No. 9, pp. 1326–1339, Sep. 2000, *https://doi.org/10.1109/8.898765.*

[105] J.-M. Molina-Garcia-Pardo et al., „Propagation in tunnels: experimental investigations and channel modeling in a wide frequency band for MIMO applications“, Springer, EURASIP Journal on Wireless Communication and Networking, Vol. 2009, pp. 7:1–7:9, Jan. 2009, *https://doi.org/10.1155/2009/560571.*

[106] C. Briso-Rodriguez et al., „Measurements and Modeling of Distributed Antenna Systems in Railway Tunnels“, IEEE Transactions on Vehicular Technology, Vol. 56, No. 5, pp. 2870–2879, Sep. 2007, *https://doi.org/10.1109/TVT.2007.900500.*

[107] T.-S. Wang, C.-F. Yang, „Simulations and Measurements of Wave Propagations in Curved Road Tunnels for Signals From GSM Base Stations“, IEEE Transactions on Antennas and Propagation, Vol. 54, No. 9, pp. 2577–2584, Sep. 2006, *https://doi.org/10.1109/TAP.2006.880674.*

[108] P. Mariage et al., „Theoretical and experimental approach of the propagation of high frequency waves in road tunnels“, IEEE Transactions on Antennas and Propagation, Vol. 42, No. 1, pp. 75–81, Jan. 1994, *https://doi.org/10.1109/8.272304.*

[109] Y. P. Zhang, Y. Hwang, „Theory of the radio-wave propagation in railway tunnels“, IEEE Transactions on Vehicular Technology, Vol. 47, No. 3, pp. 1027–1036, Aug. 1998, *https://doi.org/10.1109/25.704857.*

[110] G. Laures, M. Szymik, „Grundkurs Topologie“, Sprigner Spektrum Akademischer Verlag, ISBN 978-3-8274-2040-4, 2009, *https://doi.org/10.1007/978-3-662-67828-2.*

[111] K. H. Mayer, „Algebraische Topologie“, Birkhäuser Verlag Basel, 1989, ISBN 3-7643-2229-2, *[Online: Google Books].*

[112] R. Stöcker, H. Zieschang, „Algebraische Topologie“, Teubner Verlag, ISBN 3-519-02226-5, 1988, *[Online: Google Books].*

[113] E. Ossa, „Topologie- Eine anschauliche Einführung in die geometrischen und algebraischen Grundlagen-„, 2. Auflage, 2009, ISBN 978-3-8348-0874-5, 2009, *[Online: Google Books].*

[114] K. Jänich, „Topologie“, 8. Auflage, Springer Verlag, ISBN-10 3-540-21393-7, 2006, *[Online: Google Books].*

[115] G. Taylor, "The Formation of a Blast Wave by a Very Intense Explosion. I: Theoretical Discussion", Proceedings of the Royal Society of London. Series A, Mathematical and Physical Sciences, Vol. 201, No. 1065. (Mar. 22, 1950), 159-174, 1950, *https://doi.org/10.1098/rspa.1950.0049.*

[116] G. Taylor, "The Formation of a Blast Wave by a Very Intense Explosion. II: The Atomic Explosion of 1945", Proceedings of the Royal Society of London. Series A, Mathematical and Physical Sciences, Vol. 201, No. 1065. (Mar. 22, 1950), 175-186, 1950, *https://doi.org/10.1098/rspa.1950.0050.*

[117] M. Larcher, "Simulation of the Effects of an Air Blast Wave", European Commission Joint Research Centre – Institute for the Protection and Security of the Citizen, Scientific and Technical Research series, 2007, 86 – ISSN 1018-5593, 2007, *[Online: Researchgate-Artikel].*

[118] G. F. Kinney, K. J. Graham, "Explosive Shocks in Air", Springer, Berlin, ISBN 978-3-642-86684-5, 1985, *[Online: SpringerLink, Google Books].*

[119] Y. S. Tai, T. L. Ch, H. T. Hu, & J. Y. Wu, "Dynamic response of a reinforced concrete slab subjected to air blast load", Elsevier, Theoretical and Applied Fracture Mechanics 56 (2011), 140–147, 2011, *https://doi.org/10.1016/j.tafmec.2011.11.002.*

[120] M. Larcher, "Pressure-Time Functions for the Description of Air Blast Waves", European Commission Joint Research Centre – Institute for the Protection and Security of the Citizen, 2008, 33, JRC 46829, 2008, *[Online: Researchgate-Artikel].*

[121] M. Jackson, A. Shukla, "Performance of sandwich composites subjected to sequential impact and air blast loading", Elsevier, Composites: Part B 42, 155–166, 2011, *https://doi.org/10.1016/j.compositesb.2010.09.005.*

[122] W. E. Baker, "Explosions in the Air", ISBN0292720033 and 97802927200391973, University of Texas Pr., Austin, 1973, *[Online: Google Books].*

[123] W. E. Baker, P. A. Cox, P. S. Westine, J. J. Kulesz, & R. A. Strehlow, "Explosion Hazards and Evaluation", Elsevier, Amsterdam, Paperback-ISBN 9780444566430, eBook ISBN 9780444599889, 1983, *[Online: Google Books].*

[124] C. N. Kingery, B. F. Pannill, "Parametric Analysis of the Regular Reflection of Air Blast", p. 160, Ballistic Research Laboratories (BRL) Report 1249, June 1964, *[Online: Google Books].*

[125] C. N. Kingery, G. Bulmash, A"irblast Parameters from TNT Spherical Air Burstand Hemispherical Surface Burst", p. 51, Defence Technical Information Center, Ballistic Research Laboratory, Aberdeen Proving Ground, Maryland, 1984, *[Online: Google Books].*

[126] T. Krauthammer, A. Altenberg, "Negative phase blast effects on glass panels", Elsevier, International Journal of Impact Engineering, 24 (1), (2000), 1–18, 2000, *https://doi.org/10.1016/S0734-743X(99)00043-3.*

[127] J. Henrych, G. R. Abrahamson, "The Dynamics of Explosion and its Use", The American Society of Mechanical Engineers (ASME), Journal of Applied Mechanics, vol. 47, issue 1, p. 218, 1980, *https://doi.org/10.1115/1.3153619.*

[128] M. Nöldgen, M. A. Stolz, "Ein deterministisches Beurteilungsverfahren zur lokalen und globalen Standsicherheit von Tunnelkonstruktionen bei Explosionsereignissen", Felsbau-Magazin (2010), Nr.5,ISSN: 1866-0134, 298–303, 2010, *[Online: Researchgate-Artikel]*.

[129] W. Riedel, C. Mayrhofer, K. Thoma, & A. Stolz, "Engineering and numerical tools for explosion protection of reinforced concrete", Sage Journals, International journal of protective structures 1 (2010), Nr.1, ISSN: 2041-4196, 85-102, 2010, *https://doi.org/10.1260/2041-4196.1.1.85*.

[130] A. S. Tanenbaum, "Computernetzwerke", Pearson Studium, Addison-Wesley, ISBN 3-8273-7046-9, 2005.

[131] C. Schindelhauer, "Algorithmen für drahtlose Netzwerke", Skript, Lehrstuhl für die Rechnernetze und Telematik, Institut für Informatik, Albert-Ludwigs-Universität Freiburg, 2009.

[132] J. Schiller, "Mobilkommunikation", Pearson Studium, Addison-Wesley, ISBN 3-8273-7060-4, 2005.

[133] C. Schindelhauer, "Mobile Ad Hoc Networks", Skript, Lehrstuhl für die Rechnernetze und Telematik, Institut für Informatik, Albert-Ludwigs-Universität Freiburg, 2007.

[134] W. Ye, J. Heidemann, & D.Estrin, "An energy-efficient MAC protocol for wireless senor networks", in IEEE Proc. INFOCOM 2002, *https://doi.org/10.1109/INFCOM.2002.1019408*.

[135] S. Du, A. K. Saha, & D. B. Johnson, "R-MAC: A Routing-Enhanced Duty-Cycle MAC Protocol for Wireless Sensor Networks", in IEEE Proc. INFOCOM, 2007, *https://doi.org/10.1109/INFCOM.2007.174*.

[136] O. Younis, S. Fahmy, "Distributed Clustering in Ad-hoc Sensor Networks: A Hybrid, Energy-Efficient Approach", in IEEE Proc. INFOCOM 2004, Twenty-third Annual Joint Conference of the IEEE Computer and Communications Societies, March 2004, vol. 1, 2004, *https://doi.org/10.1109/INFCOM.2004.1354534*.

[137] O. Younis, "An Energy-efficient Architecture for Wireless Sensor Networks", VDM Verlag Dr. Müller, PhD Thesis, 2009, *[Online: ProQuesThesis]*.

[138] C. Schindelhauer, "Wirless Sensor Networks", Skript, Lehrstuhl für die Rechnernetze und Telematik, Institut für Informatik, Albert-Ludwigs-Universität Freiburg, 2006

[139] H. Jiang et. al, "A Reliable and High-Bandwidth Multihop Wireless Sensor Network for Mine Tunnel Monitoring", IEEE Sensors Journal, Bd. 9, Nr. 11, S. 1511-1517, Nov. 2009, *https://doi.org/10.1109/JSEN.2009.2022878*.

[140] A. Meissner, Z. Wang, & W. Putz, & J. Grimmer, "MIKoBOS - A Mobile Information and Communication System for Emergency Response", Proc ISCRAM, Bd. 14, S. 10, 2006, *[Online: Iscram.org-Artikell]*.

[141] A. Engelbrecht, M. R. S. Borges, & A. S. Vivacqua, "Digital tabletops for situational awareness in emergency situations", in IEEE Computer Supported Cooperative Work in Design (CSCWD), 2011 15th International Conference on, 2011, S. 669 –676, 2011, *https:/doi.org/10.1109/CSCWD.2011.5960190*.

[142] A. Meissner, R. Eck, "Extending the Fire Dispatch System into the Mobile Domain", in Mobile Response, Bd. 4458, J. Löffler und M. Klann, Hrsg. Springer Berlin/Heidelberg, 2007, S. 143–152, 2007, *https://doi.org/10.1007/978-3-540-75668-2_16*.

[143] J. Geisler, R. Eck, N. Rehfeld, E. Peinsipp-Byma, C. Schütz, & S. Geggus-Fovea, "A New Paradigm for the Interaction with Large Screens", in Human Interface and the Management of Information. Methods, Techniques and Tools in Information Design,

Bd. 4557, M. Smith und G. Salvendy, Hrsg. Springer Berlin/Heidelberg, 2007, S. 278–287, 2007, *https://doi.org/10.1007/978-3-540-73345-4_32.*

[144] A. S. Albahri, Y. L. Khaleel, M. A. Habeeb, R. D. Ismael, Q. A. Hameed, M. Deveci, R. Z. Homod, O. S. Albahri, A. H. Alomoodi, & L. Alzubaidi, "A systematic review of trustworthy artificial intelligence applications in natural disasters", Elsevier, *Computers and Electrical Engineering*, *118*, 109409, 2024, *https://doi.org/10.1016/j.compeleceng.2024.109409.*

[145] D. Li, H. Xu, T. Jiang, H. Ding, & Y. Xiang, "Tunnel water burst disaster management engineering based on artificial intelligence technology–taking Yonglian Tunnel in Jiangxi Province as the object in China", IWA Publishing, *Water Supply*, *23*(8), 3377-3391, 2023, *https://doi.org/10.2166/ws.2023.170.*

[146] K. Y. Kareem, Y- Seong, K. Kim, K., & Y Jung, "A Case Study of Tidal Analysis Using Theory-Based Artificial Intelligence Techniques for Disaster Management in Taehwa River, South Korea", MPDI, Water, 14(14), 2172, 2022, *https://doi.org/10.3390/w14142172.*

[147] T. Gupta, S. Roy, "Applications of Artificial Intelligence in Disaster Management", in ACM *Proceedings of the 2024 10th International Conference on Computing and Artificial Intelligence*, pp. 313–318, 2024, *https://doi.org/10.1145/3669754.3669802.*

[148] A. Akhyar, M. A. Zulkifley, J. Lee, T. Song, J. Han, C. Cho, S. Hyun, Y. Son, & B. W. Hong, "Deep artificial intelligence applications for natural disaster management systems: A methodological review", Elsevier, Ecological Indicators, *163*, 112067, 2024, *https://doi.org/10.1016/j.ecolind.2024.112067.*

[149] A. M. Mustafa, R. Agha, L. Ghazalat, & T. Sha'ban, "Natural disasters detection using explainable deep learning", Elsevier, *Intelligent Systems with Applications*, *23*, 200430, 2024, *https://doi.org/10.1016/j.iswa.2024.200430.*

[150] D. Gunning, D. Aha, "DARPA's explainable artificial intelligence (XAI) program", Association for the Advancement of Artificial Intelligence (AAAI), AI magazine, 44-58, 0738-460240(2), 2019, ISNN: 0738-4602, https://doi.org/10.1609/aimag.v40i2.2850.

[151] L. Longo, M. Brcic, F. Cabitza, J. Choi, R. Confalonieri, J. Del Ser, J., ... & S. Stumpf, "Explainable Artificial Intelligence (XAI) 2.0: A manifesto of open challenges and interdisciplinary research directions", Elsevier, *Information Fusion*, *106*, 102301, 2024, *https://doi.org/10.1016/j.inffus.2024.102301.*

[152] S. S. Matin, B. Pradhan, "Earthquake-Induced Building Damage Mapping using Explainable AI (XAI)", MDPI, Sensors 21, 13 (2021), 4489, 2021, *https://doi.org/10.3390/s21134489.*

[153] R. Jena, B. Pradhan, S. Gite, A. Alamri, & H-J. Park, "A new method to promptly evaluate spatial earthquake probability mapping using an explainable artificial intelligence (XAI) model", Elsevier, Gondwana Res 2022, *https://doi.org/10.1016/j.gr.2022.10.0.*

[154] H. A. H Al-Najjar, B. Pradhan, G. Beydoun, R. Sarkar, H-J. Park, & A. Alamri, "A novel method using explainable artificial intelligence (XAI)-based Shapley Additive Explanations for spatial landslide prediction using Time-Series SAR dataset", Elsevier, Gondwana Res, 2022, *https://doi.org/10.1016/j.gr.2022.08.004.*

[155] R. Cilli R et al., „Explainable artificial intelligence (XAI) detects wildfire occurrence in the Mediterranean countries of Southern Europe", Nature, Scientific Reports, 12(1): 16349, 2022, *https://doi.org/10.1038/s41598-022-20347-9.*

[156] A. Abdollahi, B. Pradhan, "Explainable artificial intelligence (XAI) for interpreting the contributing factors feed into the wildfire susceptibility prediction model",

Elsevier,Science oft he Total Environmet, 879:163004, 2023, *https://doi.org/10.1016/j.scitotenv.2023.163004.*

[157] H. Li, S. Vulova, AD. Rocha, & B. Kleinschmit, "Spatio-temporal feature attribution of European summer wildfires with Explainable Artificial Intelligence (XAI", Elsevier,Science oft he Total Environmet, 170330, 2024, *https://doi.org/10.1016/j.scitotenv.2024.170330.*

[158] F.Y. Dtissibe, A. A. A. Ari, H. Abboubakar, A. N. Njoya, A. Mohamadou, & O. A. Thiare, "A Comparative study of Machine Learning and Deep Learning methods for flood forecasting in the Far-North region, Cameroon", Elsevier, Scientific African, 23:e02053, 2024, *https://doi.org/10.1016/j.sciaf.2023.e02053.*

[159] B. Bhargava, S. Pasari, "Earthquake Prediction using Deep Neural Networks", in IEEE Proc. of the ICACCS, Vol. 1. 476–479, 2022, *https://doi.org/10.1109/ICACCS54159.2022.9785011.*

[160] Y. Natarajan, G. Wadhwa, P. Akshaya Ranganathan, & K. Natarajan, "Earthquake Damage Prediction and Rapid Assess ment of Building Damage using Deep Learning", in IEEE International Conference on Advances in Electronics, Communication, Computing and Intelligent Information Systems (ICAECIS), 540–547, 2023, *https://doi.org/10.1109/ICAECIS58353.2023.10169947.*

[161] A. Rai, "Explainable AI: From black box to glass box", Spriger Nature, *Journal of the Academy of Marketing Science*, *48*, 137-141, 2020, *https://doi.org/10.1007/s11747-019-00710-5.*

[162] V. Hassija, V. Chamola, A. Mahapatra, A. Singal, D. Goel, K. Huang, S. Scardapane, I. Spinelli, & A. Hussain, "Interpreting black-box models: a review on explainable artificial intelligence", Springer Nature, *Cognitive Computation*, *16*(1), 45, 2024, *https://doi.org/10.1007/s12559-023-10179-8.*

[163] H. G. Jodl, D. Kolic, & W. Schlosser, "Plannung, Herstellung und Anwendung von Tübbingen“, Langfassung für den Betontag 2004, *https://www.neuronconsult.eu/publications/articles/docs/48_Kolic_Tubbing.pdf.*

[164] A. Hakenjos, "Bild des Querschnittes des Katzenbergtunnels am Besucherzentrum bei Efringen Kirchen", 2012, *https://www.bahnbilder.de/bild/Deutschland~Bahntechnische+Anlagen+und+Kunstbauten~Tunnel/612767/querschnitt-des-katzenbergtunnels-am-besucherzentrum-bei.html.*

[165] B. Billig et al., „Empfehlungen für den Entwurf, die Herstellung und den Einbau von Tübbingringen" Herausgeber: Deutscher Ausschuss für unterirdisches Bauen e. V. (DAUB), 2013, *https://www.daub-ita.de/fileadmin/documents/daub/gtcrec2/2014-04_DAUB_Empfehlungen_fuer_den_Entwurf_die_Herstellung_und_den_Einbau_von_Tuebbingringen.pdf.*

[166] H. Biesenack, G. George, G. Hofmann, & A. Schmieder, "Energieversorgung elektrischer Bahnen" Teubner Verlag/GWV Fachverlage GmbH, Wiesbaden, 2006, ISBN-10 3-519-06249-6; ISBN-13 978-3-519-06249-3, *[Online: SpringerLink].*

[167] W. Breitling, "Entwicklung der elektrischen Zugförderung weltweit", In Elektrische Bahnen 101 (2003) 6, S. 249-254, 2003, (siehe auch: https://doi.org/10.1007/978-3-642-45227-7)

[168] DIN, EN 50163, "Bahnanwendungen–Speisespannungen von Bahnnetzen", Deutsche Fassung EN 50163. 2004, *https://www.din.de/de/mitwirken/normenausschuesse/dke/veroeffentlichungen/wdc-beuth:din21:79980721.*

[169] J. Pape, S. Körner, & A. Stephan, "Systemskizze der Bahnenergieversorgung (2AC 2X25 kV 16,7 Hz+ 1AC 15 kV 16,7 Hz) für das Pilotprojekt -Elektrifizierung Eifelbahn" Bericht, IFB Institut für Bahntechnik GmbH, TU-Dresden (Fakultät Verkehrswissenschaften „Friedrich List"), Dresden, 2023, *https://www.dbenergie.de/resource/blob/11144244/732aab715f4e2b8ea95ca1302061 1839/Neuer-Inhalt-data.pdf.*

[170] -DIN EN 50122-1 (VDE 0115-3:2017-10), "Bahnanwendungen – Ortsfeste Anlagen – Elektrische Sicherheit, Erdung und Rückleitung", *https://www.vde-verlag.de/normen/0100401/din-en-50122-1-vde-0115-3-2017-10.html,*
-DIN EN 50119 VDE 0115-601, Bahnanwendungen – Ortsfeste Anlagen Oberleitungen für den elektrischen Zugbetrieb, VDE-Artnr.: 0100198, *https://www.vde-verlag.de/normen/0100198/din-en-50119-vde-0115-601-2014-01.html,* [Online-Zugriff: 11. 08. 2024].

[171] P. Scholl, "Erdungshandbuch", Schweizerische Bundesbahnen (SBB), Verband öffentlicher Verkehr, Bern, 2008, *https://netzelektriker-forum.ch/media/kunena/attachments/167/ErdungshandbuchVV.pdf.*

[172] DB ProjektBau GmbH: DB Nezte, Elektrifizierung Ulm-Fridrichshafen-Lindau-Aeschach, Vortrag zur Südbahn im Zuge des Abgeordnetengespräches beim Interessenverband Südbahn. Friedrichshafen, 2014, *https://www.rvbo.de/media/cceb52d1-d4b3-494d-978f-75794a8837b0/9X85CA/RVBO/PDF/07_Projekte/Interessenverband%20S%C3%BCdbahn/2015_12_03_18__Sitzung__IV_Suedbahn_1441.pdf.*

[173] H. Schöberl, A. Grimm, M. Hermann, & M. Rauch, "Vergleich der Bahnerdungskonzepte verschiedener 16,7-Hz-Bahnen", Bahn Praxis E, 1/2007, S. 3-5, 2007, *https://www.uv-bund-bahn.de/fileadmin//Dokumente/Publikationen/BahnPraxis_E/BahnPraxisE-2007_01.pdf.*

[174] O. Bratschi, "Bahntechnik für den Gotthard-Basistunnel", Tunnel 4/2011, *https://www.tunnel-online.info/de/artikel/tunnel_2011-04_Bahntechnik_fuer_den_Gotthard-Basistunnel-1204475.html.*

[175] Stuttgarter Straßenbahnen AG, "Dienstanweisung für das Verhalten im Bereich von Gleisen", DAGleis 07/2008, *https://www.ssb-ag.de/index.php?eID=dumpFile&t=f&f=1653&token=fe61d4abe9b63a5f6de5196dce8fe1208572d442.*

[176] T. Suzuki, T. Hanazawa, & S. Kozono, "Design of a tunnel relay system with a leaky coaxial cable in an 800-MHz band land mobile telephone system", Vehicular Technology, IEEE Transactions on, Bd. 29, Nr. 3, S. 305 – 316, Aug. 1980, *https://doi.org/10.1109/T-VT.1980.23858.*

[177] F. Linlin, Y. Xiaodong, W. Zhuo, & Y. Qian, "Application of leaky coaxial cable in subway mobile communication system", in IEEE Cross Strait Quad-Regional Radio Science and Wireless Technology Conference (CSQRWC), 2011, Bd. 1, S. 119 –122, 2011, *https://doi.org/10.1109/CSQRWC.2011.6036900.*

[178] Z. Wang, L. Feng, X. Yang, & G. Yang, "Analysis on Propagation Characteristics of Highway Communication Using Hybrid FDTD and Ray-Tracing Method", in IEEE Wireless Communications, Networking and Mobile Computing (WICOM), 2011 7th International Conference on, S. 1–4, 2011, *https://doi.org/10.1109/wicom.2011.6040392.*

[179] E. D. Damosso, S. De Padova, "Propagation and radiation of VHF radio signals in motorway tunnels", EEE Transactions on Vehicular Technology, Bd. 25, Nr. 2, S. 39–45, Mai 1976, *https://doi.org/10.1109/T-VT.1976.23615*.

[180] S. Okada, T. Kishimoto, K. Akagawa, Y. Nakahara, K. Mikoshiba, F. Horiguchi, & K. Okamoto, "Leaky coaxial cable for communication in high speed railway transportation", The Institution of Engineering and Rechnology (IET), Radio and Electronic Engineer, Bd. 45, Nr. 5, S. 224 –228, Mai 1975, *https://doi.org/10.1049/ree.1975.0043*.

[181] P. Delogne, L. Deryck, "Underground use of a coaxial cable with leaky sections", IEEE Transactions on Antennas and Propagation, Bd. 28, Nr. 6, S. 875 – 883, Nov. 1980, *https://doi.org/10.1109/TAP.1980.1142426*.

[182] D. B. Seidel, J. R. Wait, "Transmission Modes in a Braided Coaxial Cable and Coupling to a Tunnel Environment", IEEE Transactions on Microwave Theory and Techniques, Bd. 26, Nr. 7, S. 494 – 499, Juli 1978, *https://doi.org/10.1109/TMTT.1978.1129421*.

[183] D. Hill und J. Wait, "Bandwidth of a Leaky Coaxial Cable in a Circular Tunnel", IEEE Transactions on Communications, Bd. 26, Nr. 11, S. 1765 –1771, Nov. 1978, *https://doi.org/10.1109/TCOM.1978.1094027*.

[184] D. Seidel, J. Wait, "Role of controlled mode conversion in leaky feeder mine communication systems", IEEE Transactions on Antennas and Propagation, Bd. 26, Nr. 5, S. 690 – 694, Sep. 1978, *https://doi.org/10.1109/TAP.1978.1141913*.

[185] C. E. Magnusson, "The centennial of the discoveries of Oersted, Arago, and Ampère", Journal of the American Institute of Electrical Engineers (AIEE)/IEEE, 39(12), 1031–1033, 1920, *https://doi.org/10.1109/JoAIEE.1920.6594643*.

[186] K. T. Compton, "Elihu Thomson", Science, Vol. 95, No. 2464, pp. 285–289, March 20, 1942, *https://doi.org/10.1126/science.95.2464.285, nasonline.org*.

[187] J. Al-Khalili, "The birth of the electric machines: a commentary on Faraday (1832)'Experimental researches in electricity", Philosophical Transactions of the Royal Society A: Mathematical, Physical and Engineering Sciences, 373(2039), 20140208, 2015, *http://dx.doi.org/10.1098/rsta.2014.0208, royalsocietypublishing.org*.

[188] S. Selleri, T. S. Bird, "Gian Domenico Romagnosi's Forgotten Experiment on the Magnetic Effect of Currents in 1802", IEEE Antennas and Propagation Magazine, 65(1), 125–129, 2023, *https://doi.org/10.1109/MAP.2022.3223635*.

[189] R. D. A. Martins, "Romagnosi and Volta's pile: Early difficulties in the interpretation of Voltaic electricity", Nuova Voltania: Studies on Volta and his Times, 3, 81-102, 2001, *http://ppp.unipv.it/Collana/Pages/Libri/Saggi/Nuova%20Voltiana3_PDF/cap4/4.pdf*

[190] R. D. A. Martins, "Resistance to the Discovery of Electromagnetism: Ørsted and the Symmetry of the Magnetic Field", Volta and the History of Electricity, 245-266, 2003, *https://www.researchgate.net/publication/275833006*.

[191] N. Kipnis, "Chance in Science: the discovery of Electromagnetism by HC Oersted", Springer, Science & Education, 14(1), 1–28, 2005, *https://link.springer.com/article/10.1007/s11191-004-3286-0*.

[192] J. C. Maxwell, "A dynamical theory of the electromagnetic field", Philosophical transactions of the Royal Society of London, Vol. 155, pp. 459–512, 1864, *[Online: royalsocietypublishing.org]*.

[193] E. Cavicchi, "Nineteenth-century developments in coiled instruments and experiences with electromagnetic induction", Taylor & Francis, Annals of Science, Vol. 63, No. 3, pp. 319–361, 2006, *http://dx.doi.org/10.1080/00033790600741018, mit.edu*.

[194] S. Arapostathis, G. Gooday, "Electrical technoscience and physics in transition, 1880–1920", Elsevier, Studies in History and Philosophy of Science Part A, Vol. 44, No. 2, pp. 202-211, 2013, *https://doi.org/10.1016/j.shpsa.2012.11.002*.

[195] D. J. Cichon, W. Wiesbeck, "The Heinrich Hertz wireless experiments at Karlsruhe in the view of modern communication", in IEEE Proceedings of the 1995 International Conference on 100 Years of Radio, London, UK, 5–7 September 1995; pp. 1–6, *https://doi.org/10.1049/cp:19950782*.

[196] J. Buchwald, C. P Yeang, N. Stemeroff, J. Barton, & Q. Harrington, "What Heinrich Hertz discovered about electric waves in 1887–1888", Springer Nature, Archive for History of Exact Sciences, 75, 125-171, 2021, *https://doi.org/10.1007/s00407-020-00267-8*.

[197] W. Mathis, "Heinrich Hertz", Pioneers in CAS, IEEE Circuits and Systems Magazine, Vol.23, No. 1, 79–78, 2023, *https://doi.org/10.1109/MCAS.2023.3234728*.

[198] H. R. Hertz, "Über die Ausbreitungsgeschwindigkeit der elektrodynamischen Wirkungen", Wiley Online Library, Annalen der Physik, Vol. 270, No. 7, pp. 551–569, May 1888, *https://doi.org/10.1002/andp.18882700708*.

[199] H. R. Hertz, "Untersuchungen über die Ausbreitung der elektrischen Kraft", Leipzig, Johann Ambrosius Barth, 285 Seite, 1892, *[Online: digbib.bibliothek.kit.edu]*.

[200] I. Wills, "Edison and science: a curious result", Elsevier, Studies in History and Philosophy of Science Part A, Vol. 40, No. 2, pp. 157–166, 2009, *https://doi.org/10.1016/j.shpsa.2009.03.006*

[201] W. B. Carlson, "Innovation as a social process: Elihu Thomson and the rise of General Electric", Cambridge University Press, 2003, *[Online: Google Books]*.

[202] E.J. Houston, "On a new connection for the induction coil", Journal of the Franklin Institute, Vol. 91 No. 6, pp. 417–419, July 1871, *[Online: ScienceDirect]*.

[203] E. J. Houston, "Phenomena of induction", Journal of the Franklin Institute, Vol. 101, No. 1, pp. 59–63, January 1876, *[Online: Google Scholar]*.

[204] T. A. Edison, "The Making of an Inventor; February 1847–June 1873" Eds: R. A. Rosenberg, K. A. Nier, P. B. Israel, M. Andrews, The Papers of Thomas A, Vol. 1, Baltimore, Johns Hopkins University Press, 1989, *[Online: Edison-muse.jhu.edu]*.

[205] T. A. Edison, "From workshop to laboratory, June 1873–March 1876", Eds: R. A. Rosenberg, K. A. Nier, P. B. Israel, M. Andrews, The Papers of Thomas A, Vol. 2, Baltimore, Johns Hopkins University Press, 1989, *[Online: Edison-muse.jhu.edu]*.

[206] T. A. Edison, "Menlo Park: The Early Years, April 1876–December 1877", Eds: R. A. Rosenberg, K. A. Nier, P. B. Israel, M. Andrews, The Papers of Thomas A, Vol. 3, Baltimore, Johns Hopkins University Press, 1991, *[Online: Edison-muse.jhu.edu]*.

[207] T. A. Edison, "The Wizard of Menlo Park, 1878", Eds: R. A. Rosenberg, K. A. Nier, P. B. Israel, M. Andrews, The Papers of Thomas A, Vol. 4, Baltimore, Johns Hopkins University Press, 1998, *[Online: Edison-muse.jhu.edu]*.

[208] T. A. Edison, "Research to Development at Menlo Park, January 1879-March 1881", Eds: R. A. Rosenberg, K. A. Nier, P. B. Israel, M. Andrews, The Papers of Thomas A, Vol. 5, Baltimore, Johns Hopkins University Press, 2004, *[Online: Edison-muse.jhu.edu]*.

[209] T. A. Edison, "Electrifying New York and Abroad, April 1881–March 1883", Eds: R. A. Rosenberg, K. A. Nier, P. B. Israel, M. Andrews, The Papers of Thomas A, Vol. 6, Baltimore, Johns Hopkins University Press, 2007, *[Online: Edison-muse.jhu.edu]*.

[210] T. A. Edison, "Losses and Loyalties, April 1883–December 1884", Eds: R. A. Rosenberg, K. A. Nier, P. B. Israel, M. Andrews, The Papers of Thomas A, Vol. 7, Baltimore, Johns Hopkins University Press, 2011, *[Online: Edison-muse.jhu.edu]*.

[211] T. A. Edison, "New Beginnings, January 1885–December 1887", Eds: R. A. Rosenberg, K. A. Nier, P. B. Israel, M. Andrews, The Papers of Thomas A, Vol. 8, Baltimore, Johns Hopkins University Press, 2015, *[Online: Edison-muse.jhu.edu]*.

[212] T. A. Edison, "Competing Interests, January 1888–December 1889", Eds: R. A. Rosenberg, K. A. Nier, P. B. Israel, M. Andrews, The Papers of Thomas A, Vol. 9, Baltimore, Johns Hopkins University Press, 2021, *[Online: Edison-muse.jhu.edu]*.

[213] E. J. Houston, E. Thomson, "Electrical phenomena: The alleged etheric force. Test Experiments as to its Identity with Induced Electricity", Journal of the Franklin Institute, Vol. 101, No. 4, pp. 270–274, April 1876, *https://doi.org/10.1016/0016-0032(76)90298-2*.

[214] V. Gurevich, "Electric relays: principles and applications", Taylor & Francis, CRC Press, pp 666, 2006, ISBN-10: 0-8493-4188-4 (Hardcover), ISBN-13: 978-0-8493-4188-5 (Hardcover), *https://doi.org/10.1201/9781315221168*.

[215] T. K. Sarkar, R. Mailloux, A. A. Oliner, M. Salazar-Palma, D. L. Sengupta, "History of wireless", Wiley & Sons Ltd, 1. Auflage, 688 Seiten, ISBN 978-0-471-71814-7, Februar 2006, *[Online: Google Books]*.

[216] H. R. Hertz, "Über die Grundgleichungen der Elektrodynamik für bewegte Körper", Annalen der Physik, Vol. 41, 1890, *[Online: digbib.bibliothek.kit.edu]*.

[217] A. Einstein, "Zur Elektrodynamik bewegter Körper", adp 17, 891 (1905), Annalen der Physik und Chemie, 517, 194–224, 2005, *[Online: uni-augsburg.de, Wiley Online Library]*.

[218] A. Einstein, "Ist die Trägheit eines Körpers von seinem Energiegehalt abhängig?", Annalen der Physik und Chemie, 17, 1905, *[Online: uni-augsburg.de, Wiley Online Library]*.

[219] F. Maloberti, A. C. Davies (Eds.), "A short history of circuits and systems", Taylor & Francis, River Publishers, 1st Editon 2016, Copyright IEEE, e-Book-ISBN 9781003336938, pp. 344, e-Book Published 2022, *https://doi.org/10.1201/9781003336938*.

[220] A. Bokulich, "Maxwell, Helmholtz, and the unreasonable effectiveness of the method of physical analogy", Elsevier, Studies in History and Philosophy of Science Part A, 50: 28–37, 2015, *https://doi.org/10.1016/j.shpsa.2014.09.012*.

[221] J. C. Maxwell, "Hermann Ludwig Ferdinand Helmholtz", Nature, Vol. 15, No. 384, pp. 389-391, 1877, *[Online: nature.com]*.

[222] J. C. Maxwell, "On Faraday's Lines of Force", Transactions Cambridge Philosophical Society, Vol. 10, No. 1, pp. 27–83, 1856, *[Online: Google Books]*.

[223] M. Faraday, "On a peculiar class of acoustical figures; and on certain forms assumed by groups of particles upon vibrating elastic surfaces", Royal Society Publishing, Philosophical transactions of the Royal Society of London, (121), 299–340, 1831, *[Online: royalsocietypublishing.org]*.

[224] H. Helmholtz, "Über die Erhaltung der Kraft: eine Physikalische Abhandlung, vorgetragen in der Sitzung der physikalischen Gesellschaft zu Berlin am 23.07.1847", Druck und Verlag von G. Reimer, 72 Seiten, Berlin, 1847, *[Online: hu-berlin.de, googleusercontent.com]*.

[225] H. Helmholtz, "Über Integrale der Hydrodynamischen Gleichungen, welche den Wirbelbewegungen entsprechen", Jorunal für die reine und angewandete Mathematik, Bd. 54, S. 25–55, Berlin, 1858, *[Online: digizeitschriften.de]*.

[226] L. Patton, "Signs, toy models, and the a priori: From Helmholtz to Wittgenstein", Elsevier, Studies in History and Philosophy of Science Part A, Vol. 40, No. 3, 281–289, 2009, *https://doi.org/10.1016/j.shpsa.2009.07.004*.

[227] A. M. Bork, "Maxwell and the development of electromagnetic theory", American Institute of Physics (AIP), American Journal of Physics, Vol. 92, No. 7, 498-510, 2024, *https://doi.org/10.1119/5.0183355*.

[228] C. T. Sebens, "Forces on fields", Elsevier, Studies in History and Philosophy of Science Part B: Studies in History and Philosophy of Modern Physics, Vol. 63, pp. 1–11, 2018, *https://doi.org/10.1016/j.shpsb.2017.09.005*.

[229] G. Giuliani, "Electromagnetic induction: physics, historical breakthroughs, epistemological issues and textbooks", arXiv preprint arXiv:2102.11036, 2021, *https://doi.org/10.48550/arXiv.2102.11036*.

[230] J. A. Fleming, "The Principles of Electric Wave Telegraphy and Telephony", 2nd Ed. London, Longmans-Green and Co., pp.581–582, 1910, *[Online: Google Books]*.

[231] J. A. Fleming, "21st Metting: -"Prof. Elihu Thomson's electromagnetic induction experiments", Journal of the Society of Arts; London, Vol. 38, pp. 625–643, May 1889, *[Online: ProQuest]*.

[232] F. F. Strong, "High Frequency Currents", New York, Rebman Co., p. 312, 1908, *[Online: Google Books]*.

[233] E. Thomson, "Phenomena of alternating current Induction", Trans. AIEE, 7, New York, pp. 132–150, April 2, 1890, *https://doi.org/10.1109/T-AIEE.1890.5570254*.

[234] E. Thomson, "Induction of electric currents and Induction coils", Elsevier, Journal of the Franklin Institute, Vol. 132, No. 2, pp. 81–101, August 1891 *https://doi.org/10.1016/0016-0032(91)90111-F*.

[235] E. Thomson, "Induction by high potential discharges", The Electrical World, Vol. 19, January 02–June 25, No. 8, pp116–117, February 20, 1892, *[Online: Google Books]*.

[236] E. Thomson, "Method of and means for producing alternating currents", application field July 18, 1892, Patent dated July 4, 1893, US Patent No.: US500530A, *https://patents.google.com/patent/US500630A/en*

[237] E. Thomson, "Apparatus for obtaining high frequencies and pressures", Electrical World and EngineerVol. 34, No. 16, pp. 576–578, , October 14, 1899, *[Online: Google Books]*.

[238] D. C. Gilman, "Professor Rowland, 1848–1901" AAAS/JSTOR, Science, Vol. 13, No. 334, pp. 801–803, May 24, 1901, *https://doi.org/0.1126/science.13.334.801*.

[239] N. Tesla, "System of electric lighting", application field April 25, 1891, Patent dated June 23, 1891, US Patent No.: US54622A, *https://patents.google.com/patent/US454622A/en*.

[240] N. Tesla, "Tesla's System of Electric Lighting with Currents of High Frequency", the Electrical Engineer, Vol. XII. (July to December), No. 165, pp. 9, July 1, 1891, *[Online: Google Books]*.

[241] N. Tesla, "Experiments with alternate currents of very high frequency and their application to methods of artificial illumination", the Electrical Engineer, Vol. XII., No. 166, pp. 35–48, July 8, 1891, (ein Vortrag, der am 20. Mai 1891 im Columbia College, N.Y., vor dem American Institute of Electrical Engineers gehalten wurde.), *[Online: Google Books]*.

[242] N. Tesla, "Experiments with alternate currents of high potential and high frequency", WJ Johnston Company, Limited, 1892, last Editon 2006, *[Online: Google Books].*

[243] G. W. Pierce, G. Washington, "Principles of Wireless Telegraphy", New York, McGraw-Hill Book Co., pp.93–95, 1910, *[Online: Google Books].*

[244] M. Hutin, M. LeBlanc, "Transformer system for electric railways", application fied November 16, 1892, patent dated October 23, 1894, US Patent No.: US527857A, *https://patents.google.com/patent/US527857A/en.*

[245] R. Shadid, S. Noghanian, & A. Nejadpak, "A literature survey of wireless power transfer", in IEEE May 2016 International Conference on Electro Information Technology (EIT), pp. 0782–0787), 2016, *https://doi.org/10.1109/EIT.2016.7535339.*

[246] X. Mou, Y. Zhang, J. Jiang, & H. Sun, "Achieving low carbon emission for dynamically charging electric vehicles through renewable energy integration", IEEE Access, 7, 118876–118888, 2019, *https://doi.org/10.1109/ACCESS.2019.2936935.*

[247] N. Tesla, "Electric-Railway System", application field January 2, 1892, Patent dated February 20, 1894, US Patent No.: US514972, *https://patents.google.com/patent/US514972.*

[248] N. Tesla, W. H. White, "High frequency oscillators for electro-therapeutic and other purposes", 1898, Proceedings of the IEEE, 87(7), 1282, 1999, *https://doi.org/10.1109/JPROC.1999.771079.*

[249] N. Tesla, "System of transmission of electrical energy", application field September 2, 1897, patent dated March 1900, US Patent No.: US645576, *https://patents.google.com/patent/US645576.*

[250] N. Tesla, "DE-Patent: Vorrichtung zur Fernsteuerung von Wasserfahrzeugen mittels elektrischer Wellen", Nr.: 142842, Klasse 65f, patentiert im Deutschen Reiche vom 8. November 1898 ab, ausgegeben den 1. August 1903, Kaiserliches Patentamt, *[Online: dpma.de].*

[251] N. Tesla, "Apparatus for transmitting electrical energy", application field February 2, 1900, patent dated May 15, 1900, US Patent No.: US649621, *https://patents.google.com/patent/US649621.*

[252] N. Tesla, "The problem of increasing human energy-with special reference to the harnessing of the sun's energy, illustrated by the write's electrical experiment, now first published-", Century Magazine, Vol 60, No. 2 , pp. 175–221, June 1900, *[Online: teslasciencecenter.org].*

[253] N. Tesla, "Apparatus for transmitting electrical energy", application field January 2, 1902, renewed May 4, 1907, patent dated December 1, 1914, US Patent No.: US1119732A, *https://patents.google.com/patent/US1119732.*

[254] E. Thomson, "High Frequency electric Induction", Massachusettes Institute of Technology (MIT), Technology Quarterly and Proceedings of Society of Arts, Vol. 6, No. 1, pp. 50–59, Boston, 1893, *[Online: Google Books].*

[255] N. Tesla, "The Effect of Statics on Wireless Transmission", Electrical Experimenter, Science and Invention, January 1919, Vol. VI, No.: 9, pp. 627, 658, *[Online: Articles Electrical Experimenter.pdf].*

[256] N. Tesla, "Famous Scientific Illusions, pp. 692–94 and 728–34, & "1. My Inventions", pp. 696–97 and 743–47, Vol VI, No. 9, Jan. 1919; "The Tesla Wireless Light" (Front Cover), Electrical Experimenter, Vol. VI, No. 10 ,Feb. 1919, *[Online: Articles Electrical Experimenter.pdf].*

[257] N. Tesla, "Tesla's Egg of Columbus", pp. 774–775, & 808; "2. My Inventions", pp. 776 & 839–843, Electrical Experimenter, Vol. VI, No.: 11, March, 1919 *[Online: Articles Electrical Experimenter.pdf]*.

[258] N. Tesla, "3. My Inventions: The discovery of the Rotating Magnetic Field", pp. 864–65, 905, & 907–909; "The Moon's Rotation", pp. 866 & 892; "Tesla on High Frequency Generator", pp. 909 & 914, Electrical Experimenter, Vol. VI, No. 12, April, 1919, *[Online: Articles Electrical Experimenter.pdf]*.

[259] N. Tesla, "4. My Inventions: The discovery of the Tesla Coil and Transformer" , pp. 16–17, 64–65 & 89; "The True Wireless", pp. 28–30, 61–63 & 87, Electrical Experimenter, Vol. VI, No. 13, Mai 1919 *[Online: Articles Electrical Experimenter.pdf]*.

[260] N. Tesla, "5. My Inventions: The Magnifying Transmitter", pp. 112–13, 148, 173, & 176–178; "The Moon's Rotation", pp. 132–33, 156–57, & 160 ; "Tesla Bubs", pp. 134, 179–180, & 184, Electrical Experimenter, Vol. VI, No. 14, June, 1919, *[Online: Articles Electrical Experimenter.pdf]*.

[261] N. Tesla, "Electrical Oscillators", Electrical Experimenter, , Vol. VI, No.: 15, July 1919, *[Online: Articles Electrical Experimenter.pdf]*.

[262] H. W. Secor, "Currents of Ultra-High Frequency and Potential", Electrical Experimenter, February 1914, Vol. I. No.: 10, pp. 151–52, & 154, *[Online: umn.edu]*.

[263] H. Gernsback, "Nikola Tesla and His Inventions", Electrical Experimenter, Vol. VI, No.: 9, pp. 614–15 & 657, January 1919 *[Online: Articles Electrical Experimenter.pdf]*.

[264] H. W. Secor, "Tesla apparatus and experiments-how to build both large and small Tesla and Oudin coils and how to carry on spectacular experiments with them", Practical Electrics, Nov. 1921, *http://www.tfcbooks.com/articles/witricity.htm*.

[265] A. F. Collins, "An easily made high frequency apparatus", Scientific American (SA) Supplement, Vol. 62, No. 1618, pp. 25929, 1907, https://doi.org/10.1038/scientificamerican01051907-25929asupp.

[266] A. Oberbeck, "Über den Verlauf der elektrischen Schwingungen bei den Tesla'schen Versuchen", Annalen der Physik, Vol. 291 No.8, pp. 623–632,1895, *[Online: zenodo.org]*.

[267] P. Drude, "Über induktive Erregung zweier elektrischer Schwingungskreise mit Anwendung auf Perioden und Dämpfungsmessung, Teslatransformatoren und drahtlose Telegraphie", Annalen der Physik, Vol. 13, No. 3, pp. 512–561, Februar 1904, *[Online: zenodo.org]*.

[268] W. B. Carlson, "Tesla: Inventor of the electrical age", Princeton University Press, 2013, *[Online: GoogleLibri]*.

[269] K. Detka, K Górecki, "Wireless power transfer—A review", MDPI, Energies, 15 (19), 7236, 2022, *https://doi.org/10.3390/en15197236*.

[270] S. A. H. Mohsan, A. Islam, M. A. Khan, A. Mahmood, L. S. Rokia, A. Mazinani, & H. Amjad, "A review on research challenges, limitations and practical solutions for underwater wireless power transfer", SAI, International Journal of Advanced Computer Science and Applications, 11(8), 2020, *https://doi.org/10.14569/IJACSA.2020.0110869*.

[271] A. M. Jawad, R. Nordin, S. K. Gharghan, H. M. Jawad, & M. Ismail, "Opportunities and challenges for near-field wireless power transfer: A review", MDPI, Energies, 10(7), 1022, 2017, *https://doi.org/10.3390/en10071022*.

[272] L. Xie, Y. Shi, Y. T. Hou, & A. Lou, "Wireless power transfer and applications to sensor networks", IEEE Wireless Communications, 20(4), 140–145, 2013, *https://doi.org/10.1109/MWC.2013.6590061.*

[273] U. C. Nnamdi, I. B. Asianuba, "Wireless power transfer: a review of existing technologies", European Journal of Engineering (EJ-ENG) and Technology Research, Vol. 8, Nr. 3, pp.59–66, 2023, *http://dx.doi.org/10.24018/ejeng.2023.8.3.3038.*

[274] J. C. Olivares-Galvan, E. Campero-Littlewood, S. Maximov, S. Magdaleno-Adame, & W. Xu, "Wireless power transfer: Literature survey", in IEEE 2013 International Autumn Meeting on Power Electronics and Computing (ROPEC) (pp. 1–7), November 2013, *https://doi.org/10.1109/ROPEC.2013.6702725.*

[275] J. C. Schuder, Jr. H. E. Stephenson, & J. F. Townsend, "Energy transfer into a closed chest by means of stationary coupling coils and a portable high-power oscillator", ASAIO Journal, Vol. 7, No. 1, pp. 327–331, 1961, *[Online: ASAIO Journal (lww.com)].*

[276] J. C. Schuder, "Powering an artificial heart: birth of the inductively coupled-radio frequency system in 1960", Wiley Onlie Library, Artificial organs, Vol. 26, No. 11, 909–915, 2002, *https://doi.org/10.1046/j.1525-1594.2002.07130.x.*

[277] A. P. Nebrida, "Characterization of resonant coupled inductor in a wireless power transfer system", Springer Open, Journal of Electrical Systems and Information Technology, 11(1), 8, 2024, *https://doi.org/10.1186/s43067-024-00134-4.*

[278] M. J. Karimi, M. Jin, C. Dehollain, & A. Schmid, "A Wireless Power Conversion Chain With Fully On-Chip Automatic Resonance Tuning System for Biomedical Implants", IEEE Open Journal of Circuits and Systems, 2024, *https://doi.org/10.1109/OJCAS.2024.3382355.*

[279] Z. Gao, Y. Zhou, J. Zhang, J. Foroughi, S. Peng, R. H. Baughman, & C. H. Wang, "Advanced Energy Harvesters and Energy Storage for Powering Wearable and Implantable Medical Devices", Willey, Advanced Materials, 2404492, 2024, *https://doi.org/10.1002/adma.202404492.*

[280] M. W. Cardullo, W. L. Parks, "Transponder apparatus and system", application field May 21, 1970, Patent dated January 23, 1973, US Patent No.: US3713148A, *https://patents.google.com/patent/US3713148.*

[281] A. R. Koelle, S. W. Depp, & R. W. Freyman, "Short-range radio-telemetry for electronic identification, using modulated RF backscatter", Proceedings of the IEEE, 63(8), 1260–1261, 1975, *https://doi.org/10.1109/PROC.1975.9928.*

[282] K. Niotaki, N. B. Carvalho, A. Georgiadis, X. Gu, S. Hemour, K. Wu, & N. Shinohara, "RF energy harvesting and wireless power transfer for energy autonomous wireless devices and RFIDs", IEEE Journal of Microwaves, Vol. 3, No. 2, 763–782, 2023, *https://doi.org/10.1109/JMW.2023.3255581.*

[283] Y. Patel, N. Chovatia, & H. Kaur, "Securing Payment Transactions: A Comprehensive Review of Smart Cards and Contactless Payments with Cryptographic Methods", in IEEE 2024 11th International Conference on Computing for Sustainable Global Development (INDIACom) (pp. 785–790), February 2024, *https://doi.org/10.23919/INDIACom61295.2024.10498568.*

[284] W. Wu, T. Liu, L. Gong, Q. Luo, & B. Du, "Mining smart card data to estimate transfer passenger flow in a metro network",Institution of Engineering and Technology (IET), Intelligent Transport Systems, 2024, *https://doi.org/10.1049/itr2.12481.*

[285] A. Ala, A. H. Sadeghi, M. Deveci, & D. Pamucar, "Improving smart deals system to secure human-centric consumer applications: Internet of things and Markov logic network approaches", Springer Nature, Electronic Commerce Research, 24(2), 771–7, 2024, *https://doi.org/10.1007/s10660-023-09787-1.*

[286] A. Kurs, A. Karalis, R. Moffatt, J. D. Joannopoulos, P. Fisher, & M. Soljacic, "Wireless power transfer via strongly coupled magnetic resonances", Science, Vol. 317, No. 5834, pp. 83–86, 2007, *https://doi.org/10.1126/science.1143254.*

[287] C. Park, S. Lee, G. H. Cho, & C. T. Rim, "Innovative 5-m-off-distance inductive power transfer systems with optimally shaped dipole coils", IEEE transactions on power electronics, Vol. 30, No. 2, pp. 817–827, 2014, *https://doi.org/10.1109/TPEL.2014.2310232.*

[288] E. E. Burns, "The story of great inventions", Harper & brothers publishers, New York, Lond, p 248, 1910, *[Online: Google Books].*

[289] G. E. Leyh, M. D. Kennan, "Efficient wireless transmission of power using resonators with coupled electric fields", in IEEE 2008 40th North American Power Symposium (pp. 1–4), September 2008, *https://doi.org/10.1109/NAPS.2008.5307364.*

[290] C. A. Tucker, K. Warwick, & W. Holderbaum, "A contribution to the wireless transmission of power", Elsevier, International Journal of Electrical Power & Energy Systems, Vol. 47, pp. 235–242, 2012, *https://doi.org/10.1016/j.ijepes.2012.10.066.*

[291] S. Y. R. Hui, W. Zhong, & C. K. Lee, "A critical review of recent progress in mid-range wireless power transfer", IEEE transactions on power electronics, 29(9), 4500-4511, 2013, *https://doi.org/10.1109/TPEL.2013.2249670.*

[292] M. Rehman, S. Mirsaeidi, N. M. Nor, M. A. Koondhar, M. A. A. M. Zainuri, Z. M. Alaas, E. Tag-Eldin, N. A. Ghamry, & M. M. R. Ahmed, "A Review of Inductive Power Transfer: Emphasis on Performance Parameters, Compensation Topologies and Coil Design Aspects", IEEE Access, 2023, *https://doi.org/10.1109/ACCESS.2023.3344041.*

[293] S. A. A. Shah, H. Yoo, "Radiative near-field wireless power transfer to scalp-implantable biotelemetric device", IEEE Transactions on Microwave Theory and Techniques, 68(7), 2944–2953, 2020, *https://doi.org/10.1109/TMTT.2020.2985356.*

[294] M. R. Basar, M. Y. Ahmad, J. Cho, & F. Ibrahim, "Stable and high-efficiency wireless power transfer system for robotic capsule using a modified Helmholtz coil", IEEE Transactions on Industrial Electronics, Vol. 64, No. 2, pp.1113–1122, 2017, *https://doi.org/10.1109/TIE.2016.2614268.*

[295] S. Song, D. Wang, M. Li, S. Cao, F. Zheng, K. Huang, K., ... & M. Zhao, "Low-Power On-Chip Energy Harvesting: From Interface Circuits Perspective", IEEE Open Journal of Circuits and Systems, 2024, *https://doi.org/10.1109/OJCAS.2024.3423484.*

[296] S. Y. Hui, "Planar wireless charging technology for portable electronic products and Qi", Proceedings of the IEEE, Vol. 101, No. 6, 1290–1301, 2013, *https://doi.org/10.1109/JPROC.2013.2246531.*

[297] J. Rahulkumar, R. Narayanamoorthi, P. Vishnuram, C. Balaji, T. Gono, T. Dockal, & P. Krejci, "A review on resonant inductive coupling pad design for wireless electric vehicle charging application", Elsevier, Energy Reports, Vol. 10, pp. 2047–2079, 2023, *https://doi.org/10.1016/j.egyr.2023.08.067.*

[298] N. A. Koondhar, M. Rehman, A. S. Saand, & M. A. Koondhar, "A Study of fundamental compensation topologies, performance parameters and designing a compensation for IPT for wireless charging applications", Journal of Applied and Emerging Sciences, Vol. 12, No. 2, pp. 77-85, 2022, *[Online: JAES by BUITEMS].*

[299] B. Alam, N. Islam, I. Subhan, & M. Sarfraz, "Analysis and Modelling of Basic Wireless Power Transfer Compensation Topology: A Review. Intelligent Data Analytics for Power and Energy Systems", Springer Lecture Notes in Electrical Engineering, vol 802, Springer, Singapore, pp. 501–515, 2022, *https://doi.org/10.1007/978-981-16-6081-8_25.*

[300] U.C. Nnamdi, I.B. Asianuba, "Wireless power transfer: a review of existing technologies", European Journal of Engineering and Technology Research, Vol. 8, Nr. 3, pp. 59–66, 2023, *https://doi.org/10.24018/ejeng.2023.8.3.3038*.

[301] X. Wei, Z. Wang, & H. Dai, "A critical review of wireless power transfer via strongly coupled magnetic resonances", MDPI Energies, Vol. 7, No. 7, 4316–4341, 2014, *https://doi.org/10.3390/en7074316*.

[302] A. A. P. Hu, C. Liu, & H. L. Li, "A novel contactless battery charging system for soccer playing robot", in December 2008 IEEE 15th International Conference on Mechatronics and Machine Vision in Practice, pp. 646–650., 2008, *https://doi.org/10.1109/MMVIP.2008.4749606*.

[303] J. Dai, D. C. Ludois, "Capacitive power transfer through a conformal bumper for electric vehicle charging", IEEE Journal of Emerging and Selected Topics in Power Electronics, Vol. 4, No. 3, pp. 1015–1025, 2016, *https://doi.org/10.1109/JESTPE.2015.2505622*.

[304] W. Zhou, M. Li, Q. Zhang, Z. Li, S. Xie, & Y. Fan, "Potential and Challenges of Capacitive Power Transfer Systems for Wireless EV Charging: A Re-view of Key Technologies", Elsevier, Green Energy and Intelligent Transportation, 100174, 2024, *https://doi.org/10.1016/j.geits.2024.100174*.

[305] C. Lecluyse, B. Minnaert,& M. Kleemann, "A review of the current state of technology of capacitive wireless power transfer", MDPI, Energies, Vol. 14, No.18, 5862, pp. 1-22, 2021, *https://doi.org/10.3390/en14185862*.

[306] C. Panchal, S. Stegen, & J. Lu, "Review of static and dynamic wireless electric vehicle charging system", Elsevier, Engineering science and technology, an international journal, Vol. 21, No. 5, pp. 922–937, 2018, *https://doi.org/10.1016/j.jestch.2018.06.015*.

[307] B. Regensburger, S. Sinha, A. Kumar, & K. K. Afridi, "A 3.75-kW high-power-transfer-density capacitive wireless charging system for EVs utilizing toro idal-interleaved-foil coupled inductors", in June 2020 IEEE Transportation Electrification Conference & Expo (ITEC), pp. 839–843, IEEE, 2020, *https://doi.org/10.1109/ITEC48692.2020.9161735*.

[308] H. Mahdi, B. Hoff, & T. Østrem, "Maximum available power of undersea capacitive coupling in a wireless power transfer system", in June 2021 IEEE Wireless Power Transfer Conference (WPTC), pp. 1–4, IEEE, 2021, *https://doi.org/10.1109/WPTC51349.2021.9458006*.

[309] T. Sasatani, A. P. Sample, & Y. Kawahara, "Room-scale magnetoquasistatic wireless power transfer using a cavity-based multimode resonator", Nature Electronics, Vol. 4, Nr. 9, pp. 689–697, 2021, *https://doi.org/10.1038/s41928-021-00636-3*.

[310] T. Marcrum, J. C. Williams, C. S. Johnson, M. Pearce, C. Pope, C.W. Van Neste, C. Vaughan, & D. Boyd, "Quasi-Wireless Capacitive Power Transfer for Wire-Free Robotic Joints", MDPI, Energies, Vol. 17, No. 12, 2858, 2024, *https://doi.org/10.3390/en17122858*.

[311] R. Reza, Z. Pantic, "Wireless Charging Systems for Electrified Transportation", NC State University, FREEDM System Center, 2020, *https://www.freedm.ncsu.edu/wp-content/uploads/2020/08/FREEDM-Webinar-WPT-final.compressed.pdf*.

[312] A. Karalis, J. D. Joannopoulos, & M. Soljačić, "Efficient wireless non-radiative mid-range energy transfer", Elsevier, Annals of physics, 323(1), 34–48, 2008, *https://doi.org/10.1016/j.aop.2007.04.017, 2008*.

[313] K. Niotaki, N.B. Carvalho, A. Georgiadis, X. Gu, S. Hemour, K. Wu, ... & N. Shinohara, "RF energy harvesting and wireless power transfer for energy autonomous wireless devices and RFIDs", IEEE Journal of Microwaves, Vol. 3, No. 2, pp. 763–782, 2023, *https://doi.org/10.1109/JMW.2023.3255581*.

[314] W. C. Brown, "The history of power transmission by radio waves", IEEE Transactions on microwave theory and techniques, Vol. 32, No. 9, pp. 1230–1242, 1984, *https://doi.org/10.1109/TMTT.1984.1132833.*

[315] W. C. Brown, "Microwave to dc conveter", application field Mai 05, 1965, Patent dated Marc, 1969, US Patent No.: US453415A, *https://patents.google.com/patent/US3434678A/en.*

[316] W. Brown and E. Eves, "Beamed microwave power transmission and its application to space", IEEE Trans. Microw. Theory Techn., Vol. 40, No. 6, pp. 1239–1250, 1992, *https://doi.org/10.1109/22.141357.*

[317] P. E. Glaser, "Power from the sun: Its future", Science, Vol. 162, No. 3856, pp. 857–861, 1968, *https://doi.org/10.1126/science.162.3856.85.*

[318] W. C. Brown, "The history of wireless power transmission", Elsevier, Solar energy, Vol. 56, No. 1, pp. 3–21, 1996, *https://doi.org/10.1016/0038-092X(95)00080-B.*

[319] A. Hagerty, D. Joseph, N. D. Lopez, B. Popovic, & Z. Popovic, "Broadband rectenna arrays for randomly polarized incident waves", In Proc. 30th Eur. Microw. Conf., 2000, pp. 1–4, *https://doi.org/10.1109/EUMA.2000.338757.*

[320] V. Liu, A. Parks, V. Talla, S. Gollakota, D. Wetherall, & J. R. Smith, "Ambient backscatter: Wireless communication out of thin air", ACM SIGCOMM computer communication review, 43(4), 39–50, 2013, *https://doi.org/10.1145/2534169.2486015.*

[321] M. J. Makhetha, E. D. Markus, & A. M. Abu-Mahfouz, "Integration of wireless power transfer and low power wide area networks in IoT applications—A review", Elsevier, Sensors International, 100284, 2024, *https://doi.org/10.1016/j.sintl.2024.100284.*

[322] P. L. Díez, I. Gabilondo, E. Alarcón, & F. Moll, "Mechanical energy harvesting taxonomy for industrial environments: Application to the railway industry", IEEE Transactions on Intelligent Transportation Systems, 21(7), 2696–2706, 2020, *https://doi.org/10.1109/TITS.2019.2924987.*

[323] E. Aguirre, P. Lopez-Iturri, L. Azpilicueta, A. Redondo, J. J. Astrain, J. Villadangos, & F. Falcone, "Design and implementation of context aware applications with wireless sensor network support in urban train transportation environments", IEEE Sensors Journal, 17(1), 169–178, 2017, *https://doi.org/10.1109/JSEN.2016.2624739.*

[324] P. Spies, M. Pollak, & L. Mateu (Eds.), "Handbook of energy harvesting power supplies and applications", Taylor & Francis, CRC Press, eBook Published 2015, eBook ISBN 9780429087288, *https://doi.org/10.1201/b18523.*

[325] D. Halliday, R. Resnick, & J. Walker, "Fundamentals of Physics", Volume 1. John Wiley & Sons, S. 1.635, , 2017, ISBN 9783527812608 und 3527812601, *[Online: Halliday Physik - Google Books].*

[326] F. Häggström, J. Gustafsson, & J. Delsing, "Energy harvesting technologies for wireless sensors in rotating environments", in Proceedings of the 2014 IEEE Emerging Technology and Factory Automation (ETFA) (pp. 1–4). IEEE, 2014, *https://doi.org/10.1109/ETFA.2014.7005364.*

[327] B. Lafarge, O. Curea, A. Hacala, & H. Camblong, "Analysis, design & simulation of an electromechanical energy harvesting system using a linear movement", in 2014 First IEEE International Conference on Green Energy ICGE 2014 (pp. 233–239). IEEE, 2014, *https://doi.org/10.1109/ICGE.2014.6835427.*

[328] P. Basset, E. Blokhina, & D. Galayko, "Electrostatic kinetic energy harvesting", John Wiley & Sons, Print ISBN 9781848217164, Online ISBN 9781119007487, 2016, *https://doi.org/10.1002/9781119007487.*

[329] A. Ahmed, I. Hassan, M. Hedaya, T. A. El-Yazid, J. Zu, & Z. L. Wang, "Farms of triboelectric nanogenerators for harvesting wind energy: A potential approach towards green energy", Nano Energy, 36, 21–29, Elsevier, 2017, *https://doi.org/10.1016/j.nanoen.2017.03.046*.

[330] A. Lasheras, J. Gutiérrez, S. Reis, D. Sousa, M. Silva, P. Martins, & A. P. Potapov, "Energy harvesting device based on a metallic glass/PVDF magnetoelectric laminated composite", IOP Science, Smart Materials and Structures, 24(6), 065024, 2015, *https://doi.org/10.1088/0964-1726/24/6/065024*.

[331] D. Parthasarathy, P. Enoksson, & R. Johansson, "Prototype energy harvesting wheel speed sensor for anti-lock braking", in 2012 IEEE International Symposium on Robotic and Sensors Environments Proceedings (pp. 115–120). IEEE, 2012, *https://doi.org/10.1109/ROSE.2012.6402607*.

[332] B. Yan, C. Zhang, L. Li, H. Zhang, & S. Deng, "Design and construction of magnetostrictive energy harvester for power generating floor systems", in 2015 18th International Conference on Electrical Machines and Systems (ICEMS) (pp. 409-412), IEEE, 2015, *https://doi.org/10.1109/ICEMS.2015.7385068*.

[333] H. A. Chin, T. Liang, S. Xu, G. R. Poirier, N. Yao, S. Wagner, & M. C. McAlpine, "Wireless biomechanical power harvesting via flexible magnetostrictive ribbons", Royal Society of Chemistry, Energy & Environmental Science, 7(7), 2243–2249, 2014, *https://doi.org/10.1039/C4EE01033G*.

[334] S. Saggini, F. Ongaro, L. Corradini, & A. Affanni, "Low-power energy harvesting solutions for wiegand transducers", IEEE Journal of emerging and selected topics in power electronics, 3(3), 766–779, 2015, *https://doi.org/10.1109/JESTPE.2015.2424598*.

[335] R. Zentgraf, U. Bochtler, "Use case analysis of Wiegand-based energy harvester in mechanical sensing devices", lín Proc. PIERS (pp. 1580–1582), 2015, *[Online: ResearchGate-Request]*.

[336] W. He, W. Shi, J. Le, H. Li, & R. Ma, "Geophone-based energy harvesting approach for railway wagon monitoring sensor with high reliability and simple structure", IEEE Access, 8, 35882–35891, 2020, *https://doi.org/10.1109/ACCESS.2020.2968089*.

[337] M. Gholikhani, H. Roshani, S. Dessouky, & A.T. Papagiannakis, "A critical review of roadway energy harvesting technologies", Elsevier, Applied Energy, 261, 114388, 2020, *https://doi.org/10.1016/j.apenergy.2019.114388*.

[338] L. Wang, J. Park, W. Zhou, X. J. Ban, & L. Zuo, "On-Road Energy Harvesting for Traffic Monitoring", 2014, *http://www.utrc2.org/sites/default/files/Final-Report-On-Road-Energy-Harvesting.pdf*.

[339] P. Todaria, L. Wang, A. Pandey, J. O'Connor, D. McAvoy, T. Harrigan, B. Cherno, & L. Zuo, "Design, modeling and test of a novel speed bump energy harvester", in Sensors and Smart Structures Technologies for Civil, Mechanical, and Aerospace Systems 2015 (Vol. 9435, pp. 38–51). SPIE, 2015, *https://doi.org/10.1117/12.2084371*.

[340] H. Roshani, S. Dessouky, A. Montoya, & A. T. Papagiannakis, "Energy harvesting from asphalt pavement roadways vehicle-induced stresses: A feasibility study", Elsevier, Applied Energy, 182, 210–218, 2016, *https://doi.org/10.1016/j.apenergy.2016.08.116*.

[341] X. Z. Jiang, Y. C. Li, J. Wang, & J. C. Li, "Electromechanical modeling and experimental analysis of a compression-based piezoelectric vibration energy harvester", Taylor & Francis, International Journal of Smart and Nano Materials, 5(3), 152–168, 2014, *https://doi.org/10.1080/19475411.2014.919971*.

[342] H. Zhao, J. Ling, & J. Yu, "A comparative analysis of piezoelectric transducers for harvesting energy from asphalt pavement", Journal of the Ceramic Society of Japan, 120(1404), 317–323, 2012, *https://doi.org/10.2109/jcersj2.120.317*.

[343] U. Datta, S. Dessouky, & A. T. Papagiannakis, "Harvesting thermoelectric energy from asphalt pavements", Sage Journals, Transportation Research Record, 2628(1), 12–22, 2017, *https://doi.org/10.3141/2628-02*.

[344] J. Kim, S. T. Lee, S. Yang, & J. Lee, "Implementation of thermal-energy-harvesting technology on pavement", Journal of Testing and Evaluation, 45(2), 582–590, 2017, *https://doi.org/10.1520/JTE20140396*.

[345] J. Hu, J. Tao, "Energy harvesting from pavement via pvdf: Hybrid piezo-pyroelectrieffects", ASCE Library, in Geo-Chicago 2016 (pp. 556–566), 2016, *https://doi.org/10.1061/9780784480137.053*.

[346] C. Efthymiou, M. Santamouris, D. Kolokotsa, & A. Koras, "Development and testing of photovoltaic pavement for heat island mitigation", Elsevier, Solar Energy, 130, 148–160, Elsevier, 2016, *https://doi.org/10.1016/j.solener.2016.01.05*.

[347] J. H. Nussbaum, R. A. Lake, & R. A. Coutu, "Standardized testing of non-standard photovoltaic pavement surfaces", in 2016 IEEE National Aerospace and Electronics Conference (NAECON) and Ohio Innovation Summit (OIS) (pp. 1–8). IEEE, 2016, https://doi.org/10.1109/NAECON.2016.7856766.

[348] R. B. Mallick, B. L. Chen, & S. Bhowmick, "Harvesting energy from asphalt pavements and reducing the heat island effect", Taylor & Francis, International Journal of Sustainable Engineering, 2(3), 214–228, 2009, https://doi.org/10.1080/19397030903121950.

[349] C. C. Ting, D. Y. Tsai, & C. C. Hsiao, "Developing a mechanical roadway system for waste energy capture of vehicles and electric generation", Elsevier, Applied energy, 92, 1–8, 2012, *https://doi.org/10.1016/j.apenergy.2011.10.006*.

[350] T. Pultarova, "News briefing: energy-welcome to the world's first solar road", IET, Engineering & Technology, 12(1), 10-10, 2017, *https://doi.org/10.1049/et.2017.0114*.

[351] A. J. Schwab, "Begriffswelt der Teldtheorie- Elektromagnetische Felder, Maxwellsche Gleichungen, Gradient, Rotation, Divergenz", Springer-Verlag, 5. Auflage, 1998, ISBN 3-540-63487-8.

[352] M. Leone, "Theoretische Elektrotechnik – Elektromagnetische Feldtheorie für Ingenieure", Springer-Verlag, 2. Auflage, 2020, ISBN 978-3-658-29207-2, *https://doi.org/10.1007/978-3-658-29208-9*.

[353] O. Georg, "Elektromagnetische Felder und Netzwerke-Anwendungen in Mathcad und Pspice", Springer-Verlag, 1999, ISBN 978-3-540-65587-9, *https://doi.org/10.1007/978-3-642-58420-6*.

[354] H. Henke, "Elektromagnetische Felder- Theorie und Anwendung", Springer-Verlag, 1. Auflage, 2001, ISBN 3-540-41973-X; 5. Auflage,2015, ISBN 978-3-662-46917-0, *https://doi.org/10.1007/978-3-662-46918-7*.

[355] H. Klingbeil, "Grundlagen der elektromagnetischen Feldtheorie-Maxwellgleichungen, Lösungsmethoden und Anwendungen", Springer Verlag, 4. Auflage, 2022, ISBN 978-3-662-65125-4, *https://doi.org/10.1007/978-3-662-65126-1*.

[356] NIST-Datenbank für physikalische Konstanten (engl.), CODATA recommended values, The NIST Reference on Constants, Units, and Uncertainty, *https://pml.nist.gov/cuu/Constants/*.

[357] M. Marinescu, "Elektrische und magnetische Felder- Eine praxisorientierte Einführung", Spriger-Verlag, 3. Auflage, 2012, ISBN 978-3-540-896969-8, *https://doi.org/10.1007/978-3-642-25794-0*.

[358] G. Strassacker, R. Süße, "Rotation, Divergenz und Gradient- Einführung in die elektromagnetische Feldtheorie", Springer Verlag, 7. Auflag, 2015, ISBN 978-3-8351-0239-2, *https://doi.org/10.1007/978-38348-2362-5*.

[359] C. A. Balanis, "Modern Antenna Handbook", John Wiley & Sons, 2008, ISBN 978-0-470-0363-1, *[Online: Wiley-Books, Google Books*].

[360] F. Gustrau, "Electrromagnetic Design-Theorie und Simulation elektromagnetischer Felder", Carl Hanser Verlag, 1. Auflage, 2023, Print-ISBN 978-3-446-474 18-5, E-Book-ISBN 978-446-477 24-7, *[Online: Hanser-Fachbuch, Google Books]*.

[361] M. Geissler, "Neue Modelle und verbesserte Methoden für Entwurf und Charakterisierung von Antennen für Mobiltelefone", Shaker, 1. Auflage, 2004, ISBN 978-3-8322-2571-1.

[362] U. Tietze, C. Schenk, & E. Gamm, "Halbleiter-Schaltungstechnik", Springer Vieweg Verlag, 16. Auflage, 2019, ISBN 978-3-662-48553-8, *[Online: SpringerLink, Google Books]*.

[363] H. G. Unger, J. Hinke,"Elektromagnetischen Wellen auf Leitungen", Hüthig Verlag, 2. Auflage, 1986, ISBN 978-3-778-51367-5, [Online: Google Books].

[364] M. H. W. Hoffmann, "Hochfrequenztechnik: Ein Systemtheoretischer Zugang", Springer Verlag,1. Auflage, 1997, E-Book-ISBN 978-3-642-59089-4, Print-ISBN 978-3-540-61667-2, *[Online: SpringerLink, Google Books]* .

[365] C. Bowick, C. Ajluni, & J. Blyler, "RF Circuit Design", Newnes-Elsiever Inc., 2. Auflage, 2008, ISBN 978-0-750-68518-4, [Online: Google Books] .

[366] C. A. Balanis, "Antenna Theory: Analysisi and Design", John Wiley & Sons-Inc-Publication, 3. Auflage, 2005, ISBN 0-471-66782-X.

[367] K. Seemann, F. Cilek, M. Schmidt, & R. Weigel, "RFID at UHF frequencies: The passive transponder frontend approach", in 2006 International IEEE Conference on Microwaves, Radar & Wireless Communications, pp. 657–661, IEEE, *https://doi.org/10.1109/MIKON.2006.4345266*.

[368] F. Gustrau, "Hochfrequenztechnik – Grundlagen der mobilen Kommunikationstechnik", Carl Hanser Verlag, 3. Auflage, 2019, Print ISBN 978-3-446-45950-2, E-Book-SBN: 978-3-446-46094-2, *[Online: Google Books]*.

WEB:

[Ais25] AISIS, Information über das Projekt, http://www.aisis-innovation.org/, Online-Zugriff: 01.09.2025.

[Ast25] http://www.astra.admin.ch/dienstleistungen/00129/00183/00520/index.html, Online-Zugriff: 10 Jul. 2022.

[Bac25] BACnet, Information über das BACnet Kommunikationsprotokoll, http://www.bacnet.org, Online-Zugriff: 01.09.2025.

[Bad25-1] Bericht und Fotos der Badischen Zeitung zum Großversuch am 19.04.2011 in Bad Säckingen, https://www.badische-zeitung.de/fotos-kontrollierte-sprengung-in-bad-saeckingen, Online-Zugriff: 01.09.2025.

[Bad25-2] Berichte und Fotos der Badischen Zeitung zum Bau des Rettungstollens des Hugenwaldtunnels, https://www.badische-zeitung.de/der-bau-desrettungsstollens-neben-dem-hugenwaldtunnel-hat-begonnen, https://www.badische-zeitung.de/hugenwaldtunnel-durchschlag-im-rettungsstollen, Online-Zugriff: 01.09.2025.

[Blm25] Sechsundzwanzigste Verordnung zur Durchführung des Bundes-Immissionsschutzgesetzes (Verordnung über elektromagnetische Felder-26. BImSchV), Ausfertigungsdatum: 16.12.1996, Bundesministerium der Justiz, https://www.gesetze-im-internet.de/bimschv_26/BJNR196600996.html, Online-Zugriff: 01.09.2025.

[DIN25-1] Grundnorm zu Mess- und Berechnungsverfahren der Exposition von Personen in elektrischen, magnetischen und elektromagnetischen Feldern (0 Hz bis 300 GHz), Deutsche Fassung EN 50413:2019, Ausgabedatum: 2020 -10, VDE-Artnr.:0800693, *https://www.vde-verlag.de/normen/0800693/din-en-50413-vde-0848-1-2020-10.html*, Online-Zugriff: 01.09.2025.

[DIN25-2] Bestimmung der HF-Feldstärke, der Leistungsdichte und der spezifischen Absorptionsrate (SAR) in der Nachbarschaft von Funkkommunikations-Basisstationen zur Ermittlung der menschlichen Exposition, IEC 62232:2017), Deutsche Fassung EN 62232:2017, Ausgabedatum: 2019 -08, VDE-Artnr.: 0800590, *https://www.vde-verlag.de/normen/0800590/din-en-62232-vde-0848-232-2019-08.html*, Online-Zugriff: 01.09.2025.

[FGE25] Forschungsgesellschaft für Energie und Umwelttechnologie (FGEU) mbH, *https://www.fgeu.de/html/about.htm*, Online-Zugriff: 01.09.2025.

[Eno25] Information für das Dolphin-Chip, *https://www.enocean.com/de/produkt/dolphinstudio/*, Online-Zugriff: 01.09.2025.

[Eno25-1] EnOcean GmbH: „Status Sheet for TCM300, TCM320, STM300 – Step Code BA", Developer Kit EDK300(C), Sep. 2009, *https://www.enocean.com/wp-content/uploads/downloads-produkte/en/products/enocean_modules_902mhz/tcm-320u/data-sheet-pdf/TCM_300_TCM_320_DataSheet_May2019_06.pdf*, Online-Zugriff: 01.09.2025.

[Eno25-2] EnOcean GmbH: „Dolphin Preliminary Core Description V0.60", Developer Kit EDK300(C), *https://www.enocean.com/wp-content/uploads/Knowledge-Base/Dolphin_V4_Core_Description_V2.1.pdf*, Online-Zugriff: 01.09.2025.

[Eno25-3] EnOcean GmbH: „STM300 Preliminary User Manual V0.7", Developer Kit EDK300(C), *https://www.enocean.com/wp-content/uploads/downloads-produkte/en/products/enocean_modules/stm-300/user-manual-pdf/STM300x_UserManual_Dec2021.pdf*, Online-Zugriff: 01.09.2025.

[Eno25-4] EnOcean GmbH: „EO3000I_API V1.7.0.0", Feb. 2010, *https://www.enocean.com/wp-content/uploads/redaktion/support/dolphin-studio/DolphinStudio.html*, Online-Zugriff: 01.09.2025.

[Har25] HART, Information über das HART Kommunikationsprotokoll, *http://www.hartcomm2.org*, Online-Zugriff: 01.09.2025.

[Lab25] LABVIEW, Information über das labVIEW grafischen Programm, http://www.ni.com/labview, Online-Zugriff: 01.09.2025.

[LTC25] DC/DC-Spannungswandler vom Typ LTC 3109 der Firma Linear Technology (LTC®), *https://www.analog.com/en/products/ltc3109.html,* Online-Zugriff: 01.09.2025.

[Kat25] Katzenbergtunnel, *https://www.karlsruhe-basel.de/katzenbergtunnel.html*, Online-Zugriff: 01.09.2025.

[K-S25] KISTLER, Information über K-Shear® Beschleunigungssensor 870B100M1, *https://www.kistler.com/de/produkte/komponenten/accelerometer-und-beschleunigungssensoren/,* Online-Zugriff: 01.09.2025.

[Nar25] Narda Safety Test Solutions GmbH, *https://www.narda-sts.com/de/, Online-Zugriff: 01.09.2025.*

[Opc25] OPC, Information über das OPC Kommunikationsprotokoll, *http://www.opclabs.com*, Online-Zugriff: 01.09.2025.

[Pan25] Panasonic, Information über aufladbare Lithiumzelle VL2330 der Firma Panasonic, *https://industry.panasonic.eu/de/energy-building/batteries/secondary-batteries-rechargeable-batteries/lithium-coin-type-rechargeable-batteries/vanadium-rechargeable-lithium-batteries-vl-series/vl2330-vl2330*, Online-Zugriff: 01.09.2025.

[Pel25] Peltron GmbH, *https://peltron.de/*, Online-Zugriff: 01.09.2025.

[RFS25] Leckleitung der Firma Radio Frequency Systems (RFS), *https://www.rfsworld.com,* Online-Zugriff: 01.09.2025.

[R&S25-1] Signalgenrator vom Typt „R&S®SMA100B" von der Firma Rohde & Schwarz, *https://scdn.rohde-schwarz.com/ur/pws/dl_downloads/pdm/cl_brochures_and_datasheets/product_brochure/5215_1018_12/SMA100B_bro_en_5215-1018-12_0900.pdf,* Online-Zugriff: 01.09.2025.

[R&S25-2] Mobile Antenne vom Typt„R&S®MNT100 RF Interference Locator" von der Firma Rohde & Schwarz, *https://scdn.rohde-schwarz.com/ur/pws/dl_downloads/dl_common_library/dl_brochures_and_datasheets/pdf_1/MNT100_bro_en_5215-3762-12_v0200.pdf,* Online-Zugriff: 01.09.2025.

[SIM25] SIMATIC RFID-Systeme, *RFID Systeme-Siemens DE*, Online-Zugriff: 01.09.2025.

[Tes25-1] Nikola Tesla, *https://www.dpma.de/dpma/veroeffentlichungen/meilensteine/besondereerfinderinnen/nikolatesla/index.html*, Online-Zugriff: 01.09.2025.

[Tes25-2] *https://web.mit.edu/most/Public/Tesla1/alpha_tesla.html*, Online-Zugriff: 01.09.2025.

[Tes25-3] *Tesla Memorial Society of New York (teslasociety.com)*, Online-Zugriff: 01.09.2025.

[Tes25-4] Nikola Tesla Information Resource | *Books and Online Files (tfcbooks.com)*, Online-Zugriff: 01.09.2025.

[Tes25-5] *http://www.tfcbooks.com/articles/witricity.htm,* Online-Zugriff: 01.09.2025.

[Tex25] Texas Instruments: "Mixed Signal Microcontroller-MSP430F261x/MSP430F241x", *http://www.ti.com/general/docs/lit/,* Online-Zugriff: 01.09.2025.

[THW25] Technisches Hilfswerk, THW-Rahmenkonzept, 2023
https://www.thw.de/SharedDocs/Downloads/DE/Presse/Publikationen/rahmenkonzept_2023.pdf?__blob=publicationFile&v=7, Online-Zugriff: 01.09.2025. https://www.thw.de/DE/Im-Einsatz/im-einsatz_node.html, Online-Zugriff: 01.09.2025.

[Val25] Vallen Systeme GmbH:"Acoustic Emission Sensors", *http://www.vallen.de/produckts/sensors/ downlad*, Online-Zugriff: 01.09.2025.

[Win25] Simulationssoftware WinFeld/EFC-400 für die Berechnung niederfrequenter elektromagnetischer Felder, *https://www.fgeu.de/html/wf.htmhttps://www.narda-sts.com/de/produkte/emf-breitband-messgeraete/efc-400-software/,* Online-Zugriff: 01.09.2025.

[Wit25] WiTricity • Wireless EV Charging, *https://witricity.com/,* Online-Zugriff: 01.09.2025.

FSC
www.fsc.org
MIX
Papier | Fördert
gute Waldnutzung
FSC® C083411

Kolibri 360 GmbH
Ferdinand-Jühlke-Straße 7
99095 Erfurt, Deutschland
produktsicherheit@kolibri360.de